무선전력전송과 에너지 하베스팅 기술

Wireless Power Transfer, Wireless Charging, Energy Harvesting Technology Analysis & Application

남상엽 · 이규대 · 안병구 공저

도서출판 상학당

欲爲大者 當爲人役

크고자 하거든 남을 섬기라

무선전력전송과 에너지 하베스팅 기술

(Wireless Power Transfer, Wireless Charging,
Energy Harvesting Technology Analysis & Application)

머리말

전파의 발견 이후 무선으로 신호 및 정보를 전달하는 기술은 라디오 방송을 통한 음성정보 전달에서 TV 방송을 통한 음성·화상정보의 전달로 그 범위가 확대되었다. 통신 분야에서는 전화기의 개발로 양방향 통신이 가능해진 이후 무선통신기술과의 접목은 최근 CDMA 기술, 5G/6G 및 인공지능 등 혁명적인 기술의 발전으로 각 개인간 무선음성통신에서 이제는 화상통신까지 가능한 시대가 열렸다. 현재는 무선통신기술을 이용하여 세계 각국에서 일어난 일들을 집안에 앉아서 인터넷이나 위성방송 등을 통해 알 수 있으며, 다른 나라의 사람들과 자유롭게 스마트폰으로 전화할 수도 있다. 이러한 무선통신기술은 21세기 IT 혁명의 근간을 이루고 있는 기술이다. 그러나 주변을 살펴보면 아직도 무선이 아닌 유선을 사용해야만 하는 많은 부분이 있음을 알 수 있다.

무선통신기술의 핵심인 휴대정보기기의 경우도 통신은 무선으로 자유롭게 이루어지고 있으나, 휴대통신기기의 작동을 위한 전력공급은 충전된 배터리를 이용하고 있고, 휴대정보기기의 기능이 복합화함에 따라 사용전력도 증가하여 배터리의 용량이 커지거나 또는 사용시간이 짧아지는 현상이 발생하고 있다.

지금까지는 전기에너지는 전선을 통해 전달됐다. 즉 무선충전기를 가정용 220V 콘센트에 연결하면 전기가 정격전압 전류로 변환되어 배터리에 충전된다. 이런 유선충전기의 역할을 무선이 대체하는 기술이 무선전력전송 기술이다.

차세대 에너지 분야인 무선전력전송(WPT : Wireless Power Transfer) 기술은 전력의 이동수단인 전선 없이 전력을 자유자재로 공기처럼 보내는 꿈의 기술로서, 전기에너지를 자기장 또는 전자기파로 변형해서 전력을 전송하는 방식이다.

이러한 무선전력전송 기술의 큰 특징은 기존 방송통신 기술과 비교를 통해 정확히 스펙트럼 특성과 기술적인 차이점을 이해할 수 있다. 방송통신 기술은 최소의 전력소비로 최대한의 데이터 용량을 최장의 전송거리로 보내고자 하는 기술로 원역장(Far Field)으로 에너지(신호)를 송신하는 기술과 이를 잘 수신하는 링크 설계에 기본이 있다.

무선충전(WPC : Wireless Power Charging)은 전화기와 충전기 사이에 물리적 연결이 필요 없지만, 대부분의 무선충전패드는 최대 3mm 두께의 얇은 플라스틱 휴대폰 케이스를 통해 작동한다. 즉 케이스 호환성으로 인하여 충전을 시작하기 위해 스마트폰 케이스를 분리하지 않아도 된다는 뜻이다.

미래 지향형 기술로써 무선충전기술은 스마트 시계를 비롯하여 가상현실(XR)기기, 전기자전거 등 스마트기기의 형태가 다양해지면서 기업들과 고객들이 무척 관심이 많아지고 있다. 이러한 맥락에서 무선전력전송 기술과 더불어 충전기술은 사물인터넷(IoT), 웨어러블(Wearable), 의료용 인체삽입기기 등 미래 무선통신기기에 적합한 기술들이다.

에너지 하베스팅(Energy Harvesting)이란 일상생활 속 버려지거나 소모되는 에너지를 수확(Harvesting) 또는 이용(Scavenge)하여 전력으로 재활용하는 기술로써 통칭하며, 바람, 물, 온도, 태양 등의 자연 에너지를 전기 에너지로 변환하는 것뿐만 아니라 사람이나 교량의 진동, 실내 조명광, 자동차의 폐열, 방송전파 등과 같이 주변에 버려지는 에너지도 전기 에너지로 변환하여 에너지를 효율적으로 활용할 수 있는 기술을 말한다. 에너지 하베스팅의 에너지의 흐름은 에너지 발생, 에너지 변환, 에너지 저장 그리고 에너지 소비의 단계로 구분할 수 있다.

에너지 하베스팅은 버려지거나 미활용되는 에너지를 모아 전력으로 재활용하는 기술이다. 그러므로 에너지 하베스트(Energy Harvest)는 새로운 에너지 기술로써 각광을 받기 시작했다. 주변 환경에서 필요한 에너지를 끌어 쓸 수 있는 대표적인 청정에너지 시스템 중 하나이기 때문이다. 수소원을 얻기 위해 석유를 다시 개질해야 하는 연료전지나 바이오매스의 생산과정에서 기존의 녹지가 축소되거나 이산화탄소의 배출량이 오히려 늘어나는 그야말로 무늬만 청정 · 대체 에너지인 경우와는 달리, 자연 및 주변의 비교적 저급의 에너지를 그대로 활용할 수 있는 새로운 친환경 에너지 활용 기술이다.

이러한 무선전력전송 기술, 무선충전기술과 에너지 하베스팅 기술은 전기, 전자, 컴퓨터, 정보통신, 디지털 트윈, IoT, AR/VR/MR/XR, 인공지능, 콘텐츠, 핀테크 엔지니어링, 보안, 에너지, 전력전자 등 4차산업 관련 공학, 환경, 위생, 금융 및 경영 분야의 입문자를 대상으로 무선전력전송 기술, 무선충전기술과 에너지 하베스팅 기술에 대한 기본적인 지식이 없어도 단계별 필요지식 및 수행과정을 꾸준히 따라오면 무선전력전송 기술, 무선충전기술과 에너지 하베스팅 기술에 관련 지식을 얻어 이해하는 단계로 발전하여 능력향상이라는 숲을 볼 수 있도록 눈높이를 맞추는 데 1차적인 목표를 두었다.

무선전력전송 기술, 무선충전기술과 에너지 하베스팅 기술의 주요구성은 다음과 같다.

학습 1. 무선전력전송의 개요, 학습 2. 무선전력전송의 기술, 학습 3. 무선전력전송의 표준화, 학습 4. 무선전력전송의 활용, 학습 5. 무선충전기술의 개요, 학습 6. 무선충전의 기술, 학습 7. 무선충전기술의 표준화, 학습 8. 무선충전기술의 활용, 학습 9. 에너지 하베스팅의 개요, 학습 10. 에너지 하베스팅의 기술, 학습 11. 에너지 하베스팅의 표준화, 학습

12. 에너지 하베스팅의 활용, 학습 13. 무선전력전송, 무선충전, 에너지 하베스팅의 미래로 구성되어 있다.

특히 각 장에서는 무선전력전송과 에너지 하베스팅 기술에 대한 교재의 수행질문에 따라 임의적으로 해법을 제시하여 창의적인 사고를 각 장의 본문 및 수행과제를 수행할 수 있다.

이 《무선전력전송과 에너지 하베스팅 기술》이 출간되기까지 가장 많은 지원과 아낌없는 격려를 보내주신 도서출판 상학당의 남승우 사장님 및 무선전력전송과 에너지 하베스팅 기술 분석 및 활용 관련 자문 및 논문, 보고서 사이트 등 자료 제공을 해주신 관련 교수님, 기업 및 단체에 대하여 지면을 빌려 깊은 감사의 말씀을 드린다. 특히 무선전력전송과 에너지 하베스팅 기술 분석 및 활용 관련 자료를 인터넷 블로그 및 관련 연구소 자료집에 올려주신 저자들, 기자님 등 관련 자료 제공해주신 관계자 여러분에게 감사의 마음을 전합니다. 이 《무선전력전송과 에너지 하베스팅 기술》에서 부족했던 점이나 기타 문의사항과 관련한 자료 제공 및 지원은 도서출판 상학당을 통해 지속적으로 지원할 계획이며, 무선전력전송과 에너지 하베스팅 기술에 필요한 자료 등, 기타 보충자료 또한 지속적으로 업데이트할 예정이므로 독자 여러분의 따뜻한 질책과 조언을 부탁드립니다.

저자 씀

차 례

무선전력전송과 에너지 하베스팅 기술 학습모듈 개요

1. 학습모듈의 목표

전기에너지를 자기장 또는 전자파로 변형해서 전력을 전송하는 차세대 에너지 분야인 무선전력전송 분야에 대한 기본 원리, 기술분야 분석 및 이해를 통하여 응용분야에 대한 동향을 이해하는데 목표로 한다. 최근 스마트폰, 웨어러블 기기 및 전기자동차의 시장확대와 배터리 기술발달로 무선전력전송 기술을 활용한 무선충전기술의 필요성에 따라서 자기유도 방식, 자기공진 방식 및 전자기파 방식의 특성 및 기술을 이해하고 이에 관한 표준화 방향과 응용을 분석하고 이해하는데 학습목표로 한다.

또한 일상생활 속에 버려지거나 소모되는 에너지를 수확 또는 이용하여 전력으로 재활용하는 기술인 에너지 하베스팅의 기술, 표준화 동향 및 활용분야에 대한 분석과 이해를 하는데 학습목표로 한다.

2. 선행 학습

무선주파수 범위, RFID, LED, CDMA, IMT-2000, 5G, 네트워크, 인터넷, 위성통신, 통신방식, 전력전자, 스펙트럼 특성, 전송거리, 방송통신기술, RF에너지, 원역장, 근역장, 송신과 수신기, IoT, 스마트인프라, 전력손실, 인공지능, 빅데이터, 디지털트윈, 스마트홈, 스마트빌딩, 스마트팩토리, 자율주행, 바이오 헬스, 배터리방식, 충전모듈, 전자회로, 회로망, 전자기학, 전기개론, 전력전자 관련 등

3. 핵심 용어

무선전력전송(WPT : Wireless Power Transfer), 무선충전(WPC : Wireless Power Charging) 에너지 하베스팅(Energy Harvesting), 무선충전버스(OLEV : Online Electric Vehicle), 자기유도(Inductive Charging) 방식, 자기공명(Magnetic Resonance) 방식, 마이크로파(Microwave Radio) 방식, 우주태양광 발전(SPS : Solar Power Satellite), 가시광통신(Visual Light Communication), AMI(Advanced Metering Infrastructure), 무선센서네트워크(USN), EMI, EMC, 전자기장(Electromagnetic Field), 사물인터넷(IoT), 네트워크 프레임, 임베디드 플랫폼, 레이저 무선충전, 전기자동차, 에너지 변환, 압전(Piezoelectric), 열전(Thermoelectric), 광전(Photoelectric), 온도차(Thermal Energy), 빛의 방사(Light Energy), 전자기장(Electromagnetic Energy) 진동(Vibrational Energy)

4. 교육과정 학점 및 이수시간

학 습	교육과정 학점 및 이수시간	
	학점	이수시간
1. 무선전력전송의 개요	3	3
2. 무선전력전송의 기술	3	3
3. 무선전력전송의 표준화	3	3
4. 무선전력전송의 활용	3	3
5. 무선충전기술의 개요	3	3
6. 무선충전의 기술	3	3
7. 무선충전기술의 표준화	3	3
8. 무선충전기술의 활용	3	3
9. 에너지 하베스팅의 개요	3	3
10. 에너지 하베스팅의 기술	3	3
11. 에너지 하베스팅의 표준화	3	3
12. 에너지 하베스팅의 활용	3	3
13. 무선전력전송, 무선충전, 에너지 하베스팅의 미래	3	3

무선전력전송과 에너지 하베스팅 기술 학습모듈 명세서

학습명	학습내용명
1. 무선전력전송의 개요	1-1 무선전력전송의 개념 1-2 무선전력전송 기술의 비교
2. 무선전력전송의 기술	2-1 근거리 무선전력전송의 기술 2-2 원거리 무선전력전송 기술 2-3 무선전력전송 기술방향
3. 무선전력전송의 표준화	3-1 무선전력전송의 표준화 3-2 무선전력전송 표준화 현황 3-3 무선전력전송의 규제 · 정책동향
4. 무선전력전송의 활용	4-1 무선전력전송의 국내외 동향 4-2 무선전력전송의 활용분야
5. 무선충전기술의 개요	5-1 무선충전기술의 개요 5-2 무선충전기술의 전망
6. 무선충전의 기술	6-1 무선충전의 기술 개요 6-2 무선충전기술의 개발동향
7. 무선충전기술의 표준화	7-1 무선충전기술의 표준화 7-2 무선충전 전기자동차 표준화 동향분석
8. 무선충전기술의 활용	8-1 무선충전기술의 활용 8-2 무선충전기술의 특허 및 시장현황
9. 에너지 하베스팅의 개요	9-1 에너지 하베스팅의 개념 및 종류 9-2 에너지 하베스팅의 현황
10. 에너지 하베스팅의 기술	10-1 에너지 하베스팅 기술의 종류 및 원리 10-2 에너지 하베스팅 기술의 현황

학습명	학습내용명
11. 에너지 하베스팅의 표준화	11-1 에너지 하베스팅 기술의 해외 표준화 11-2 에너지 하베스팅 기술의 국내 표준화
12. 에너지 하베스팅의 활용	12-1 에너지 하베스팅 기술활용의 개요 12-2 에너지 하베스팅 기술의 활용 12-3 에너지 하베스팅 기술의 특허 및 시장현황
13. 무선전력전송, 무선충전, 에너지 하베스팅의 미래	13-1 무선전력전송의 미래 13-2 무선충전기술의 미래 13-3 에너지 하베스팅의 미래

학습 목표

1. 무선전력전송의 개요를 이해할 수 있다.

1-1 무선전력전송의 개념

1. 유선에서 무선으로

전파의 발견 이후 무선으로 신호 및 정보를 전달하는 기술은 라디오 방송을 통한 음성정보 전달에서 TV 방송을 통한 음성·화상정보의 전달로 그 범위가 확대되었다. 통신분야에서는 전화기의 개발로 양방향 통신이 가능해진 이후 무선통신기술과의 접목은 최근 CDMA 기술, LTE, 5G/6G 등 혁명적인 기술의 발전으로 각 개인간 무선음성통신에서 이제는 화상통신까지 가능한 시대가 열렸다. 현재는 무선통신기술을 이용하여 세계 각국에서 일어난 일들을 집안에 앉아서 인터넷이나 위성방송 등을 통해 알 수 있으며, 다른 나라의 사람들과 자유롭게 휴대폰으로 전화할 수도 있다. 이러한 무선통신기술은 20세기 후반과 21세기 초 IT 혁명의 근간을 이루고 있는 기술이다.

그러나 주변을 살펴보면 아직도 무선이 아닌 유선을 사용해야만 하는 많은 부분이 있음을 알 수 있다. 사무실을 둘러보자. 지금 컴퓨터를 켜고 모니터에 한글 문서 작성기를 띄워 놓고는 이 글을 쓰고 있다. 마우스는 케이블로 본체의 뒤에 연결되어 있고, 키보드 연결 케이블은 책상 밑을 돌아 역시 본체 뒤에 연결된다. 모니터와 책상으로 가려진 컴퓨터 본체의 뒤를 돌아보면 더 많은 케이블들이 어지럽게 연결되어 있다. 이 중 몇몇은 그런대로 무선으로 작동시킬 수 있는 것들이 있다. 그런데 전원은 어떠한가? 기술의 발전으로 많은 주변기기들이 무선통신으로 작동하고 있지만 대부분의 기기들은 여전히 유선으로 전력을 공급한다. [그림 1-1]처럼 모니터의 뒤나 책상 밑의 상황은 무선으로 하면 이런 상황은 아니다. 또한 무선통신 기술의 핵심인 휴대정보기기의 경우도 통신은 무선으로 자유롭게 이루어지고 있으나 휴대통신기기의 작동을 위한 전력공급은 충전된 배터리를 이용하고 있고, 휴대정보기기의 기능이 복합화함에 따라 사용전력도 증가하여 배터리의 용량이 커지거나 또는 사용시간이 짧아지는 현상이 발생하고 있다.

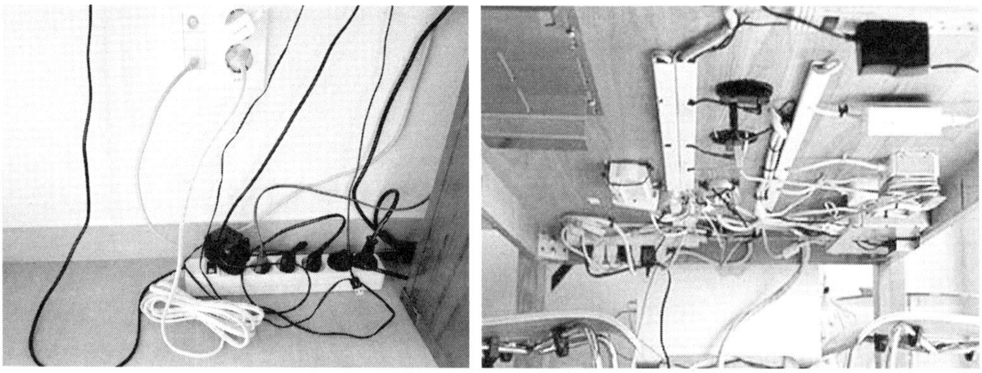

[그림 1-1] 케이블과 플러그가 없다면

2. 무선전력전송의 특징

지금까지는 전기에너지는 전선을 통해 전달됐다. 즉 우선 충전기를 가정용 220V 콘센트에 연결하면 전기가 정격전압 전류로 변환되어 배터리에 충전된다. 이런 유선 충전기의 역할을 무선이 대체하는 기술이 무선전력전송 기술이다.

차세대 에너지 분야인 무선전력전송(WPT : Wireless Power Transfer) 기술은 전력의 이동수단인 전선 없이 전력을 자유자재로 공기처럼 보내는 꿈의 기술로써 전기에너지를 자기장 또는 전자기파로 변형해서 전력을 전송하는 방식이다.

이러한 무선전력전송 기술의 큰 특징은 기존 방송통신기술과 비교를 통해 보면,

정확히 스펙트럼 특성과 기술적인 차이점이 있다. 방송통신기술은 최소의 전력소비로 최대한의 데이터 용량을 최장의 전송거리로 보내고자 하는 기술로 원역장(Far Field)으로 에너지(신호)를 송신하는 기술과 이를 잘 수신하는 링크 설계에 기본이 있다.

반면 RF 에너지 전송, 즉 무선전력전송은 원역장보다는 자기장을 이용하여 근역장(Near Field)에서 에너지를 보내되 최대의 효율을 얻고자 하는 기술이 주 기술이다. 이러한 원역장을 활용하는 방송통신 기술은 안테나를 이용하여 원역장으로 에너지 잘 복사하기 위해 복사이득을 최대의 설계 조건으로 방향성을 갖는 안테나를 설계하거나 전 방향으로 에너지를 복사하게 된다.

〈표 1-1〉 무선전력전송 기술의 특징

방송통신기술	RF 에너지 전송
• 정보전송을 위한 광대역 신호 • 에너지 전송효율은 일부분 • 최소전력 전송으로 진화 • 원역장(Far Field) 활용기술	• 간섭 최소를 위한 협대혁 신호 • 에너지 전송효율이 매우중요 • 최대전력 전송으로 진화 • 근역장(Near Field) 주 활용기술
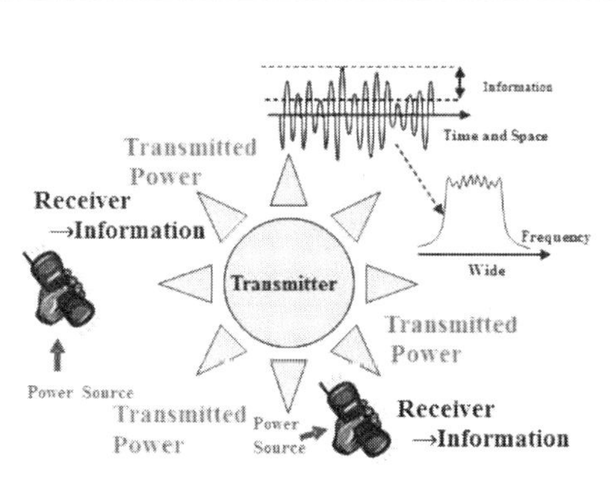	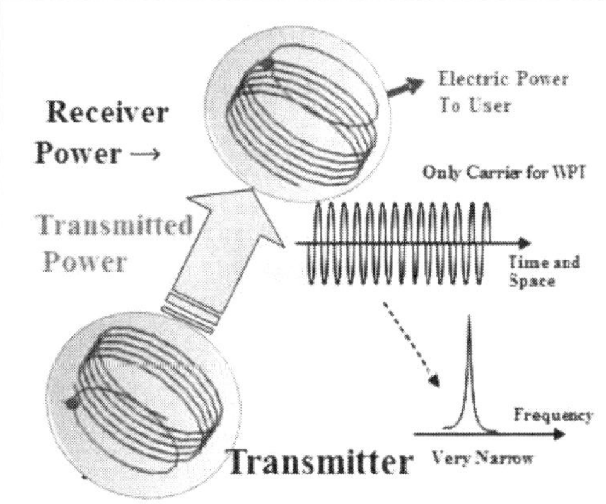

무선전력전송을 활용함으로써 기존의 전원 케이블 없이도 4차산업을 주도하는 스마트 및 IoT 기기, 스마트 인프라, 가전 및 차량 등에 아주 편리하게 전력손실을 최소화하면서 무선으로 장소에 구애받지 않고 다양한 장소에 전력의 공급이 가능하다.

특히 감전이나 합선으로 인한 안전사고의 우려도 없이 다양한 환경(수중, 지중, 공중 등)에 제약 없이도 전력을 사용할 수 있는 장점이 있다.

4차산업의 주요 핵심기술인 인공지능, 빅데이터 및 디지털 트윈 등 기술을 사용하는 스마트홈, 스마트빌딩, 스마트팩토리, 자율주행 및 바이오 헬스 분야의 기기에 무선으로 전력을 공급하여 배터리 교체로 인한 불편을 감소시키고 구동시간을 증가시킴으로써 4차산업 분야의 확산 및 서비스 활성화에 실질적인 기여를 할 수 있을 것이다.

기존의 유선 배터리방식의 충전모듈은 충전자유도의 부족으로 인하여 수명에 따른 교체 시기가 존재하지만, 무선전력전송 기술은 유선방식의 충전보다 충전의 자유도가 높으므로 사용자가 사용하기 편리하고, 배터리 교체 시기를 늦춰서 경제성이 우수하다.

과거에는 크기가 미약할 정도의 단말기에 충전하는 기술로써 충전의 전송거리 한계에 따라서 전력 전송률이 급격하게 떨어져서 여러 응용 활용으로 확대 가능성이 한계가 있었다.

그렇지만 무선전력전송의 신기술들이 개발되면서 혁신적 변화를 거듭하고 있는 중다. 10년 전에는 상상하기조차 어려웠던 장거리 무선전력전송이나 다양한 분야인 의료기기에 대한 무선전력전송이 가능해지면서 4차 산업혁명을 이끄는 새로운 기대주로써 관심을 갖게 되었다.

시장전문 예측기관 Grand View Research는 세계 무선전력전송 시장규모가 내년 110.8억 달러까지 성장할 것으로 전망했다. 시장규모뿐 아니라, 무선전력전송 시장의 응용 분야는 소비가전, 산업용, 차량용 등의 다양한 분야로 확산되고 있다. 이에 발맞추어 국내 무선전력전송 시장은 현재 개발이 진행되고 있는 다양한 무선전력전송 기술의 활성화를 통해 세계시장의 약 30%를 점유할 것으로 예상된다. 특히 드론, IoT 그리고 IoE 서비스에 적용되어 새로운 시장과 산업을 창출할 것으로 기대된다.

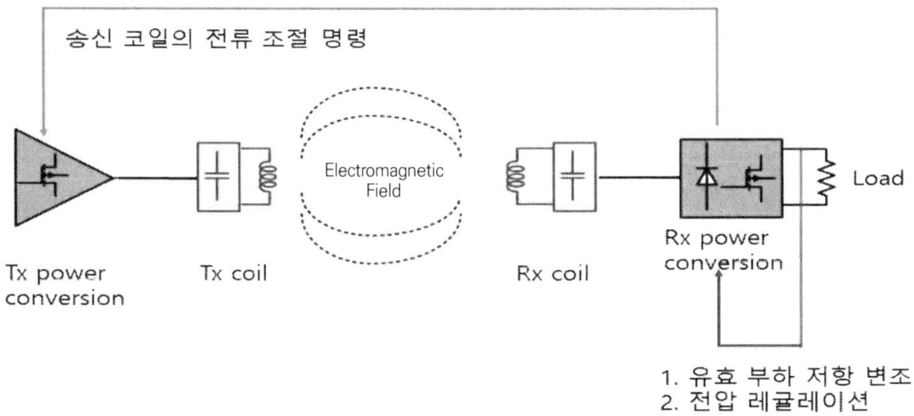

[그림 1-2] 무선전력전송의 원리

[그림 1-2]처럼 무선전력전송은 전선을 사용하지 않고, 소스로부터 부하에 전기에너지를 전달하는 기술이다. RF 신호, 레이저, 음파를 이용한 다양한 방식의 무선전력전송 기술에 대한 연구가 수행 중이다. 최근에는 스마트폰을 포함한 디지털 가전기기의 무선충전 실용화를 위해, 자기유도 방식 및 자기공진 방식에 대한 연구가 활발하게 진행 중이다.

3. 무선전력전송의 탄생

전선없이 큰 용량의 전기에너지를 무선으로 전송하려고 했던 시도는 20세기 초, 100여 년 전 니콜라 테슬라(Nikola Tesla)에 의해 최초로 실험된 RF(Radio Frequency)를 이용한 무선전력전송(WPT : Wireless Power Transmission) 기술이 연구되었다.

[그림 1-3] 니콜라 테슬라의 2,000만 볼트의 전기를 생성하는 동작중인 송신기를 확대한 콜로라도 실험실

그는 Wardenslyffe Project를 통하여 [그림 1-3]처럼 60미터 높이의 대형 타워에 코일을 사용하여 무선으로 전력을 선달하고자 하였다. 그러나 실제 그의 프로젝트는 실현되지 못했으나, 무선전력전송 역사에 있어 큰 의미를 갖는다.

당시에도 큰 주목을 받지 못하였고 테슬라는 죽기 전에 무선전력전송 기술을 끝내지 못했다.

최근까지도 박물관 등에서 단순히 일반인들의 이목을 끄는 도구로 활용되었으며 이를 산업화에 적용한 분야는 무선 전동칫솔과 전기면도기, 무선주전자 등 제한적인 분야에서만 무선전력전송 기술을 적용하여 왔다.

이렇게 제한적인 범위에서 사용되었던 무선전력전송 기술은 2007년 MIT 물리학과 마린 솔자치치(Marin Soljacic) 교수가 이끄는 연구팀이 자기공명이라는 새로운 무선전력전송 기술을 이용하여 높은 품질계수를(Quality-factor) 가지고, 서로 동일한 공진주파수를 갖는 두 개의 공진코일 사이의 자기결합을 이용하여 2.4미터 거리에서 무선으로 램프에 전원을 공급하여 약 40% 효율을 갖는 무선전력전송 시스템을 발표하면서 산업계 및 학계의 주목을 받게 되었다. 한편 마이크로파를 이용한 무선전력전송 시스템은 1960년대에 다이폴 안테나와 브리지 정류기를 이용한 렉테나(Rectenna : Rectifying Antenna)의 개발로 활기를 뛰게 되었고, 이를 기회로 1970년대에 Space Solar Power Satellite(SPS) 프로젝트가 착수되었다

최근에는 다양한 방식의 무선전력전송 기술을 이용하여 다양한 전기, 전자기기에 무선으로 에너지를 공급하기 위한 연구와 개발이 진행되고 있다.

특히 스마트폰의 등장과 함께 스마트폰의 대중화에 따라 개인이 사용하는 전력량이 크게 증가하게 되면서 대두된 배터리 부족 현상을 근원적으로 해결할 수 있는 기술, 즉 유선충전기 없이 언제, 어디서나 자유롭게 배터리를 충전할 수 있는 기술의 하나로 인식되고 있다. 또한 사용자 요구가 증가하게 되었고 스마트 시계와 같은 웨어러블 기기의 대중화와 함께 이를 충족시킬 수 있는 무선전력전송 기술에 대한 관심도 같이 증가하게 되었다.

또한 친환경 전기자동차 및 하이브리드 자동차에 대한 연구가 진행됨에 따라 전기자동차 배터리 충전의 자유도를 제공함과 동시에 단락, 단선으로부터 안전한 무선충전기술에 대한 연구도 같이 진행되고 있다.

1-2 무선전력전송 기술의 비교

무선전력전송 기술의 원리는 전력에서 전선을 사용하지 않고 공기를 통해 무선을 전송하는 전력을 제공하는 기술, 즉 자기결합(Magnetic Coupling)의 원리를 응용하여 다양한 종류의 장치에 무선으로 전력을 전송하는 기술이라 말할 수 있다.

[그림 1-4]처럼 자기결합의 거리에 따라 수 mm 거리에서 이루어질 수도 있고, 접촉방식과 수 cm~수 미터 거리에서 이루어질 수도 있는 비접촉방식으로 구분된다.

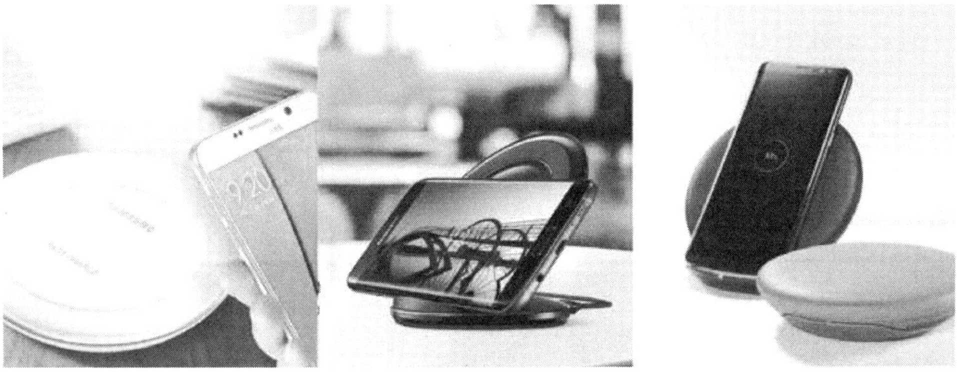

[그림 1-4] 스마트폰 무선충전

1. 접촉방식 기반 무력전력전송 기술

자기결합은 수 mm 거리에서 이루어 질 수도 있는 방식을 접촉방식 기반 무선전력전송 기술이라 한다.

접촉방식 기반 무선전력전송 기술은 여러 곳에 들어와 있다. 충전 거치대에 올려놓는 전동칫솔, 면도기, 스마트폰, 스마트 시계 등이 기술이 상용화된 예다.

2. 비접촉방식 기반 무력전력전송 기술

자기결합이 수 cm~수 미터 거리에서 이루어질 수 있는 방식을 비접촉방식 기반 무선전력전송 기술이라고 한다.

반면 비접촉방식 기빈 무선전력전송 기술은 접촉방식 기반 무선전력전송 기술보다 상용화 측면에서 더디게 진행되고 있다.

무선충전버스(OLEV : Online Electric Vehicle), 드론, 자전거, 노트북에 적용할 수 있는 시제품들이 개발된 상태이며, 10~33W까지 상용화 제품들이 출시되었다.

무선전력전송 방식은 근거리 무선전력전송 기술인 자기유도 무력전력전송과 자기공진 무선전력전송, 원거리 무선전력전송인 마이크로파 무선전력전송으로 크게 3가지 방식으로 나눌 수 있다. 그리고 국내에서 최초로 한국전기연구원에서 개발된 2.4GHz를 이용한 50미터 원거리 고출력 무선전력 전송시스템 등이 있다.

[그림 1-5]처럼 주파수별 파형을 구분하는 방식으로 두 코일을 이용하여 가까운 거리에서 사용할 수 있는 '자기유도 방식'과 공명진동수가 같은 두 코일 사이의 공명을 이용해서 수 m에서 수십 m 정도 떨어진 거리에서 사용할 수 있는 '자기공

명 방식', 그리고 전자기파를 안테나를 통해 수백 m 떨어진 거리에서 사용할 수 있는 '마이크로파 방식' 등이다.

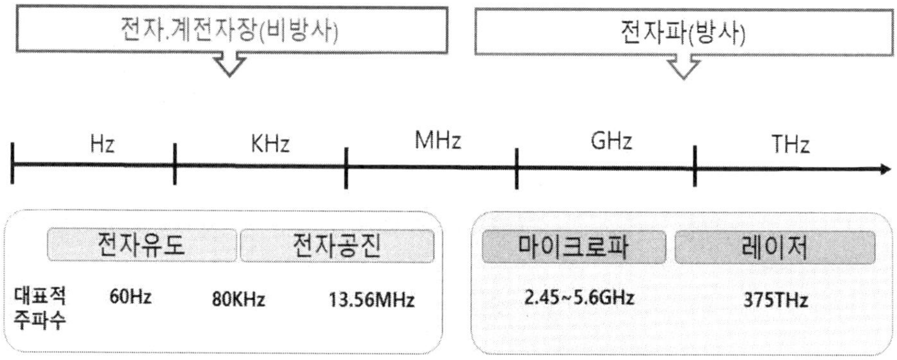

[그림 1-5] 주파수별 파형 구분

1) 자기유도 방식

자기유도(Inductive Charging) 방식은 1990년 대부터 2010년대 사이에 본격적으로 개발된 무선충전 방식이다. 이 방식은 전선에 전류가 흐르면 주변에 자기장이 생긴다. 자기장의 에너지는 가까운 곳에 있는 다른 전선에 전달되어 전류를 발생시킨다. 이러한 전자기 유도현상은 영국의 물리학자 마이클 패러데이(Faraday)가 1831년 발견한 물리학의 원리이다. [그림 1-6]처럼 영구자석을 코일에 넣었다가 뺏다 해도 코일도선에 전류가 유도되며, 영구자석을 고정시키고 도체를 움직여도 도체에 전류가 흐른다.

패러데이는 자기장이 많은 유도선(誘導線)으로 이루어져 있고, 나침반의 바늘이 이 유도선의 방향을 가리킬 것이라고 생각했다. 이러한 면적을 통과하는 유도선 다발을 자기력선속이라 한다. 패러데이는 자기력선 속이 변하기 때문에 전기효과가 생긴다고 생각했다.

몇 년 후 영국의 물리학자 제임스 클럭 맥스웰(James Clerk Maxwell)은 자기력선속이 변하면 도체 안에서뿐만 아니라 전하가 없는 공간에서도 전기장이 생긴다고 발표했다. 도체 안에서는 유도된 전기장이 전하를 움직여서 도체에 전류가 흐르게 된다. 맥스웰은 자기장의 변화와 유노기전력(E 또는 emf로 표시) 사이의 관계를 수식으로 나타냈다. 패러데이의 유도법칙(패러데이의 법칙과 구별하기 위해 이렇게 부름)에 따르면, 회로에 유도된 기전력은 회로를 지나는 자기장의 변화율에 비례한다. 자기장 변화율을 Wb/s의 단위로 나타내면 유도기전력의 단위는 V가 된다.

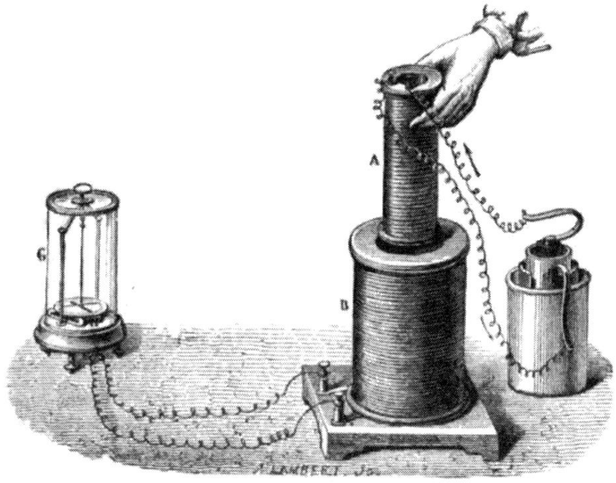

[그림 1-6] 패러데이의 전기기 유도현상

문제는 전송거리가 기껏해야 5cm 미만으로 매우 짧고, 단말기가 정확한 위치에 놓여야만 충전이 된다는 단점을 갖고 있다.

자기유도 방식의 대표적 전력전송 사례로는 최근 들어 프리미엄 가전제품으로 인정받고 있는 인덕션(Induction)을 꼽을 수 있다. 인덕션은 가스레인지의 3~4배 빠른 속도로 식품을 가열시킬 수 있는 장점을 갖고 있다.

인덕션의 특징으로는 불꽃이나 열을 가하지 않고도 조리기구와 식품을 가열할 수 있다는 점이다. 특히 가스레인지에 비해 산소 소모가 없고, 조리 시 유해 물질이 발생하지 않아서 상대적으로 에너지 효율도 높은 것으로 알려져 있다.

[그림 1-7]처럼 자기유도 방식은 1차 코일(송신 코일)에 흐르는 전류로부터 발생된 자기장(Magnetic Field)이 2치 코일(수신 코일)을 통과하면서 2차 코일에 유도전류가 흘러 에너지를 공급하는 방식이다. 이 기술은 변압기 동작원리와 유사하며, 1차와 2차 코일의 공진주파수와 에너지 전송주파수는 서로 다른 특징이 있다.

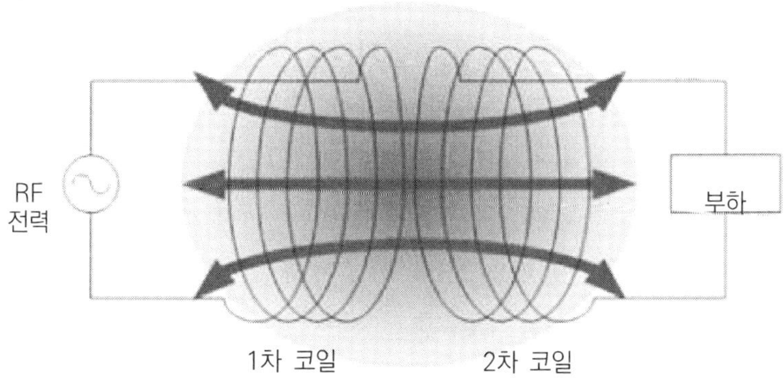

[그림 1-7] 자기유도 방식 무선전력전송 개념

2) 자기공진 방식

자기공진(Magnetic Resonance) 방식은 이 같은 자기유도 방식이 가진 한계를 극복하기 위해 개발됐다.

[그림 1-8]처럼 자기공진 방식은 1차 공진코일(공진주파수)에 흐르는 전류로부터 발생하는 자기장들이 2차 공진코일(공진주파수)을 통과하면서 2차 공진코일에 강한 유도전류가 흘러 부하로 에너지를 공급하는 기술이다.

1, 2차 공진코일이 동일한 공진주파수에서 공명하여 공진코일 간 수십 cm~1m 내외의 전송이 가능한 기술로 필드의 꼬리(뒷부분)가 결합이 되어도 전송효율이 유지되는 기술이다. 공진코일의 Q값이 크고 일반적으로 코일의 직경 대비 직경거리가 필드의 꼬리(뒷부분)가 나타나는 거리로 최장 전송거리가 공진기의 크기에 의해 결정되는 근역장 필드 결합기술이다. 전송거리에서 자기유도보다 유리하다.

코일 사이의 자기공진 현상으로 인해 생성되는 주파수를 사용하는 기술로서, 1m 이상의 거리까지 충전이 가능하다.

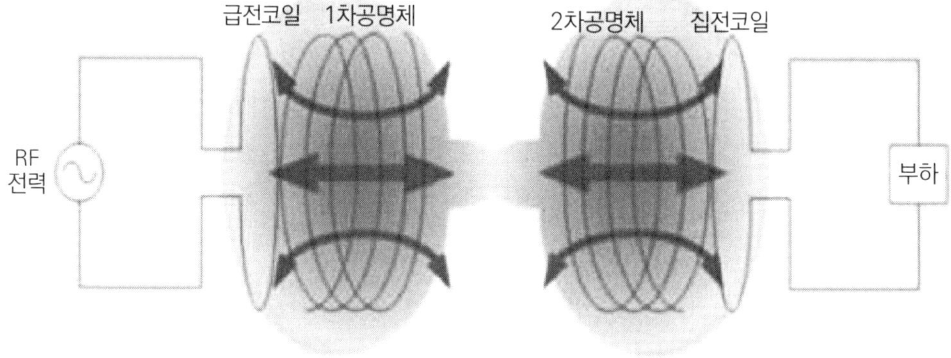

[그림 1-8] 자기공진 방식 무선전력전송 개념

또한 와이파이(Wi-Fi)처럼 전력이 전송되는 범위 안에만 있으면 단말기가 어떤 위치에 있던지 입체적 충전을 할 수 있어 차세대 무선충전 방식으로 주목을 끌고 있다.

반면에 자기공진 방식의 전력전송 사례로는 색다른 휴대폰 충전 시스템을 들 수 있다. 한국전자통신연구원(ETRI)이 개발한 이 충전 시스템은 위치나 방향에 상관없이 충전할 수 있는 컵 홀더 형태로 이루어져 있다.

'이 컵(E-Cup)'이라는 이름의 이 충전 시스템은 지름인 약 10cm 크기인 컵 모양으로서, 단말기 여러 개를 넣어두기만 해도 동시에 충전할 수 있고, 어떤 방향으

[그림 1-9] 자기공진 방식으로 개발된 무선 휴대폰 충전 시스템 © ETRI

로 놓아도 충전 효율이 일정하게 유지되는 게 특징이다. 자기유도 방식의 휴대폰 충전 시스템이 제자리에 둬야만 하고, 한 개씩만 충전해야 하는 것과는 달리 상당히 자유롭게 충전할 수 있는 방식이다.

3) 마이크로파 방식

마이크로파(Microwave Radio) 방식은 수백 m에 달하는 먼 거리를 전기선 없이도 전력을 전송하는 기술이다. 마이크로파 방식은 주파수가 높고 파장이 짧은 마이크로파를 이용한다. 마이크로파는 진동수가 커서 빛과 같은 직진하는 성질을 가지고 있다. 아직은 상용화까지 상당한 시간이 소요될 것으로 예상되는 기술로 특히 전송과정 중에 전자파가 인체 안전규정을 준수하기 어렵다는 단점을 갖고 있다.

자기유도 방식과 자기공명 방식이 주로 생활에 사용하는 휴대폰이나 자동차에 사용하는 전력전송 방식이라면, 마이크로파 방식은 산업시설이나 나아가 항공 우주 분야에 활용할 수 있을 것으로 전망되고 있다.

마이크로파 방식을 이용한 무선전력전송 사례는 한국전기연구원(KERI)의 연구결과가 대표적이다.

국내에서 최초로 마이크로파를 이용하여 고출력 무선전력전송 시스템을 개발한 후 시범 테스트까지 완료했다.

이뿐만이 아니다. 한국전기연구원은 세계 최초로 초광대역 임펄스 기반 실시간 위치 인식용 핵심기술 및 핵심부품인 SoC(System on Chip)을 개발하는데 성공했다. 또한 초광대역 주파수를 갖는 무선신호를 이용하여 수십 cm 이하의 정확성을 갖는 실시간 위치인식 기술을 개발하는데 성공하기도 했다.

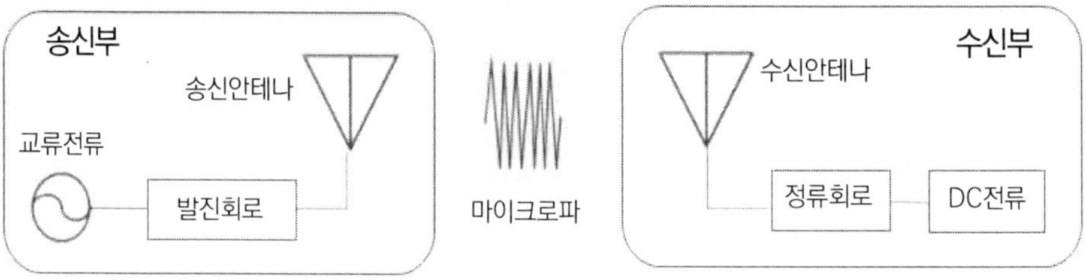

[그림 1-10] 마이크로파 방식 무선전력전송 개념

원거리 무선전력전송 기술은 '우주 태양광 발전(SPS : Solar Power Satellite)'에 사용되고 있다. 우주 태양광 발전은 우주에 초대형 태양 전지판을 장착한 인공위성을 띄워 전기를 생산하는 방식이다.

이 생산된 전력을 지구로 보낼 때 마이크로파로 보내는 기술을 사용한다. 그 후 지상에서 전파를 전기로 변환하여 우리가 사용할 수 있다. 우주에선 날씨와 상관없이 끊임없이 전기의 생산이 가능하므로 여러 국가와 기업이 관심을 쏟고 있는 기술이다.

〈표 1-2〉 RF 에너지 전송의 비교

방 식	자기유도	자기공진	마이크로 안테나
동작 원리	코일 간 전자기 유도 현상	공진주파수가 동일한 코일 간 자기공진현상	안테나의 원역 장 방사현상
장 점	수 cm이내 전송에 유리 코일 소형화에 유리	1m이내 전송에 유리 코일 간 정렬 자유도가 높음	1m 이상의 원거리 에너지 전송이 가능함
단 점	전송거리가 짧음 코일 간 정렬에 민감	코일 설계가 어려움 전자파 환경 극복 필요	전송효율이 매우 낮음 전자파 환경문제 발생
적용 분야	휴대기기, 전기자동차 등	휴대기기, 전기자동차, 공공서비스 등	우주 태양광 발전, 무선전력전송 등

하지만 원거리 무선전력전송은 한계점을 갖고 있다. 마이크로파 무선전력전송에 필요한 보안문제가 있다. 중간에 기기 사용자에 대한 위조 또는 변조를 하거나, 악성코드 삽입을 통해 장치 공격이 가능해 기기 간 도청, 가로채기, 프라이버시 등의 위협요소가 존재한다.

또한 큰 전력을 전송하게 된다면 전자파로 인해 인체에 해로울 수 있다. 전자파 흡수율에 관한 규제도 있어 큰 전력을 전송하는 데 한계가 있다.

수행 내용

재료 · 자료

- 무선전력전송 관련 자료

기기(장비 · 공구)

- 컴퓨터, 문서작성 프로그램, 프린터, 주변기기

안전 · 유의사항

- 무선전력전송 관련 장비의 안전 및 유의사항을 숙지한다.

수행 순서

01 에너지기술과 IT기술의 융합에 대하여 분석하라.

세계적으로 에너지기술과 IT기술을 융합하는 에너지-IT 융합기술에 대한 관심도가 높아지고 있다. 에너지-IT 융합기술은 고도로 발전된 IT기술을 에너지 분야에 접목하는 것으로 그린 IT라는 개념으로 알려지고 있다.

예를 들어 내부에 전원이 없는 수동태그에 수록되어있는 정보를 리더기로 판독하기 위하여 무선으로 에너지를 공급하는 RFID 기술, 전원선을 없애고 무선으로 가전기기 등에 전원을 공급하는 무선충전기술, LED를 이용하는 조명과 통신을 동시에 수행하는 가시광통신기술(Visual Light Communication), 무선통신을 이용하는 사용자의 전력 사용량을 원격으로 검침하는 AMI(Advanced Metering Infrastructure) 기술, 전력공급사와 수요자가 전력 사용량에 대한 정보를 교환할 수 있도록 전력선 무선통신을 이용한 스마트 그리드 등이 그린 IT의 대표적인 사례로 알려지고 있다.

이 가운데서 무선충전기술은 향후 상용화되면 그 파급효과가 매우 크기 때문에 관심이 집중되고 있는 분야 중 하나이다. 만약에 수십 W 이상의 전력을 무선으로 공급할 수 있다면 IT 기술의 패러다임이 획기적으로 변화할 것으로 전망된다.

특히 무선통신기술의 중심에 있는 모바일 IT 단말기는 이동통신, 무선 LAN 등의 망을 통하여 무선으로 자유롭게 이루어지고 있으나, 기기의 전원공급은 충전된 배터리를 이용하고 있으므로 전원장치의 무선으로 변환에 대한 관심이 매우 높을 수밖에 없는 분야이다.

이러한 무선전력전송은 우리 생활환경을 보다 청정 · 안전하게, 편리하도록 해주는 IT 기술의 총화로 볼 수 있는 기술이라 할 수 있다

02 무선전력전공 방식의 전파수신 방식을 분석하라.

전파수신(Radiative Power Transfer) 방식은 궁극적으로 수십 미터에서 수 킬로미터까지 에너지를 전송하는 원거리 전송기술로는 전파수신 방식이 제안된 바 있다. 학문적으로는 원역장 이론(Far Field Theory) 연구성과에 기반을 두고 있으며, 수백 MHz 이상의 RF 방사(Radio Frequency Radiation)를 이용하여 무선통신과 유사한 방법으로 송 · 수신 안테나 간에 전력을 전달하는 방식이다.

〈표 1-3〉 무선전력전송 방식의 비교

	전파수신 방식	자기공명 방식	자기유도 방식
전송거리	수십 m 이상	수 m 내외	수 mm 이내
주파수	수백 MHz 이상	6.78MHz, 13.56MHz	110~357kHz
전송전력	수십 mW	수십 W	수 W
원 리	원역장 이론	근역장 이론	패러데이 법칙
기술성숙도	미진함	개념구현중	성숙
표준화	없음	A4WP	WPC/PMA
모듈 · 시스템단가	고가예상	고가예상	상대적저가
당면문제점	저효율(1%이하)	인체유해성 검증	위치자유도 확보

실제로는 수신전력이 송신전력 대비 매우 낮으므로, 에너지 전송효율이 중요한 이슈가 아닌 경우에만 사용한다. 예를 들어 무선센서 네트워크(USN)와 같은 극소량의 전력을 소비하는 부하에 대하여 수 mW의 RF 에너지를 공급가능하다. 이 방식으로 미국의 Powercast社가 피츠버그동물원에서 라디오 전파를 이용하여 0.1W급 전력전송에 성공하였고, 국내에서는 한국전기연구원이 마이크로파를 이용한 수백W의 무선에너지 전송을

시연한 바 있다. 이러한 기술은 RF파의 특징인 전 방향성(Omni-directional) 특성으로 인해 전송효율이 매우 떨어지므로 이를 만회하기 위해 송신부의 전력을 끌어 올리는 경우 전파인증 규격을 모두 넘기 때문에 모바일 IT 기기용으로는 부적합하다는 것이 중론이다.

03 무선전력전송 시스템의 성능 및 품질에 대하여 분석하라.

무선전력전송 기술의 확산으로 인하여, 우리의 삶의 방식이 점점 변화되고 있다. 휴대용 모바일 기기를 위한 무선충전 장치들이 상용화되고 있으며, 심지어는 자동차에도 무선충전 장치들이 탑재된 자동차가 출시되고 있다. 이렇게 무선으로 신호뿐만 아니라 전력을 전송하게 됨에 따라, 진정한 100 % 무선전자기기의 구현이 현실화되어 우리의 삶은 점점 더 편리해지고 있다.

아직은 수 W에서 수 십 W 정도의 비교적 소비전력이 작은 제품을 위한 무선충전 시스템이 상용화되고 있지만, 100W 이상의 휴대용 모바일기기를 위한 전력을 무선으로 전송하는 기술도 조만간 상용화될 것으로 기대된다.

무선전력전송 시스템의 성능 및 품질은 모든 사람들이 쉽게 이해할 수 있을 정도로 합리적으로 관리되어야 한다. 무선전력전송 장치 또한 하나의 전자기기이기 때문에, 어느 하나 중요하지 않은 성능지표와 품질지표는 없겠지만, 그 중에서도 특히 상대적으로 더욱 중요하게 관리되어야 하는 성능지표 및 품질지표가 있다.

성능 관점으로는 '부하에 전달되는 전력 및 전압값'이 중요한 성능지표라고 할 수 있다. 이 값은 무선전력전송 시스템의 정상동작 여부를 판정하는 기본적인 지표이므로 사용자에게 반드시 제공되어야 한다. 주의할 점은 부하로 전달되는 전력뿐만 아니라, 전압값도 동시에 제공되어야 한다는 것이다.

일반적인 전자기기는 정전압원의 형태로 에너지를 제공받고 있기 때문에, 부하에 전달되는 전압값이 제공되어야 하지만, 만약 정전류원의 형태로 에너지를 제공받는다면 당연히 부하에 전달되는 전류값이 제공되어야 한다.

품질 관점으로 중요한 지표는 '효율'과 '전자파의 세기'라고 할 수 있다. 그 이외에도 역율, 코일(인덕터)을 통하여 흐르는 전류 및 코일 양단의 전압, 공진현상을 활용하기 위하여, 추가되는 커패시터에 흐르는 전류 및 커패시터 양단의 전압 등 매우 많은 품질 지표가 존재한다. 효율이라고 함은 '유효전력 전송효율'을 의미하며, 전력 공급원에서 제공하는 유효전력과 부하에 전달되는 유효전력의 비율로 정의된다. 예를 들면 220V 60Hz 전원 콘센트를 통하여 전달되는 유효전력과 부하에서의 소비전력 사이의 비율이 유효전력 전송효율이라고 할 수 있다. 유효전력은 때로 실효전력이라고 불리기도 한다. 부하로 전달되지 않고, 무선전력전송 시스템 내부에서 소비되는 전력으로 인하여, 유효전력 전송효율이 낮아지게 되며, 동시에 무선전력전송 장치에서 발열 특성이 악화가 된다.

결과적으로 유효전력 전송효율을 높이게 되면, 에너지 절약뿐만 아니라 발열특성도 개선되는 것이다. 전자파의 세기는 무선전력전송 시스템에서 방사되는 전자파의 세기를 의미한다. 무선으로 에너지를 전송하기 위하여 자기장을 이용하는 경우, 무선전력전송 시스템 주위에 강한 자기장이 형성되며, 그 자기장은 무선전력전송을 위하여 사용되기도 하지만 동시에 인체에 영향을 미칠 수도 있고, 주변의 전자기기에 간섭을 일으켜서 오동작 혹은 성능 저하의 원인이 될 수도 있다. 그러므로 무선전력전송 시스템 주변의 전자파의 세기는 중요한 변수로 취급되어 관리되어져야 한다.

결과적으로 무선전력전송 시스템의 가장 중요한 3대 주요 지표를 아래와 같이 정리할 수 있다.

① 부하에 전달되는 전력 및 전압
② 유효전력 전송효율(발열)
③ 전자파 노이즈의 세기(EMF/EMI)

04 전자파 방사 허용기준(EMF)과 전자파 방사 허용규정(EMI)에 대하여 분석하라.

1. 전자파 방사 허용기준

무선전력전송 시스템을 비롯한 모든 전자기기에서 방사되는 전자파의 세기는 ICNIRP에서 규정하는 생체 영향을 고려하여 결정된 Guideline을 준수해야 한다. EMF(Electromagnetic Field) 노이즈라고 불리며, 특히 기저 주파수 대역에서의 전자파를 의미하는 경우가 많다.

2. 전자파 방사 허용규정

생체영향을 고려하여 결정된 ICNIRP Guidelines뿐만 아니라, 주위의 전자기기로의 간섭으로 인한 주변기기의 성능 저하 현상을 방지하기 위하여, 또 다른 Limitation을 만족하여야 한다. 흔히 EMI 현상이라고 하며, CISPR 등의 국제 표준 혹은 각 나라에서 요구하는 전자파 방사 규정을 준수해야 제품을 상용화할 수 있게 된다. 특정한 제품군의 경우, 해당 제품에서 요구하는 전자파 방사(Radiated Emission : RE) 규정을 준수하여야 한다. 예를 들어서 자동차를 위한 전자파 규정을 만족하는 제품만이 자동차 산업에 적용될 수 있다. 최근 개발되고 있는 무선전력전송 시스템의 동작 주파수가 20kHz에서 110kHz 등으로 약 100kHz 부근의 주파수를 활용함에 따라, 특히 AM 라디오 대역에서의 전자기 간섭 현상의 발생 확률이 증가하였다.

AM 라디오 대역은 526kHz에서 1.6MHz 사이의 주파수에서 각 채널의 대역폭은 9kHz이다. FM 라디오는 88MHz에서 108MHz 사이의 주파수에서 200kHz의 대역폭으로 운영되고 있다.

텔레비전의 경우에는 54MHz에서 72MHz까지, 76MHz에서 88MHz까지, 174MHz에서 216MHz까지, 470MHz에서 806MHz까지의 주파수 영역에서 6MHz의 대역폭을 갖는다. 아직은 AM 라디오 주파수 영역으로의 간섭되는 현상이 관찰되었지만, 조만간 FM 라디오와 텔레비전 주파수 영역으로 간섭 현상이 나타날 가능성이 매우 높을 것으로 예상된다.

학습활동.1 교수 · 학습 방법

교수 방법

- 무선전력전송의 개요에 대한 관련 용어, 구성, 방식 이해 정도를 파악한 후 수업을 진행한다.
- 교수자의 주도로 무선전력전송의 개요 등의 내용을 PPT 자료로 제시한 후 설명한다.
- 가능하면 사전에 개인별 학습 자료를 준비하여 모든 학생이 참여할 수 있는 문제 해결식 수업, 협력 수업이 가능하도록 한다.
- 무선전력전송의 개요 전 과정을 작업의 순서에 따라 단계적으로 실습이 이루어질 수 있도록 지도한다.
- 교재를 통해 수업을 준비하는데 있어서 필요한 모든 정보나 팁, 힌트 등 도움이 될 만한 내용들을 확인할 수 있다.
- 학생들이 만들게 될 각 모델들은 수업시간에 중점적으로 다뤄질 부분과 어휘, 질문, 답을 포함하고 있으며 또한 탐구할만한 추가적인 아이디어들도 포함하고 있다.

학습 방법

- 무선전력전송의 개요에 대한 관련 용어를 숙지하고, 무선전력전송의 개요에 대해 이해한다.
- 무선전력전송의 개요의 각 단계별 중점 사항을 체계적으로 학습한다.
- 무선전력전송의 개요의 수행순서의 전 과정을 실습한다.
- 무선전력전송의 개요의 내용을 이해한다.
- 무선전력전송의 개요를 이해하고 숙달이 될 때까지 학습한다.

학습활동.1 평가 및 피드백

평가 준거

- 평가자는 피평가자가 수행 준거 및 평가 내용에 제시되어 있는 내용을 성공적으로 수행할 수 있는 지를 평가해야 한다.

학습내용	평가항목	성취수준		
		상	중	하
무선전력전송의 개요	무선전력전송의 개요를 이해할 수 있다.			

평가 방법

• 작업 포트폴리오

학습내용	평가항목	성취수준		
		상	중	하
무선전력전송의 개요	무선전력전송의 개요를 이해할 수 있다.			

• 필기시험

학습내용	평가항목	성취수준		
		상	중	하
무선전력전송의 개요	무선전력전송의 개요를 이해할 수 있다.			

• 체크리스트를 통한 관찰

학습내용	평가항목	성취수준		
		상	중	하
무선전력전송의 개요	무선전력전송의 개요를 이해할 수 있다.			

• 피드백

1. 작업 포트폴리오
   - 세출한 보고시를 평기한 후 주요 사한에 대하여 표시하여 돌려준다.
2. 필기시험
   - 평가 결과 성적이 저조한 학생은 보고서 제출 기회를 부여한다.
3. 체크리스트를 통한 관찰
   - 실습 과정에서 평가한 후 개선해야 할 사항 등을 정리하여 돌려둔다.

참 | 고 | 문 | 헌

- 강승열 외 3, 무선 에너지 전송기술, 전자통신통신동향분석 제23권 제6호, pp.59-69, 2008.12.
- 김종훈 외, 무선 전력전송 시스템에서의 전자파 연구동향, 한국전자파학회지, 제27권 제1호, 2016.01.
- 김진욱 외, K인버터를 이용한 전자기 유도 방식과 자기 공명 방식의 특성 비교, 2011대한 전기학회 하계학술대회 발표집, 7월, 2011.
- 김진욱 · 지현호 · 최연규 · 윤영현 · 김관호 · 박영진, 자기 공명 무선 전력전송 시스템에서 공진 코일의 배열에 관한 연구, 한국전자파학회논문지, 21(6), pp.564-572, 2016.
- 류명효 · 정지훈, "비접촉 무선전원 기술의 이해와 응용" 2012 대한전기학회 무선 전력전송 단기강좌 발표집, Apr.25. 2012.
- 박영진, 모바일기기 무선충전 시스템의 기술동향, 전력전자학회지, 제18권4호, pp.29-33, 2013.
- 박영진, 무선 전력전송의 이해, 전자공학회지, 제39권 제8호, 2012.08.
- 안성덕, 무선 전력전송 기술개발 동향, TTA Journal, vol.138, pp.45-51, 2011.
- 양준현, 자기공명형 무선전력 시스템을 이용한 무선충전기 개발에 대한 연구, 명예박사기술논문, 삼성전자, 2010.12.
- 이승민, 무선 전력전송 현황 및 국내도입을 위한 접근 방안, 한국 KFDC법제학회 한국보건산업진흥원 미래산업기획단, 2020.11.15.
- 임대현 · 조인귀, 무선 전력전송 기술동향 및 시장전망, 한국과학기술정보연구원, 2015.12.
- 장병준, 무선 전력전송 기술동향 및 향후 전망, 전력전자학회지, 제15권 제6호, 2010.12.
- 최성진, 무선에너지 전송기술동향, 제어로봇시스템학회지, 제20권 제1호, 2014.3.
- A. Kurs, A. Karalis, R. Moffatt, J. D. Joannopoulos, P. Fisher, and M. Soljacic, "Wireless power transfer via strongly coupled magnetic resonances", Science, Vol.317, pp.83-86, Jul, 2007.
- A. P. Sample, D. A. Meyer, and J. R. Smith, "Analysis, experimental results, and range adaptation of magnetically coupled resonators for wireless power transfer", IEEE Transactions on Industrial Electronics, Vol.58, No.2, pp.544-554, 2011.
- Aristeidis Karalis, J. D. Joannopoulos, Marin Soljačić, "Efficient wireless non-radiative m id-range energy transfer", Annals of Physics, Vol.323, pp.34-48, 2008.
- B. C. Choi, J. H. Nho, H. Y. Cha, T. Y. Ahn, and S. W. Choi, "Design and implementation of low-profile contactless battery charger using planar printed circuit board windings as energy transfer device", IEEE Transactions on Industrial Electronics, vol.51, no.1, pp.140 -147, Feb, 2004.
- Barry Fox, "One charging pad could power up all gadgets-Wireless Recharger", New Scientist, January, 2005.
- C. J. Chen, T. H. Chu, C. L. Lin, and Z. C. Jou, "A study of loosely coupled coils for wireless power transfer," IEEE Transactions on Circuits and Systems, Vol.57, No.7, pp. 536-540, 2010.
- C. Liu, A. P. Hu, and N. K. C. Nair, "Modelling and analysis of a capacitively coupled contactless power transfer system", IET Power Electronics, vol.4, no.7, pp.808-815, 2011.
- C. G. Kim, D. H, Seo, J. Sik. You, J. H. Park, and B. H. Cho, "Design of a contactless battery charger for cellular phone", IEEE Transactions on Industrial Electronics, vol.48,

no.6 pp.1238-1247, Dec, 2001.

- D. H. Childress, The Tesla papers, Adventures unlimited press, 2000.
- David Baarman(Fulto innovation), private communication.
- David Schneider, "A critical look at wireless power: Wireless power at a distance is still far away", IEEE Spectrum, May, 2010
- Dong-Gi Youn, Yang-Ha Park, Kwan-Ho Kim, Young-Chul Rhee, "A Study on the Analysis of Rectenna Efficiency for Wireless Power Transmission", IEEE TENCON99, Vol.2, pp. 1423-1426 17, Sep, 1999
- Dong-Gi Youn, Yang-Ha Park, Kwan-Ho Kim, Young-Chul Rhee, "A Study on the Fundamental Transmission Experiment for Wireless Power Transmission System", IEEE TENCON99, Vol.2, pp.1419-1422 17, Sep. 1999.
- ETRI 미래전략연구소 표준연구본부, 표준화동향 무력전력전송표준기술, 2017.1.
- http://www.a4wp.org/
- http://www.powermatters.org/
- https://blog.kepco.co.kr/1857 [한국전력 블로그 굿모닝 KEPCO!]
- https://www.wirelesspowerconsortium.com
- M. Kline, I. Izyumin, B. Boser, and S. Sanders, "Capacitive power transfer for contactless charging, "APEC-IEEE Applied Power Electronics Conference and Exposition, pp.1398 -1404, 2011.
- P. E. Glaser, "Power from the sun; its future", Science, Vol.162, No.3856, pp.857-861, Nov.22, 1968.
- S. C. Tang, S. Y. Hui, and H. S. Chung, "Coreless Planar Printed-Circuit-Board(PCB) Transformers-A Fundamental Concept for Signal and Energy Transfer", IEEE Transactions on Power Electronics, vol.15, no.5, pp.931-941, Sep, 2000.
- W. C. Brown, "The history of power transmission", Solar power, Vol.56, pp.3-2, 1996.
- W. C. Brown, "Satellite power stations: a new source of energy?" IEEE Spectrum, Vol.10, No.3, pp.38-47, Mar, 1973.
- W. C. Brown, "The history of power transmission by radio waves," IEEE Transactions on microwave theory and techniques, Vol.MTT-31, No.9, Sep, 1984.
- Wireless Power Consortium, The Qi Interface Specification Volume I : Low Power, 2010.

학습 목표

1. 무선전력전송의 기술을 이해할 수 있다.

2-1 근거리 무선전력전송의 기술

1. 자기유도 무선전력전송 기술

자기유도 무선전력전송 방식(Magnetic Field-coupled Inductive Power Transfer)은 송신코일에 인가된 시변전류에 의해 근역장(Near Field)에서 형성되는 자기장을 이용하는 방식이다.

현재 모바일 기기용으로 가장 많이 선호하는 방법으로 송·수신코일 사이에 Faraday 전자기 유도원리를 사용하는 방식으로, 변압기의 원리와 흡사하다. 즉 송신코일에 교류전압을 가하게 되면 자기장이 유도되고, 수신부 코일에 다시 역기전력이 생성되어 전력을 전달할 수 있게 되는 원리로, 학문적으로는 느슨한 결합계수를 가지는 변압기(Loosely Coupled Transformer)와 같다고 할 수 있다. 자기유도 방식은 수 cm 이내의 근접거리에서 사용할 경우 효율이 매우 좋기 때문에 수백 W 이상의 높은 전력레벨까지 전송이 가능하여 산업체에서도 채택되고 있다.

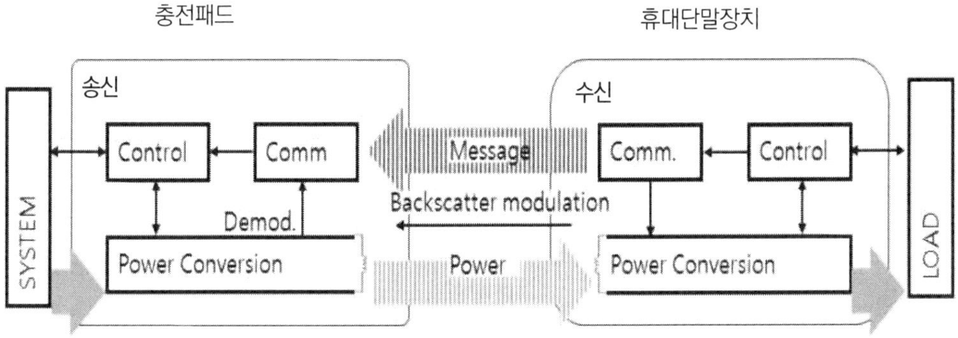

[그림 2-1] 자기유도방식 무선전력전송 시스템 구성도 실례

일반적으로 송신코일에서는 입력 시변전류에 의해 비방사형 전자기파를 만든다. 또한 시간영역에서는 입력 시변전류와 동일한 동작주파수를 가지며, 코일의 저항으로 인해 시간이 지나면 급속도로 감소하는 감쇄파가 만들어진다. 이 방식은 기존 RFID(Radio Frequency IDentification), NFC(Near Field Communication)의 기본원리와 동일하지만, 전력을 전달한다는 면에서 시스템의 구성이 RFID와 NFC와 다르다.

자기유도 무선전력전송 방식은 오랫동안 연구를 수행하였고, 다양한 분야에서 응용되고 있다. 이러한 방식은 종종 비접촉 전원기술로도 언급된다.

[그림 2-2]에는 자기유도 무선전력전송의 등가회로를 나타내었다. 송신과 수신 코일로 구성되어 있다. 일반적으로 진류소스 또는 전압소스를 사용하며, 사용 주파수는 수백 kHz 이하이다.

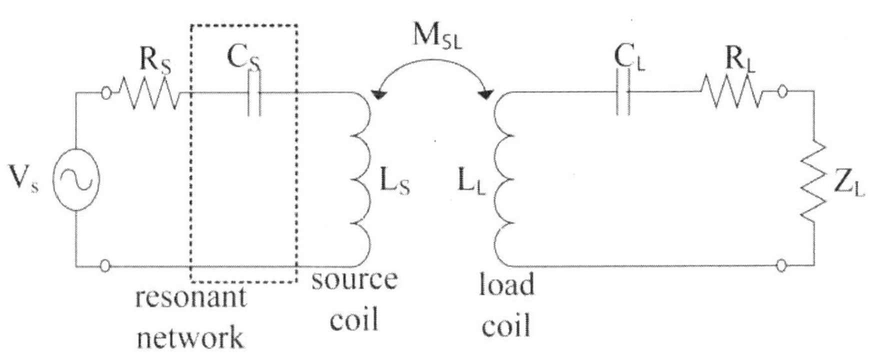

[그림 2-2] 자기유도 무선전력전송 등가회로

최근에는 사용 주파수가 수 MHz대역으로 높아지면서 전력소스를 사용한다. 시스템의 전송효율을 개선하기 위해서는 송신과 수신부를 공진시켜야 하며, 공진시키는 방법에는 LC, LLC, LCLC 공진방법을 포함한 여러 방법이 사용된다.

이러한 자기유도 방식 무선전력전송 기술은 구현이 간단하지만, 전력전송 거리 및 송·수신 코일배치에 대한 자유도가 매우 낮고, 전력전송의 신뢰도가 낮다. 이러한 이유로 송·수신코일은 고정된 경우가 많다. 또한 금속 이물질이 놓여 질 경우 금속 이물질에 유도되는 와류 전류에 금속 이물질의 발열에 의한 안전성 문제가 있다.

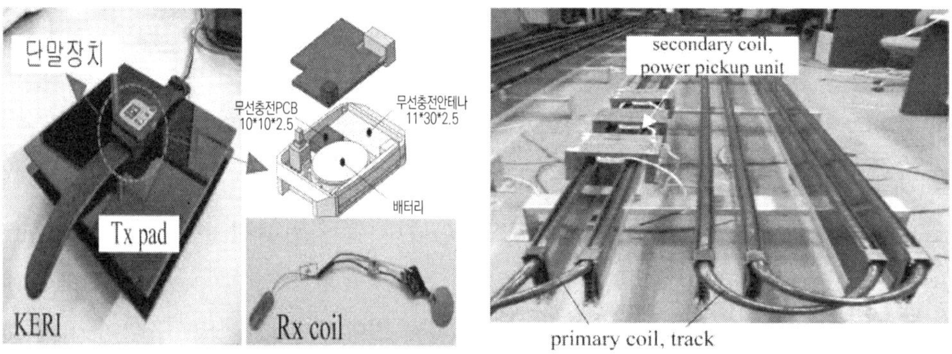

(a) 무선충전 기능이 내장된 생체 센서 모니터링 및 데이터 전송 단말장치

(b) 비접촉 전원기술을 적용한 공장 자동화용 청정 이송장치

[그림 2-3] 자기유도 기반의 무선전력전송 시제품 예

[그림 2-3](a)와 [그림 2-3](b)는 한국전기연구원에서 개발한 무선충전 기능이 내장된 생체 센서 모니터링 및 데이터 전송 단말장치 및 공장자동화 이송장치 적용을 위한 자기유도 방식 무선전력전송 시스템의 트랙과 수신픽업 부분의 사진이다.

최근 WPC(Wireless Power Consortium)에서 자기유도 기술을 기초로 한 수 와트 미만의 근거리 무선전력전송에 대한 단체 기술표준(Qi)을 국제 기업들과 제정하여 발표하였다. 이를 기준으로 스마트폰을 포함한 모바일 단말용 무선충전제품에 대한 상용화가 활발히 진행 중이다.

[그림 2-4]에 국내 기업에서 개발된 제품 사진을 나타내었다. WPC의 표준에는 송신코일과 수신코일에 대한 기술기준뿐만 아니라, 송·수신 전력전송 제어방법에 대한 기준이 포함되어 있다. 이러한 규정은 기존 자기유도 방식에서 문제가 되었던 전력전송의 신뢰도 및 안전성 문제를 해결하여, 무선전력전송 기술의 실용화 및 보편화를 가속화시켰다.

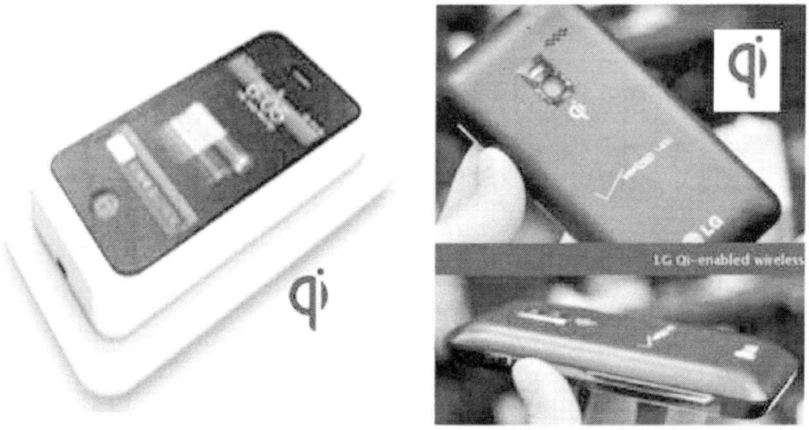

(a) WPC표준을 준용한 자기유도 무선전력전송 기술을 사용한 LS전선

(b) LG전자(우)의 모바일 단말

[그림 2-4] WPC표준을 준용한 자기유도 무선전력전송 기술을 사용한 LS전선과 LG전자(우)의 모바일 단말

2. 자기공진 무선전력전송 기술

자기공진방식(Magnetic Resonance Power Transfer) 기술은 파장 대비 짧은 거리에서의 근역장이론(Near Field Theory) 연구에 기반하고 있다. 매우 높은 공진 양호도(Quality Factor)를 가지도록 특수설계된 송·수신 공진기의 공진주파수를 서로 정확히 일치시켜, 공명이 되도록 하는 방식이다.

[그림 2-5]처럼 자기공진 무선전력전송 시스템은 송신부에서 AC전력을 공진부에 잘 전달되도록 DC로 바꾼 후 DC를 RF(100kHz, 6.78MHz)로 변환하고, RF 전력을 코일을 통해 수신부에 전달하며, 수신부에서 사용기기에 맞게 DC로 변환되는 과정을 갖게 된다.

일반적으로 무선충전 효율은 DC에서 DC까지의 효율을 의미하며, 즉 송신부에 AC/DC에서의 DC로부터 수신부에 사용되는 최종 DC전력의 비로 정의한다.

자기공진방식은 자기공진주파수를 가지는 낮은 높이로 구현한 헬리컬 공진기 등을 활용하는 기술이다. 이러한 기술은 수 m 이내로 보고 있으나, 1m 혹은 2m 이내에서 이루어질 것으로 보인다. 또한 가전제품, 조명, 컴퓨터 및 주변기기, 모바일 장치, 로봇, 전기자동차 분야 등에 가장 폭넓게 적용될 수 있을 것으로 보인다. 단 이러한 가능성은 전파환경과 전파간섭에 대한 문제를 해결했을 경우이다.

이 외에도 소형 전기자동차, 경전철, 전기자전거 등 소형 모터 RF에너지 전송시스템 분야와 박물관의 3D영상, 실시간 교통정보용 티켓, 3D 위치안내 시스템, 영

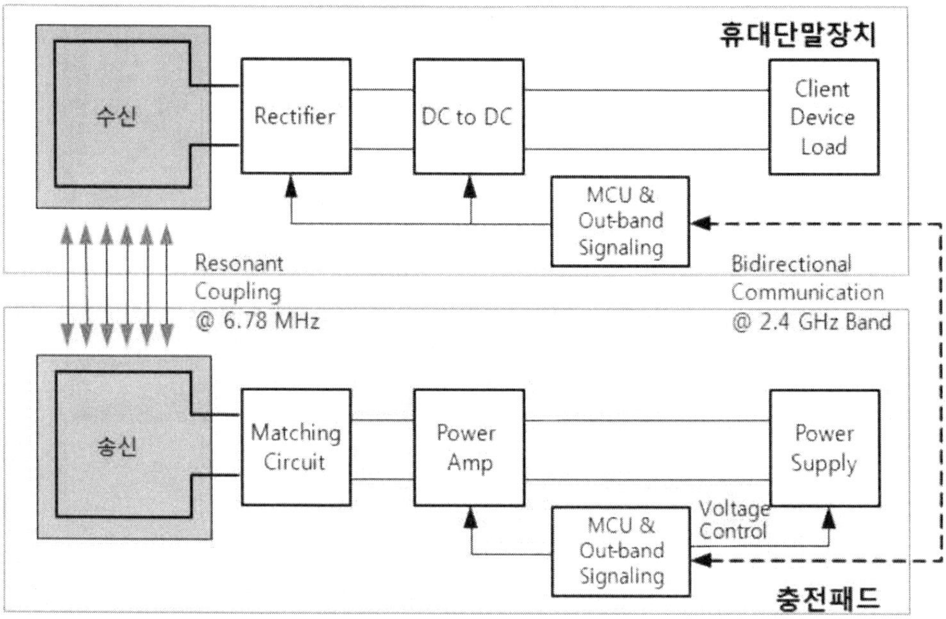

[그림 2-5] 자기공진방식 무선전력전송 시스템 구성도 실례

상을 가진 신문, 잡지, 책 등 저가형 트랜스미디어 기술을 유도할 수 있는 단거리 초고속 수동형 정보전송 시스템, 24시간 사람을 보호하고 유사시 인체와 떨어져 안전조치를 취해줄 수 있는 휴대용 소형로봇 전력전송시스템 개발이 가능할 것으로 보인다. 로봇 분야는 무선에너지 전송기술로 로봇의 개념을 바꾸어 버릴 수 있는 기술이다. 선이 필요 없는 로봇, 전지가 필요 없는 로봇, 에너지 효율이 좋은 로봇 제작이 가능하기 때문이다. 이러한 기술개발을 통해 유비쿼터스 로봇개발이 가능할 것으로 보인다.

2007년 미국 MIT 연구팀에서는 약 10MHz 주파수를 사용하여 품질계수가 1000인(설계 값~4000) 자기공진기를 제작하였다. 제작된 자기공진기를 이용하여 2.4미터 떨어진 60와트 전구를 켤 수 있음을 시연하였다. 연구팀이 제작된 시스템을 배경으로 찍은 사진을 보면, 연구원들이 60와트 전력이 전송 되고 있는 송·수신 코일 사이에 있어도 인체에 문제가 없음을 보였다.

또한 60와트 전구의 불을 밝히기 위하여, 직류가 아닌 수신된 교류신호를 직접 사용하였다. 60와트 전구가 가장 밝게 켜질 때의 저항을 측정해 보면 대략 100옴 정도로서 부하 임피던스가 높은 편이다. 자기유도의 경우 부하저항이 높을 경우 최대 전력 전달조건을 맞추기 어렵다.

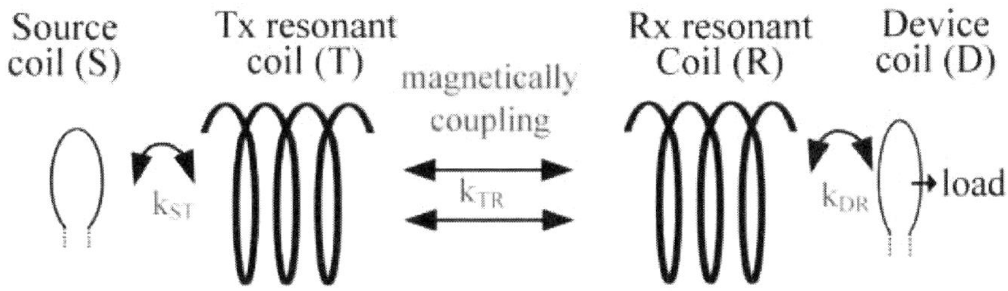

(a) 자기공진 무선전력전송 기본 구성

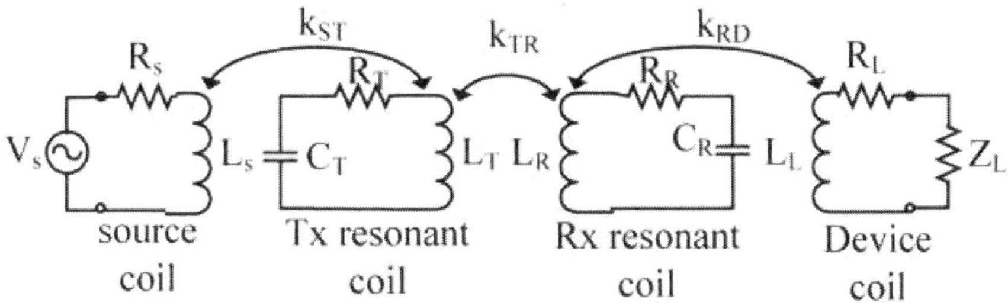

(b) 자기공진 무선전력전송 등가회로

[그림 2-6] 자기공진 무선전력전송 기본 구성과 자기공진 무선전력전송 등가회로

[그림 2-6](a)에서는 2007년 Science에 게재된 자기공진방식 무선전력전송 시스템 구성을 나타낸다. [그림 2-6](b)는 [그림 2-6](a)의 자기공진 무선전력전송 시스템의 회로 해석을 위해 여러 문헌에서 사용한 시스템의 등가회로를 나타낸다.

MIT에서 제시한 자기공진 시스템은 4개의 코일로 이루어져 있다. 소스 코일, 송신 공진 코일, 수신 공진 코일, 부하 코일로 구성된다. 소스 코일은 소스에, 부하 코일은 부하에 각각 연결된다. 주요한 커플링 부분은 크게 두 부분으로 나누어 설명할 수 있다.

첫번째는 동일한 공진주파수를 갖는 송·수신 자기공진 코일 사이의 자기결합(Magnetic Coupling)과 저손실 자기공진(Self-resonance) 코일에서의 자기공진이다. 이러한 자기결합과 자기공진으로 송·수신 공진 코일 사이의 거리가 증가하거나, 송·수신 공진 코일의 변화로 인해 결합 계수가 떨어지더라도 상대적으로 높은 효율을 유지할 수 있다.

두번째는 소스 코일과 부하 코일들에 의한 매칭 네트워크 구성이다. 즉 수천 이상의 품질계수를 갖는 자기공진 시스템에 있어 소스로부터 에너지를 송신 공진기에 전달하고, 수신 공진기로부터 수신된 에너지를 부하에 전달하기 위해서는 손실이 적고, 적절한 매칭 방법이 필요하다. 이러한 역할을 송·수신 커플링 코일인 소스와 부하 코일들이 수행한다.

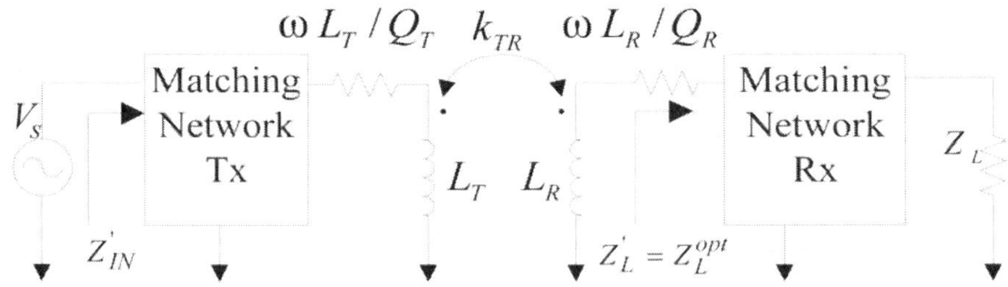

[그림 2-7] 매칭 네트워크와 송 · 수신 자기공진기로 구성된 자기공진 시스템 모델

예를 들어 송 · 수신 공진 코일 사이의 거리가 변동될 경우, 송 · 수신 공진 코일 사이의 커플링 계수인 k_{TR}이 달라져 최대 전력전달 조건을 만족하지 못한다. 이때 최대 전달효율 조건을 만족하기 위하여 송 · 수신 커플링 코일을 기계적으로 움직여서 변경된 최적 전달조건을 만족시킨다. 이러한 관점에서 커플링 코일을 매칭 네트워크로 등가화하여 [그림 2-7]의 구조를 설명하였다.

주의해야 할 사실은 동일한 송 · 수신 자기공진 코일을 사용할 경우 자기유도나 자기공진방식 모두 최대 효율은 동일하다. 그러나 거리의 변동이나 코일의 배열 등에 따른 시스템의 변화에 커플링이 감소하더라도, 자기공진방식의 경우 전송효율은 최대 전송효율에 비해 급격하게 떨어지지 않는다.

이처럼 자기유도 방식과 자기공진 방식의 유사성에 대해 논의하였다. 특히 일부 문헌에서는 100년 전 Tesla에 의해 자기공진방식이 제안되어, MIT 연구팀의 연구결과에 큰 의미를 주지 않는다.

그러나 MIT에서 제안된 방식은 기존 논문에서 아직까지 제시한 적이 없는 수천 이상의 품질계수를 갖는 저손실 자기공진체를 10MHz 주파수 대역에서 실제 구현하였으며, 고 품질 계수를 갖는 매우 민감한 자기공진체를 포함한 무선전력전송 시스템을 위한 새로운 임피던스 매칭 방법 또는 공진 네트워크를 제시하였다. 실제 부하 임피던스가 수십 이상으로 커질수록 기존 자기유도방식에서는 임피던스 매칭 방법이 매우 어려우나, 자기공진방식은 소스 및 부하 커플링 코일을 이용하여 쉽게 최대 에너지 전달효율 조건을 만족시킬 수 있다.

또한 이러한 시스템을 통하여, 감쇄 자기장을 이용한 근거리 무선전력전송의 실용화에 가장 큰 걸림돌이었던 최대 효율 거리의 확장, 송 · 수신 코일배치의 자유도를 개선할 수 있었다.

예를 들어 송 · 수신 공진 코일이 수직으로 배열된 경우, 송 · 수신 공진 코일의 중심 축이 벗어난 큰 오프셋의 경우에도 고효율로 전력전송이 가능하다.

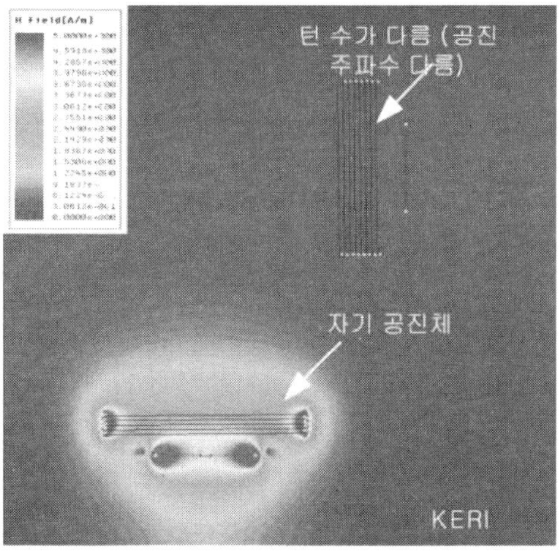

(a) 두 공진체의 공진주파수가 다르며, 수직으로 배열된 송 · 수신 자기공진체의 경우

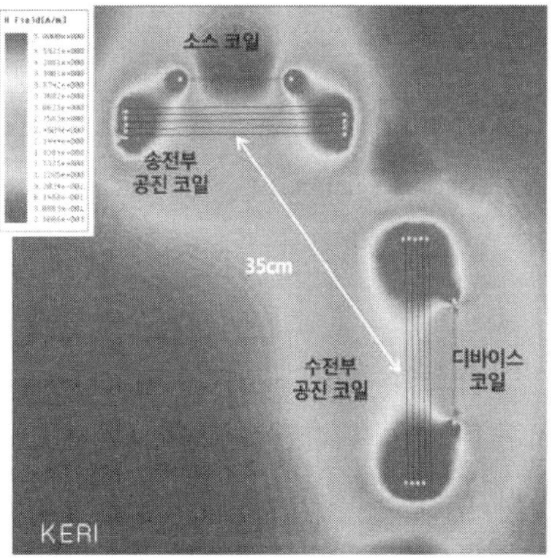

(b) 공진주파수가 동일한 경우

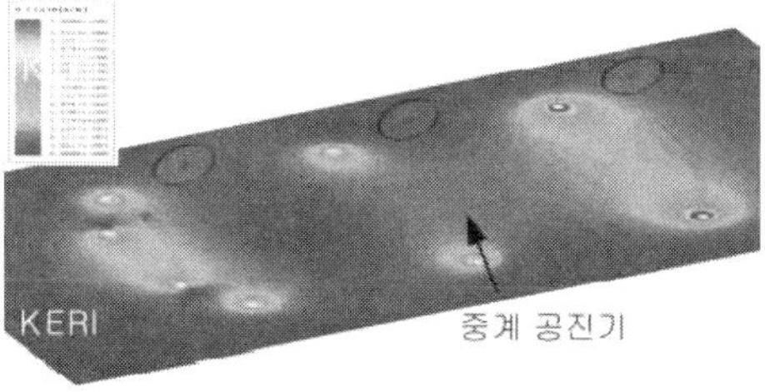

(c) 세 자기공진기의 공진주파수가 동일하며, 중계 자기공진기가 송 · 수신 공진코일에 동축인 경우

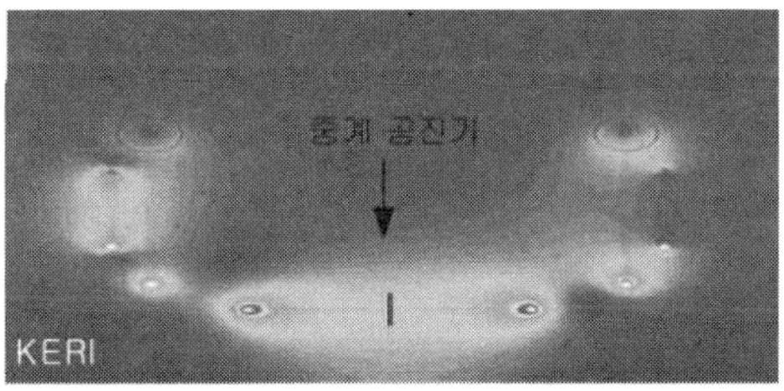

(d) 수직인 경우의 자기공진현상 시뮬레이션 결과

[그림 2-8] ANSYS사의 HFSS를 사용한 시뮬레이션 결과

[그림 2-8]은 ANSYS사의 HFSS를 사용하여 수직으로 배열된 두 코일 사이의 상호 커플링 현상 및 자기공진 코일 사이의 공진현상을 이용한 전송거리 개선에 대한 시뮬레이션 결과다. 그림에서 색깔은 자기장의 절대값을 나타내며, 빨간색이 최대이고, 파란색은 최소값을 나타낸다.

[그림 2-8](a)는 공진주파수가 다른 헬릭스 형 자기공진체가 수직으로 배열된 경우다. 그림에서 보는 것처럼 송신 자기공진체 주위로 자기장이 형성되어 있으며, 거리가 멀어질수록 그 크기가 점점 더 작아진다. 또한 공진주파수가 다른 인접 자기공진체에 전혀 에너지를 전달하지 못한다.

[그림 2-8](b)는 공진주파수가 동일한 2개의 자기공진체가 수직으로 배열된 경우이다. 그림에서처럼 송 · 수신 공진체 사이에 작은 커플링이 형성되고, 공진으로 많은 에너지를 수신할 수 있음을 알 수 있다.

[그림 2-8](c)와 [그림 2-8](d)는 송 · 수신 공진코일 사이의 전송거리 및 전송

효율을 개선하기 위하여 송·수신 코일의 중심에 에너지를 중계할 수 있는 중계 자기공진기를 사용한 것이다. 자기공진기로는 단일 루프에 평행평판 커패시터를 사용하였다. 특히 [그림 2-8](d)는 송·수신 공진코일에 수직으로 중계 공진코일이 배열되더라고 에너지 전송이 효율적으로 되고 있음을 보인다.

자기공진방식의 경우 가장 큰 애로점은 수백 이상의 높은 품질계수를 갖는 자기공진체의 소형화 기술이다. 즉 실용화 관점에서 스마트폰 등과 같은 모바일 기기에 적용을 위해서는 수백 이상의 품질계수를 가지며, 소형화된 자기공진기 개발이 필수적이다. MIT에서 제시된 구조적 공진방법은 높은 품질계수를 얻을 수 있으나, 부피가 매우 크다.

자기공진체의 소형화를 위해 기존 무선전력전송을 위해 사용되는 주파수 대역을 수 MHz 대역으로 높일 필요가 있다. 즉 수십 kHz 이하의 낮은 주파수에서는 높은 인덕턴스 값을 가지기 위해 자기공진체의 부피가 매우 커지며, 주파수를 점점 증가할 경우 자기공진체는 소형화 되지만, 최적 주파수를 넘어가면 방사저항이 증가하고, 전송거리가 작아지기 때문에 무한정 주파수를 높이는 것은 바람직하지 않다.

따라서 사용 목적, 최대 전송 전력에 따라 최적의 자기공진기 구현이 가능한 주파수 연구가 필요하다. 높은 품질계수를 갖는 소형 자기공진체 구현을 위한 또 다른 방법으로는 저손실 소재를 이용한 자기공진기 구현기술이다. 최근 초전도를 이용한 자기공진 시스템 구현이 대표적인 예이다.

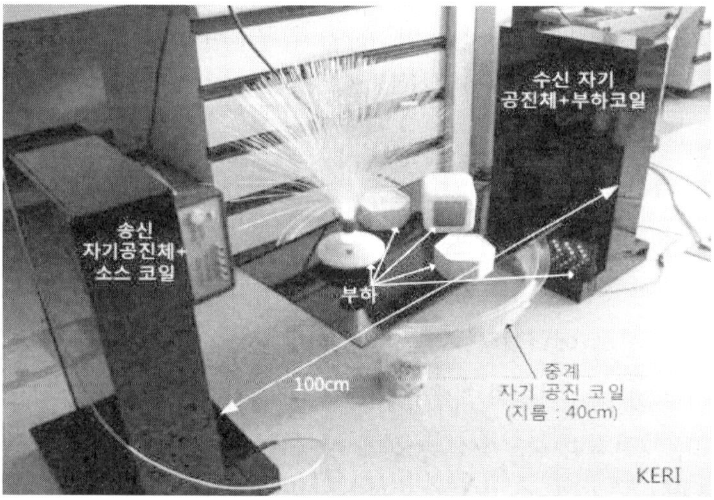

[그림 2-9] 에너지 중계기술을 이용한 중거리 무선전력전송 시제품 사진

[그림 2-9]은 한국전기연구원에서 개발한 중계 자기공진체를 이용한 전송거리 및 전송효율을 개선한 자기공진형 무선전력전송 시제품이다. 그림에서처럼 송신 공진과 중계공진 코일은 서로 수직으로 배치되어 있으며, 송 · 수신 자기공진 코일 사이의 거리는 약 1m정도 떨어져 있다. 송 · 수신 자기공진 코일로 헬릭스 형 코일을 사용하였으며, 공진주파수는 900kHz이다. 측정된 품질 계수는 3000이상으로 매우 높다.

미국의 벤처회사 WiTricity를 필두로 Intel, Qualcomm, Sony社 등이 채택하여 그 가능성을 연구하고 있다. 실제 수십 MHz의 주파수를 사용하면 작은 방 크기의 내부에서 공명이 일어날 수도 있다고 하니, 구현만 되면 향후 응용범위가 넓다고 할 수 있다.

하지만 아직까지의 연구 성과들은 통제된 실험실에서의 결과일 뿐, 상용화에는 많은 어려움이 존재한다고 본다. 예를 들어 공진기의 공진 양호도가 100 이상으로 매우 높기 때문에 주파수 특성곡선이 하나의 주파수 중심으로 아주 뾰족한 형태를 가지고 있어 송 · 수신부 공진기의 주파수를 정확히 일치시켜 제작하는 공정관리가 힘들다는 단점이 있으며, 여전히 안테나의 배치방향이나 주위 금속물에 의한 영향은 상존한다고 보고 있다. 더욱이 부하에서 소모하는 전력이 변할 때는, 부하정합(Load Matching) 조건이 당초 설계와 달리 크게 변하는 등 50옴 정합의 신호 전송문제에서 볼 수 없었던 전력 전송의 특수성에 대한 대처 방안도 해결해야 할 과제이다.

특히 이 방식의 보급을 위해서는 기술적 제도적 이슈에 대한 논의가 충분히 이루어져야 한다. 여기서 기술적인 이슈는 전송거리 증대, 안테나 형상 및 매칭 문제 등이며 제도적인 이슈는 인체에 미치는 영향 등이 주요 논의 대상이다. 이 방식은 자기장 영역 내에 사람이 충전대상물과 공존해야 하는 개념이기 때문에 인체 영향성에 대한 연구 검증이 최우선적으로 완결되어야 한다. 따라서 기술적 완성도 및 상용화는 더욱 시간이 걸릴 것으로 판단된다.

2-2 원거리 무선전력전송 기술

1. 마이크로파 무선전력전송 기술

전자기 유도 및 자기공진 무선전력전송 시스템은 비방사형 전자기파를 사용하여 근거리 무선전력전송에 활용된다. 이와는 반대로 마이크로파를 이용한 무선전력전송 기술은 수 GHz 이상의 방사형 마이크로파를 사용하는 기술로 수미터 이상의 원거리 무선전력전송에 활용된다.

[그림 2-10]은 일반적인 마이크로파 무선전력전송의 구성을 나타낸다.

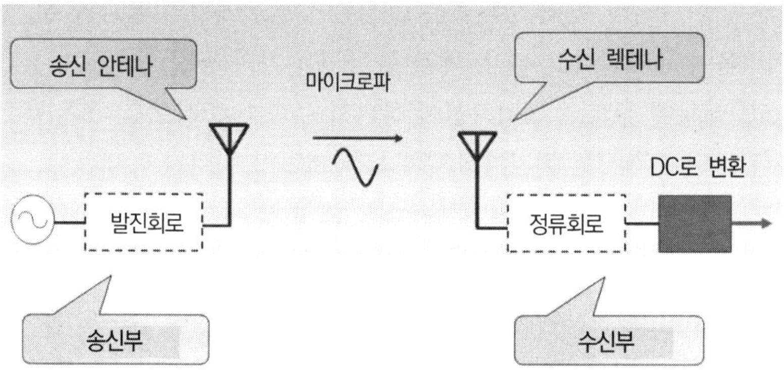

[그림 2-10] 마이크로파 무선전력전송 시스템의 구성

현재 많이 사용되고 있는 주파수는 2.45GHz, 5.8GHz, 35GHz가 주로 사용된다. 수와트 미만을 전송할 경우는 반도체 회로를 사용하지만, 수백와트 이상의 고출력 경우는 마그네트론을 포함한 진공관 소자가 주로 사용된다. 그러나 부피 및 운용 면에서 반도체 회로를 이용한 고출력 소자가 점점 더 많이 활용될 것으로 예측된다.

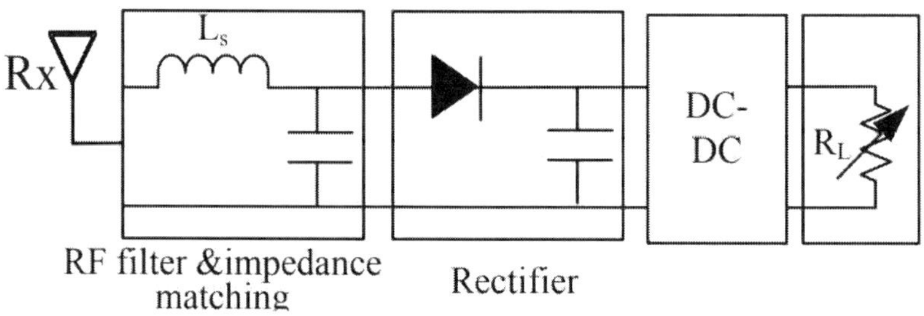

[그림 2-11] 수신 렉테나 및 수신부 구성

[그림 2-11]은 수신부의 구성을 나타낸다. 수신부는 안테나와 정류부로 구성된 렉테나(Rectenna : Rectifying Antenna)가 주요한 소자이다. 또한 RF필터를 이용하여 다이오드에 의해 발생되는 수신신호의 고조파 신호의 재방사를 억제한다.

마이크로파 무선전력전송 기술의 미래 가장 큰 잠재적 응용분야는 우주태양광 발전 위성(SPS : Space solar Power Satellite)을 통한 무한한 우주 태양광의 활용이다. 이러한 연구는 1970년대부터 지속적으로 진행되어 왔으며, 2008년에 143km의 원거리 무선전력전송 시스템을 개발하여 SPS 활용 가능성을 보였다(그림 2-12).

[그림 2-12] 반도체 소자를 이용한 위상배열 안테나 시스템 사진

프로젝트에서는 가볍고 제작이 간단한 반도체 소자 기반의 배열 안테나를 활용하였다.

또한 2011년 5월 일본 교토대학에서 개최된 IEEE MTT-S International Microwave Workshop Series on Innovative Wireless Power Transmission (IMWS-IWPT)에서 일본에서 추진하고 있는 SPS프로젝트에 대해 소개되었다.

[그림 2-13] 교토대학에서 개발한 SPS 모의시험용 배열 렉테나 시스템

학습 2

[그림 2-13]은 교토대학과 미쯔비시가 공동으로 개발한 FSS(Frequency Selective Surface)를 장착한 수신 렉테나 배열구조의 사진이다.

2. 고출력 마이크로파 무선전력전송 기술

국내에서는 최초로 한국전기연구원에서 2.45GHz 마이크로파를 이용한 고출력 무선전력전송 시스템을 개발하여 시연하였다.

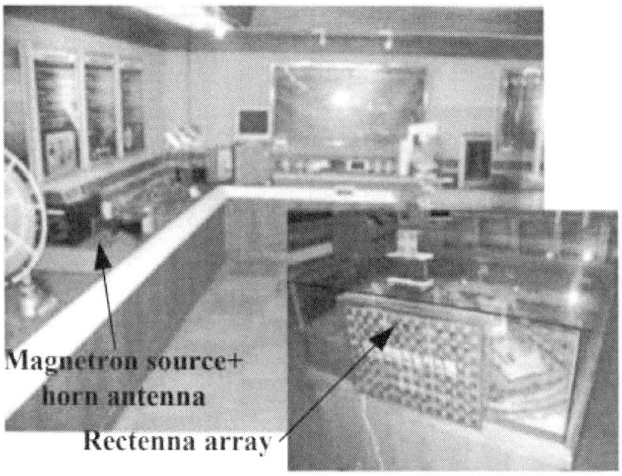

출처 : 한국전기연구원

[그림 2-14] 수백와트급 소형 마이크로파 무선전력전송 시제품

[그림 2-14]는 1997년 마그네트론과 혼 안테나를 이용하여 2미터 떨어진 렉테나에 전력을 전달하는 시제품이다. 렉테나를 통하여 수신된 에너지는 DC변환을 거쳐, 소형 미니어처를 구동시키기 위해 사용되었다.

출처 : source : 한국전기연구원

[그림 2-15] 10kW급 송 · 수신 마이크로파 무선전력전송 시스템사진

[그림 2-15]는 한국전기연구원에서 개발한 원거리 고출력 마이크로파 무선전력전송 시제품이다. 개발된 제품은 50미터 떨어진 거리에서 약 수 kW를 수전할 수 있다. 송신소스는 10kW 이상을 송신할 수 있는 마그네트론을 사용하였으며, 수평, 수직의 이중 편파 급전이 가능한 파라볼릭 송신 안테나를 사용하였다. 주파수는 2.45GHz를 사용하였다. 렉테나는 그림에서처럼 단일 패치 렉테나 배열구조를 사용하였다.

구성된 렉테나는 약 1440개이다. 렉테나 배열은 [그림 2-16]에 나타내었다.

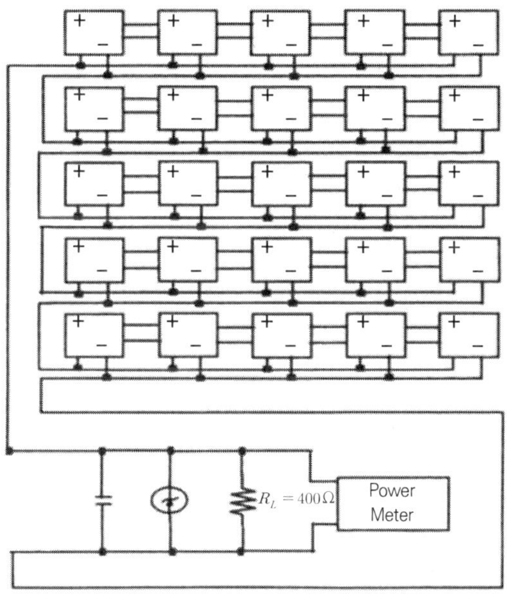

출처 : 한국전기연구원

[그림 2-16] 수신 다이폴 렉테나 배열 시스템의 구성

시스템의 전체 효율은 약 55% 정도이다. 사용된 파라볼릭 안테나는 35dBi 정도의 높은 지향성을 가지고, 마그네트론은 큰 출력이 가능하지만 부피가 크고, 이동형 부하를 위한 빔 제어가 어렵다.

최근에는 이러한 문제를 해결하기 위해 반도체 소자 기반의 고출력 앰프를 사용하고, 패치형 배열 안테나를 사용하여 무게를 줄이고, 빔을 전자적으로 제어한다. 또한 고출력 전자기파에 의한 전자기기, 생명체 영향 문제에 대한 연구가 마이크로파 무선전력전송 응용에 선행되어야 한다.

[그림 2-17]는 마이크로파를 이용한 원거리 무선전력전송의 응용 예를 나타내었다. 한국전기연구원은 개발된 고출력 마이크로파 무선전력전송 기술을 활용하여 단기적으로 무인 비행체의 무전력전송을 위한 핵심기술을 개발하고, 장기적으로 우주

태양광 발전 위성을 이용한 우주 태양광 발전을 위한 연구를 지속적으로 추진할 계획이다.

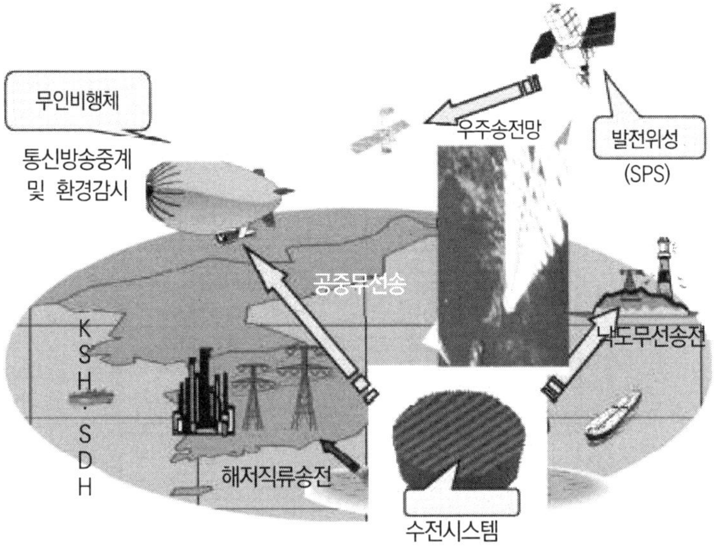

[그림 2-17] 마이크로파를 이용한 대용량 무선전력전송 응용 구상
(우주 태양광 발전, 무인비행체 무선급전, 원격지 무선전원공급)

2-3 무선전력전송 기술방향

1. 전력회로 및 시스템 설계 기술

송·수신기 간 위치변화 등 다양한 환경에 대해서도 안정적인 전력공급이 가능하도록 하기 위해, 실시간으로 환경변화에 대응하는 전력회로설계 기술이 필요하다. 전기자동차 등 대전력 시스템은 회로의 효율성을 증가시키기 위한 시스템 통합 설계의 중요성이 대두되고 있다.

또한 송·수신기의 개수가 달라지는 상황에서도 무선충전이 가능한 1:N, N:1, N:M 다중 시스템 간 멀티충전 기술의 개발이 연구되고 있다.

사회적으로 무선전력전송 기술이 보편화되고, 특히 전기자동차의 수요와 필요성이 증가하면서, 이를 위한 인프라 구축에 대한 투자와 연구가 진행되고 있다. 또한 송·수신 시스템 간 통신 시스템, 전력소비에 대한 과금 시스템 등에 관한 연구도 수행되고 있다.

2. 저주파 자기장 시스템의 코일 및 코어설계 기술

전력전송의 효율화와 누설 자기장 저감을 위한 코일구조 및 자성체 코어 최적설계가 진행되고 있다.

또한 자기장이 전력전송의 주성분이 되는 Inductive 시스템뿐 아니라, 전기장이 주가되는 Capacitive 시스템 기술도 연구되고 있다.

전기자동차 등 대전력 무선전력전송 시스템에 이용되는 자성체 코어는 대부분 Ferrite가 활용되고 있으나, 쉽게 파손되거나 고온에서 낮은 포화 자속 밀도를 가지는 단점을 해결하기 위한 고성능 자성체 물질 개발에 관한 연구도 수행되고 있다.

3. 저주파 자기장 저감 기술

자기공진 무선전력전송 시스템에서 발생하는 저주파 자기장은 고주파 EMI 저감에 사용되는 일반적인 차폐의 효과가 떨어진다. 따라서 Resonant Reactive Shield 등 저주파 자기장 저감을 위한 차폐기술의 필요성이 증가하는 추세이다.

또한 시스템 자체적으로 필요한 금속 외함이나 추가적인 자성체 코어, Metamaterial 차폐 등 새로운 차폐기술을 개발하여 효율과 차폐 성능을 모두 만족시키는 기술이 연구되고 있다.

EMI 관점에서는 송신전력의 기본 주파수뿐 아니라, 고조파 성분에 의한 EMI 문제 해결을 위한 고출력 협대역 필터설계 기술도 연구되고 있다.

4. 마이크로파 무선전력 시스템

마이크로파 무선전력전송 시스템은 송·수신 효율이 매우 낮다는 것이 큰 단점인데, 이를 개선하기 위해서 배열 안테나와 Rectenna를 이용한 마이크로웨이브 송신 고효율화 기술이 연구되고 있다.

가령 Retro-directive 빔 포밍 기술을 이용하여 장애물이 없는 곳으로 반사된 신호의 방향으로 전력 송신을 함으로써, 효율을 높이고 전자파 인체 영향 문제를 해결하려는 기술이 연구되고 있다.

통신에서 활용되던 Time Reversal 기술을 이용하여 매질에서 왜곡된 송신파형을 복원하여 고효율 송·수신이 이루어지도록 하는 기술도 연구되고 있다. 또한 시간 분할 등을 이용하여 동일 안테나를 사용하여 송·수신 간 통신을 수행하는 회로 설계 기술도 개발중에 있다.

5. 표준화, 규제 관련 기술

모바일기기 표준화는 기업 컨소시움 주도의 WPC와 AirFuel Alliance에서 상호 경쟁 및 보완 형태로 진행되고 있다.

전기자동차 표준화는 주파수 간섭에 대한 이슈가 문제되고 있으며, 전기자동차에서 발생하는 전자파의 세기 측정 등 공유 연구가 진행 중에 있다.

전자파 측정 표준 관점에서는 자기장이 주로 발생하는 자기공진 방식 무선전력 전송의 특성상 EMF와 EMI 측정 시 전기장을 측정하여 간접적으로 자기장을 계산하는 방식에 어려움이 많으므로, 저주파 자기장을 직접 측정하는 방식에 대한 검토가 이루어지고 있다

수행 내용

재료 · 자료

- 무선전력전송 관련 자료

기기(장비 · 공구)

- 컴퓨터, 문서작성 프로그램, 프린터, 주변기기

안전 · 유의사항

- 무선전력전송 관련 장비의 안전 및 유의사항을 숙지한다.

수행 순서

01 무선전력전송 기술의 필요성에 대하여 분석하라.

일상 생활에서 사용하는 거의 모든 가전제품, 휴대기기와 사무용기기 그리고 산업용 기기들은 발전소에서 유선으로 공급되는 전기에너지를 사용하고 있다. 지금까지는 유선으로 전력을 공급하는 것에 큰 불편함을 느끼지 못하였으나, 최근 다양한 휴대기기의 발달과 광범위한 사용은 유선 전력 공급이 휴대기기에 적합한 전력공급원이 아님을 보여주고 있다.

예를 들어 앞서 언급한 바와 같이 배터리를 이용하여 전력공급을 받는 경우, 일정한 충전용량의 배터리의 경우 휴대기기의 기능 향상은 재충전 주기를 빠르게 하고, 이를 보완하기 위해 충전용량을 키우는 경우 휴대기기의 무게가 늘어나 휴대성이 떨어지게 된다. 더구나 이제 일상 생활의 필수품이 된 휴대폰의 경우 배터리를 모두 소모한 경우 쉽게 아무 곳에서나 충전하기가 어려운 문제도 발생한다.

또한 Laptop Computer의 사용이 늘어나면서 이러한 전력공급의 문제는 더욱 부각되고 있는데, 휴대폰에서보다 배터리의 용량과 무게의 문제는 더욱 심각한 상황이다.

일반 가정에서도 매우 많은 전자기기들의 전선(Cable)들이 플러그에 문어발처럼 꼽혀 있다. 만약 이러한 전선들이 모두 제거되고 가전기기들이 전선의 길이에 따라 위치가 정해지지 않고 전기에너지가 전달되는 영역 내에서 자유롭게 이동하여 사용할 수 있다면 일상 생활에서 지금까지와는 다른 변화가 있을 것이다. 조금 더 확대하여 사무실에서나 산업체에서 에너지 전달이 무선으로 이루어질 수 있다면 경제적, 산업적 측면에서 새로운 혁명적 변화가 있으리라 예상할 수 있을 것이다.

02 무선전력전송 기술의 전송거리를 기준으로 분류하는 방법에 대하여 분석하라.

자의적인 분류이기는 하나 전송거리를 기준으로 〈표 2-1〉과 같이 분류하는 것도 하나의 방법일 수 있다.

〈표 2-1〉 전송거리 기분의 무선전송전력 기술의 분류

분 류	전송 거리	특 성
원거리 전송	수 km~수백 km	수 GHz 주파수 사용 고출력 전송
근거리 전송	수 m~10m 내외	수십 MHz~수백 MHz 저출력 전송
비접촉 전송	수 mm 내외	고효율 전송 Inductive coupling을 이용한 전송

1. 원거리 전송

전송거리가 수 km에서 수백 km까지의 영역을 원거리 전송으로 분류하였다. 위성에서 태양에너지로 전력을 생성하고, 이를 지상에 무선으로 에너지를 전달하는 기술이나 Rectenna를 이용하여 지상에서 무인 비행기에 에너지를 공급하는 기술 등이 여기에 속한다.

〈표 2-2〉 거리 전송별 기술분석

회사명	방 식	전송거리 /효율	규 격 (크기/주파수)	특 징 (장단점)	년 도	비 고
KERI	마이크로파	50m/ 55%	2.45GHz	• 부피가 큼 • 10kW	1998	마그네트론 송신이용 RF-DC 효율
Ossia (Cota)	RF	10m/ 12.5%	2.4GHz	• Tx : 10W, Rx : 6W • Time Reverse 기술	2013	RF-RF 효율

회사명	방 식	전송거리 /효율	규 격 (크기/주파수)	특 징 (장단점)	년 도	비 고
Energous (Wattup)	RF	6m/2% @60cm	2.4GHz(BLE) 5.8GHz(Energy)	• BLE 인증 필요	2015	
성균관대	WPSN (Wireless-Powered Sensor Networks)	5m/ 1.6%	920MHz	• 6개 Tx 안테나 사용	2016	RF-RF 효율
Wi-Charge	Infrared laser	10m	Tx : 10×10×7(cm) Rx : 1×1×0.6(cm)	• IEC60825 1등급 • 80° 충전범위 • Tx : 10W, Rx : 5W	2013	동글 필요
uBeam	ultrasonic	4m	45-75kHz	• 가시선상서 동작 • 인체에 무해 • 기기 간섭 최소	2015	316W/m^2 - 3kW/m^2
Disney	QSCR (Quasistatic Cavity Resonance)	4.9m	2.3×0.072m(금속폴) 0.28m(Drive Coil) /1.32MHz	• 룸벽 알루미늄 완전 차폐구조	2017	

2. 근거리 전송

전송거리가 수 m에서 10m 내외의 비교적 짧은 거리의 영역을 근거리 전송으로 분류하였다. 수십 MHz의 주파수나 휴대폰에서 사용하는 수백 MHz 정도의 주파수를 사용할 수 있으며, 출력은 1W 미만의 작은 에너지를 전송하게 된다. 대부분의 기술이 전자파 방사를 이용하므로 고출력으로 전력을 전송하는 경우 인체에 해로운 영향을 미치게 되어 고출력 전송에는 문제점을 노출하고 있다. 일반적인 전자파 방사는 전방향성(Omnidi-Rectional)이어서 효율이 저하되므로 지향성 안테나를 사용하기도 한다.

MIT의 Non-radiative Wireless Power Transfer 기술은 이 영역에 속하기는 하나 전송방식의 차이로 인체에 대한 영향은 매우 적다.

〈표 2-3〉 근기리 전송별 기술분석

회사명	방 식	전송거리 /효율	규 격 (크기/주파수)	특 징 (장단점)	년 도	비 고
WiTricity	자기공진	200cm/40%	60cm/9.9MHz	• MIT 원천 특허이용 • 60W	2007	

회사명	방 식	전송거리 /효율	규 격 (크기/주파수)	특 징 (장단점)	년 도	비 고
INTEL	자기공진	70cm/50%	Tx/Rx : 60cm	• 전송주파수 조정 • Rx 12W	2011	
KETI	자기공진	100cm/68%	Tx : 2m×0.75m Rx : 0.6m	• 전송방향 조정 • 십자형 공진기	2015	
KAIST	자기공진	50Cm/34%	Tx : 100×100(cm) /280kHz	• 30W	2015	DCRS(Dipole Coil Resonant System)
	자기공진	500Cm/8%	Core : 300cm Coil : 100cm /20kHz	• 209W	2015	DCRS
Google	자기유도	10cm	Tx : 56×47(cm) Rx : 84×41(cm)	• 자율주행 자동차 무선충전 현장시험 • 최대 7.2kW	2011 - 2016	Plugless, Momentum Dynamic, HEVO
KERI	자기공진	6cm/75%	40cm(중계코일) /250kHz	• 200W	2012	
	자기공진	20cm/88%	Tx : 80×40(cm) Rx : 25×25(cm)	• 3.3, 6.6, 20kW • EV 무선충전	2017	국제전기자동차 엑스포
ETRI	자기공진	100cm/60% 9cm/60%	Tx : 45×45(cm) Rx : 40(cm)	• 균일장생성 기술 • 60W	2014	3차원 자유도

3. 비접촉식 전송

전송거리가 수 mm 내외로 단지 전선으로 연결되지 않았다는 것뿐, 전력공급원과 기기가 거의 밀착되는 형태이다. 대부분 자기유도(Inductive Coupling) 현상을 이용하며 에너지 전송 효율이 뛰어나다. 가장 실용화가 많이 이루어져 있는 방식으로 아직도 다양한 기기에 응용이 되고 있다.

03 비방사형 무선전력전송 기술에 대하여 분석하라.

MIT 물리학과의 마린 솔랴치치(Marin Soljacic) 교수팀은 2007년 Science지를 통해 기존의 무선 에너지 전송과는 다른 새로운 개념의 전송기술을 발표하였다. 이 기술은 기존의 원거리 전자파 방사와는 달리 사용되는 주파수/파장에 비해 짧은 거리에서의 전달로 근접장 효과를 이용하고 기존의 자기유도에서 나아가 송·수신부의 공진주파수를 일치시켜 매우 높은 효율로 '비방사형 중거리 무선 에너지전송(Non-radiative Mid-range Energy Transsfer)'기술을 개발하였다. 발표한 새로운 방식의 무선전송기술은 기존의 전자기 유도보다 먼거리에서, 전자기 방사보다는 더 높은 효율로 에너지를 전달할 수 있다. 이 기술은 두 매체가 같은 주파수로 공진할 경우에 전자파가 근거리 전자장을 통 한 매체에서 다른 매체로 이동하는 감쇄파 결합(Evanescent Wave Coupling)에 기반을 두고 있다.

전원에 연결된 충전 스테이션이 이러한 전자장을 형성하게 하고, 이 전자장 내에 MHz 대역의 같은 공진주파수로 설계된 수신기를 부착한 휴대용 기기를 접근시키면 양쪽 간에 일종의 에너지 터널을 만들어 수 미터 거리에 있는 휴대용 기기를 충전시킬 수 있다.

특히 이 에너지는 '비방사형(Non-radiative)'이며 자기장을 기반으로 하고 있으므로 공진주파수를 가진 기기가 존재할 때에만 기기로 직접 전달되고, 사용되지 않은 부분은 공기 중으로 퍼지는 대신 전자장으로 재흡수되기 때문에 다른 전자파와는 달리 주변의 다른 기계나 신체에는 영향을 미치지 않을 것으로 보고 있다(그림 2-18).

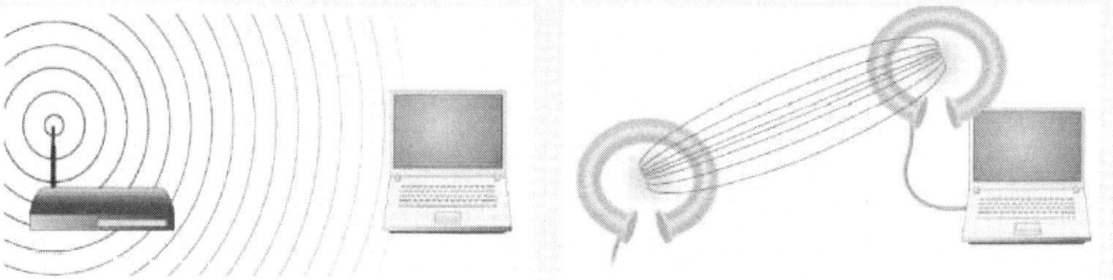

(a) 전송효율이 높고 에너지 손실, 인체무해성이 b보다 매우우수

(b) 공진을 이용한 무선전력전송 개념도

[그림 2-18] 일반적인 전자기파에 의한 무선전력전송 개념도

전환효율은 약 50퍼센트 정도로 이러한 파워 스테이션을 집안의 방마다 하나씩 설치한다면 방 안의 핸드폰, 노트북 컴퓨터를 포함한 휴대용 기기들을 언제나 자동으로 계속 충전하는 효과를 가져올 수 있다. 무선충전 제품처럼 일부러 충전패드에 올려놓을 필요도 없게 된다.

현재 이 기술은 개발의 초기단계로 아직까지는 무선전력 송·수신용 코일의 크기가 반지름 50cm로 매우 커서 실제 사용을 위해서는 많은 문제점이 있다. 그러므로 공진을 유지하면서 송·수신용 코일의 크기를 획기적으로 줄이는 기술이 필요하다.

특히 고효율의 전력전송을 위해서는 공진 조건과 함께 송·수신 코일의 Coupling을 크게 만드는 것이 핵심적인데, 가정과 사무실에 [그림 2-19]와 같이 설치할 경우 위치에 따른 Coupling이 매우 약한 지점이 발생하므로 이를 개선하는 기술 또한 필수적이다.

또한 사용하는 기기의 종류와 그 크기가 다양한 경우 하나의 전력공급장치로는 전체의 공진 조건을 만족시키기는 매우 어렵다. 그러므로 이를 극복하기 위한 기술도 개발이 필요하다.

[그림 2-19] 공진을 이용한 무선전력전송에 의해 변화되는 사무실(개념도)

[그림 2-20] Intel의 Wireless Resonant Energy Link(WREL) 기술

현재 이 기술은 MIT에서 2008년 10대 기술로 선정되어 지속적인 연구가 진행되고 있으며, Intel사는 2008년 IDF에서는 동일한 기술을 'Wireless Resonant Energy Link(WREL)'라는 이름으로 개발하고 있다고 발표하였다(그림 2-20).

이 기술은 기술개발의 초기이기는 하나 그 파급력이 매우 광범위할 것으로 기대되고 있다. 아직은 송·수신부 기기 크기가 크고, 출력단에서 전력을 자유롭게 추출하기가 어렵다. 또한 실제 적용 측면에서는 전력 공급부 코일을 어디에 어떻게 위치시킬 것인가, 전력을 공급받아야 하는 기기들이 많을 경우 어떻게 전력을 배분하고, 기기의 전력사용량 또는 충전량에 따라 전력 공급부에서의 조절기능을 어떻게 설정하여야 하는지 등 산적한 문제가 매우 많다.

한국전자통신연구원에서는 이 기술의 장래성, 기술적 파급력 등을 고려하여 현재 기술개발에 착수하였으며, MIT에서 발표한 기술 수준의 결과를 확보하였다. 다양한 코일구조에서 실험을 수행하여 기초적인 결과들을 확보한 상태이며, 추후 수신부 코일의 소형화에 중점을 둔 개발 계획을 가지고 있다.

04 대출력, 소출력 및 중출력 무선전력전송 기술개발 현황에 대하여 분석하라.

1. 대출력(E-vehicle) 무선전력전송 기술개발 현황

1990년도 이선에 이미 자동차 및 반도체 자동 이송장치에 자기유도 방식 무선전력전송이 활용되었다. 정류장 위주의 E-Bus 및 E-Vehicle에 대한 무선충전기술의 연구개발이 활발히 진행되어 세계적인 자동차 업체(다임러크라이슬러, 아우디, 토요타 등)에서 주행 중 충전까지 연구 개발하였다. 캐나다 봄바디어(Bombardier)사에서 트램에 적용 가능한 무선충전기술을 개발하였다.

3.3kW 이상의 전력을 송신하는 대전력 무선전력전송 분야도 소전력 무선전력전송 분야와 같이 자기유도 방식과 자기공명 방식이 경쟁하고 있다. 대전력 무선전력전송 분야를 선도하고 있는 기술은 전기자동차 무선충전기술이며 해외에서는 WiTricity, Qualcomm-Halo 등에서 전기자동차 무선충전기술을 개발하고 있다.

WiTricity는 일본 자동차 회사인 Toyota와 함께 지난 수년간 개발한 3.3kW급 자기공명 방식 전기자동차 무선충전기의 실증을 시작하였다. 개발된 무선충전기는 주차장에 설치되어 최대 3.3kW의 전력으로 전기자동차 배터리를 충전하는 방식이다. 코일정렬에 대한 문제점을 해결하기 위해 Toyota에서는 자동 주차시스템을 적용하여 주차장에서 무선충전기와 전기자동차가 자동으로 정렬될 수 있도록 하였다.

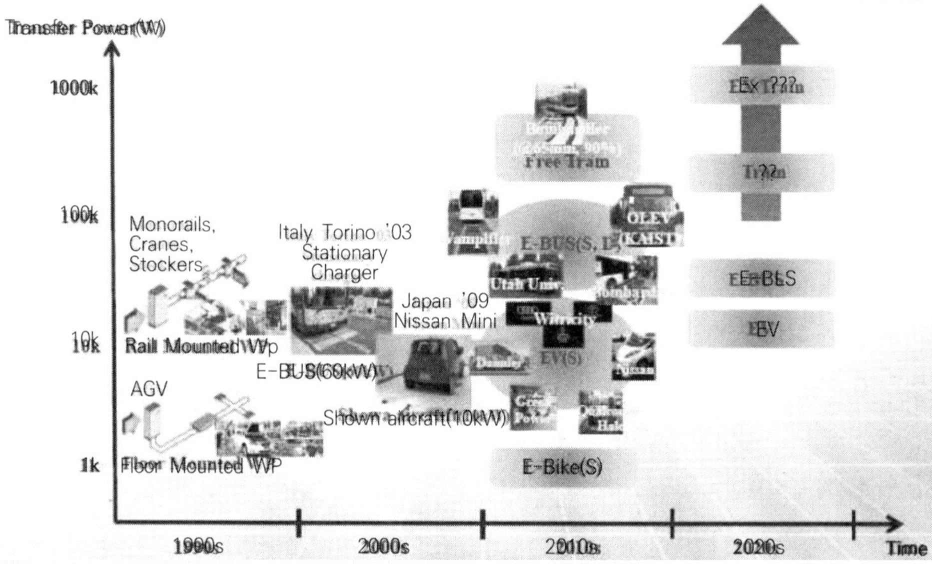

[그림 2-21] 대출력 무선전력전송 기술개발 현황

Qualcomm-Halo는 CES에서 전기자동차 경주대회인 '포뮬러 E 챔피언십' 대회에 참가한 '스파크 르노-01E'에 자사의 자기유도방식 무선충전기술을 적용하였다.

Qualcomm-Halo는 '포뮬러E챔피언십' 대회를 5년간 후원하며 참가하는 자동차에 자사의 무선충전기술을 제공한다. 이와 같은 소형 전기자동차 무선충전기술과 별도로 캐나다에 본사를 둔 봄바디어(Bombardier)에서는 자기유도 방식으로 전기자동차, 전기버스, 도시형 트램에 적용할 수 있는 PRIMOVE 솔루션을 개발하여 독일의 브라운슈바이크에서 전기버스 무선충전 서비스를 시행하였다. PRIMOVE 솔루션은 버스, 트램의 정류장과 주차장에 무선충전기를 설치하여 정차 중에 무선충전이 가능하도록 하는 기술이다. 이번에 설치된 전기버스 정류장에서는 최대 200kW의 전력을 무선으로 공급하여 보다 빠르게 전기버스를 충전할 수 있도록 하였다.

2. 소출력(휴대기기) 무선전력전송 기술개발 현황

비표준 무선충전 제품은 주로 2006년에서 2009년 사이에 출시되었으며, 휴대폰이나 카메라 등을 충전할 수 있는 스프래드패드가 2006년에 출시되었다. 이후 2007년에는 팜패드가 출시되고 2009년에는 파워매트가 자기유도 방식 무선충전기 제품이 출시되었다.

이 기술들은 무선충전기술의 가능성 보여주었으나, 제품간 상호 호환 불가라는 한계가 있었다. 이후 무선충전 표준제품이 2010년에서 2012년 사이에 출시되었다. 유럽업체 중심으로 2008년 민간 표준단체인 WPC가 설립된 후, 2010년 7월 자기유도 방식의 무선충전 규격의 최초 발표 및 인증 테스트를 거쳐 Qi 로고가 발표되었다.

2011년부터 휴대폰 제조사들이 무선충전 기능을 제품에 탑재하기 시작하였는데, 삼성전자, 퀄컴 중심으로 2012년 새로운 공진방식의 A4WP 설립된 후, 2012년 11월 자기공식 방식의 무선충전 규격이 최초로 발표 되었다.

2009년까지 휴대폰, 카메라 등을 충전할 수 있는 비표준 무선충전 제품이 개발되어 무선충전기술의 가능성을 보여주었으나, 제품간 호환이 불가능하여 그 한계를 보여 주었으며 기존의 휴대기기의 배터리 사용량이 많지 않아 무선충전에 대한 수요 또한 크게 높지 않았다. 그러나 2007년 애플이 iPhone을 출시하면서 스마트폰의 개념이 새롭게 만들어지고 개인의 전력사용량이 크게 증가하게 되면서 무선충전에 대한 수요도 증가하게 되었다. 2010년 WPC의 'Qi' 인증을 받은 최초의 무선충전 제품이 Energizer사에서 출시되면서 현재까지는 자기유도 방식의 소전력 무선충전 제품이 시장을 주도하고 있다.

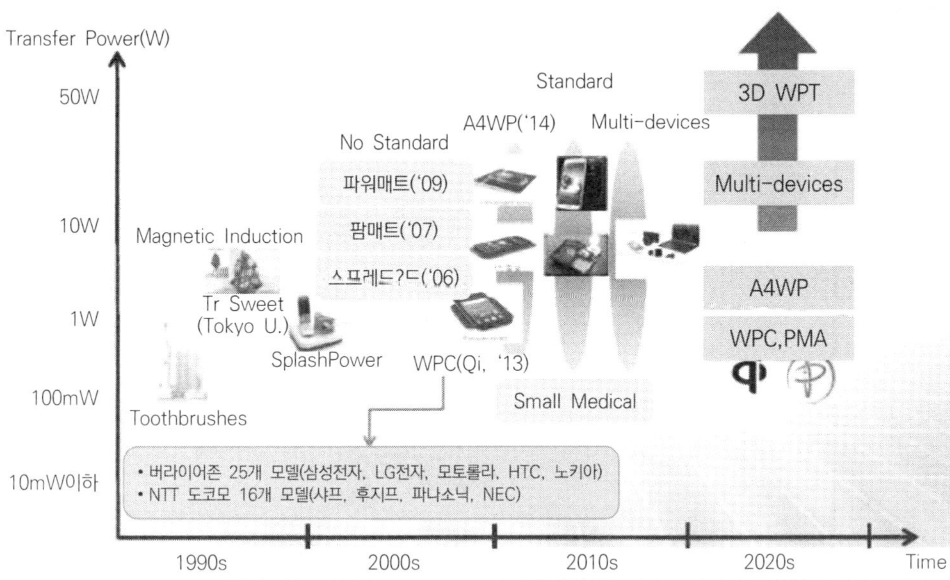

[그림 2-22] 소출력 무선전력전송 기술개발 현황

최근까지 개인이 사용할 수 있는 다양한 형태의 'Qi' 인증 무선충전기가 출시되었으며, CES(Consumer Electronic Show)에서는 적용영역을 자동차 전장분야로 넓혀 'Qi' 규격을 적용한 스마트폰 무선충전기가 내장된 차량을 선보였다. 자기유도 방식은 전송거리와 코일 간의 정렬에 있어 자유도가 높지 않아 일반 사용자에게 큰 호응을 얻지 못하고 있는 실정이다. 이에 따라 사용자들은 보다 먼 전송거리와 보다 많은 충전 자유도를 요구하게 되었고, 이를 충족시킬 수 있는 자기공명 방식의 무선충전기기의 개발을 앞당기는 계기가 되었다.

자기공명 방식의 표준을 주도하고 있는 A4WP는 CES(Consumer Electronics Show)에서 자기공명 방식을 이용하여 다양한 무선기기를 동시에 충전할 수 있는 시제품을 전시하여 자기공명 방식의 장점을 홍보하였다. 자기공명 방식을 최초로 발표한 MIT 팀이 설립한 WiTricity는 CES에서 자기공명 방식을 이용하여 수 인치(Inch) 이내의 거리에서 iPhone를 충전할 수 있는 시스템을 전시하였다.

3. 중출력(휴대기기) 무선전력전송 기술개발 현황

50W 이상 3.3kW 이하의 중출력 분야는 가정, 회사, 공공장소 등 응용분야가 무궁무진하며, 새로운 신산업 창출이 가능한 분야이나 현재 연구개발이 시작단계에 있다. ETRI는 2013년에 안내용 로봇에 적용한 100W급 무선충전 시스템 시작품 개발하였으며, 중국의 Haier사는 2013년에 전기밥솥, 전기믹서기에 무선충전을 적용한 제품을 출시하였다.

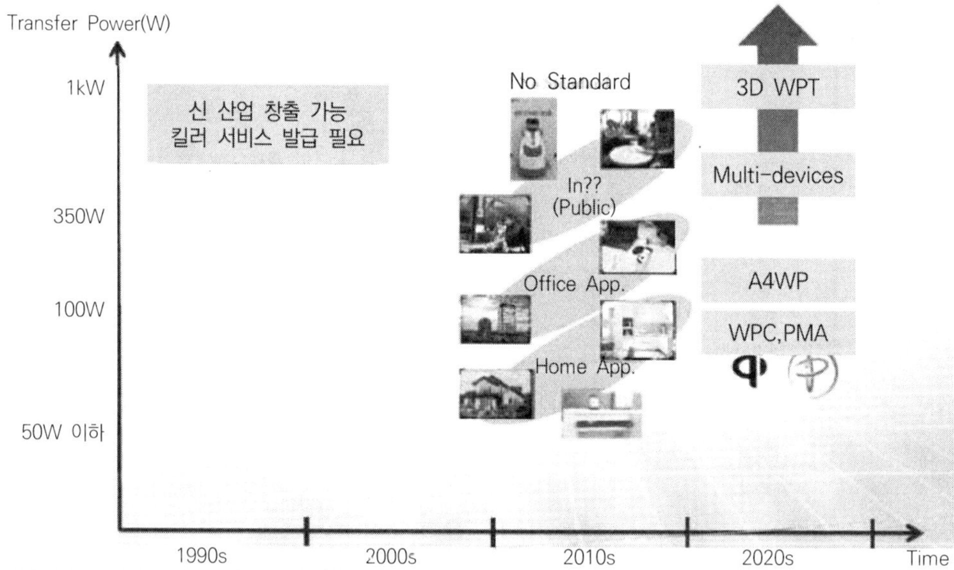

[그림 2-23] 중출력 무선전력전송 기술개발 현황

50W 이상 2.4Kw 이하의 중전력분야는 가전, 서비스 로봇, 전기자전거, 보행보조로봇 등 일반인의 생활과 가장 밀접한 전자, 전기분야로 무선전력전송 기술이 적용될 경우 가

장 큰 파급효과와 관련 산업의 활성화를 얻을 수 있는 분야이다.

하지만 국·내외 모두 중전력분야 무선전력전송 기술개발은 미진한 편이다. 현재까지 무선전력전송 분야의 기술개발은 스마트폰 충전용 소전력분야와 전기자동차 충전용 대전력분야에 집중되어 있다.

중전력 분야의 해외 기술개발은 CES에서 중국의 Haier이 선보인 무선 믹서기 정도이다. Haier은 WiTricity사의 기술을 이용하여 무선 TV를 전시한 이후 가전분야에 무선전력전송을 적용하기 위해 노력하고 있다. 이외에 무선충전 민간 표준인 WPC에서는 2013년 3월 Codeless Kitchen 규격을 개발하는 Work Group를 생성하여 향후 생활에 밀접하게 접근할 무선전력전송 기술의 규격을 선점하려는 노력을 하고 있다. WPC는 100W부터 2.4kW에 달하는 중전력 분야의 자기유도 방식 규격을 개발하여 주방에서 사용하는 모든 전기기기를 구동할 수 있는 방식에 대한 규격을 개발할 계획에 있다. 국내에서도 해외와 같이 중전력 분야의 무선전력전송 기술개발이 초기단계에 있다.

국내에서는 LS전선이 자기공명 방식으로 LED TV에 전원을 공급하는 시스템을 개발하였고, 한국전자통신연구원이 LED 전광판과 LCD 모니터에 무선으로 전력을 공급하는 시스템을 개발하였다. 또 한국전자통신연구원은 서비스로봇에 무선충전기술을 적용하여 로봇이 스스로 충전지역으로 찾아가서 자동으로 충전하는 시스템을 개발하여 WIS(World IT Show)에서 최초로 선보였다.

05 무선전력전송 EMC 기술 로드맵에 대하여 분석하라.

1. 회로 및 코일설계 기술

전력회로의 실시간 제어와 고조파 Spectrum의 제어 및 노이즈 저감을 위한 신호 및 전원 노이즈 저감기술의 개발이 필요할 것으로 예상된다. 또한 코일구조 설계 시 전자파 경로 제어를 위한 코일과 자성체 코어의 구조설계와 자성체 재료의 강성 및 포화 자기장 개선 등이 요구되고 Chassis 설계, Noise Decoupling 기술의 적용이 진행될 것으로 예상된다.

2. 전자파 저감기술

코일과 커패시터의 공진구조 설계 시 고전압 발생을 줄이기 위한 전압·전류의 예측과 고전압 방전 및 전류누설에 관한 충분한 검토가 요구된다. 또한 무선전력전송 주파수 및 체배 고조파의 전자파 방사를 줄이기 위한 Common Mode 및 Harmonic 저손실 필터 설계에 대한 개발이 필수적이며, Foreign Object Detection 등 전자파 안전에 관한 기술이 활용될 가능성도 높을 것으로 예상된다.

3. 고주파 무선전력전송 기술

고주파 무선전력전송 시스템에서는 Array Antenna의 수신감도 향상 기술과 더불어, Retro-directive 기술과 Time Reversal 기술을 활용하여 낮은 레벨의 전자파를 이용한 무선전력전송 기술의 중요성이 대두될 것으로 보인다. 또한 고주파 전력 발생장치에서의 전원 노이즈와 그 영향을 받을 가능성이 높은 제어회로의 노이즈 차폐기술이 요구되며, PCB를 통해 유입되는 Signal 및 Power 노이즈 저감기술이 필요할 것으로 보인다.

4. 표준화 · 규제 관련 기술

낮은 웨이브 임피던스를 가지는 자기공진방식 무선전력전송 시스템의 저주파 전자파의 합리적인 평가방법 개발과 자기장에 의한 전자기기 전자파 간섭 현상에 대한 문제와 해결책의 분석이 요구된다. SAR 특성 등 고주파 전자기장의 인체 영향은 항상 주요 규제 대상이고, 회피를 이용한 인체 영향 저감의 경우에도 항상 전자파 인체영향의 위험이 존재하는 만큼, 시스템의 신뢰성 검토가 요구가 증가하는 추세이기 때문에, 향후 주요 연구 주제 중 하나가 될 것으로 예상된다.

학습활동.2 교수 · 학습 방법

교수 방법

- 무선전력전송의 기술에 대한 관련 용어, 구성, 방식 이해 정도를 파악한 후 수업을 진행한다.
- 교수자의 주도로 무선전력전송의 기술 등의 내용을 PPT 자료로 제시한 후 설명한다.
- 가능하면 사전에 개인별 학습 자료를 준비하여 모든 학생이 참여할 수 있는 문제 해결식 수업, 협력 수업이 가능하도록 한다.
- 무선전력전송의 기술 전 과정을 작업의 순서에 따라 단계적으로 실습이 이루어질 수 있도록 지도한다.
- 교재를 통해 수업을 준비하는데 있어서 필요한 모든 정보나 팁, 힌트 등 도움이 될 만한 내용들을 확인할 수 있다.
- 학생들이 만들게 될 각 모델들은 수업시간에 중점적으로 다뤄질 부분과 어휘, 질문, 답을 포함하고 있으며 또한 탐구할만한 추가적인 아이디어들도 포함하고 있다.

학습 방법

- 무선전력전송의 기술에 대한 관련 용어를 숙지하고, 무선전력전송의 기술에 대해 이해한다.
- 무선전력전송 기술의 각 단계별 중점 사항을 체계적으로 학습한다.
- 무선전력전송 기술의 수행순서의 전 과정을 실습한다.
- 무선전력전송 기술의 내용을 이해한다.
- 무선전력전송의 기술을 이해하고 숙달이 될 때까지 학습한다.

학습활동.2 평가 및 피드백

평가 준거

- 평가자는 피평가자가 수행 준거 및 평가 내용에 제시되어 있는 내용을 성공적으로 수행할 수 있는 지를 평가해야 한다.

학습내용	평가항목	성취수준		
		상	중	하
무선전력전송의 기술	무선전력전송의 기술을 이해할 수 있다.			

평가 방법

• 작업 포트폴리오

학습내용	평가항목	성취수준		
		상	중	하
무선전력전송의 기술	무선전력전송의 기술을 이해할 수 있다.			

• 필기시험

학습내용	평가항목	성취수준		
		상	중	하
무선전력전송의 기술	무선전력전송의 기술을 이해할 수 있다.			

• 체크리스트를 통한 관찰

학습내용	평가항목	성취수준		
		상	중	하
무선전력전송의 기술	무선전력전송의 기술을 이해할 수 있다.			

• 피드백

1. 작업 포트폴리오
   - 제출한 보고서를 평가한 후 주요 사항에 대하여 표시하여 돌려준다.
2. 필기시험
   - 평가 결과 성적이 저조한 학생은 보고서 제출 기회를 부여한다.
3. 체크리스트를 통한 관찰
   - 실습 과정에서 평가한 후 개선해야 할 사항 등을 정리하여 돌려둔다.

참고문헌

- 강승열 외 3, 무선 에너지 전송기술, 전자통신통신동향분석 제23권 제6호, pp.59-69, 2008.12.
- 김종훈 외, 무선 전력전송 시스템에서의 전자파 연구동향, 한국전자파학회지, 제27권 제1호, 2016.01.
- 김진욱 외, K인버터를 이용한 전자기 유도 방식과 자기 공명 방식의 특성 비교, 2011 대한 전기학회 하계학술대회 발표집, 7월, 2011.
- 김진욱 · 지현호 · 최연규 · 윤영현 · 김관호 · 박영진, 자기 공명 무선 전력전송 시스템에서 공진 코일의 배열에 관한 연구, 한국전자파학회논문지, 21(6), pp.564-572, 2010.6.
- 류명효 · 정지훈, 비접촉 무선전원 기술의 이해와 응용, 2012 대한전기학회 무선 전력전송 단기강좌 발표집, Apr.25, 2012.
- 박영진, 모바일기기 무선충전 시스템의 기술동향, 전력전자학회지, 제18권4호, pp.29-33, 2013.
- 박영진, 무선 전력전송의 이해, 전자공학회지, 제39권 제8호, 2012.8.
- 안성덕, 무선 전력전송 기술개발 동향, TTA Journal, vol.138, pp.45-51, 2011.
- 양준현, 자기공명형 무선전력 시스템을 이용한 무선충전기 개발에 대한 연구, 명예박사기술논문, 삼성전자, 2010.12.
- 이승민, 무선 전력전송 현황 및 국내도입을 위한 접근 방안, 한국 KFDC법제학회 한국보건산업진흥원 미래산업기획단, 2020.11.15
- 임대현 · 조인귀, 무선전력전송 기술동향 및 시장전망, 한국과학기술정보연구원, 2015.12.
- 조인귀, 전송거리 확장을 위한 무선전력전송기술동향, ETRI, 2021.4.16.
- 장병준, 무선 전력전송 기술동향 및 향후 전망, 전력전자학회지, 제15권 제6호, 2010.12.
- 최성진, 무선에너지 전송기술동향, 제어로봇시스템학회지, 제20권 제1호, 2014.3.
- A. Kurs, A. Karalis, R. Moffatt, J. D. Joannopoulos, P. Fisher, and M. Soljacic, "Wireless power transfer via strongly coupled magnetic resonances", Science, Vol.317, pp.83-86, Jul, 2007.
- A. P. Sample, D. A. Meyer, and J. R. Smith, "Analysis, experimental results, and range adaptation of magnetically coupled resonators for wireless power transfer", IEEE Transactions on Industrial Electronics, Vol.58, No.2, pp.544-554, 2011.
- Aristeidis Karalis, J.D.Joannopoulos, Marin Soljačić, "Efficient wireless non-radiative mid-range energy transfer", Annals of Physics, Vol.323, pp.34-48, 2008.
- B. C. Choi, J. H. Nho, H.Y. Cha, T.Y. Ahn, and S.W. Choi, "Design and implementatio n of low-profile contactless battery charger using planar printed circuit board windings as energy transfer device", IEEE Transactions on Industrial Electronics, vol.51, no.1, pp.140-147, Feb, 2004.
- Barry Fox, "One charging pad could power up all gadgets-Wireless Recharger", New Scientist, January, 2005.
- C. -J. Chen, T. H. Chu, C. L. Lin, and Z. C. Jou, "A study of loosely coupled coils for wireless power transfer", IEEE Transactions on Circuits and Systems, Vol.57, No.7, pp.536-540, 2010.
- C. Liu, A. P. Hu, and N. K. C. Nair, "Modelling and analysis of a capacitively coupled contactless power transfer system", IET Power Electronics, vol.4, no.7, pp.808-815, 2011.
- C. G. Kim, D. H. Seo, J. Sik. You, J. H. Park, and B. H. Cho, "Design of a contactless

학습 2

battery charger for cellular phone",IEEE Transactions on Industrial Electronics, vol.48, no.6 pp.1238-1247, Dec, 2001.

- D. H. Childress, The Tesla papers, Adventures unlimited press, 2000.
- David Baarman (Fulto innovation), private communication.
- David Schneider, "A critical look at wireless power: Wireless power at a distance is still far away", IEEE Spectrum, May, 2010.
- Dong-Gi Youn, Yang-Ha Park, Kwan-Ho Kim, Young-Chul Rhee, "A Study on the Analysis of Rectenna Efficiency for Wireless Power Transmission", IEEE TENCON99, Vol.2, pp.1423-1426, Sep, 1999.
- Dong-Gi Youn, Yang-Ha Park, Kwan-Ho Kim, Young-Chul Rhee, "A Study on the Fundamental Transmission Experiment for Wireless Power Transmission System", IEEE TENCON99, Vol.2, pp.1419-1422, Sep, 1999.
- ETRI 미래전략연구소 표준연구본부, 표준화동향 무력전력전송표준기술, 2017.1.
- http://www.a4wp.org/
- http://www.powermatters.org/
- https://blog.kepco.co.kr/1857 [한국전력 블로그 굿모닝 KEPCO!]
- https://www.wirelesspowerconsortium.com
- M. Kline, I. Izyumin, B. Boser, and S. Sanders, "Capacitive power transfer for contactless charging", APEC- IEEE Applied Power Electronics Conference and Exposition, pp.1398-1404, 2011.
- P. E. Glaser, "Power from the sun; its future", Science, Vol.162, No.3856, pp.857-861, Nov.22, 1968.
- S. C. Tang, S. Y. Hui, and H. S. Chung, "Coreless Planar Printed-Circuit-Board (PCB) Transformers-A Fundamental Concept for Signal and Energy Transfer", IEEE Transactions on Power Electronics, vol.15, no.5, pp.931-941, Sep, 2000.
- W. C. Brown, "Satellite power stations: a new source of energy?" IEEE Spectrum, Vol.10, No.3, pp.38-47, Mar, 1973.
- W. C. Brown, "The history of power transmission by radio waves", IEEE Transactions on microwave theory and techniques, Vol.MTT-31, No.9, Sep, 1984.
- W. C. Brown, "The history of power transmission", Solar power, Vol.56, pp.3-2, 1996.
- Wireless Power Consortium, The Qi Interface Specification Volume I : Low Power, 2010.

학습 1	무선전력전송의 개요
학습 2	무선전력전송의 기술
학습 3	**무선전력전송의 표준화**
학습 4	무선전력전송의 활용
학습 5	무선충전기술의 개요
학습 6	무선충전의 기술
학습 7	무선충전기술의 표준화
학습 8	무선충전기술의 활용
학습 9	에너지 하베스팅의 개요
학습 10	에너지 하베스팅의 기술
학습 11	에너지 하베스팅의 표준화
학습 12	에너지 하베스팅의 활용
학습 13	무선전력전송, 무선충전, 에너지 하베스팅의 미래

학습 목표

1. 무선전력전송의 표준화를 이해할 수 있다.

3-1 무선전력전송의 표준화

1. 표준을 둘러싼 경쟁

무선전력전송 기술은 기존 유선충전의 다양한 규격으로 인한 불편함과 감전 등의 위험으로부터 사용자를 보호해 줄 수 있는 기술로서 최근 들어 시장의 각광을 받고 있다. 특히 휴대기기 및 전기자동차 등의 분야에서 수요가 급증하고 있다. 무선전력전송 기술은 배터리 기반의 모든 전자제품에 응용이 가능하지만 아직은 시장형성 관점에서 초기단계이다. 이러한 상황에서 빠른 시장형성을 위해서는 무선전력전송과 관련된 필수 기술들에 대한 표준화가 시급하다. 특히 스마트폰 충전을 비롯해 대부분의 무선전력전송 서비스는 전력송신기와 전력수신기가 서로 다른 제조사를 통해 생산되는 것이 일반적인 비즈니스 모델이기 때문에 전력 송신기와 전력수신기 간의 송·수신 정합표준을 만드는 일이 다른 그 무엇의 표준화보다 중요하다.

이러한 상황을 일찍부터 인지한 산업계는 주요 기업간 컨소시엄 등의 그룹 결성을 통해 무선전력전송 기술에 대한 표준화를 수행해 오고 있다. 하지만 국내외 주요 기업들이 세계시장 선점이라는 자신들만의 이해관계를 위해 WPC(Wireless Power Consortium)와 AFA(AirFuel Alliance) 등과 같은 무선전력전송 관련 표준화 단체들을 만들어 진행해 오다 보니, 현재는 다(多) 표준경쟁 구도 속에서 표준간 경쟁 양상을 보이고 있는 것이 현실이다. 이러한 다(多) 표준경쟁 구도는 일정 부분 경쟁이라는 선순환적인 요소도 존재하지만, 사용자의 편의성 문제와 시장의 메이저가 아닌 중소기업들의 개발비용 상승 측면에서 상당한 어려움을 불러일으키는 것도 부인할 수 없는 사실이다.

민간 기업간의 독자적인 표준화에 대한 부작용을 없애기 위해 IEC(International Electrotechnical Commission) 및 ITU(International Telecommunication Union) 등의 국제표준화기구들은 민간 컨소시엄에서 만든 무선전력전송 표준들에 대한 국제표준화를 몇 년 전부터 본격적으로 진행하고 있다.

다만 국제 표준화의 특성상 그 표준화 진행이 상대적으로 느리고 이해관계가 서로 다른 기술들에 대한 표준 단일화가 쉽기 않기 때문에 아직까지는 표준화 초기단계에 머무르고 있다. 이 때문에 국가적 산업전략 차원에서 적극적으로 국내외 표준화 참여가 요구되고 있는 상황이다.

현재 진행 중인 무선전력전송 기술에 대한 표준화에 어려움을 겪고 있는 몇몇 기술 분야들이 있다.

첫번째 분야는 무선전력 송·수신기의 코일정렬 문제이다.

무선전력전송은 무선전력 송신기와 무선전력 수신기 간의 코일정렬이 올바로 이루어졌을 때 최대 충전효율이 나오게 된다. 이 때문에 소비자는 효과적인 무선충전을 위해 접촉방식의 무선충전대 위에 전자제품을 올려놓는 방향을 신경 써야 하는 등 사용상의 불편함이 발생한다. 특히 이 문제는 일정하지 않은 3차원 외형을 가지는 웨어러블 기기와 같은 Internet of Things(IoT) 장치의 경우 더 문제가 된다.

두번째 분야는 무선전력 송·수신기에서 외부로 나오는 전자파가 얼마나 인체에 안전한지 여부에 대한 문제이다.

앞서 언급한 문제들을 해결할 수 있는 혁신적인 무선전력전송 기술을 ETRI가 최근 개발하였다. 바로 E-Cup 기술로 불리는 새로운 무선전력전송 기술이다.

E-Cup 기술을 사용하면 컵모양의 일정 크기의 공간 내에 균일한 3차원 자기장을 만들 수 있다. 이렇게 형성된 3차원 자기장 속에서는 놓인 위치에 상관없이 일정한 최대 무선충전 효율을 가질 수 있다. 이런 장점 때문에 앞서 언급한 첫번째 문제를 해결할 수 있다. 뿐만 아니라 일정 공간 안에만 자기장이 발생하기 때문에 두번째 인체에 대한 전자파 위해성 문제도 함께 해결할 수 있다. E-Cup 기술은 세계 최초로 개발된 3차원 공간 기반 무선전력전송 기술로서 현재 국내외 표준화를 준비 중에 있으며, ETRI 차원뿐만 아니라 국가적인 차원에서도 국내 및 국제 표준화를 적극 추진할 필요가 매우 높은 차세대 무선전력전송 기술이다.

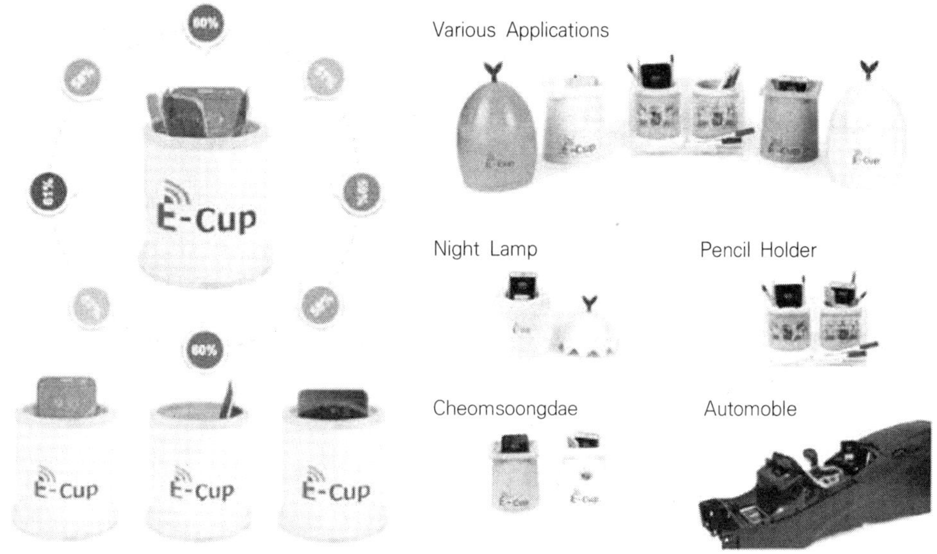

출처 : ETRI 홈페이지

[그림 3-1] E-Cup 시제품

2. 표준화에 필요한 전자파 사용규정

공간에 전자파를 매체로 하여 무선으로 전력을 전송하는 기술은 에너지공급에 필요한 전력선의 제약에서 벗어나는 장점이 있지만, 전자환경이 다른 시스템에 영향을 미칠 가능성이 존재하기 때문에 전자양립성(EMC : Electromagnetic Compatibility)이 확립되어야 한다. 특히 인체에 관련된 생체 EMC 문제도 중요한 고려 대상이다. 이러한 전자간섭문제는 국제전기통신연합(ITU)에서 조정하고 있다. 불요 전자방사에 대해서는 국제무선장해 위원회(CISPR)가 규제하고 있으며, 각국에서는 국내 전파법에서 관리되고 있다. 특히 생체 EMC 문제는 사용자에게 큰 관심을 가지고 전자파 이용 기술개발에 따른 정량적 평가가 뒤따라야 하며, 이에 따른 응용범위나 설계방식이 결정될 수 있는 중요사항이다.

또한 법적인 전파규정 외에 전파의 안전사용 기준을 표준으로 지정하기 위해 전자기장 노출기준을 준용하고 있다. EMF(Electro-Magnetic Field : 전자기장) 기준은 무선전력 기기의 방사 및 노출한계, 즉 충전기의 전자 기장에 인체가 노출되는 최대허용 수준에 대한 표준을 정의한 것이며 국제 비전리 방사선위원회(ICNIRP : International Commission on Non Ionizing Radiation Protection), 국제전기전자학회 및 국제전자계 안전위원회(IEEE/ICES : The Institute of Electrical and Electronic Engineers/International Committee on Electro-magnetic Safety) 등에서 개발되었다.

3. 무선전력전송 기술의 표준화

무선전력전송 분야는 무선전력전송 지원 디바이스가 증가됨에 따라 각 매장, 카페, 공항, 호텔 등의 공공장소에서 자유롭게 충전을 할 수 있는 서비스 보급이 활성화되고 있다. 그에 따라 다양한 중소, 중견기업들도 새로운 제품, 기술을 개발할 수 있는 기회를 창출해야 함으로 표준화가 시급한 과제이기도 하다.

국내의 무선전력전송 방식에 대한 기술표준은 2009년부터 LG, 삼성전자 등 관련기업들이 무선에너지 전송 운영위원회를 설립하여 기술 표준화를 진행 중이다.

주로 정보단말기기의 전자유도 방식으로 무선충전기술 개발 중심의 표준개발에 집중하고 있다. 국제적으로는 홍콩에 본부를 둔 무선전력기술협회(WPC)가 2010년 9월 Qi 1.0 전자유도방식의 무선충전표준을 발표했다.

현재 Qi 마크를 획득한 충전장치는 이제 어떤 제조사든 간에 상호 호환성을 보장하는 상징으로 자리 잡아 가고 있다. 자기공진 방식은 와이트리시티(Witricity) 프로젝트를 통해 퀄컴, 인텔, 소니사 등에서 현재 상용화에 주력하고 있으나, 이에 따른 기술표준기구나 체제는 아직 미흡한 실정이다.

3-2 무선전력전송 표준화 현황

1. WPC

Wireless Power Consortium(WPC)는 자기유도 무선전력전송의 표준을 관장하는 기관이다. 현재 자기유도 방식을 이용한 무선전력전송 시스템이 가장 많이 상용화 되어 있기 때문에 무선전력전송 표준 개발을 선도하고 있다. 이 기관에서 인증을 받기 위해서는 100~250kHz 대역의 주파수를 이용하여야 하며 70% 이상의 효율이 유지되어야만 한다. 이러한 인터페이스 표준을 Qi라고 명명하고 개발 및 배포하고 있으며 삼성전자, LG전자, HTC, Qualcomm 등이 참여하고 있다.

WPC(Wireless Power Consortium)는 미국의 Fulton Innovation社와 Texas Instruments社가 주도하여 'Qi'라는 휴대기기용 무접점 충전 호환규격을 제안하여 충전기 회사 중심으로 채택되고 있다.

110~205kHz의 주파수 대역을 사용하며, 유효전력 전송거리는 약 1cm 이내이다. 송·수신간 시스템 효율은 최대 74% 정도이다. 전력전송의 시스템 안정성을 위하여 수신부로부터 수신부 상태 데이터를 수신하는 in-band 통신을 수행한다. 1~2차 코일을 자석을 통해 강제 정렬시키는 Guided-positioning 방식인 Type A 규격과 함께 멀티 코일을 이용한 Free-positioning 방식인 Type B도 규격으로 제공하고 있으나, 다소 구현이 복잡하다. 최근 Nokia의 Lumia 920, Samsung Galaxy S4, LG Optimus G Pro 등의 다수에 제품에 WPC 인증 제품이 실장되었으며, 특히 수신부의 경우 스마트 폰의 백커버에 내장되는 형태로 출시되었다. 아직까지의 최대 송신전력은 5W이고, 추가로 10~15W급 시스템사양도 제정하고 있다.

한편 PMA는 WPC보다 좀더 높은 주파수 대역인 277~357kHz를 사용하여 좀 더 부피를 줄일 수 있으며, 기타 규격은 유사하고 미국중심으로 보급되고 있다.

종합적으로 볼 때 현재 상용화되고 있는 자기유도형 방식이 겪고 있는 문제점은 다음과 같이 3가지로 요약된다.

첫째, 코일 권선을 구현하는 구조가 복잡하다.

통상 박형 송·수신코일에 다층 PCB Winding 패턴을 구성해야 하므로, 이러한 코일만 특수 가공 납품하는 업체가 있을 정도로 제품 디자인에 추가적 제약사항을 요구한다.

둘째, 수신부의 경우 자장이 수신코일을 관통하여 인근 회로 부품에 EMI 간섭을 야기하므로 자장차폐물인 Ferrite Sheet를 필요로 한다. 이는 수신부 두께를 증가시키고 추가 비용 또한 만만치 않다.

셋째, 송·수신부 코일의 중심부를 일치시키기 위해 밀착정렬을 하여야 한다는 점이다. 앞서 언급한 WPC규격안의 경우에도 이러한 방법을 권장하고 있으며, 실제로 상용제품인 POWERMAT 제품의 경우 이러한 밀착정렬을 강제하기 위하여 영구자석을 이용하여 충전 대상물을 강제 부착 시키는 방식(Guided Positioning)을 주로 사용하고 있다.

한편 자기공진 방식에서도 모바일 기기용 무선충전 표준을 준비하고 있는데, 이는 Alliance for Wireless Power(A4WP)이다. 사용주파수는 6.78MHz (+/-15kHz)로서 미국과 유럽에서는 ISM(Industrial, Scientific, and Medical) 대역으로 사용 제약이 덜 한 주파수 대역이며, 한국에서는 아직 군용으로 사용 제약이 있는 주파수이다. 이러한 높은 동작주파수는 높은 공진양호도를 가지는 송·수신 공진 코일의 제작이 용이하다는 장점이 있고, 따라서 다중부하에 대한 동시충전도 가능해지고 공간자유도도 증가하는 장점을 제공하는 반면 전력송신회로와 수신회로의 효율을 떨어뜨리는 문제가 있으며, 임피던스 정합문제로 인해 안정적인 효율확보가 어려운 문제가 있다. A4WP의 송·수신회로간 제어를 위한 통신방식은 2.45GHz의 Bluetooth를 사용한다.

〈표 3-1〉 WPC 인증기준

항 목	WPC(Wireless Power Consortium)
설립년도	2008
주파수/ 효율 통신방식	• 100~205kHz • 70%효율
주요 참여사	• Samsung, LG, NXP, MS, Qualcomm 등
현 황	• 글로벌 제품 출시중(60개 이상 폰 장착 출시) • 커피숍, 공항 등 Infra 구축 • 일본 NTT, 북미 Verizon 주도 • 753개 제품 출시 중
인 증	Qi

2008년 설립된 WPC는 2009년 8월에 5W급 무선충전 규격인 'Qi 1.0'을 발표하였다. 5W급 무선충전 규격인 'Qi 1.0'은 2015년 상반기까지 여러 번의 개정

작업을 거쳐 완성되었으며, 전송거리 5mm 미만의 거리에서 자기유도 방식으로 스마트폰을 충전할 수 있는 상용 무선충전시스템에 적용되었다.

하지만 스마트폰의 사용량이 증가하고, 그에 따라 배터리의 용량도 함께 증가함에 따라 고속충전에 대한 요구가 커지게 되었다. 또한 전송거리 확장과 코일 간의 정렬에 대한 자유도 확보에 대한 요구도 증가했다. 이러한 기술적 제약을 극복하기 위해 WPC는 2015년 2월 전송전력을 15W까지 증가시키고, 5mm 미만에 머물렀던 전송거리를 최대 45mm까지 확장시키며, 하나의 인버터로 다수의 스마트폰을 동시에 충전하는 다중 충전기능을 제공하는 'Qi 1.2' 규격을 제정하겠다고 발표하였다.

〈표 3-2〉 Qi 규격 버전별 특징

No.	규격 버전	특 징
1	Qi 1.0	• Qi 호환용 스마트폰에 5W 전력 송신 지원 • 무선전력전송기 설계와 관련해 Single Coil Transmitter와 Coil Array Transmitter 및 Moving Coil Transmitter 중 선택 가능 • 유연한 무선전력수신기 설계 가능 • 다양한 형태의 무선전력전송기 설계 지원 안됨
2	Qi 1.1	• 다양한 형태의 무선전력전송기 설계 지원(총 12개의 전송기 규격 제공) • Qi 비호환 물체 감지능력 향상을 통한 액티브 전송기 근처 금속 물체에 대한 발열문제 방지 • USB 충전기를 무선전력전송기 전원으로 사용 가능
3	Qi 1.2	• 고속충전 가능(15W까지 전력송신 가능하며 수신기도 선택적으로 최대 15W까지 수신 가능) • 보다 향상된 Qi 비호환 물체감지 능력 • 현재 일반공개 버전은 'Qi 1.2.2'이며, 최신 버전은 'Qi 1.2.3'임. • 'Qi 1.2.3'은 2017년 8월 현재 WPC회원들만 다운로드 할 수 있으며, 2017년에 일반 공개

일부 반도체 제조사들은 이미 WPC의 정책에 발맞추기 위해 15W급의 무선충전 수신 IC를 개발 중에 있었다. 제조사들의 협력으로 WPC는 2015년 6월 전송전력을 15W까지 증가시킨 'Qi 1.2' 규격을 발표하였다.

당초 공표하였던 내용에서 전송거리 확장과 다중충전에 대한 내용은 일부 누락되었으나, 전송전력을 15W까지 확장하여 30분 이내에 60%의 배터리를 충전할 수 있는 고속 무선충전기능을 제공함으로써 사용자의 요구사항을 반영하고, 무선충전의 편의성을 크게 증가시키는데 기여하였다.

이를 토대로 WPC는 향후 전송전력을 최대 2kW까지 확장하여 부엌 가전기기에 무선으로 전력을 공급할 수 있도록 하고, 'Tuned-resonance Technology'를 도입하여 전송거리를 최대 45mm까지 확장할 예정이다.

WPC는 이처럼 장기적인 계획으로 무선충전시장을 주도하기 위해 계속 노력하고 있다.

2. AirFuel Alliance

자기유도 방식을 기반으로 한 WPC가 무선충전시장을 주도하는 가운데, 자기공명 방식을 기반으로 한 A4WP(Alliance for Wireless Power)의 상용화는 기술적 제약으로 인해 다소 더디게 진행되고 있었다. 북미 지역을 중심으로 한 Power Matters Alliance(PMA)도 시장의 주도권을 WPC에 내주게 되자 두 단체는 WPC에 공동으로 대응하기 위해 2015년 1월에 합병을 결의하게 되었고, 약 10개월간의 준비기간을 거쳐 2015년11월에 AirFuel Alliance라는 새로운 표준 단체를 출범하였다.

이렇게 출범한 AirFuel Alliance는 2016년 1월 글로벌 인증규격을 발표하면서 2016년에 출시되는 다양한 제품군으로 이를 확대할 것이라고 밝혔다. 특히 인증 가능한 전송전력을 수신기의 경우 최대 50W까지 확대하고, 송신기에 대해서는 최대 70W까지 확대하여 고출력 충전기의 출시를 공약하였다. 이러한 인증규격은 통일된 AriFuel 브랜드로 공급되며, 이를 통해 상업적 장벽을 제거하여 소비자가 언제 어디서든 필요한 에너지를 무선으로 공급받을 수 있도록 하는 계획을 세우고 있다. 또한 AirFuel Alliance는 데이터 전송보안과 조건부 충전, 사용료 징수 등과 같은 서비스 인터페이스를 개발할 계획이다. 이를 위해 AirFuel Alliance는 200개에 달하는 회원사 간의 활발한 교류와 연구개발을 지속하고 있다. 특히 퀄컴과 인텔 및 WiTricity 등의 자기공명 방식에 대한 개발에 집중해온 회원사들은 CES에서 모바일과 랩탑 등의 다양한 제품군을 선보였다.

AirFuel Alliance는 A4WP와 PMA가 합병하여 만들어진 기관으로써, 자기유도 방식과 자기공진 방식 모두 인증해준다. AirFuel Alliance에서는 제품 적합성 시험, 상호 호환성 시험 및 공진기 시험을 통과해야 인증을 받을 수 있다.

AirFuel Alliance는 총 3개의 위원회(Committee)로 구성되어 있다. 첫번째위원회는 Technical Steering Committee(TSC)이며 AirFuel Alliance의 선도 위원회 역할을 수행하고 있다.

TSC는 〈표 3-3〉처럼 5개의 부위원회(Sub-committee)로 구성된다. 각 부위원회에 대한 설명은 다음과 같다.

〈표 3-3〉 TSC의 5개의 부위원회

위원회 명칭	업무 범위
Magnetic Inductive Working Committee(MIWC)	직접 전자유도(Direct Electromagnetic Induction) 기술에 기반한 무선전력전송 규격 개발
Magnetic Resonant Working Committee(MRWC)	자기공명(Magnetic Resonance)기술에 기반한 무선전력전송 규격 개발
Uncoupled Working Committee(UWC)	비자기적(non-magnectic) 기술(RF와 초음파 및 레이저)을 사용한 무선전력전송 규격 개발
Infrastructure Working Committee(IWC)	무선충전과 관련된 네트워크 통신 프로토콜 규격 개발
Regulatory Working Committee(RWC)	기술작업위원회들에 대한 자문을 담당

두번째와 세번째 위원회는 Certification Working Committee(CWC)와 Marketing Working Committee(MWC)이다. CWC는 AirFuel Alliance 규에 기반한 제품에 대한 인증 프로그램을 담당하고 있고, MWC는 표준 규격의 변화를 위한 마케팅을 담당하고 있다.

〈표 3-4〉은 AirFuel Alliance 인증기준을 정리한 표이다.

〈표 3-4〉 AirFuel Alliance 인증기준

항 목	AirFuel Alliance	
	AFI(AirFuel Inductive)	AFR(AirFuel Resonant)
설립년도	2015	
주파수/효율 통신방식	• 100~300kHz • 80%효율	• 6.78MHz • 80%효율
	• 제품 적합성 시험 + 상호호환성 시험 + 공진기 시험	
주요 참여사	• Samsung, LG, NXP, MS, Qualcomm, TTA, Intel 등 전세계 195 회원사를 보유	
현 황	• 북미 위주 시장 형성 • 스타벅스 등 Infra 구축 • 국제공인시험소 지정 • 상호 호환성 시험소 지정	• 국제공인시험소 지정 • 공진기 인증시험소 지정
인 증	AirFuel로고 인증	

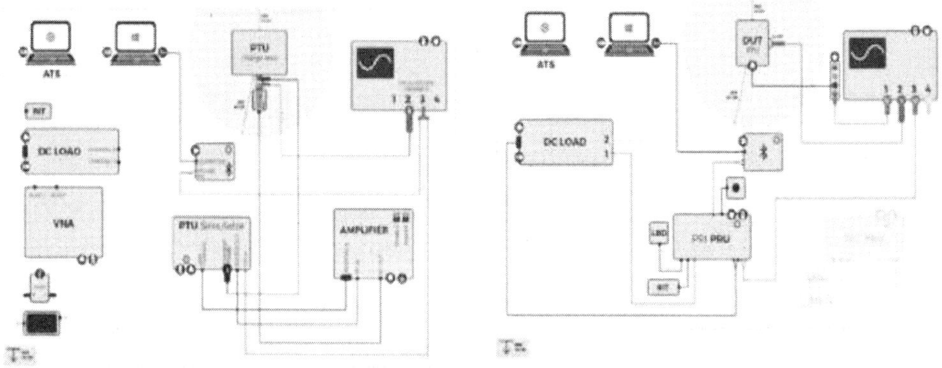

(a) ATS PRU+RAT 구성도

(a) ATS PTU+IOP 구성도

[그림 3-2] AirFuel ATS(Automated Test System) 장비를 이용한 성능 시험

3. ITU-R

ITU-R은 국제전기통신연합(ITU)을 구성하는 3가지 중에 하나로서, 라디오 주파수 대역의 통신규약이다. 2012년 무선충전 주파수 및 기술기준에 대한 연구 과제를 채택하여 2014년에 기술보고서 개발 완료 후 적합 주파수 대역 권고 개발하였다. 우리나라는 2014년 휴대폰, 가전기기 및 전기자동차 무선충전기술 및 주파수에 대한 기고서를 제출하기도 하였다. 전기자동차 무선전력전송 주파수 대역의 경우, 한국과 일본은 Heavy Duty(버스 등)의 경우 20/60kHz 대역을, Light Duty(자가용 등)의 경우 85㎑ 대역을 이용하는 방향으로 개발했다.

세계의 주파수 표준이 결정되는 ITU-R(ITU Radiocommunication Sector)에서는 이미 상품화되어 널리 판매되고 있는 WPC 표준의 주파수 대역과 AirFuel의 주파수 대역에 대해서는 어느 정도 합의가 이루어져 있는 상태이다.

전기자동차 분야는 20kHz, 60kHz, 85kHz 주파수가 제안되었고, ITU-R과 IEC에서 면밀히 검토 중이다. 이 주파수들은 각국의 다른 용도의 주파수와 겹친다는 점과 각국에서 추진 중인 개발방향과 기업의 기술투자가 연관되어 있기 때문에 WRC(World Radiocommunication Conference) 의제로 선정하고, 3년 정도의 시간을 두고 검토하는 것으로 결정되었다. 주파수뿐 아니라, 코일구조와 차량 장착 방식, 전력용량, 전자파 규제 등 다양한 관점에서 정해져야 하는 사항이 많으며 IEC, CISPR 등 국제기구와 SAE 등 민간기구에서도 활발히 논의되고 있다.

〈표 3-5〉 주파수 대역별 표준화 현황

구 분	모바일 및 가전기기		전기자동차	
	110~205kHz	6.78MHz	85kHz	20kHz, 60kHz
방 식	자기유도	자기공명	자기유도/자기공명	자기유도
표준화	WPC 규격	A4WP 규격	일본(도요타), 미국	한국
진행 사항	ITU-R 논의	ITU-R 논의	IEC TC 69 반영 ITU-R 논의	IEC TC 69 반영 (Informative) ITU-R 논의
서비스	상용화	시 범	시 범	시 범
대 응	LG 등 주도	삼성, 퀄컴 등 주도	미 흡	

학습 3

4. AWG(Asia-pacific Wireless Group)

AWG는 2012년 아태지역의 통일된 무선충전 주파수 정책수립과 ITU-R 공동 대응을 위해 우리나라의 제안으로 신설되었다. 우리나라는 CJK 표준협력회의를 통해 국내기술현황을 반영한 보고서를 개발하고 AWG에 제출, APT 기술보고서 개발 시 초안으로 활용하고 있다.

APT Wireless Group(AWG)는 한중일 무선전력전송 기술보고서를 기반으로 APT 무선전력전송 기술서비스 및 응용보고서를 개발하고 있으며, 그 밖에도 전기자동차용 적합 주파수 보고서 및 모바일기기를 위한 적합 주파수 권고 초안 작업을 진행 중이다.

5. 기타 국제 표준단체

IEC TC69은 2011년 전기자동차 무선전력전송 기술 표준화를 위하여 프로젝트 신설, 요구사항 및 통신 · 전력전송 방식 규격 개발을 진행중에 있다. IEC는 International Electroncal Committe의 약자로, 국제전기표준회의이다.

IEC CISPR/B는 2014년 무선전력전송 TF를 신설, 9-150kHz 대역을 이용하는 무선전력전송 기기에 대한 전자파적합성 규격개발 논의를 시작하였다. CISPR는 Comité International Spécial des Perturbations Radioélectriques의 약자로 국제무선장해특별위원회이다. ISO/IEC JTC1 SC6는 2012년 무선전력전송 송 · 수신 인터페이스에 관한 표준개발을 과제로 채택, 2014년 제정 완료되었다.

IEC TC100은 2013년에 설립된 산하 무선전력전송 서브 그룹인 Technical

Area(TA)15가 무선전력전송과 관련된 국제표준개발을 담당하여 진행하고 있다.

TA15는 무선전력전송 서비스 사업자와 전기사업자 및 충전서비스 이용자 간 상용 충전서비스를 위해서 무선전력전송 서비스 엔터티 식별 및 제어/관리기술, 코디네이터/노드제어 및 관리 기술표준규격을 개발하였다. 향후 IEC TC100 TA15 그룹은 공간충전기반 무선전력전송 기술 등에 대한 표준화를 계획하고 있다.

① Wireless Power Transfer - Management - Pa rt 1 : Common component (IEC 62827-1), 무선전력전송 송·수신기 관리 프로토콜 기본 요소 국제표준 IS 제정(2016년 4월)

② Wireless Power Transfer - Management - Part 2 : Multiple Devices Control Management(IEC CDV 62827-2), 무선전력전송 다수 기기 관리 프로토콜 국제표준(IEC 62827-2) CDV 채택(100/2762/CDV, 100/2878/RVC) (2017년 3월)

③ Wireless Power Transfer - Management - Part 3 : Multiple Source Control Management(IEC 62827-3), 무선전력전송 다수 충전기 관리 프로토콜 국제표준 CDV 채택(100/2724/RVC) 및 국제 규격 IS 제정(2016년 12월)

ISO/IEC/SAE에서는 전기자동차와 관련하여 비접촉식 충전기술표준을 개발하고 있다. 이미 오래 전에 변압기에서 사용하는 1차와 2차 유도결합 방식을 사용한 유도식 충전방식이 개발되어 GM EV1에 적용된 적이 있으나, 최근에는 미국 MIT에서 처음 개발한 자기공명 방식 기술이 주를 이루고 있다. 이러한 비접촉식 충전방식은 미국 SAE 2954 표준에서 '무선충전'이라는 용어를 사용하였으나 IEC 61980-1 표준에서는 이 명칭을 '무선충전시스템'으로 변경하여 사용하고 있다. 전기자동차 무선충전 방식에 대한 일반 요구사항을 담고 있는 국제표준인 IEC 61980-1을 신규 제정하고 있으며, 무선충전에 대한 V2G 기술표준인 IEC 15118-6와 IEC 15118-7을 신규 제정 중이다.

3-3 무선전력전송의 규제 · 정책동향

무선전력전송의 국제 규제 · 정책동향은 크게 주파수 권고 및 출력제한, 주파수 간섭 규제, 인체영향 규제로 구분하여 정리할 수 있다.

1. 주파수 권고 및 출력제한

주파수 권고 및 출력제한 부문에서는 ITU-R에서 자동차 및 모바일기기를 위한 국제적으로 사용 가능한 주파수 권고 작업을 진행 중이다.

〈표 3-6〉 주파수 할당 및 출력제한 현황

구 분	표준기구 및 국가별 동향		표준기구의 주요 권고 및 규제 현황
주파수 할당/출력 제한	국제 표준 기구	ITU-R SG1	ITU-R은 UN산하 기관인 국제전기통신연합(ITU)을 구성하는 3가지중에 하나로, 라디오 주파수 대역의 통신규약을 관리한다. Mobile기기를 위한 무선전력전송 주파수(6.78MHz, 100~300KHz 등)을 선정한 후에 각 국가에 해당 주파수에 대한 권고작업을 진행중이며, 차량용 무선전력전송 주파수 권고 작업도 진행중(20KHz, 60KHz, 85KHz 등)이다.
	국가별 동향	미국	미국의 FCC는 무선전력전송 제품의 ISM대역(6.765~6.795MHz) 이용하여 제품가 WPC제품(110~205KHz)에 대해서 인증하였으며, CFR47Part15, 18 등에서 규제 항목을 적용하여 규제한다.
		유럽	현재 ETSIEN300, 300-1규격을 적용하여 빔방식 무선전력전송이 아닌 주파수 19~21KHz, 59~61khz, 79~90Khz, 100~300khz, 6.765~6.795MHz 대역의 주파수에 대해 무선전력전송 사용을 허용한다.
		한국	전자파 적합성을 만족한 제품에 대하여 200W 이하의 소비전력 무선전력전송 기기의 경우, 주파수 허가대상에서 면제한다(2015.3월 제정).

〈표 3-7〉 국가별 무선전력전송 관련 주파수 대역

주파수		미 국	유럽(독일)	일 본	한 국
모바일	110~205KHz(비ISM)	○	○	○	○
	6.765~6.795MHz(ISM)	○	○	○	○
전기 자동차	19~21KHz, 59~61khz,	×	○	×	○
	80.38~90KHz	○	○	○ (2017 수용)	× (2018 수용)

ITU회의에서 그동안 제기되어온 간섭문제를 피하기 위해 주파수 대역을 19-25kHz(기존 19-21kHz)와 59-61kHz(55-65kHz)으로 확대 제시한 바 있으며, 19-25kHz/55-65kHz 대역을 차량용 무선전력전송 주파수로 선제적으로 분배하였고 관련 기술개발 경험을 바탕으로 ITU 표준화 활동을 주도하고 있다.

우리나라가 제안하는 파장이 긴 저대역 주파수는 송·수신 장비가 차지하는 공간이 비교적 크나 100kW 이상 고용량의 전기를 필요로 하는 버스, 철도와 같은 대형 운송수단에 적합하다.

반면 일본과 미국 등은 79-90kHz을 지지하며, 이 대역은 파장이 짧아 장비의 소형화가 가능하고 소형 전기차에 적용하기 쉽다.

이에 따라 무선전력전송 주파수 표준은 소형과 대형으로 나뉘어 지정될 가능성이 크며 최종 결정은 WRC(세계전파통신회의)에서 결정한다.

만약 우리나라가 제안하는 주파수 대역이 표준화가 된다면 관련 제품 및 기술이 해외 시장 진출에 매우 유리해지게 된다. 다만 85kHz에 대해서도 국제적 조화와 국내기술의 성숙여건을 감안해 우리나라도 적극적으로 분배를 검토 중에 있다.

2. 전자파 주파수 간섭

주파수 간섭 규제 부분에서는 국제무선장해 특별 위원회(CISPR : International Special Committee On Radio Interference)에서 2014년부터 대용량 차량충전 전자파 적합성(EMC : Electromagnetic Compatibility) 규격 제정을 위한 개정작업에 착수하였으며, 2019년에 완료하였다.

〈표 3-8〉 국가별 무선전력전송 관련 전자파 주파수 간섭 규제현황

표준기구 및 국가별 동향		최근 표준기구의 주요 권고 및 규제현황
국제표준 기구	CISPR	1934년 설립한 주파수 영향력에 대한 표준제정기구로서 현재 모바일 무선전력전송 기기는 CISPR에서 규정하는 국제 EMC기준을 만족하는 것이 필수 요건이다. 자기유도형 가정용 무선전력전송 기기에 대한 EMC 규제(CISPR14-1)가 개정중이며, 차량용 무선전력전송에 대하여 85KHz 등의 주파수에 대한 EMC 규제 제/개정 논의 중이다.
국가별 현황	미 국	FCC 법규 및 규제에 의거하며, CFR47 Part 15.18 등에서 규제항목을 적용하여 규제한다.
	유 럽	통신기능이 포함된 기기의 경우 EN 55011기준을, 통신기능이 없는 기기의 경우 EN 301 489-1/3을 적용하여 규제한다.
	한 국	2017년 10W 이하의 모바일기기 전자파 적합성 기준인 KN 17을 신규 적용하였으며, 10W 이상의 대용량 기기에 대한 규제개발이 논의되고 있다.

3. 인체보호

인체영향 규제부문에서 인체보호 적용 기준은 국제 비이온화 방사보호위원회(ICNIRP : The International Commission on Non-ionizing Radiation Protection), 미국연방 통신위원회(FCC : Federal Communications Commission) 등에서 제정기준을 따르고 있지만 상세한 측정 평가방법에 대한 국제표준은 존재하지 않는 상황이다.

〈표 3-9〉 국가별 무선전력전송 관련 인체보호 규제현황

표준기구 및 국가별 동향		최근 표준기구의 주요 권고 및 규제현황
국제표준 기구	ICNIRP	전자파로부터 인체를 보호를 위한 노출한도 등을 결정하기 위해 1992년 설립된 국제위원회이다. 현재 대부분의 국가가 ICNIRP 1998기준을 적용하여 전자파 인체영향에 대한 주파수 대역별 규제 및 참고수준을 지정한다.
국가별 현황	미 국	CFR 47 part 1.1307에 별도 전자파의 최대 허용 노광량 기준을 확립하고, 측정 평가방법에 대한 보고서 발행한다.
	유 럽	ICNIRP규제 기준을 따르며 해당 전자파의 최대 허용 노광량을 정하여 규제한다.
	한 국	ICNIRP 1998 인체보호기준을 적용하여 실제 측정기준 항목 등을 개발 중이나, 아직 적용하지 않는다.

수행 내용

재료 · 자료

• 무선전력전송 관련 자료

기기(장비 · 공구)

• 컴퓨터, 문서작성 프로그램, 프린터, 주변기기

안전 · 유의사항

• 무선전력전송 관련 장비의 안전 및 유의사항을 숙지한다.

수행 순서

01 무선전력전송 기술의 표준화, 규제 관련 기술에 대하여 분석하라.

모바일기기 표준화는 기업 컨소시움 주도의 WPC와 AirFuel Alliance에서 상호 경쟁 및 보완 형태로 진행되고 있다. 전기자동차 표준화는 주파수 간섭에 대한 이슈가 문제되고 있으며, 전기자동차에서 발생하는 전자파의 세기측정 등 공유연구가 진행 중에 있다.

전자파 측정 표준관점에서는 자기장이 주로 발생하는 자기공진 방식 무선전력전송의 특성상 EMF와 EMI 측정시 전기장을 측정하여 간접적으로 자기장을 계산하는 방식에 어려움이 많으므로, 저주파 자기장을 직접 측정하는 방식에 대한 검토가 이루어지고 있다.

낮은 웨이브 임피던스를 가지는 자기공진 방식 무선전력전송 시스템의 저주파 전자파의 합리적인 평가방법 개발과 자기장에 의한 전자기기 전자파 간섭현상에 대한 문제와 해결책의 분석이 요구된다. SAR 특성 등 고주파 전자기장의 인체영향은 항상 주요 규제 대상이고, 회피를 이용한 인체영향 저감의 경우에도 항상 전자파 인체영향의 위험이 존재하는 만큼 시스템의 신뢰성 검토가 요구가 증가하는 추세이기 때문에, 향후 주요 연구 주제 중 하나가 될 것으로 예상된다.

전력을 무선으로 보내고 사용 편의성을 증대하기 위해서는 연관된 EMC 문제가 해결되는 것이 필요조건이다. 송 · 수신간 위치 · 거리자유도 향상은 전자파 인체영향 문제를 악화시킬 수 있고, 이에 따라 인체 안전문제를 해결할 수 있는 전자파 차폐기술, 전자파 회피기술의 개발 필요하게 될 것이다. 이에 따라 회로설계, 코일구조 설계, 자기장 차폐 설계, 고주파 시스템 설계, 측정 및 표준화에 이르기까지 다양한 연구가 선행되어야 한다. 이러한 연구들이 모두 충족되어가는 동안 무선전력전송 기술이 우리의 생활을 한 단계 더 편리하게 만들 것으로 예상한다.

02 무선전력전송 기술의 전자파 인체보호기준에 대하여 분석하라.

세계보건기구(WHO, World Health Oragnization)에서는 전자파 인체 안전에 대한 사전예방주의 정책을 권고하고 있다. 따라서 각 나라에서는 자국의 실정에 맞는 전자파 사전예방정책을 시행하고 있다. 대표적인 전자파 인체보호기준에는 국제비전리복사방호협회(ICNIRP : International Commission for Non-Ionizing Radiation Protection)의 1998년도 기준과 2010년에 개정한 기준, 그리고 IEEE의 전자파 인체보호기준이 있다. 국내의 전자파 인체보호기준은 INCIRP의 1998년도 기준을 채택하고 있다.

1. 국내의 전자파 인체보호기준

전자파에 대한 국내의 인체보호기준은 ICNIRP에서 1998년에 제정한 전자파 인체보호기준을 준용하여 방송통신위원회 고시 제2009-27호로 고시하고 있다. 전자파 인체보호기준은 전신 노출에 대하여 전자파 강도를 세한하고 있으며 일반인과 직업인으로 분류하여 제한하고 있다.

적용 주파수 범위는 DC~300 GHz까지이다. 일반인과 직업인에 대한 기준은 〈표 3-10〉와 〈표 3-11〉에 나타내었다. 국부에 대한 전자파 노출에 대하여는 전자파 比흡수율(SAR, Specific Absorbtion Rate)로 제한하고 있다.

〈표 3-12〉는 국부 노출에 대한 SAR 기을 나타내었다. 전자파 比흡수율 적용주파수는 100 kHz~10 GHz이다. 무선전력전송에서 사용하는 주파수 대역인 100kHz~10MHz 대역에서의 전자파 인체보호기준은 전신노출 기준인 전자파 강도와 국부노출 기준인 SAR를 동시에 만족하여야 한다.

〈표 3-10〉 일반인에 대한 전자파

주파수 범위	전기장강도 (V/m)	자기장강도 (A/m)	자속밀도 (μT)	전력밀도 (W/m^2)
1Hz 이하	–	3.2×10^4	4×10^4	
1Hz 이상~8Hz 미만	10,000	$3.2\times10^4/f^2$	$4\times10^4/f^2$	
8Hz 이상~25Hz 미만	10,000	4,000/f	5,000/f	
0.025kHz 이상~0.8kHz 미만	250/f	4/f	5/f	
0.8kHz 이상~3kHz 미만	250/f	5	6.25	
3kHz 이상~150kHz 미만	87	5	6.25	
0.15MHz 이상~1MHz 미만	87	0.73/f	0.92/f	
1MHz 이상~10MHz 미만	$87/f^{1/2}$	0.73/f	0.92/f	
10MHz 이상~400MHz 미만	28	0.073	0.092	2
400MHz 이상~2,000MHz 미만	$1.375^{1/2}$	$0.0037f^{1/2}$	$0.0046f^{1/2}$	f/200
2GHz 이상~300GHz 미만	61	0.16	0.20	10

〈표 3-11〉 직업인에 대한 전자파

주파수 범위	전기장강도 (V/m)	자기장강도 (A/m)	자속밀도 (μT)	전력밀도 (W/m^2)
1Hz 이하	–	1.63×10^5	2×10^5	
1Hz 이상~8Hz 미만	20,000	$1.63\times10^5/f^2$	$2\times10^5/f^2$	
8Hz 이상~25Hz 미만	20,000	$2\times10^4/f$	$2.5\times10^4/f$	
0.025kHz 이상~0.82kHz 미만	500/f	20/f	25/f	
0.82kHz 이상~65 kHz 미만	610	24.4	30.7	
0.065 MHz 이상~1MHz 미만	610	1.6/f	2.0/f	
1MHz 이상~10MHz 미만	610/f	1.6/f	2.0/f	
10MHz 이상~400MHz 미만	61	0.16	0.2	10
400MHz 이상~2,000MHz 미만	$3f^{1/2}$	$0.008f^{1/2}$	$0.01f^{1/2}$	f/40
2GHz 이상~300GHz 미만	137	0.36	0.45	50

〈표 3-12〉 국부노출에 대한 전자파 比흡수율(SAR) 기준

주파수 범위	전자파 比흡수율(W/kg) [1gram 평균]
100kHz~10GHz	1.6

2. 국외의 전자파 인체보호기준

국외의 전자파 인체보호기준 중 가장 대표적인 인체보호기준은 ICNIRP Guidelines 1998(DC~300 GHz), ICNIRP Guidelines 2010(DC~100kHz), IEEE Std C95. 1(3 kHz~300 GHz) 등이 있다.

[그림 3-3]과 [그림 3-4]는 1998년도 ICNIRP의 전기장과 자기장에 대한 인체보호기준을 나타낸 것이고, [그림 3-5]와 [그림 3-6]은 2010년도에 개정된 ICNIRP의 전기장 및 자기장 노출 기준을 나타낸 것이다.

2010년도에 개정된 ICNIRP 기준은 1Hz~100kHz까지의 주파수에 대한 노출 제한이며, 1998년도 ICNIRP 기준은 300GHz까지의 출제한 기준치이다. 50Hz 주파수에서 2010년도 기준치는 1998년도보다 2배(100μT에서 200μT) 완화되었다. 국내에서는 2010년도 ICNIRP Gui-delines를 인체보호기준으로 변경할 계획을 아직 갖고 있지 않다.

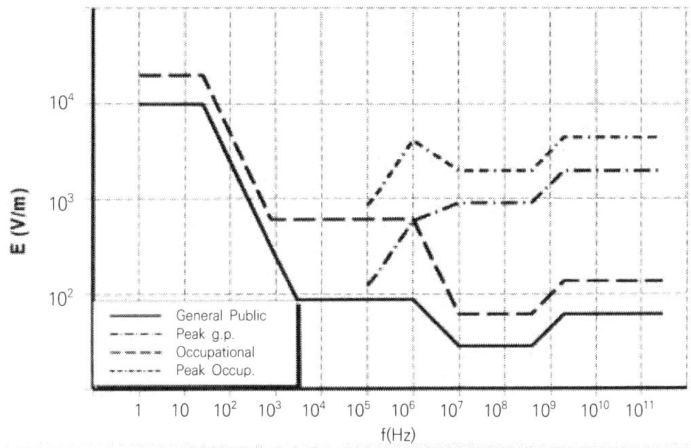

[그림 3-3] 전기장의 인체보호기준

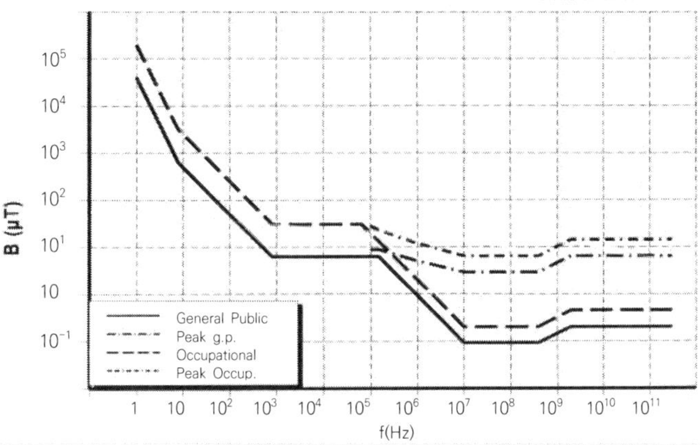

[그림 3-4] 자기장 인체보호기준

IEEE C95. 6 : 2002 인체보호기준은 [그림 3-5]에 나타내었고, [그림 3-6]은 국외의 SAR 기준치를 나타내었다.

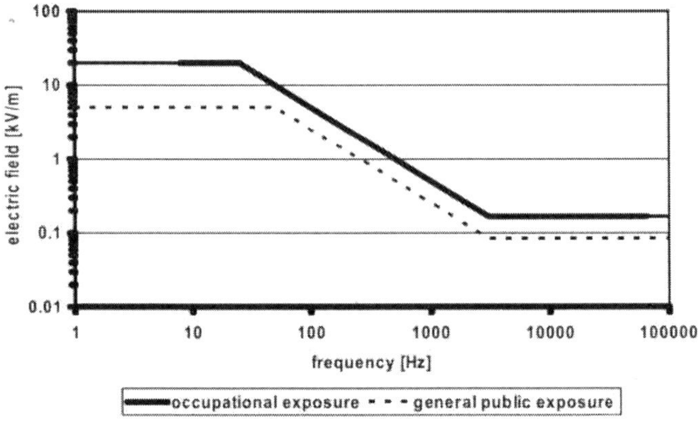

[그림 3-5] 전기장 인체보호기준

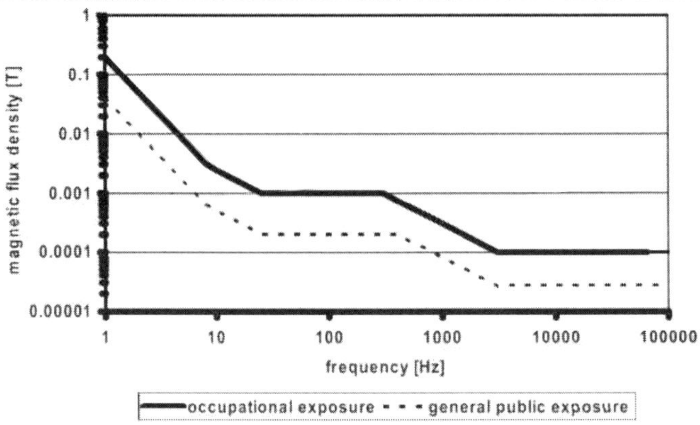

[그림 3-6] 자기장 인체보호기준

03 스마트폰 무선전력전송 기술을 사용한 표준화에 대하여 분석하라.

현재까지는 표준화, 충전효율 및 안전성 등 기술적 부문에 있어서는 자기유도 방식이 주도하고 있지만, 전송거리가 짧다는 단점으로 인해 향후에는 A4WP 주도의 공명기술 기반의 무선충전기술이 시장을 주도할 것으로 전망하고 있다.

국내 소전력 무선전력전송 기술은 WPC 회원사인 LG전자와 삼성전자를 중심으로 5W

급 스마트폰 무선충전기기 개발에 집중하고 있으며, 자기유도 방식의 무선충전기는 대기업과 더불어 동양이엔피, PN텔레콤, 한솔 등 유선충전기 개발업체와 한림포스텍, 코마테크 등 다양한 업체에서 관심을 갖고 개발 중에 있다.

〈표 3-13〉 스마트폰 무선전력전송 기술을 상용한 표준화

기 술	해 외	국 내
자기유도	• Qi 규격에 의한 무선충전 제품 출시 활성화 • 수신부가 내부에 장착된 휴대폰이 출시되었으나, 그 실적은 매우 저조함	• 자기 유도형 제품 초기 출시 • 휴대폰에 수신부가 기본적으로 장착되어 나오면서 시장 본격 활성화가 기대되었으나, 그 실적은 아직 미미함 • 위치 자유도가 없는 유도형의 한계로 인해 시장 확대가 어려울 것으로 예측
자기공명	• A4WP의 자기 공명형 표준화 검토 및 규격제정 진행 중임 • 기술적인 문제 해결 시, 자기 공명형 무선충전 시장 대규모 확대 예상됨	• 국내 여러 연구소들에서 시제품 결과 전시 • 대기업에서도 공명형 충전기 결과 발표 • 아직 상용화에 근접한 기술개발은 완료되지 않은 것으로 보임 • 현재 공명형의 극복과제인 안정성과 효율 문제를 해결한다면, 무선충전 시장의 대규모 확대가 예상됨

04 전자파 측정 표준관점에서 무선전력전송 EMC 기술동향에 대하여 분석하라.

1. 무선전력전송 EMC 기술의 역할

무선으로 강한 전력 발생으로 항상 EMF/EMI 문제가 발생할 수밖에 없는 시스템이다. 특히 송·수신코일은 안테나 구조가 되어 강한 자기장을 발생시키는 것이 핵심요소이므로, EMC 관점에서는 원하는 방향으로만 자기장 또는 전자파가 발생할 수 있도록 조정하는 설계가 필요하다. 무선전력전송 시스템 시장이 확대되어 가기 위해서는 사용자 편의성을 보다 향상시킬 필요가 있다. 이를 위해서는 송·수신코일 간 거리가 멀어질 필요가 있으나, 이는 전자파가 인체 또는 다른 전자기기에 영향을 줄 확률을 높이게 되고, 이에 대한 대비책이 필요할 것으로 예상된다.

송신단 인버터 설계에서 효율은 매우 중요한 요소이지만, EMI 관점에서도 인버터의 설계는 고조파 EMI를 줄이기 위한 가장 근본적인 요소이므로, 인버터 등 회로설계 단계

에서 고조파 발생을 최소화 할 수 있는 회로설계도 필요하고, 전체 시스템을 구성하는데 필요한 송·수신단의 인버터, 정류기, Regulator 등의 회로의 안정적인 동작을 위해 PCB, Chassis의 전자파 저감 및 안정화 기술이 적용되어야 한다. GHz의 고주파는 저주파보다 인체영향의 위험성이 높을 것으로 예상된다.

또한 현재보다 더 높은 자유도에서 무선전력전송 시스템을 활용하고자 마이크로파를 사용하는 경우, 현재의 엄격한 EMF/EMI 규격을 만족시키면서 충분한 전력을 공급할 수 있는 방법의 개발이 필요하다. 마이크로파의 전파 직진성을 활용하여 Array Antenna를 이용한 전파 방향제어, Retro-directive, Time reversal 기술을 이용한 고효율화로 발생 전자파의 크기를 줄이는 연구가 필요할 것으로 예상된다.

인체영향 저감설계 관점에서는 무선전력전송 시스템의 코일, 자성체 코어 등에 의해 1차적인 전자파 저감이 충분하지 않을 경우, 부가적인 차폐장치를 이용하여 전자파를 저감할 필요가 있다.

Reactive Shield, 고조파 억제용 필터 등 전자파 저감을 위한 부가적인 차폐장치가 필요하며, 특히 대전력의 경우 활용성을 높이기 위해서 부가적인 전자파 저감장치의 소형화, 경량화 기술개발이 요구된다.

2. 무선전력전송 EMC 기술의 방향

송·수신간 위치·거리자유도 향상은 전자파 인체영향 문제 악화에 대한 개선책이 필요하다. 이는 사용 편의성 증대에 따라 EMC 문제가 더욱 중요한 역할을 하게 되고, 인체 안전문제를 해결할 수 있는 전자파 차폐기술, 전자파 회피기술의 개발을 통해서 무선전력전송 시스템의 간섭 및 인체 안전의 문제를 명확하게 정의하고, EMC 기술을 통해 해결책을 제시할 수 있을 것으로 예상된다.

소형화, 집적화에 따른 고주파 노이즈 간섭문제의 해결이 필요하다. 이를 구현하기 위해서 임피던스 제어기술, 고주파 Harmonic 제거기술 등 Signal Integrity 및 Power Integrity의 Noise 저감기술이 중요한 요소로 고려된다. 패키지 및 PCB 설계가 핵심적인 요소이고, 구현 시에 Signal Integrity, Power Integrity를 고려한 설계가 요구된다. 전자파의 정확한 측정관점에서도 기존의 측정 방법을 개선할 필요가 있다. 특히 저주파 Small Antenna 해석 및 합리적인 측정 절차에 관한 연구가 선행되고, 이에 맞는 측정방법이 제시되어야 한다. 관련 시스템과의 간섭문제 등을 고려한 주파수 선정과 규제레벨 연구의 수행도 필요할 것으로 보인다.

3. 표준화 규제 관련 기술

낮은 웨이브 임피던스를 가지는 자기공진 방식 무선전력전송 시스템의 저주파 전자파의 합리적인 평가방법 개발과 자기장에 의한 전자기기 전자파 간섭현상에 대한 문제와 해결책의 분석이 요구된다. SAR 특성 등 고주파 전자기장의 인체영향은 항상 주요 규제 대상이고, 회피를 이용한 인체영향 저감의 경우에도 항상 전자파 인체영향의 위험이 존재하는 만큼, 시스템의 신뢰성 검토가 요구가 증가하는 추세이기 때문에, 향후 주요 연구 주제 중 하나가 될 것으로 예상된다.

무선전력전송 기술은 삶의 질을 높이는데 크게 기여할 수 있는 주요 미래기술이다. 그러나 전력을 무선으로 보내고 사용 편의성을 증대하기 위해서는 연관된 EMC 문제가 해결되는 것이 필요조건이다. 송 · 수신간 위치 · 거리자유도 향상은 전자파 인체영향 문제를 악화시킬 수 있고, 이에 따라 인체 안전문제를 해결할 수 있는 전자파 차폐기술, 전자파 회피기술의 개발 필요하게 될 것이다. 이에 따라 회로설계, 코일구조 설계, 자기장 차폐 설계, 고주파 시스템 설계, 측정 및 표준화에 이르기까지 다양한 연구가 선행되어야 하고, 이러한 연구들이 모두 충족되어가는 동안 무선전력전송 기술이 우리의 생활을 한 단계 더 편리하게 만들 것으로 예상한다.

학습 3

학습활동.3 교수 · 학습 방법

교수 방법

- 무선전력전송의 표준화에 대한 관련 용어, 구성, 방식 이해 정도를 파악한 후 수업을 진행한다.
- 교수자의 주도로 무선전력전송의 표준화 등의 내용을 PPT 자료로 제시한 후 설명한다.
- 가능하면 사전에 개인별 학습 자료를 준비하여 모든 학생이 참여할 수 있는 문제 해결식 수업, 협력 수업이 가능하도록 한다.
- 무선전력전송의 표준화 전 과정을 작업의 순서에 따라 단계적으로 실습이 이루어질 수 있도록 지도한다.
- 교재를 통해 수업을 준비하는데 있어서 필요한 모든 정보나 팁, 힌트 등 도움이 될 만한 내용들을 확인할 수 있다.
- 학생들이 만들게 될 각 모델들은 수업시간에 중점적으로 다뤄질 부분과 어휘, 질문, 답을 포함하고 있으며 또한 탐구할만한 추가적인 아이디어들도 포함하고 있다.

학습 방법

- 무선전력전송의 표준화에 대한 관련 용어를 숙지하고, 무선전력전송의 표준화에 대해 이해한다.
- 무선전력전송 표준화의 각 단계별 중점 사항을 체계적으로 학습한다.
- 무선전력전송 표준화의 수행순서의 전 과정을 실습한다.
- 무선전력전송 표준화의 내용을 이해한다.
- 무선전력전송 표준화를 이해하고 숙달이 될 때까지 학습한다.

학습활동.3 평가 및 피드백

평가 준거

- 평가자는 피평가자가 수행 준거 및 평가 내용에 제시되어 있는 내용을 성공적으로 수행할 수 있는 지를 평가해야 한다.

학습내용	평가항목	성취수준		
		상	중	하
무선전력전송의 표준화	무선전력전송의 표준화를 이해할 수 있다.			

평가 방법

• 작업 포트폴리오

학습내용	평가항목	성취수준		
		상	중	하
무선전력전송의 표준화	무선전력전송의 표준화를 이해할 수 있다.			

• 필기시험

학습내용	평가항목	성취수준		
		상	중	하
무선전력전송의 표준화	무선전력전송의 표준화를 이해할 수 있다.			

• 체크리스트를 통한 관찰

학습내용	평가항목	성취수준		
		상	중	하
무선전력전송의 표준화	무선전력전송의 표준화를 이해할 수 있다.			

• 피드백

1. 작업 포트폴리오
   - 제출한 보고서를 평가한 후 주요 사항에 대하여 표시하여 돌려준다.
2. 필기시험
   - 평가 결과 성적이 저조한 학생은 보고서 제출 기회를 부여한다.
3. 체크리스트를 통한 관찰
   - 실습 과정에서 평가한 후 개선해야 할 사항 등을 정리하여 돌려준다.

참 | 고 | 문 | 헌

- 강승열 외 3, 무선 에너지 전송기술, 전자통신통신동향분석 제 23권 제6호, pp.59-69, 2008.12.
- 김종훈 외, 무선 전력전송 시스템에서의 전자파 연구동향, 한국전자파학회지, 제27권 제1호, 2016.01.
- 김진욱 외, K인버터를 이용한 전자기 유도 방식과 자기 공명 방식의 특성 비교, 2011대한 전기학회 하계학술대회 발표집, 7월, 2011.
- 김진욱 · 지현호 · 최연규 · 윤영현 · 김관호 · 박영진, 자기 공명 무선 전력전송 시스템에서 공진 코일의 배열에 관한 연구, 한국전자파학회논문지, 21(6), pp.564-572, 2010.6.
- 류명효 · 정지훈, 비접촉 무선전원 기술의 이해와 응용, 2012 대한전기학회 무선 전력전송 단기강좌 발표집, Apr.25, 2012.
- 무선 전력전송 기술 국내외 표준/정책/시험인증 동향, TTA 저널, VOL 175, 2018.01.
- 박영진, 모바일기기 무선충전 시스템의 기술동향, 전력전자학회지, 제18권 4호, pp.29-33, 2013.
- 박영진, 무선 전력전송의 이해, 전자공학회지, 제39권 제8호, 2012.8.
- 안성덕, 무선 전력전송 기술개발 동향, TTA Journal, vol.138, pp.45-51, 2011.
- 안승영 · 김종훈, 무선 전력전송 EMC기술동향, 한국전자파학회지, 제28권 제1호, 2017.1.
- 양준현, 자기공명형 무선전력 시스템을 이용한 무선충전기 개발에 대한 연구, 명예박사기술논문, 삼성전자, 2010.12.
- 이승민, '무선 전력전송 현황 및 국내도입을 위한 접근 방안', 한국 KFDC법제학회 한국보건산업진흥원 미래산업기획단, 2020.11.15.
- 임대현 · 조인귀, 무선전력전송 기술동향 및 시장전망, 한국과학기술정보연구원, 2015.12.
- 장병준, 무선 전력전송 기술동향 및 향후 전망, 전력전자학회지, 제15권 제6호, 2010.12.
- 주영준, 무선 전력전송 기술과 전자파 인체 영향. 한국멀티미디어학회 제16권 제3호, 2012.09.
- 최성진, 무선에너지 전송기술동향, 제어로봇시스템학회지, 제20권 제1호, 2014.3.
- 최효상 · 정인성, 무선 전력전송 시스템의 기술개발 현황과 동향, 한국전기학회, 2007.2.
- A. Kurs, A. Karalis, R. Moffatt, J. D. Joannopoulos, P. Fisher, and M. Soljacic, "Wireless power transfer via strongly coupled magnetic resonances", Science, Vol.317, pp.83-86, Jul, 2007.
- A. P. Sample, D. A. Meyer, and J. R. Smith, "Analysis, experimental results, and range adaptation of magnetically coupled resonators for wireless power transfer", IEEE Transactions on Industrial Electronics, Vol.58, No.2, pp.544-554, 2011.
- Aristeidis Karalis, J.D.Joannopoulos, Marin Soljačić, "Efficient wireless non-radiative mid-range energy transfer", Annals of Physics, Vol.323, pp.34-48, 2008.
- B.C. Choi, J.H. Nho, H.Y. Cha, T.Y. Ahn, and S.W. Choi, "Design and implementation of low-profile contactless battery charger using planar printed circuit board windings as energy transfer device", IEEE Transactions on Industrial Electronics, vol.51, no.1, pp.140-147, Feb. 2004.
- Barry Fox, "One charging pad could power up all gadgets-Wireless Recharger", New Scientist, January. 2005.
- C. -J. Chen, T. -H. Chu, C. -L. Lin, and Z. -C.Jou, "A study of loosely coupled coils for wireless power transfer", IEEE Transactions on Circuits and Systems, Vol.57, No.7, pp.536-540, 2010.
- C. Liu, A. P. Hu, and N. K. C. Nair, "Modelling and analysis of a capacitively coupled

contactless power transfer system", IET Power Electronics, vol.4, no.7, pp.808-815, 2011.
- C. G. Kim, D. H, Seo, J. Sik. You, J. H. Park, and B. H. Cho, "Design of a contactless battery charger for cellular phone", IEEE Transactions on Industrial Electronics, vol.48, no.6 pp.1238-1247, Dec, 2001.
- D. H. Childress, The Tesla papers, Adventures unlimited press, 2000.
- David Baarman(Fulto innovation), private communication.
- David Schneider, "A critical look at wireless power: Wireless power at a distance is still far away", IEEE Spectrum, May, 2010.
- Dong-Gi Youn, Yang-Ha Park, Kwan-Ho Kim, Young-Chul Rhee, "A Study on the Analysis of Rectenna Efficiency for Wireless Power Transmission", IEEE TENCON99, Vol.2, pp.1423 -1426 17, Sep, 1999.
- Dong-Gi Youn, Yang-Ha Park, Kwan-Ho Kim, Young-Chul Rhee, "A Study on the Fun damental Transmission Experiment for Wireless Power Transmission System", IEEE T ENCON99, Vol.2, pp.1419-1422 17, Sep, 1999.
- ETRI 미래전략연구소 표준연구본부, 표준화동향 무력전력전송표준기술, 2017.1.
- http://www.a4wp.org/
- http://www.powermatters.org/
- https://blog.kepco.co.kr/1857 [한국전력 블로그 굿모닝 KEPCO!]
- https://www.wirelesspowerconsortium.com
- M. Kline, I. Izyumin, B. Boser, and S. Sanders, "Capacitive power transfer for contactless charging", APEC- IEEE Applied Power Electronics Conference and Exposition, pp.1398 -1404, 2011.
- P. E. Glaser, "Power from the sun; its future", Science, Vol.162, No.3856, pp.857-861, Nov, 22, 1968.
- S. C. Tang, S. Y. Hui, and H. S. Chung, "Coreless Planar Printed-Circuit-Board(PCB) Transformers-A Fundamental Concept for Signal and Energy Transfer", IEEE Transactions on Power Electronics, vol.15, no.5, pp.931-941, Sop, 2000.
- W. C. Brown, "Satellite power stations: a new source of energy?" IEEE Spectrum, Vol.10, No.3, pp.38-47, Mar, 1973.
- W. C. Brown, "The history of power transmission by radio waves", IEEE Transactions on microwave theory and techniques, Vol.MTT-31, No.9, Sep, 1984.
- W. C. Brown, "The history of power transmission", Solar power, Vol.56, pp.3-2, 1996.
- Wireless Power Consortium, The Qi Interface Specification Volume I : Low Power, 2010.

학습 1	무선전력전송의 개요
학습 2	무선전력전송의 기술
학습 3	무선전력전송의 표준화
학습 4	**무선전력전송의 활용**
학습 5	무선충전기술의 개요
학습 6	무선충전의 기술
학습 7	무선충전기술의 표준화
학습 8	무선충전기술의 활용
학습 9	에너지 하베스팅의 개요
학습 10	에너지 하베스팅의 기술
학습 11	에너지 하베스팅의 표준화
학습 12	에너지 하베스팅의 활용
학습 13	무선전력전송, 무선충전, 에너지 하베스팅의 미래

학습 목표

1. 무선전력전송의 활용을 이해할 수 있다.

4-1 무선전력전송의 국내외 동향

1. 국내동향

1) 모바일기기

국내 무선충전기술은 해외시장까지 주도하기 위해 다양한 노력을 시도하고 있다. 무선충전기술 중 가장 활발한 시장은 스마트폰 무선충전 시장이다. 스마트폰 무선충전기술은 삼성전자와 LG전자를 중심으로 빠르게 도입되고 있다. 또한 스마트워치, 블루투스 이어폰 등의 웨어러블 기기에 대해서도 무선충전기술이 도입되고 있다. 스마트폰 무선충전기는 2010년도부터 개발이 진행 되었다. 초창기에는 스마트폰 자체에 무선충전 기능이 없었기 때문에 [그림 4-1](a), (b)와 같이 스마트폰 보호 케이스에 무선충전 기능이 내장되었다. 기존의 제한 없이 적용할 수 있다

(a) 보호케이스형 갤럭시 무선충전기 (b) LG G2의 무선충전 커버 WCC-320 (c) 무선충전 내장 스마트폰(삼성전자)

[그림 4-1] 핸드폰 무선충전 기능

는 장점이 있었지만, 케이스의 두께가 두껍고 스마트폰 단말기가 타 기종으로 바뀌면 사용할 수 없다는 단점으로 인해 소비자의 외면을 받아 스마트폰에 내장되는 형태에 대한 요구가 커지게 되었다. 이러한 소비자의 요구에 따라 2015년 삼성전자는 플래그쉽 스마트폰인 Galaxy S6와 Galaxy S6 엣지에 자기유도 방식의 WPC 규격과 PMA 규격을 동시에 지원하는 이중모드 무선충전 기능을 [그림 4-1](c)와 같이 기본 탑재하여 출시하였다. 그렇기 때문에 삼성전자의 스마트폰은 호환성이 상당히 높다. 이에 더해 2015년 하반기에 출시된 Galaxy note5와 Galaxy S6 엣지플러스는 10W급의 고속 무선충전 기능이 탑재되어 있다. 이처럼 삼성전자는 국내 스마트폰 무선충전의 일인자 역할을 하고 있다.

LG전자는 2012년에 출시된 옵티머스 LTE2부터 꾸준히 일부 플래그십 모델에 무선충전 기능을 지원했다. 무선충전용 커버를 별도로 구매하여 배터리 커버를 교체해주면 무선충전을 할 수 있는 구조로 초창기 보호케이스 형태와 달리 슬림한 스마트폰의 외형을 유지할 수 있다.

2) 가전기기

무선충전기술은 스마트폰 이외의 가전분야에도 적용하기 위해 꾸준한 연구개발이 활발하게 진행중이다.

국내에서는 2.4kW 전력을 전기주전자, 믹서 등 주방용품에 무선으로 전력을 송·수신할 수 있는 기술이 개발되었다. 2.4kW는 가정 내 가전제품을 모두 작동시킬 수 있는 수준의 전력이다. 이 제품은 WPC에 표준규격으로 등록을 준비중이다. 2.4kW 전력에 대한 표준화가 완료되면, 무선전력기술을 인덕션 등 다양한 가전제품에 접목할 수 있게 될 것이다.

주방용품뿐만 아니라 가전제품에도 무선충전기술이 유용하게 쓰일 수 있다. 아직 개념적인 단계에 있으나 TV나 청소기 등과 같은 대형 가전에서부터 소형 가전에 기술 적용이 가능하다. 최근 가전제품과 관련하여 충전매트 및 초인종 등에 무선충전기술을 이용한 사례들이 있다.

무선충전기술을 이용한 초인종의 경우 방문자가 초인종을 누르면 전자기적 인덕션 현상으로 인해 전력이 발생하게 된다. 이렇게 자동으로 발생된 전력으로 인해 전력없는 초인종 개발이 가능하며, 임시빌딩과 공사현장 등의 전력공급이 어려운 상황에 요긴하게 사용될 수 있다.

세계적 가구업체인 이케아는 테이블 및 램프 등 무선충전 규격 Qi를 지원하는 가구 시리즈를 발표한 바 있다. 가구에 +표시를 한 충전패드가 포함되어 있어 같은 충전 규격을 지원하는 스마트폰이나 태블릿 등을 이케아 가구를 통해 충전하는 것이 가능하다. 가구와 일체형으로 되어 있어 충전이 편리하고, 미관상 정리된 환경을 구축하는 데 용이하다는 장점이 있다.

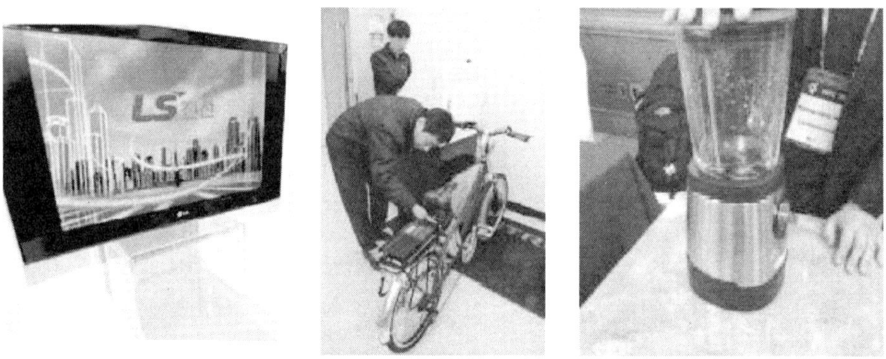

(a) LS전선 (b) ETRI (c) LG전자

[그림 4-2] 가전기기용 무선충전 시스템

[그림 4-2](a)는 LS전선에서 200W급의 TV에 자기공명 방식을 이용한 전력공급 기술을 개발한 그림이다. 한국전자통신연구원(ETRI)에서도 [그림 4-2](b)와 같이 Light Emitted Diode(LED) 전광판, 전기자전거 등 각종 가전기기에 무선으로 전력을 전송할 수 있는 시스템을 개발하였다.

또한 LG전자는 [그림 4-2](c)와 같이 주방용 가전기기에 2.4kW급의 전력을 무선으로 공급할 수 있는 기술을 개발하였다. 이는 가정에서 쓰이고 있는 대부분의 가전기기에 무선으로 전력을 공급할 수 있는 용량이다. 이처럼 가전 분야에서도 연구가 활발하게 진행중에 있으며 곧 상용화될 예정이다.

3) 전기자동차

무선충전기술이 보급될 수 있는 또 하나의 분야는 전기자동차 분야이다. KAIST에서는 2009년부터 교내에서 [그림 4-3]과 같은 무선트램버스를 시범운행하고 있다. 이 무선트램버스는 도로에 급전코일을 매설하고 버스에 집전코일을 내장시켜 무선으로 전기버스를 충전하는 방식이다. KAIST에서 개발한 이 기술은 동원 OLEV를 통해 세계 최초로 구미시에 시범운행을 거쳐 상용 운행 중이다.

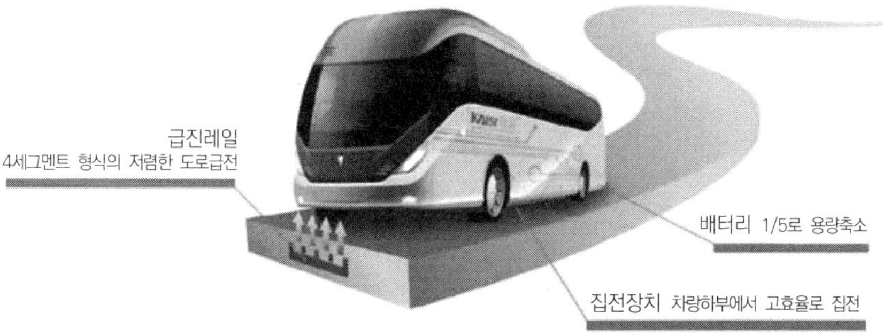

[그림 4-3] KAIST 무선트램버스

[그림 4-4]와 같이 서울대공원에서도 상용 운행 중이다. 최근 국내에서는 무선충전 전기버스와 더불어 전기자동차 무선충전기술 개발에 착수하였다. 산업통상자원부와 산업기술평가관리원은 2015년부터 그린파워 컨소시엄과 6.6kW급 전기차용 무선충전시스템 개발 사업을 추진하고 있다. 컨소시엄에는 무선충전 개발 기업인 그린파워(주), KAIST, 한국전력, 자동차부품연구원, 비에네스가 참여하고 있다. 산업부는 전기자동차의 충전효율을 90%로 끌어올려서 2017년부터 현대, 기아자동차에 적용할 계획을 세우고 있다.

국내에서는 구미시에서 세계 최초로 대중교통버스로 무선충전 전기버스 4대가 운행되고 있다. 무선충전 전기버스는 도로에 매설된 선로에서 발생하는 자기장을 차량하부에 장착된 집전장치를 통해 전기에너지로 변환하여 차량을 구동하는 전기자동차이다. 무선충전 버스를 운행한 결과, 연간 디젤버스 대비 38%, Compressed Natural Gas(CNG)버스 대비 33%의 연료비가 절감되는 것으로 나타났다. 초기 구입비용이 과다하나, 운행 효율성 및 환경개선 효과를 고려하면 고가의 차량비용을 상쇄할 수 있을 것으로 판단된다.

국내뿐만 아니라 미국 샌프란시스코에서도 50kW WPT 전기버스가 운행되고 있으며, 버스 경로의 버스 정류장에서 버스를 충전한다. 버스 정류장 충전으로 버스 운행 횟수를 증대시킬 수 있어서 버스 운행비용을 절감할 수 있는 장점이 있다.

[그림 4-4] 서울대공원(코끼리 열차)

4) 초전도 무선전력전송 시스템

최근 국내대학 및 연구소에서는 무선전력전송 시스템의 효율증가를 위해 초전도 코일을 적용한 무선전력전송 시스템을 연구하고 있다. 초전도 코일은 임계온도 이하에서 영저항 특성을 가지기 때문에 안테나의 Quality-factor(Q-factor)를 일반 구리코일보다 향상시킬 수 있다. 이로 인해 일반 무선전력전송 시스템에 비해 효율과 거리를 효과적으로 증가시킬 수 있다.

초전도 코일을 적용한 무선전력전송 시스템은 아직 개발 초기의 단계이기 때문에 다양한 연구가 수행되어야 한다. 하지만 초전도 기술과 무선전력전송 기술의 융합을 통해 기존의 무선전력전송이 가지는 문제점들을 효과적으로 해결할 수 있을 뿐만 아니라, 다양한 분야에 적용이 가능하기 때문에 연구가치가 충분할 것으로 판단된다.

5) 웨어러블 단말

무선전력전송 기술은 웨어러블 단말에 가장 효과적으로 이용이 가능하다. 다양한 웨어러블 단말은 5W 이하의 무선충전기술을 요구하고 있는데, 현재는 표준화가 되어 있지 않다. 그러나 비표준 무선충전기술을 이용한 스마트 시계가 한국에서 출시되고 있다. 비표준 방식이기는 하지만 이 제품은 WPC의 원리를 이용하고 있다.

또 다른 출시 제품으로는 무선충전기술을 이용한 배낭이 있다. 배낭 안에 5,000mAh 또는 20,000mAh의 내장 배터리팩을 장착하고 있을 뿐만 아니라, WPC의 Qi규격 기반 무선충전이 가능하다.

2. 국외동향

1) 모바일기기

해외에서도 스마트 기기용 무선충전 시장을 선점하기 위한 경쟁이 치열하다. 특히 전송전력을 15W까지 늘린 WPC의 'Qi 1.2' 규격에 대응하는 기술을 개발하기 위한 연구가 진행중이다. 도시바 코퍼레이션(Toshiba Corp.) 산하 반도체 · 스토리지 제품사업부에서는 15W 송신이 가능한 IC 'TC7718FTG'를 출시하였다. 신형 송신 IC는 Micro Controller Unit(MCU)와 연결되어 유선충전기보다 동급 이상으로 충전속도가 빠르기 때문에 모바일기기 같은 소형기기에 적합하다.

2) 가전기기

다국적 기업인 이케아(IKEA)는 영국에서 스마트폰 무선충전이 가능한 책상, 테이블, 침실용 탁자 등을 판매하고 있다. 이처럼 스마트폰뿐만 아니라 여러 분야에서 무선충전기술을 이용하고 있다.

3) 전기자동차

해외의 무선충전기술은 전기자동차 무선충전기술에 집중되고 있다. 퀄컴(Qualcomm)은 Mobile World Congress(MWC) 2016 기조연설에서 다임러와 협력하여 3년 이내에 무선충전 전기자동차를 출시할 것이라고 밝혔다. 퀄컴은 6.6kW급 전기자동차 무선충전 시스템인 헤일로(HALO)를 선보인 바 있다. 구글(Google)은 무선충전이 가능한 자율주행 기술개발을 진행중인 것으로 알려졌다.

구글은 미국의 전기자동차 충전 시스템 개발 업체인 히보 파워와 모멘텀 다이내믹스와 협력하여 전기자동차 무선충전 시스템을 개발할 계획을 세우고 있다. 구글의 연구개발로 인해 충전 인프라의 미진한 부분을 크게 확대할 수 있을 것으로 보인다.

학습 4

4) 의료장비 및 로봇

심장박동조율기과 인공심장과 인공 달팽이관과 인체삽입용 센서 등 의료장비는 무선충전기술을 적용하기 매우 좋은 응용영역이다. 이런 의료장비는 배터리를 교체하기 어렵기 때문에 무선충전을 이용하게 되면 환자들의 삶의 질이 향상될 것으로 예상된다.

최근 무선충전기술을 이용한 보청기가 출시되었다. 4시간 충전 한번으로 24시간 이용이 가능하며, 리튬 배터리가 유도결합 방식으로 충전하기 때문에 충전하기 매우 쉽다. 배터리 교체나 충전포트가 없어서 보청기는 거의 밀봉된 상태로 사용 가능하기 때문에 먼지나 습기 등에 의한 문제가 거의 발생하지 않는 장점이 있다.

가정용, 공공용, 산업용, 드론 등 다양한 유형의 로봇도 많이 출시되어 사용되고 있으며, 무선충전기술이 필수적으로 필요하다. 아직 상용화된 상품은 없으나, 드론 등은 무선충전기술을 이용한 시제품이 개발되었다.

5) 가정 및 사무실

이스라엘 회사인 Wi-Charge에서는 광자공명식 원거리 무선충전기술을 개발하여 상용화 계획을 수립하고 있다. 광자공명식 원거리 무선충전기술은 유선이 아닌 빛으로 휴대폰 등을 충전하는 기술로 레이저에 사용되는 광자공명(Photon Resonance) 현상을 응용한 것이다.

광자(Photon)를 생성하고 방출하는 트랜스미터와 증폭된 빛 에너지를 전기로 변환하는 리시버를 통해 모바일 IT기기를 무선전력전송 방식으로 충전하는 것이다.

공명빔은 인체에 닿으면 자동으로 파장이 멈추기 때문에 높은 에너지가 발생하지 않는다. 광자공명식 원거리 무선충전기술은 별도의 조작없이 트랜스미터가 휴대폰(충전 대상, 리시버)을 찾아 자동으로 충전한다. 하나의 트랜스미터로 5대 이상의 리시버를 동시에 충전할 수 있다. 실내에선 약 10m 거리 내에서 10W를 전송한다. 안전성은 PC에 사용하는 광마우스급(레이저표준 IEC 60825 클래스 1등급)이다.

무선충전기술을 위한 플러그앤플레이(Plug & Play) 키트가 개발되이 싱품으로 출시되고 있다. 키트는 15W WPC Qi 1.2 표준을 따르며, 무선전력을 필요로 하는 제품을 개발하는 개발자에게 빠른 플러그앤플레이 솔루션을 제공한다. 키트는 송신기 모듈, 수신기 모듈, LED 로드 모듈과 퀵 스타트 가이드 등 전원공급장치를 포함한다.

6) 차량 내

WPC Qi기반 무선충전 바구니가 장착된 많은 승용차들이 출시되고 있다.

이 기술은 자동차 제조사에게 제공해야 하며 승용차뿐만 아니라 버스, 기차, 비행기 등에도 도입이 가능하다.

7) 공공장소

공공장소에서 많은 사람들이 머물면서 휴대단말을 충전할 수 있는 공간이 많이 등장하고 있다. 공공장소에서 충전이 가능하면 외출할 때 보조배터리와 케이블 및 어댑터 등을 소지할 필요가 없다.

일본에서는 무선충전 시스템 시장 보급 및 인프라 개발 등을 연구하는 연구 프로젝트가 있다. 무선충전기술이 전 세계적으로 보급될 것으로 예상되며 이를 위한 무선충전 인프라 개념 정립, 무선충전 인프라 표준개발, 신규 비즈니스 모델 개발 및 인프라 구축 문제점과 솔루션 등을 연구한다.

일본의 프로젝트에서 고려하고 있는 비즈니스 모델은 주차장, 편의점, 전기차 공유, 마이크로 버스, 유통시스템, 호텔 및 쇼핑몰 등의 로봇과 드론, 전기자동차 이용자, 주차서비스 등이다.

스타벅스는 미국 샌프란시스코와 보스턴을 시작으로 스타벅스 매장 테이블에 무선충전 스팟(Spot) 시설을 설치하여 무선충전 서비스를 시작했다.

도입한 무선충전기는 파워매트테크놀로지와 P&G 산하 듀라셀이 합작으로 만든 제품인 '파워매트 스팟(Powermat Spot)'이다. 고객이 무선충전 이용을 원하면 무선충전 전용 USB를 무료로 대여하고 있으며, 향후 이러한 무선충전 시스템을 미국 전체 매장으로 확대 설치할 예정이다

4-2 무선전력전송의 활용분야

무선전력전송 기술은 전송방식에 따라 그 활용분야를 [그림 4-5]처럼 크게 3가지로 구분할 수가 있다. 자기유도 방식, 자기공명 방식, 그리고 안테나 방식을 활용한 산란기술이 있다.

학습 4

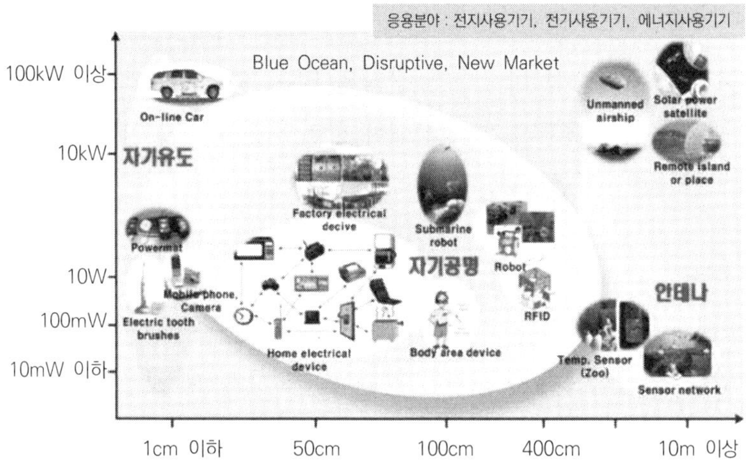

[그림 4-5] 전파활용 무선에너지 전송 응용기술

1. 안테나 방식의 활용분야

안테나 방식은 원역장을 활용하는 기술이며, 자기유도 방식과 자기공명 방식은 근역장을 활용하는 기술이다. 산란기술은 〈표 4-1〉처럼 전송거리가 중거리 전송과 장거리 전송으로 구분이 가능하며, 주로 중거리 전송에서는 저전력 전송에 활용되고 장거리 전송에서는 고전력 전송에 활용하고 있다. 중거리 전송에서 대표적인 응용은 RFID와 센서통신분야에 응용되고 있다.

또한 최근의 기술이 스마트폰의 시장출시에 따른 센서통신분야의 활성화가 기대되고 있다. 따라서 중거리 전송분야에서 특히 센서를 통한 IT기술 구현분야에 응용력이 높을 것으로 보인다. 일례로 무선센서를 활용한 건물에 대한 3D 안전 예고시스템, 밀폐공간 공기상태 예보시스템, 무선내시경 시스템 등 다양한 분야에 활용이 기대되는 분야이다.

〈표 4-1〉 산란방식의 무선전력전송 기술

구 분	중거리 전송	장거리 전송
전송거리	저출력(mW)	중고출력(W, kW)
전송전력	저출력(mW)	중고출력(W, kW)
사용 주파수	~MHz	~GHz(2.45GHz, 5.8GHz)
사용 안테나	전방향성 안테나	지향성 Array 안테나
특 성	낮은 효율	수신범위 내에 생명체 접근 불가
응용분야	Sensor, RFID, 의료장비	전파 등대, 지상에서 비행체로 전력전송 등

또한 장거리 전송분야는 선박, 자동차, 무인정찰기 · 기구시스템, 전파등대 에너지 전송시스템 등 주로 안전성을 확보하기 위한 고전력 전송분야에서 활용이 기대되는 분야이다.

그러나 이러한 분야는 수신범위 내에서 생명체 전파영향에 대한 문제와 안전성 보장이 선행되지 않고는 실용이 어려운 분야이기도 하다. 전파환경과 전파간섭에 대한 문제점이 해결된다면 그 활용도가 매우 높은 분야이기도 하다.

그러나 이곳에서는 원거리 전송을 목적으로 하기 때문에 에너지 효율이 낮다는 근본적인 문제점을 지니고 있다.

이러한 기술이 활성화되기 위해서는 슈퍼게인 안테나 기술에 대한 원천기술 확보가 가장 선행적으로 이루어질 필요가 있다.

학습 4

2. 근역장 방식의 활용분야

근역장을 활용하는 기술분야에는 자기유도 방식과 자기공명 방식이 있다. 자기유도 방식은 초단거리인 수 cm 이하로 코일을 이용한 분야로서 상용화가 가장 많이 이루어진 분야이다. 전기칫솔, 휴대폰 무선충전장치, 무선 전기자동차 등의 분야에서 활용도가 매우 높은 분야이기도 하다. 이러한 분야는 초인접에서 전력전송을 목적으로 하기 때문에 인체영향 방호기술을 적용하기 용이하여 더욱더 응용력이 높다고 볼 수 있다.

〈표 4-2〉처럼 자기공명 방식은 자기공진 주파수를 지니는 낮은 높이로 구현한 헬리컬 공진기 등을 활용하는 기술이다. 이러한 기술은 수 m 이내로 보고 있으나, 1~2m 이내에서 이루어질 것으로 보인다. 가전제품, 조명, 컴퓨터 및 주변기기, 모바일 장치, 로봇, 전기자동차 분야 등에 가장 폭넓게 적용될 수 있을 것으로 보인다. 단 이러한 가능성은 전파환경과 전파간섭에 대한 문제를 해결했을 경우이다. 이 외에도 소형 전기자동차, 경전철, 전파자전거 등 소형모터 RF에너지 전송시스템 분야와 박물관의 3D영상, 실시간 교통정보용 티켓, 3D위치 안내시스템, 영상을 가진 신문, 잡지, 책 등 저가형 트랜스 미디어기술을 유도할 수 있는 단거리 초고속 수동형 정보전송 시스템, 24시간 사람을 보호하고 유사시 인체와 떨어져 안전조치를 취해줄 수 있는 휴대용 소형로봇 전력전송시스템 개발이 가능할 것으로 보인다.

〈표 4-2〉 자기유도 방식과 자기공명 방식의 비교

구 분	자기유도 방식	자기공명 방식
전송거리	수 mm~수 cm 내외	수 m 이내
사용 주파수	수십 kHz~수십 MHz	
송 · 수신기	비공진 코일	헬리컬 공진기 등
특 성	상용화가 가장 많이 이루어짐	개발초기 단계
응용분야	휴대폰 등의 배터리를 포함하는 모바일장치, 전기자동차 등	가전제품, 조명, 컴퓨터 및 주변기기, 모바일장치, 로봇 등

〈표 4-3〉에서는 RF에너지 전송을 활용한 실용기술 중에서 국가가 주관하여 조기개발을 추진하여 산업화를 유도할 필요가 있는 기술을 나타내었다.

RF에너지 전송 휴대용 센서시스템 기술과 중거리 초고속 수동형 정보전송 시스템의 경우는 사용자들이 휴대하고 있는 소전력을 전송하여 구현되는 기술이기 때문에 인체영향에 대한 문제점은 없는 것으로 보인다. 다만 무선기기 간섭을 고려하여 개발한다면 차기 년 이후 당장 개발해도 무방한 기술로 보인다. 특히 스마트폰의 보급률이 높아가고 있어 스마트폰을 이용한 각종 센서기술의 접목이 가능하고, RFID의 저속 소용량 통신의 개념을 넘어서 값싼 대용량의 수동형 정보전송 기술개발은 21세기의 새로운 개념의 서비스를 창출할 것으로 보인다.

〈표 4-3〉 전기적인 특성 측면에서 도출된 실용기술

구 분	개발되어야 할 실용기술	연구범위
산란기술	RF에너지 전송 휴대센서 시스템 기술	3D 안전예고 무선센서, 밀폐공간 공기상태 분석 무선 시스템, 무선 U-healthy 센서 네트워크 등
	24시간 무선감시 이동형 Vehicle 시스템	24시간 해상용 무인정찰기, 육상용 무인정찰시스템, 차량기생 소형로봇 무인정찰시스템, 휴대용 정보로봇 등
자기유도 기술	휴대폰용 하이브리드 무선충전장치	휴대용 고속 무선충전장치, 공공용 무선충전 인프라 구축, 유효개인 휴대 전력 배가기술 등
	RF에너지 전송 전기자동차 고도화 기술	슈퍼 커패시터 기술, 인체영향 영역 최소화 기술, 복사 전자기장 간섭 최소화 기술 등
자기공명 기술	소형모터 RF에너지 전송시스템	청소기기 로봇, 소형 전기자동차, 경전철, 간병 소형로봇 등
	단거리 초고속 수동형 정보전송 시스템	동영상 영상안내, 실시간 교통정보 제공 티켓, 무선수동형 전자책 등

수행 내용

재료 · 자료

- 무선전력전송 관련 자료

기기(장비 · 공구)

- 컴퓨터, 문서작성 프로그램, 프린터, 주변기기

학습 4

안전 · 유의사항

- 무선전력전송 관련 장비의 안전 및 유의사항을 숙지한다.

수행 순서

01 무선전력전송의 시장동향에 대하여 분석하라.

1. 시장의 정의 및 특성

무선전력송신 기술은 전기에너지를 무선전송이 가능한 전자기파 또는 광파로 변환하여 무선으로 전력을 전달하는 것으로써, 19세기 말과 20세기초 니콜라 테슬라에 의해 처음 시도되었다. 최근 스마트폰을 포함한 모바일기기 분야에서 무선충전기술에 대한 수요가 급증하고 있어 국내외에서 무선충전 및 무선전력전송 기술개발에 대한 관심이 매우 높아지고 있다.

향후 휴대폰, 가전기기, 전기자동차뿐 아니라 인공장기, 우주분야 등 다양한 분야로 확대 적용될 가능성이 매우 높은 것으로 전망되고 있다. 무선전력송신 기술 중 근거리 무선충전 방식으로는 [그림 4-6]에서 보는 바와 같이, 가장 일반적인 자기유도 방식과 다른 방식으로 자기공명 방식, 전자기파 방식 등이 대표적이다. 자기유도방식은 불과 몇 센티미터의 짧은 거리에서만 충전할 수 있다는 한계를 가진 반면, 유선충전과 비교하여 80~90%에 가까운 높은 전력효율을 낼 수 있는 장점이 있다. 또한 송신부와 수신부의 안테나가 물리적으로 가깝고, 자석수가 늘어날수록 전력효유도 증가한다고 보고되고 있다.

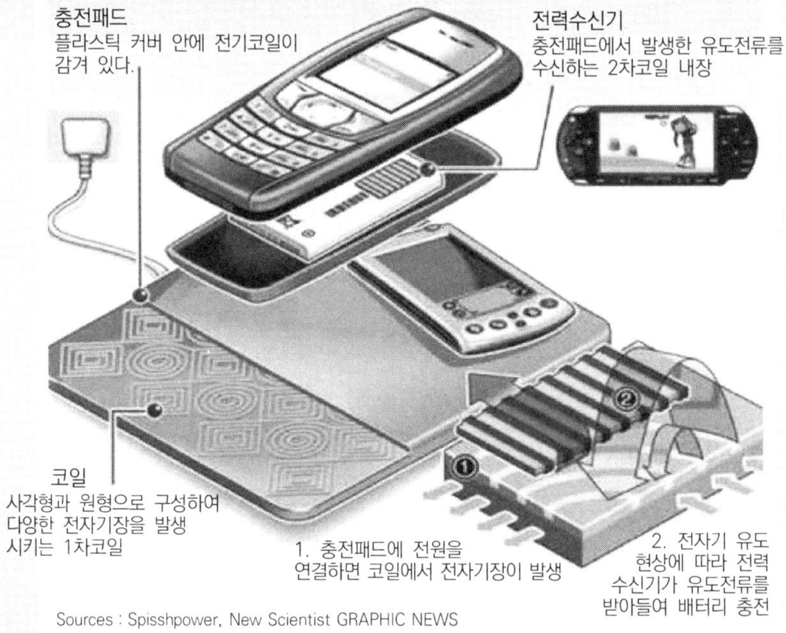

[그림 4-6] 무선충전원리

2. 무선전력전송 시장 범위

무선전력전송(무선충전) 기술은 전기자동차, 휴대폰, 노트북 등 다양한 전자기기, 청소기, TV와 같은 가전, 조명, 차량용 전기, 우주발전 등 매우 다양한 분야에 활용될 가능성이 높은 기술이다. 무선충전기술은 휴대 단말기뿐만 아니라 배터리를 사용하는 디지털 기기들의 소형화 및 경량화를 통해 각종 휴대 디지털 단말기의 활용성을 증대시켜 관련 산업의 매출 신장뿐 아니라, 휴대 단말을 사용하는 산업분야의 업무능력 향상을 통해 산업전반에 거쳐 성장을 유도할 것으로 기대된다. 배터리에 대한 소비량을 급격히 줄여 배터리 폐기물로 야기되는 수질오염 및 토양오염을 감소시켜 삶의 질 향상에도 기여할 것으로 전망된다. 또한 소비자들의 사용시간 증대 및 제품무게 감소를 통해 이동성 및 휴대성에 대한 소비자의 불만을 해소하고, 휴대 단말기의 활용성을 증대시킬 수 있을 것으로도 기대된다. 무선전력전송 기술이 주요 사용되는 분야는 다음과 같다.

① 방, 거실, 주방 등에서 휴대단말, 이동가전, 및 리모콘 등 쾌적한 주거환경을 제공한다.
② 은행, 도서관, 쇼핑몰 등에서 노트북 및 휴대 단말기의 충전 및 옥외형 원거리 무선충전 등 공공장소에서 무선충전 환경을 제공한다.
③ 자가용, 택시, 버스, 정류장 등에서 휴대 멀티미디어 기기의 대중교통 연계 무선충전 환경을 제공한다.

④ 임플란트기기 등 의료기기 관련 무선충전환경도 제공한다는 점으로 볼 때, 무선충전기술 소비자는 모든 개인, 공공기관, 기업체 등으로 제한이 없다고 할 수 있다.

2010년 10월부터 PowerMat와 Pure Energy Solutions이 소비자를 대상으로 상품을 팔기 시작했으며, 전체 시장규모는 2019년 9억2천3백만대에서 2023년 50억대 이상로 급격하게 증가할 것으로 예상된다.

더욱이 2008년 스마트폰과 같은 휴대기기와 IoT기기 등의 활성화가 시작되면서 무선충전기술의 필요성은 급속히 증가되었으며, 특히 최근에는 다양한 웨어러블 기기의 등장으로 무선충전기술의 필요성은 더욱 높아지고 있다. 따라서 [그림 4-7]과 같이 무선충전 시장규모는 점차 커지고 있다.

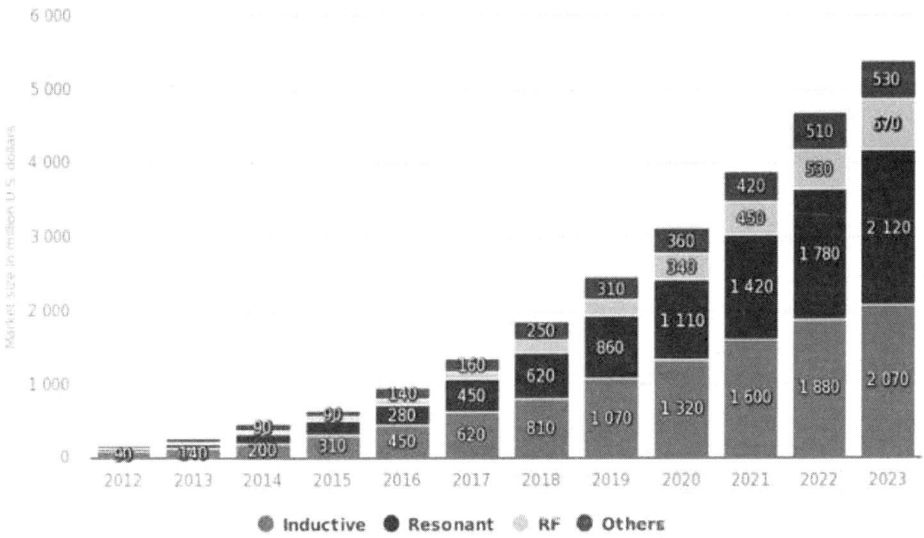

[그림 4-7] 무선충전 시장규모 및 전망

자료 : Global Market Insights, Statista estimates

2006년부터 특허 출원 활동이 서서히 증가하기 시작하였는데, 특히 공진방식의 무선전력전송이 주를 이루어왔다. 또한 RF방식의 무선전력전송 기술이 확대되면서 공진방식과 근접한 출원 건수를 보이고 있다.

주요 국가 연도별 특허 동향을 살펴보면, 4개 출원국(한국, 미국, 일본, 유럽) 모두 2000년대 중후반부터 무선전력전송 분야의 특허 활동을 시작한 것을 알 수 있다. 특히 미국의 경우 가장 활발한 특허 출원 활동을 보이고 있으며 Energous, MIT, Ossia, Qualcomm, Ubeam, Witricity 등에 의해 다수의 특허 출원이 이루어지고 있는 것으로 확인된다.

한국에서는 삼성전자, 엘지이노텍, 전자부품연구원, 엘지전자, 한국전자통신연구원(ETRI), 그리고 한국과학기술원(KAIST) 순으로 특허 출원이 이루어지고 있다.

이와 같이 무선전력전송 기술의 활성화를 바탕으로 특허 출원 활동도 활발하게 이루어지고 있다. 미국(49%), 한국(25%), 일본(15%) 그리고 유럽(11%)의 순으로 특허 점유율이 나타나고 있으며, 특히 미국 국적 출원인의 경우 미국을 포함한 여러 국가에서 가장 활발한 특허 활동을 하는 것으로 파악된다. 따라서 무선전력전송 기술 분야의 연구 개발을 통한 특허 출원은 국내 출원을 포함한 해외 출원이 병행되어야 기술 경쟁력을 갖출 수 있을 것으로 판단된다.

무선전력전송 기술의 연구는 19세기 초 전자기 유도실험 및 전파를 이용한 원거리 무선전력전송이 시도되었으나, 당시 제한된 응용분야로 인해 크게 주목받지 못하였다.

그 후 2007년 MIT에서 자기공진(Magnetic Resonance) 무선전력전송 기술의 발표로 기술가치를 인정받아 발전이 시작되었고, 특허 출원 활동 또한 활발하게 이루어지고 있다.

02 무선전력전송의 서비스 전망에 대하여 분석하라.

무선전력전송의 서비스 개념은 [그림 4-8]처럼 커피숍, 호텔, 생활가전, 전기자동차 등에 송신기를 다양한 형태(멀티충전, 탁자매립, 자동차 콘솔박스 등)로 설치하여 무선으로 전력을 공급하는 유비쿼터스 서비스로 우선 생각해 볼 수 있다.

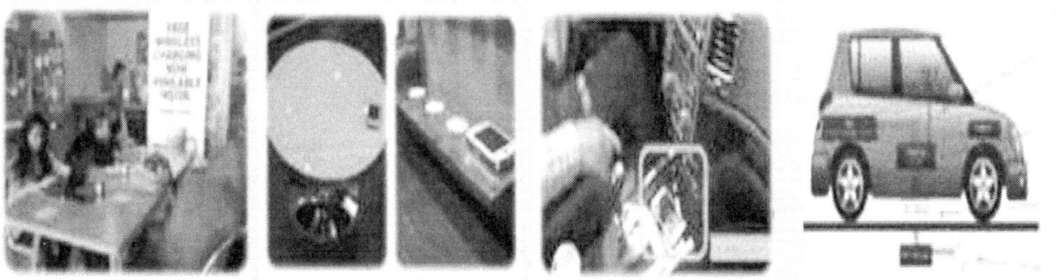

[그림 4-8] 무선충전 서비스 형태

서비스는 주로 호텔, 커피숍, 자동차에서의 선호도가 높은 것으로 나타나며 가정, 공공시설, 자동차 내부에 모바일기기 위주로 서비스가 한 축에서 형성될 것으로 보인다. 또한 주차장에 무선충전 스테이션을 설치하여 전기자동차 무선충전 서비스가 두번째 축으로 형성될 것으로 보고 있다.

〈표 4-4〉 서비스전망

구 분	활용분야	주파수 및 성능
실내외용 디지털 기기의 근접 무선전력전송	• 휴대폰, 스마트폰 • 노트북, 테블릿, • 벽걸이TV, 휴대용 TV • 디지털 카메라 캠코더 • 휴대용 음악재생기 • 음향장비(스피커, 헤드폰 등) • 조명장비 • 산업용 장비 • 의료장비, 헬스케어 장비 • 게임기 장난감 • 장착장비	• 주파수 : 10kHz~10MHz, ISM대역, 110~205kHz(WPC), 6.765~6.795MHz(A4WP) • 송신전력 : 10W • 전송거리 : 5mm
실내외용 디지털 기기의 저전력 무선전력전송	• 휴대폰, 스마트폰 • 노트북, 테블릿, • 벽걸이TV, 휴대용 TV • 디지털 카메라 캠코더 • 휴대용 음악재생기 • 음향장비(스피커, 헤드폰 등) • 조명장비 • 산업용 장비 • 의료장비, 헬스케어 장비 • 게임기 장난감 • 장착장비	• 주파수 : 10kHz~10MHz, ISM대역, 110~205kHz(WPC), 6.765~6.795MHz(A4WP) • 송신전력 : 50W • 전송거리 : 수cm
실내외용 디지털 기기의 중전력 무선전력전송	• 바닥에 세우는 가전제품류(냉장고, 세탁기, 에어컨) • 가열제품류(드라이기, 다리미, 밥솥, 기타 가열기구 등) • 진공청소기, 오디오, 비디오 기기(대형 TV 등), 미용장비 • 고출력 조명장비 • 전기를 사용하는 이륜차(전기자전거 등)	• 주파수 : 10kHz~10MHz, ISM대역 • 송신전력 : 50W에서 수kW • 전송거리 : 수십cm
고전력 무선전력전송	• 전기자동차	• 주파수 : 20kHz, 60kHz (동원올레브), 85kHz(현대자동차) • 송신전력: 수십kW • 전송거리: 30cm
	• 트램 • 산업용 기기	• 주파수: 60kHz(철도연구원) • 송신전력 : 수MW • 전송거리 : 30cm

학습 4

03 무선전력전송 기술 관련 기업동향에 대하여 분석하라.

전세계 무선전력전송 시장에서 주요 기업은 Texas Instruments, Inc.(미국), Qualcomm, Inc.(미국), Integrated Device Technology, Inc.(미국) 등이 있다.

〈표 4-5〉 글로벌 무선전력전송 시장의 주요 기업 전략채택 현황

기업명	유기적 성장전략	무한 성장전략
	신제품 출시	파트너십/계약/협업
Texas Instruments, Inc.	산업용 애플리케이션에 가장 적합한 15W 무선충전 트랜스미터 IC(집적회로)를 출시했음	
Qualcomm, Inc.	자동차 애플리케이션용으로 특별히 고안된 15W 무선충전 솔루션을 출시했음	• TDK Corp.(일본)과 합작 투자계약을 체결했음 • Preh GmbH(독일)과 Qualcomm Halo 기술을 전기자동차에 통합하기로 계약을 체결했음 • BMW i8 공식 E 세이프티 카에서 무선충전 Halo 기술을 성공적으로 테스트했음
Integrated Device Technology, Inc.	• 고속 충전을 제공하는 유연한 ARM 기반 장치를 갖춘 무선 송신기와 수신기가 포함된 15W 무선 전력 레퍼런스 디자인 키트를 출시했음 • 무선송신기와 수신기 IC(직접회로)를 출시했음	Hotel Technologies(미국)와 계약을 통해 충전허브 및 알람시계와 같은 제품에 무선충전 솔루션을 제공했음

1. Texas Instruments, Inc.

반도체 제조분야의 선도업체 중 하나로 마이크로컨트롤러, 프로세서, 무선연결, 무선전력 솔루션, 고전압 전원관리, 데이터 탐지기, 스위치 및 멀티플렉서 등의 제품을 제공하고 있다. 특히 무선전력전송 시장에서 송 · 수신기 IC(집적회로)와 무선 전력 솔루션을 제공한다.

제공되는 모듈은 1W~15W 범위의 광범위한 전력 솔루션을 지원하며, 설계모듈의 형태로 무선전력 솔루션을 제공하고 있다. 이러한 설계모듈은 무선으로 만들기 위해 기존

디자인에 통합될 수 있다.

이 모듈과 IC(집적회로)는 스마트폰, 태블릿 및 웨어러블 기기, 인슐린 펌프, 혈당측정기, 파워 드릴 및 가스 계량기와 같은 산업용 장치 등과 같은 다양한 용도로 무선전원을 공급하는 데 사용될 수 있다.

〈표 4-6〉 Texas Instruments, Inc.의 주요 제품 제공 현황

카테고리	제 품
무선전력전송	• Transmitter ICs • Receiver ICs • Evaluation Modules

2. Qualcomm, Inc.

디지털 통신제품 및 서비스의 개발, 설계, 제조 및 마케팅에 종사하는 기업으로 CDMA(Code Division Multiple Access) 및 OFDMA(Orthogonal Frequency Division Multiple Access)와 같은 다양한 통신기술을 개발했다.

특허 기술의 라이선스를 여러 OEM에 제공하며, 모바일 장치나 무선 네트워크 시스템에 사용되는 집적회로(칩 및 칩셋), 시스템 소프트웨어를 설계 및 개발하고 있다.

Qualcomm Snapdragon 810 프로세서와 함께 무선전력전송 기능을 제공하며, QTL(Qualcomm Technology Licensing) 부문에서 무선전력전송 라이선스를 제공하고 있다. 주로 자기공명에 주력하고 있으며 무선전력연합(현재 A4WP/PMA)을 공동으로 창설했다.

특히 전기자동차용 무선충전 솔루션인 Qualcomm Halo를 개발했다.

〈표 4-7〉 Qualcomm, Inc.의 주요 제품 제공현황

카테고리	제 품
무선전력전송 기술	• Qualcomm Halo WEVC Technology • Qualcomm WiPower • Qualcomm Snapdragon 810
NXP 반도체 무선전력전송 제품	• Wireless Power Receiver ICs • Wireless Power Transmitter ICs

3. Integrated Device Technology, Inc.

반도체 분야의 선구자 중 하나로 시스템 레벨 솔루션을 설계 및 개발하고 RF안테나, 무선전력전송, 직렬 스위칭, 인터페이스 및 감지 솔루션을 포함하는 다양한 제품을 제공하고 있다.

직접 판매, 유통채널, 전자제조 공급업체(EMS) 및 광범위한 영업담당자를 통해 OEM에 솔루션을 제공한다. 특히 컴퓨팅, 소비자 및 산업부문에서 무선충전 IC(집적회로)를 제공한다.

주로 송신기용 및 수신기용 무선충전 IC(집적회로)를 설계 및 개발한다. 또한 3kW 전력용을 위한 무선충전 표준 키트를 제공하는데, 이러한 IC(집적회로)는 Qi 및 Airfuel Alliance 무선충전 표준을모두 지원한다.

〈표 4-8〉 Integrated Device Technology, Inc.의 주요 제품 제공현황

카테고리	제 품
무선전력전송 제품	• Wireless Power Transmitter IC • Wireless Power Receiver IC • Wireless Power Reference Kit

학습활동.4 교수 · 학습 방법

교수 방법

- 무선전력전송의 활용에 대한 관련 용어, 구성, 방식 이해 정도를 파악한 후 수업을 진행한다.
- 교수자의 주도로 무선전력전송의 활용 등의 내용을 PPT 자료로 제시한 후 설명한다.
- 가능하면 사전에 개인별 학습 자료를 준비하여 모든 학생이 참여할 수 있는 문제 해결식 수업, 협력 수업이 가능하도록 한다.
- 무선전력전송의 활용 전 과정을 작업의 순서에 따라 단계적으로 실습이 이루어질 수 있도록 지도한다.
- 교재를 통해 수업을 준비하는데 있어서 필요한 모든 정보나 팁, 힌트 등 도움이 될 만한 내용들을 확인할 수 있다.
- 학생들이 만들게 될 각 모델들은 수업시간에 중점적으로 다뤄질 부분과 어휘, 질문, 답을 포함하고 있으며 또한 탐구할만한 추가적인 아이디어들도 포함하고 있다.

학습 방법

- 무선전력전송의 활용에 대한 관련 용어를 숙지하고, 무선전력전송의 활용에 대해 이해한다.
- 무선전력전송의 활용의 각 단계별 중점 사항을 체계적으로 학습한다.
- 무선전력전송의 활용의 수행순서의 전 과정을 실습한다.
- 무선전력전송의 활용의 내용을 이해한다.
- 무선전력전송의 활용을 이해하고 숙달이 될 때까지 학습한다.

학습 4

학습활동.4 평가 및 피드백

평가 준거

- 평가자는 피평가자가 수행 준거 및 평가 내용에 제시되어 있는 내용을 성공적으로 수행할 수 있는 지를 평가해야 한다.

학습내용	평가항목	성취수준		
		상	중	하
무선전력전송의 활용	무선전력전송의 활용을 이해할 수 있다.			

평가 방법

- 작업 포트폴리오

학습내용	평가항목	성취수준		
		상	중	하
무선전력전송의 활용	무선전력전송의 활용을 이해할 수 있다.			

- 필기시험

학습내용	평가항목	성취수준		
		상	중	하
무선전력전송의 활용	무선전력전송의 활용을 이해할 수 있다.			

- 체크리스트를 통한 관찰

학습내용	평가항목	성취수준		
		상	중	하
무선전력전송의 활용	무선전력전송의 활용을 이해할 수 있다.			

- 피드백

1. 작업 포트폴리오
   - 제출한 보고서를 평가한 후 주요 사항에 대하여 표시하여 돌려준다.
2. 필기시험
   - 평가 결과 성적이 저조한 학생은 보고서 제출 기회를 부여한다.
3. 체크리스트를 통한 관찰
   - 실습 과정에서 평가한 후 개선해야 할 사항 등을 정리하여 돌려둔다.

참 | 고 | 문 | 헌

- 강승열 외 3, 무선 에너지 전송기술, pp.59-69, 전자통신통신동향분석 제23권 제6호, 2008.12.
- 김종훈 외, 무선 전력전송 시스템에서의 전자파 연구동향, 한국전자파학회지, 제27권 제1호, 2016.01.
- 김진욱 외, K인버터를 이용한 전자기 유도 방식과 자기 공명 방식의 특성 비교, 2011대한 전기학회 하계학술대회 발표집, 7월, 2011.
- 김진욱 · 지현호 · 최연규 · 윤영현 · 김관호 · 박영진, 자기 공명 무선 전력전송 시스템에서 공진 코일의 배열에 관한 연구, 한국전자파학회논문지, 21(6), pp.564-572, 2010.6.
- 류명효 · 정지훈, 비접촉 무선전원 기술의 이해와 응용, 2012 대한전기학회 무선 전력전송 단기강좌 발표집, Apr.25, 2012.
- 무선 전력전송시장, 연구개발특구진흥재단, 2019.3.
- 박영진, 모바일기기 무선충전 시스템의 기술동향, 전력전자학회지, 제18권4호, pp.29-33, 2013.
- 박영진, 무선 전력전송의 이해, 전자공학회지, 제39권 제8호, 2012.08.
- 안성덕, 무선 전력전송 기술개발 동향, TTA Journal, vol.138, pp.45-51, 2011.
- 양대근 · 김당오 · 이주용 · 조동호, 차세대 무선 전력전송 기술, 정보통신기획평가원, 2020.5.13.
- 양준현, 자기공명형 무선전력 시스템을 이용한 무선충전기 개발에 대한 연구, 명예박사기술논문, 삼성전자, 2010.12.
- 이승민, 무선 전력전송 현황 및 국내도입을 위한 접근 방안' 한국 KFDC법제학회 한국보건산업진흥원 미래산업기획단, 2020.11.15.
- 임대현 · 조인귀, 무선 전력전송 기술동향 및 시장전망, 한국과학기술정보연구원, 2016.12.
- 장병준, 무선 전력전송 기술동향 및 향후 전망, 전력전자학회지, 제15권 제6호, 2010.12.
- 최성진, 무선에너지 전송기술동향, 제어로봇시스템학회지, 제20권 제1호, 2014.3.
- 최효상 · 정인성, 무선 전력전송 시스템의 기술개발 현황과 동향, 한국전기학회, 2007.2.
- A. Kurs, A. Karalis, R. Moffatt, J. D. Joannopoulos, P. Fisher, and M. Soljacic, "Wireless power transfer via strongly coupled magnetic resonances", Science, Vol.317, pp.83-86, Jul, 2007.
- A. P. Sample, D. A. Meyer, and J. R. Smith, "Analysis, experimental results, and range adaptation of magnetically coupled resonators for wireless power transfer", IEEE Transactions on Industrial Electronics, Vol.58, No.2, pp.544-554, 2011.
- Aristeidis Karalis, J.D.Joannopoulos, Marin Soljačić, "Efficient wireless non-radiative m id-range energy transfer", Annals of Physics, Vol.323, pp.34-48, 2008.
- B.C. Choi, J.H. Nho, H.Y. Cha, T.Y. Ahn, and S.W. Choi, "Design and implementation of low-profile contactless battery charger using planar printed circuit board windings as energy transfer device", IEEE Transactions on Industrial Electronics, vol.51, no.1, pp.140-147, Feb, 2004.
- Barry Fox, "One charging pad could power up all gadgets-Wireless Recharger", New Scientist, January, 2005.
- C. J. Chen, T. H. Chu, C. L. Lin, and Z. C.Jou, "A study of loosely coupled coils for wireless power transfer," IEEE Transactions on Circuits and Systems, Vol.57, No.7, pp. 536-540, 2010.
- C. Liu, A. P. Hu, and N. K. C. Nair, "Modelling and analysis of a capacitively coupled contactless power transfer system", IET Power Electronics, vol.4, no.7, pp.808-815, 2011.

- C.-G. Kim, D.-H, Seo, J.-Sik. You, J.-H. Park, and B. H. Cho, "Design of a contactless battery charger for cellular phone", IEEE Transactions on Industrial Electronics, vol.48, no.6, pp.1238-1247, Dec, 2001.
- D. H. Childress, The Tesla papers, Adventures unlimited press, 2000.
- David Baarman (Fulto innovation), private communication.
- David Schneider, "A critical look at wireless power: Wireless power at a distance is still far away", IEEE Spectrum, May, 2010.
- Dong-Gi Youn, Yang-Ha Park, Kwan-Ho Kim, Young-Chul Rhee, "A Study on the Analysis of Rectenna Efficiency for Wireless Power Transmission", IEEE TENCON99, Vol.2, pp. 1423-1426 17, Sep, 1999.
- Dong-Gi Youn, Yang-Ha Park, Kwan-Ho Kim, Young-Chul Rhee, "A Study on the Fundamental Transmission Experiment for Wireless Power Transmission System", IEEE TENCON99, Vol.2, pp.1419-1422 17, Sep, 1999.
- ETRI 미래전략연구소 표준연구본부, 표준화동향 무력전력전송표준기술, 2017.1.
- http://www.a4wp.org/
- http://www.powermatters.org/
- https://blog.kepco.co.kr/1857 [한국전력 블로그 굿모닝 KEPCO!]
- https://www.wirelesspowerconsortium.com
- M. Kline, I. Izyumin, B. Boser, and S. Sanders, "Capacitive power transfer for contactless charging", APEC- IEEE Applied Power Electronics Conference and Exposition, pp.1398 -1404, 2011.
- P. E. Glaser, "Power from the sun; its future", Science, Vol.162, No.3856, pp.857-861, Nov.22, 1968.
- S. C. Tang, S. Y. Hui, and H. S. Chung, "Coreless Planar Printed-Circuit-Board (PCB) Transformers-A Fundamental Concept for Signal and Energy Transfer", IEEE Transactions on Power Electronics, vol.15, no.5, pp.931-941, Sep. 2000.
- W. C. Brown, "Satellite power stations: a new source of energy?" IEEE Spectrum, Vol.10, No.3, pp.38-47, Mar, 1973.
- W. C. Brown, "The history of power transmission by radio waves", IEEE Transactions on microwave theory and techniques, Vol.MTT-31, No.9, Sep, 1984.
- W. C. Brown, "The history of power transmission", Solar power, Vol.56, pp.3-2, 1996.
- Wireless Power Consortium, The Qi Interface Specification Volume I : Low Power, 2010.

학습 1	무선전력전송의 개요
학습 2	무선전력전송의 기술
학습 3	무선전력전송의 표준화
학습 4	무선전력전송의 활용
학습 5	**무선충전기술의 개요**
학습 6	무선충전의 기술
학습 7	무선충전기술의 표준화
학습 8	무선충전기술의 활용
학습 9	에너지 하베스팅의 개요
학습 10	에너지 하베스팅의 기술
학습 11	에너지 하베스팅의 표준화
학습 12	에너지 하베스팅의 활용
학습 13	무선전력전송, 무선충전, 에너지 하베스팅의 미래

학습 목표

1. 무선충전기술의 개요를 이해할 수 있다.

5-1 무선충전기술의 개요

1. 무선충전의 기회

지난 100여 년 동안 무선통신은 눈부신 발전과 진화를 거쳐 현재 4차 산업혁명을 주도할 5세대 이동통신까지 이르게 되었다. 무선통신과 마찬가지로 무선전력전송 기술은 전자기장(電磁氣場, Electromagnetic Field)을 이용한다는 측면에서 같은 기술적 뿌리를 가지고 있다. 최근 스마트폰과 웨어러블 기기, 전기자동차의 시장확대와 배터리 기술의 발달로 무선전력전송 기술을 활용한 무선충전 기술의 필요성이 높은 관심을 받고 있다. 무선전력전송 기술의 연구는 100여 년 전부터 시작되었지만, 일상생활과 거리가 먼 원거리 무선전력전송과 도로 위의 버스에 무선으로 고출력 전기를 공급하는 연구가 먼저 수행되었다.

그리고 2007년 자기공명(Magnetic Resonance)을 이용한 무선에너지 전달 방식을 설명하는 연구결과 발표와 스마트폰의 대중화로 무선전력전송으로 기기의 배터리를 충전하는 무선충전기술의 관심이 급격히 높아졌다. 특히 스마트폰의 사용시간이 증가하면서 배터리의 잦은 충전에 대한 불편함을 느끼는 소비자에게 스마트폰 개발업체에서는 '편리하고 안전한 무선충전' 기능을 탑재한 스마트폰들을 출시하여 스마트폰 시장의 판도를 바꾸는 기회로 삼고 있다. 이를 기반으로 스마트워치를 포함한 웨어러블 기기와 IoT기기 시장 확보에도 노력을 기울이고 있다. 또한 화석연료 사용의 부담과 친환경을 중요시하는 사회적 분위기를 반영하듯 전기자동차의 수요가 꾸준히 증가하고 있으며, 유선충전보다 편리한 무선충전기술에 대해서 자동차 제조사들의 기술개발이 진행되고 있다.

[그림 5-1]처럼 무선충전의 매력적인 이유는 자유, 케이스 호환성, 쉬운 위치 맞춤, 급속 충전속도 등이다. 무선충전의 장점은 사용자가 어디에 있든지 스마트폰을 빨리 충전하기가 쉽다는 것이다. 말 그대로 폰을 내려놓기만 하면 충전이 시작되기 때문에 사용하지 않을 때 언제라도 충전이 가능하다. 즉 자유롭게 협탁, 책상, 자동차 및 이동 중에 케이블 없이 간편하고 빠른 사용이다.

무선충전은 전화기와 충전기 사이에 물리적 연결이 필요 없지만 대부분의 무선충전패드는 최대 3mm 두께의 얇은 플라스틱 휴대폰 케이스를 통해 작동한다. 즉 케이스 호환성으로 인하여 충전을 시작하기 위해 스마트폰 케이스를 분리하지 않아도 된다는 뜻이다.

스마트폰이 충전기에 접촉되자마자 충전이 시작되기 때문에 케이블을 특정한 커넥터에 연결할 필요가 없다. 이는 쉬운 위치맞춤으로 충전위치가 가로, 세로, 또는 중간지점 등 여러 곳이란 뜻이다. 무선충전패드부터 휴대용 배터리까지 무선충전 솔루션은 우리의 생활 속 깊숙이 들어와 있다.

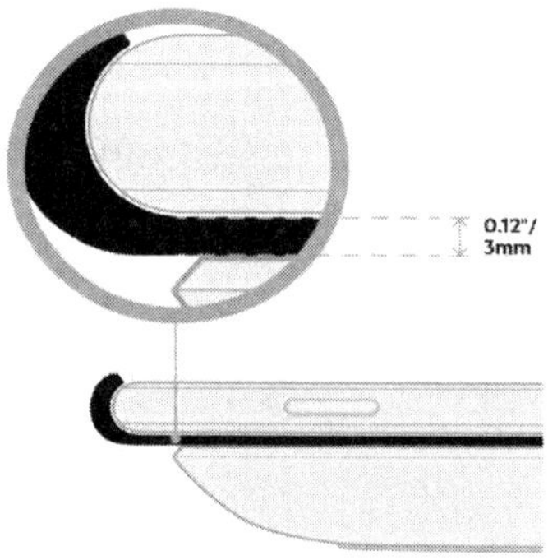

(a) 케이스 호환성

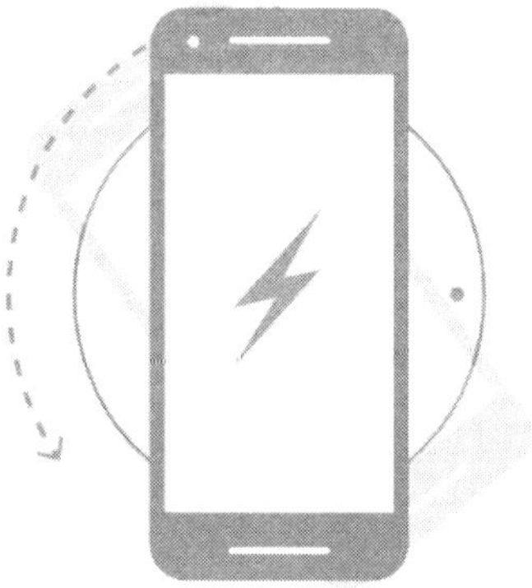
(b) 쉬운 위치 맞춤

[그림 5-1] 무선충전의 매력

최고의 충전속도를 내려면 무선충전패드가 본인의 휴대폰과 호환되는지 확인해야한다. 최대 15W의 출력을 제공하는 무선충전기가 시중에 많이 나와 있지만, 본인의 장치에 맞게 조정되어 있지 않을 수도 있다.

예를 들어 7.5W BOOST↑UP™ 무선충전기는 신형 iPhone X, iPhone 8 Plus 및 iPhone 8 용으로, 7.5W 급속충전을 제공하도록 조정되어 있는 반면, 시중의 15W 충전기는 신형 iPhone을 5W로만 충전된다. 마찬가지로 삼성 갤럭시용으로 특별 조정된 무선충전패드를 사용할 경우 스마트폰을 최대 9W로 무선충전할 수 있다. 따라서 더 빠른 충전속도를 발휘하려면 호환성이 중요하다.

2. 무선충전의 개요

학습 5

무선전력전송 기술은 전자기장을 이용하여 전기에너지를 선 없이 부하로 전달하는 기술이다. 에너지를 전달하는 송신부과 공급받는 수신부의 거리에 따라서 근거리 전송과 원거리 전송으로 구분할 수 있으며, 전달 에너지의 파장을 고려할 경우 근역장 전송과 원역장 전송으로도 나눌 수 있다.

특히 부하가 배터리인 경우에 적용되는 무선전력전송 기술을 '무선충전기술'이라 부른다. 이러한 무선충전기술은 전송 에너지의 특성에 따라 자기유도 방식, 자기공진 방식, 전자기파 방식으로 구분되는데 송·수신거리가 아주 멀지 않는 경우는 유전체로 인한 전달손실이 적은 자기유도 방식을 주로 이용하게 된다.

따라서 일상에서 흔히 볼 수 있는 스마트폰 무선충전의 경우는 자기유도 방식의 근기리 근역장 전송기술을 적용한 사례이며, 현재 상용화된 대부분의 무선충전은 이러한 기술을 이용하여 배터리를 충전한다. [그림 5-2]는 일반적인 무선충전 시스템의 구성도를 나타내고 있다.

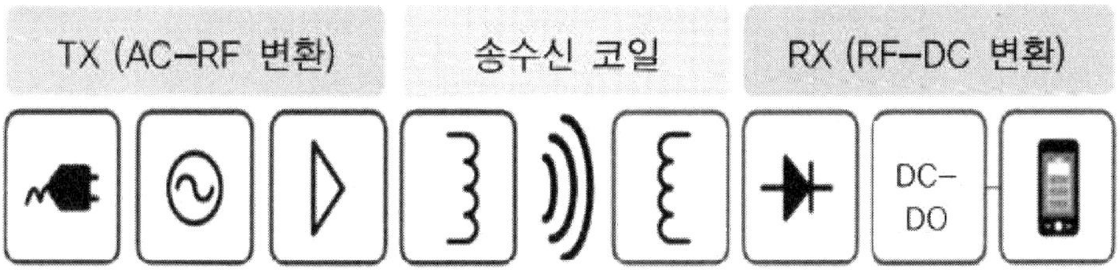

[그림 5-2] 무선충전 시스템의 구성도

일반적으로 무선충전 시스템은 상용 교류전원을 RF 신호로 변환하는 송신기와 전자기유도 현상을 이용하여 무선으로 전력을 전달하는 송·수신 코일, 그리고 입력되는 RF신호를 직류로 변환하여 부하에 요구전력을 전달하는 수신기로 구성되어 있다.

특별히 송·수신 코일 사이에 공명(Resonance)현상을 이용할 경우 자기공명 방식이라 하고 자기유도 방식과 기술적인 구분하고 있었으나, 최근 산업계에서는 개별기술이 가진 장점들을 적용한 제품 개발에 관심이 높아 엄격히 구분하지 않는 경우도 있다.

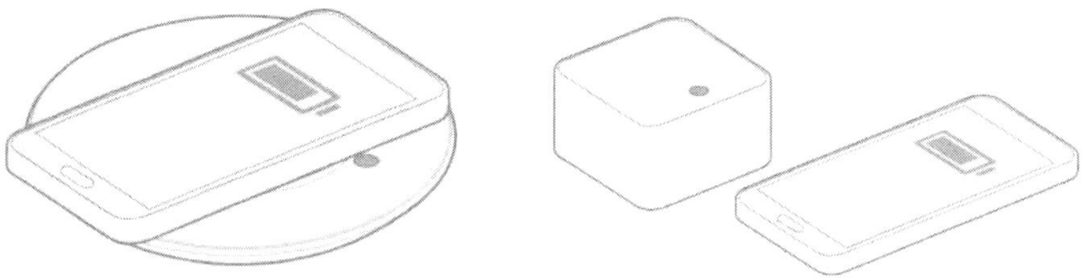

(a) 자기유도 방식		(b) 자기공진 방식
충전기 내부코일로 근거리에 전력공급	충전원리	자기장 공진을 이용해 원거리에 전력공급
충전기와 접촉(수 mm 이내)필요	충전방법	충전기 주변에서 자동으로 충전
유선방식 대비 90% 수준 충전가능	장점	원거리 충전가능
수 mm 이내 근거리 충전만 가능	단점	인체 유해성 논란
WPC(삼성, 노키아, 소니, LG 200개 업체)	주도협회	A4WP(퀄컴, SK텔레콤 등 100개 업체)
Qi	국제표준	Rezence

[그림 5-3] 자기유도 방식과 자기공진 방식 비교

[그림 5-3]처럼 자기유도 방식은 휴대폰과 무선충전기를 직접 물리적으로 접촉시켜야 한다. 즉 휴대폰과 충전기 내부의 충전코일이 접촉 및 정렬되어야 한다. 자기공진 방식의 충전은 휴대폰과 무선충전기, 내부 충전코일이 일정거리 안에 있어야 하나, 접촉할 필요는 없고 인체의 유해함을 해결할 수 있다면 짧은 거리의 한계를 극복할 수 있다.

전자파방식은 전자기파(마이크로파 : 2.45~5GHz)를 이용한 정보의 전송과 동일한 방식이지만 필요한 수준의 전력을 전송하기 위해서는 출력이 증가하여야 하며, 이 경우 전자기파에 의한 인체의 유해성 문제를 피하기 힘들다. 하지만 원거리 전송도 충분히 가능하기 때문에 개인용도가 아닌 산업용에서 연구가 진행되고 있다.

5-2 무선충전기술의 전망

미래지향형 기술로써 무선충전기술은 스마트 시계를 비롯하여 가상현실(XR)기기, 전기자전거 등 스마트기기의 형태가 다양해지면서 기업들과 고객들이 무척 관심이 많아지고 있다. 이러한 맥락에서 무선전력전송 기술과 더불어 충전기술은 사물인터넷(IoT), 웨어러블(Wearable), 의료용 인체삽입기기 등 미래 무선통신기기에 적합한 기술들이다.

미국의 무선충전기술업체 '오시아'에서는 와이파이와 같은 전자기파인 2.4GHz 대역의 전파를 사용해 10m가 넘는 거리에서도 무선충전을 할 수 있는 배터리를 선보였다.

이동 중에도 충전할 수 있고 스마트폰은 물론 CCTV, 온도조절 장치, 스마트 자물쇠 등 다양한 기기에 접목시킬 수 있어 활용도가 높다. 어쩌면 광대역 충전의 기술이 상용화되어 "배터리가 부족하네"라는 말이 사라질지도 모르겠다. 그러나 전자파방식의 문제점인 인체의 유해성 문제에 대한 해결방안이 큰 문제이다.

최근에는 핸드폰의 경우 외에 가전제품의 무선충전 방식이 속속 선을 보이고 있다. 불 없이도 물을 끓일 수 있는 인덕션, 심지어는 드론을 패드에 올려놓기만 하면 충전이 되는 제품이 일상생활에 사용되고 있다. 점차 선이 없는 세상으로 변해가고 있다.

이런 제품들은 모두 '무선전력전송 기술'을 사용한 것으로 무선전력전송 기술이란 전선 없이 전력을 전송할 수 있는 기술이다. 마치 와이파이처럼 공간을 통해 전력이 오고 가는 것이다.

시장조사업체인 테크나비오(Technavio)는 세계 무선충전시장이 2015년 17.2억불에서 2024년 200억불로 연평균 43.1% 성장을 전망하고 있다. 이러한 시장전망은 스마트폰을 포함한 가전과 EVs(Electric vehicles)만 고려한 것으로, 전체 시장에서 가전용 무선충전은 2015년 89%에서 2024년에 56%로 비율이 줄어드는 대신 EV가 차지하는 비율이 증가함을 예측하고 있다. 또한 지역별로는 2015년 아시아태평양지역이 전체의 45%를 차지하고, 2024년경에는 아시아, 미국, 유럽과 아프리카가 서로 비슷한 수준이 될 것으로 전망하였다. 아시아태평양지역에서는 한국과 일본이 시장 주도를 하지만 2024년 기준으로 중국이 5.3억대의 전기자전거와 20만 3천대의 전기자동차를 보유하고 있고, 일본이 전기자동차 시장을 이끌고

학습 5

있는 상황임을 감안하면 전기자동차 충전에 대한 적극적인 R&D 투자와 이로 인한 산업 활성화가 이루어져야 할 것이다. 미국의 경우는 애플, 구글, Microsoft를 비롯한 세계적인 기업들이 무선충전기술 개발에 적극적으로 투자하고 있고, 유럽의 경우 영국, 독일, 프랑스 등이 자동차 무선충전기술 개발에 노력을 기울이고 있다.

한편 시장조사 기관 Allied Market Research에는 세계 무선충전시장을 2022년에 372억불까지, Persistence Market Research는 2024년에 270억불로 예상하고 있다.

수행 내용

재료 · 자료

- 무선전력전송 관련 자료

기기(장비 · 공구)

- 컴퓨터, 문서작성 프로그램, 프린터, 주변기기

안전 · 유의사항

- 무선전력전송 관련 장비의 안전 및 유의사항을 숙지한다.

학습 5

수행 순서

01 스마트폰 무선충전기술의 무선충전원리에 대하여 분석하라.

최근 삼성전자가 내놓은 최신 스마트폰 갤럭시S에는 무선충전 방식이 채택되었다. 기존에는 전자제품을 충전하기 위해서는 전선을 직접 연결하여야만 하였지만 무선충전기술은 스마트폰을 충전패드 위에 올려놓으면 자동으로 충전이 되는 것이다. 더 이상 충전하기 위하여 전원단자를 꽂을 필요도 없고, 전원단자가 고장자는 문제가 발생할 염려도 없다. 더 나아가 전원단자가 필요없기 때문에 방수 스마트폰 등을 만드는데도 더 유리하다.

또한 와이파이존처럼 무선충전존을 만들면 카페에 들어가서 커피를 마시거나 지하철을 타고 가면서 핸드폰의 배터리를 충전할 수 있을 것이다.

이처럼 최근에 이슈가 되고 있는 무선충전원리는 우리 생활에 많은 변화를 줄 것으로 기대되고 있다. 하지만 무선충전기술의 원리 자체는 간단하며 꽤 오래 전에 발명된 것이라 할 수 있다. 그리고 스마트폰에 무선충전기술을 적용하면서 최근에 이슈가 되고 있기는 하지만, 이미 우리 생활 속에서 무선충전기술의 원리가 많이 적용되고 있다는 사실도 잘 알려지지 않은 사실이다.

먼저 무선충전기술은 19세기 영국의 물리학자인 패러데이가 발견한 전자기유도 현상을 이용한 것이다. 전자기유도 현상은 전류와 자기장이 서로 영향을 미치는 것에서 착안하여 자석을 이용하여 전류를 만드는 원리를 말한다.

패러데이의 전자기 유도현상은 자기장과 전기장이 상호 영향을 주면서 자기장은 전기장을 유도할 수 있고, 전기장은 자기장을 유도할 수 있다는 내용이라고 보면 된다. 따라서 코일에 자석을 왕복시키면서 상대적인 운동을 시키면 자석의 자기장에 의하여 코일에 전기장이 유도되어 전류를 만들 수 있는 것이다.

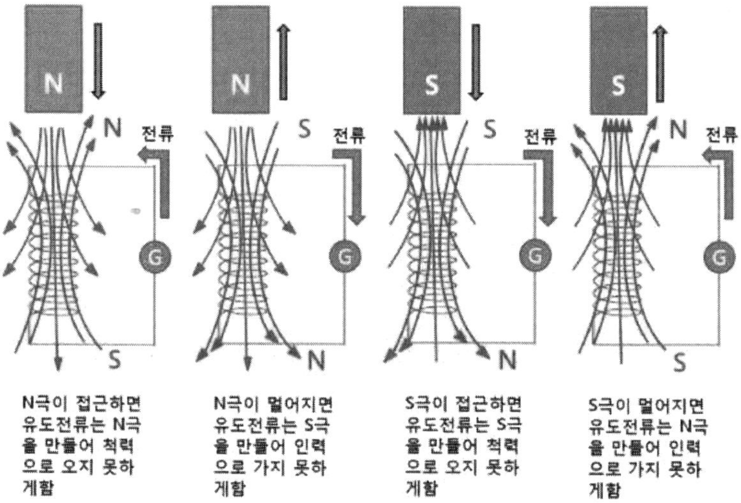

[그림 5-4] 전자기 유도현상

무선충전장치의 경우에 충전패드에 스마트폰을 올려놓아서 충전이 되도록 하는데, 충전패드와 스마트폰에는 각각 코일이 내장되어 있다. 충전패드에 전류를 흐르게 하면 충전패드에 내장된 코일이 일종의 전자석이 되어 자기장을 형성하며, 그 자기장 내에 올려진 스마트폰의 코일에는 전기장이 유도되어 전류가 생성되는 것이다.

그럼 전자기 유도기술이 그렇게 오래 전에 개발되었는데 왜 그 동안 별로 사용되지 않았던 것일까?

사실 전자기 유도법칙은 아주 광범위하게 사용되고 있고, 산업적으로는 물론 우리의 일상생활에도 많이 사용되고 있다. 단지 스마트폰처럼 크게 이슈가 되지 못했던 것뿐이다. 그리고 스마트폰과 같은 전자제품에 그 동안 사용되지 않은 이유는 효율성과 기술적 문제점을 있었기 때문이다. 물론 제조사에서 왜 안 만들었는지 그 속사정까지는 모르겠지만, 스마트폰이 나오기 전에는 핸드폰을 한번 충전하고 나면 최대 일주일까지 사용할 수 있었기 때문에 수시로 충전을 할 필요성이 없었다. 그리고 간단히 전선으로 연결하여 충전하면 저렴하게 충전할 수 있는데 굳이 무선으로 할 필요가 없었던 것이다.

무선충전이 필요하게 된 이유는 스마트폰의 배터리 소모가 너무 심하여 충전횟수가 잦아졌기 때문이다. 수시로 충전을 해야 하기 때문에 충전방법의 편의성과 간편성이 필요하게 된 것이다. 그리고 무선충전을 위해서는 핸드폰에도 유도코일이 구비되어야 하는데, 그렇게 되면 비용이 증가하고 핸드폰도 커지게 되는 문제가 있는 것이다. 따라서 그동안에는 기술적 문제도 있었고, 필요성도 크지 않았다가 최근에 들어 필요성도 커지고 기술적으로 어느 정도 문제가 해결되었기 때문에 스마트폰에 적용되는 것이라고 할 수 있다.

[그림 5-5]처럼 전자기 유도방식의 충전원리는 다음과 같다.

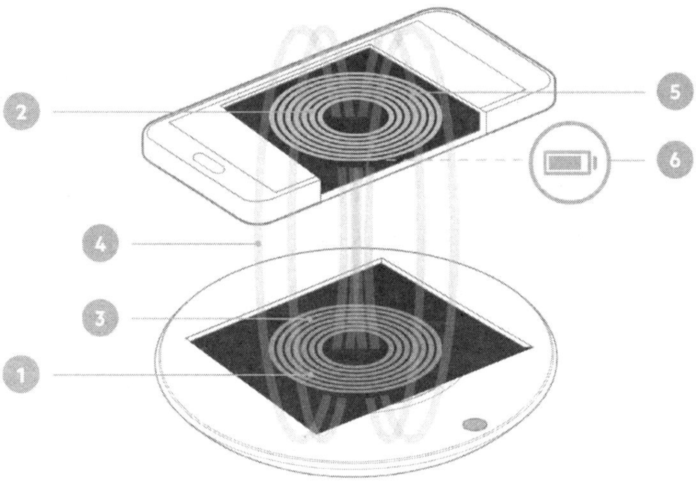

[그림 5-5] 전자기 유도방식의 무선충전 원리

① 충전대 안에 있는 송신코일이 신호를 보낸다.

② 이 신호가 호환되는 스마트폰에 있는 것과 같은 수신코일을 찾는다.

③ 수신코일을 감지하면 전자기 유도가 시작된다.

④ 송신코일 내부에 있는 전자(전기)들이 코일주변을 흐르기 시작한다.

⑤ 이로 인해 자기장이 발생되고, 이 자기장을 수신코일 내의 전자들이 감지한다.

⑥ 수신코일 안에 갇힌 전자들이 자기장으로 인해 코일주위로 흐르기 시작한다.

⑦ 수신코일 안에서 이루어지는 이 전자의 흐름이 스마트폰에 있는 배터리를 충전해주는 전기이다.

무선전원에서 충전하려면 충전장치가 충전코일에서 8mm 이상 떨어져 있으면 안 된다.

전자기 유도법칙이 우리 생활에서 가장 많이 사용되는 있는 예로 교통카드를 들 수 있다. 아마 일부 사람들은 신용카드나 교통카드에 배터리도 없는데 어떻게 결제가 되는 것일까라는 의문을 가진 사람도 분명히 있을 것이다.

상식적으로 생각해도 내 신용카드의 정보가 버스에 달려있는 리더기로 보내줘야 정상적인 결재가 되고, 그러려면 신용카드에서 리더기로 무선송신이 이루어질 텐데 어떻게 배터리도 없는 카드가 그런 역할을 할 수 있을까 라는 생각을 말이다. 물론 대부분의 사람들은 관심도 없고 의심도 안해 봤을 것이다. 하지만 지금 이 글을 읽고 있다면 지금쯤 '아하'라는 생각이 스치고 갈 수 있을 것이다.

교통카드가 결재되는 원리는 이미 짐작하는 바와 같이 전자기 유도원리가 적용된 것이다. 교통카드에 코일이 내장되고 리더기에는 무선충전패드와 같이 전류가 흐르면 자기장을 형성하는 코일이 내장되어 있다. 그리하여 카드를 가져다 대면 카드에 내장되어 있는 코일에서 전기장이 유도되면서 전류가 만들어지고, 이 전류를 이용하여 교통비가 결재되는 것이다.

이 외에도 발전기나 전동장치(모터)에도 전자기 유도원리가 적용되고 있다. 자전기 바퀴에 달려있는 소형 발전기를 분해해 본 사람이 있을 것이다. 발전기를 분해하면 가운데에 자석이 있고 그 둘레에는 구리선이 감겨있는 블록이 여러 개 배치되어 있다. 자석이 회전하면서 구리선(코일)에 전기장을 유도하여 전류를 만드는 것이다.

자석은 바람의 힘으로 돌리거나(풍력발전), 바닷물(조력발전)을 이용할 수 있다. 그리고 석탄이나 석유를 태워서 고압의 증기를 만들어서 돌릴 수도 있다(화력발전). 어떤 방법을 사용하든 기본 원리를 자석을 회전시켜서 전류를 생성하는 것이다. 반대로 전기를 이용하여 모터를 돌릴 때도 같은 원리가 적용된다. 단지 반대로 적용될 뿐이다. 개인적으로 모든 발전장치나 전동장치를 다 알고 있는 것은 아니다. 현재를 좀 더 효율적이고 다른 방식이 사용될 수도 있을 것이다.

하지만 무선충전 방식이 장점만 있는 것은 아니다. 일단 충전범위가 생각보다 짧다. 현재 사용화되고 있는 기술은 충전패드에 접촉시켜서 충전을 하는 방식이다. 그리고 주변 5m정도까지 충전이 가능한 장치도 시제품 수준으로 개발되었다고 한다. 앞으로 다양한 기술이 개발되면 카페 전체를 무선충전 존으로 만드는 것도 가능할 것이다. 하지만 더 큰 문제는 무선충전 과정에서 발생하는 전자파다.

현재 조사결과로는 무선충전을 하는 과정에서 발생하는 전자파가 휴대폰에서 발생하는 전자파 등과 비교할 때 특별히 더 강력한 것은 아닌 것으로 나타났다. 하지만 우리는 무선충전기술을 편리하게 사용하기 위해서는 새로운 전자파 발생장치를 곁에 두어야 하는 딜레마에 직면한 것이다. 어쩌면 선택의 여지가 없을 수도 있다.

02 기기에 사용되는 무선충전 방식은 어떤 것이 있는지에 대하여 분석하라.

1. 전자유도식 충전방식

기기를 무선으로 충전하는 방식은 크게 3가지로 나눌 수 있다. 그중 가장 대표적인 것이 바로 전자유도식이다. 충전패드에 전류를 흘려 자기장을 발생시키면 스마트폰의 코일에 유도전류가 발생하게 되는데 이를 이용해 충전하는 방식이다. 대전력 전송에 유리하고 충전효율이 좋아 무선충전이 탑재된 대부분의 스마트폰은 이 방식을 택하고 있다.

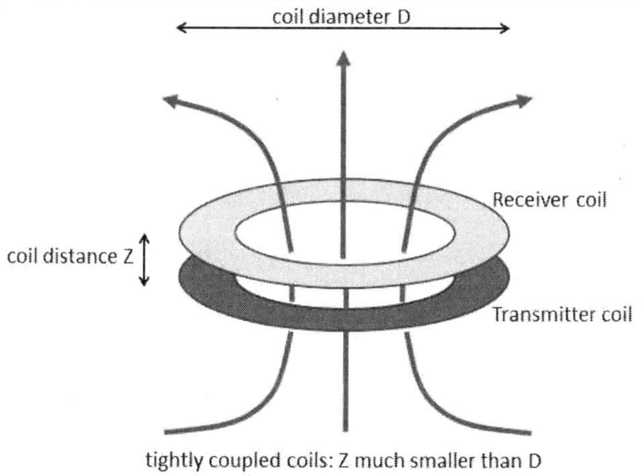

[그림 5-6] 전자기 유도식 충전방식

2. 자기공진식 충전방식

자기공진식은 특정 진동수를 가진 물체가 같은 진동수의 힘이 외부에서 가해질 때 진폭이 커져 에너지가 증가하는 현상인 공명현상을 이용한다. 이 방식은 가까이 접촉해야 하는 자기유도 방식보다 충전거리가 길어 더 자유롭게 충전할 수 있으며, 여러 기기를 한 번에 충전할 수 있지만, 거리에 따라 전력손실이 크고 충전위치에 따라 효율이 제각각이다.

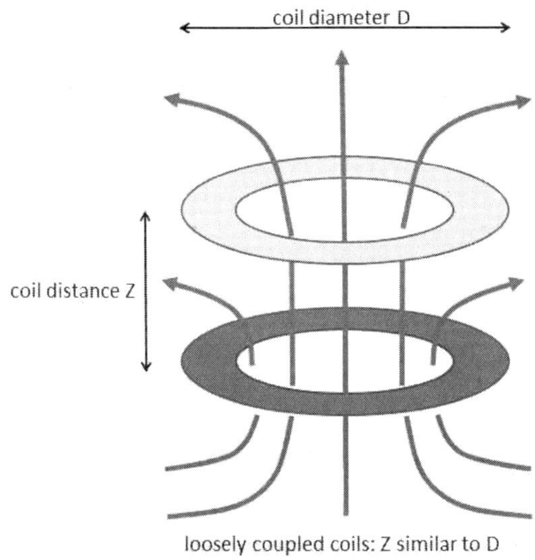

[그림 5-7] 자기공명식 충전방식

3. 전자기파 충전방식

아직 연구가 한창 진행되고 있는 방법도 있다. 전자파를 빔 형태로 더욱 멀리 보내는 전자기파 방식은 일정 공간 안의 어디든지 충전이 가능하고 수십 km까지의 장거리 전송도 가능하다. 다만 전송 도중 에너지 손실이 크고, 전자파가 인체에 유해해 이 같은 단점을 보완하기 위해서는 계속해서 연구가 필요한 상태이다.

4. 충전시스템의 구성 및 동작

충전시스템의 구성은 [그림 5-8]과 같이 3개의 시스템으로 구성되며 각각의 시스템은 DC링크에 공통으로 연결되어 배터리의 충전상태와 태양광의 발전량에 따라 시스템이 동작 특성이 결정된다.

①번 시스템은 삼상 계통연계형 PWM 컨버터로 배터리 충전에 필요한 전력을 계통으로부터 공급하며 태양광의 발전 에너지 중 배터리에 공급하고 남는 전력을 계통으로 발전하는 기능을 한다.

②번 시스템은 PV용 부스트 컨버터로 MPPT제어를 통해 태양광 발전전력의 최대전력점을 추종하며 발전된 전력을 배터리 또는 계통으로 공급한다.

③번 시스템은 배터리 충전시스템으로 CC/CV(정전류/정전압)제어를 통해 배터리를 충전하는 기능을 한다.

④는 리튬계열 배터리로 14개의 셀이 직렬로 구성되어 있는 50[V],40[AH]의 용량을

갖는 리튬폴리머 배터리를 사용한다.

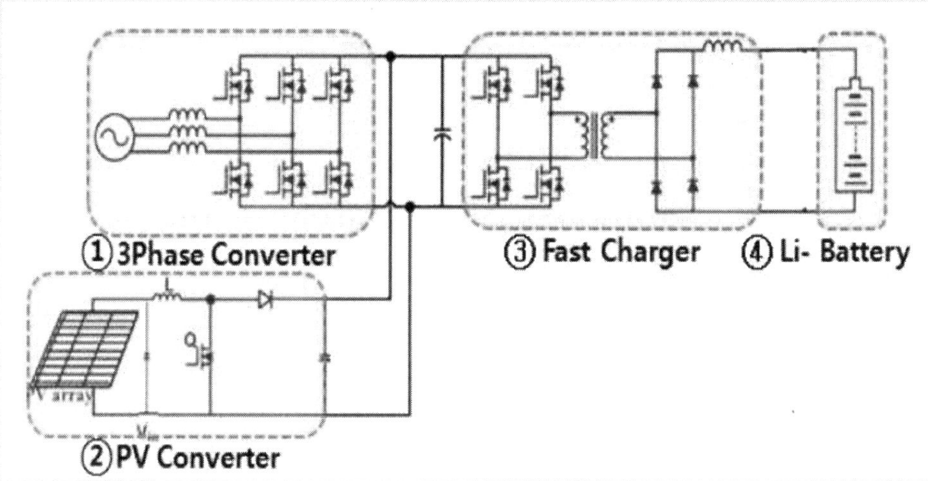

[그림 5-8] 3상 계통연계형 배터리 충전시스템

학습 5

03 무선충전 방식의 충전전력(W)에 대하여 분석하라.

매일 스마트폰을 충전하면서도 배터리에 사용되는 용어인 볼트, 와트, 암페어를 정확하게 알고 있는 사람은 드물다.

1. 볼 트

볼트(V)는 전압을 뜻한다. 전기에너지를 의미하며 크기가 커질수록 압력이 세다.

2. 암페어

암페어(A)는 시간 당 흐르는 전류의 강도를 의미한다. 크기가 커질수록 많은 양의 전기가 흐르게 된다.

3. 와 트

볼트와 암페어를 곱한 양이 바로 와트(W)이며, 시간 동안 소비할 수 있는 전력의 양이다.

4. 스마트폰의 전력관계

스마트폰별로 지원되는 전력(와트)이 높을수록 배터리는 빠르게 충전된다. 현재 출시된 스마트폰을 살펴보면 애플의 아이폰8은 7.5W, 삼성의 갤럭시노트8은 9W, LG전자의 V30은 15W까지 제공하고 있다.

무선전력 컨소시엄(WPC)이 정한 표준인 Qi(치) 규격이 최대 15W급 중전력 무선충전까지 지원된다는 점을 살펴보면 V30이 충전속도에서는 타 디바이스보다 높은 전력을 사용하여 충전한다는 것을 알 수 있다.

디바이스의 고속무선충전 지원을 할 수 있는 무선충전기를 찾아보기 어려워 5W, 7.5W, 9W, 15W를 모두 고속 무선충전이 가능한 제품을 찾는 유저들의 니즈도 발생하고 있다. 아마도 새로 출시되는 고속 무선충전기는 모두 수용하는 제품이 출시 될 것으로 본다.

그러나 아무리 무선충전기술이 발전했다고 하더라도, 선으로 연결해 직접 충전하는 유선충전이 무선충전보다 속도 면에서 더 좋지 않을 것이라고 생각이 들 수 있다.

기본 유선충전의 경우 10W정도의 전력을 가지고 있는데, 이는 현재 아이폰8이 제공하는 7.5W의 무선충전 전력보다 높다. 하지만 무선충전의 편의성을 느껴본다면 그런 점을 상쇄시키는 매력으로 다가올 것이다.

04 무선충전을 위한 프로토콜 설계와 구현에 대하여 분석하라.

무선충전(WPC : Wireless Power Charging)을 비롯하여 무선충전 제품으로 선보이고 있는 것들 대부분은 전자기 유도를 이용하기 때문에, 충전거리가 매우 짧다는 한계가 있다. 이를 극복하여 충전거리를 확장함으로써 사용자들의 편의성을 증진시킬 수 있도록 자기공진 방식에 대한 방식을 고려하여 사용한다.

단말기를 위한 무선충전 프로토콜은, 충전에너지를 공급하는 베이스 스테이션과 에너지를 받아서 배터리에 충전하고 이를 바탕으로 동작하는 수 개의 단말기들 간의 네트워크 구성 및 충전상황 제어에 관한 규약이다.

이는 자기장 공진방식을 이용하여 수 m 이내로 충전거리를 확장한 충전시스템을 기반으로 한다. 따라서 베이스 스테이션을 중심으로 모바일 단말기들과 무선통신 네트워크를 구성하고, 베이스 스테이션의 제어에 따라 단말기들을 순차적으로 혹은 동시에 충전할 수 있는 스케줄링 기술이 필요하다.

1. 네트워크 계층구조

자기공진 기반 무선충전 네트워크는 [그림 5-9]와 같이 네트워크 합류 슈퍼프레임, 충전요청 슈퍼프레임, 충전 슈퍼프레임 그리고 비활성 충전 슈퍼프레임으로 구성된다. 시간 분할 다중접속 방식을 기반으로 동작하며, 요청 구간에서 베이스 스테이션이 먼저 패킷을 전송하고, 이어 나오는 응답 구간에서는 단말기가 패킷을 전송한다.

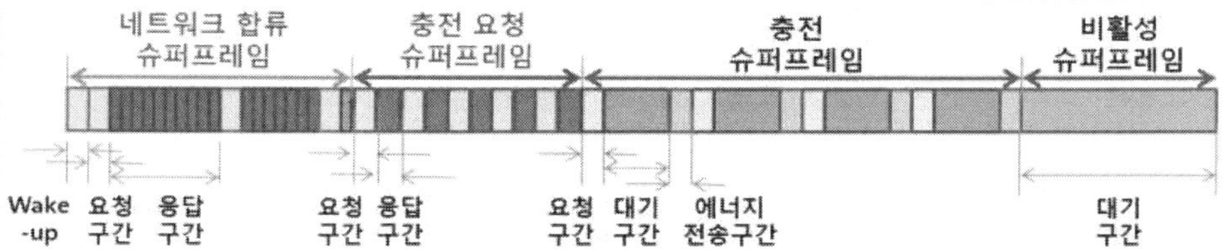

[그림 5-9] 네트워크 슈퍼프레임 구조

1) 네트워크 합류 슈퍼프레임

단말기는 네트워크 합류 슈퍼 프레임의 Wake-up 신호를 통해 네트워크를 인식하고, 이어 나오는 요청 구간에서 베이스 스테이션의 합류 요청에 따라 네트워크에 합류한다.

이때 Wake-up 신호 및 합류 요청 패킷은 브로드 캐스트이며, 합류 요청 패킷에는 응답 구간의 슬롯 개수 정보가 들어 있다. 합류 요청 패킷을 받은 단말기(들)는 1~(슬롯 개수) 사이의 임의 수를 생성한 뒤, 응답 구간의 해당 슬롯에서 기기의 고유 아이디 정보를 포함한 응답 패킷을 보낸다.

응답구간이 끝나면 베이스 스테이션은 다시 합류 요청 패킷을 보내게 되는데, 이전 응답구간 중 충돌이 한 번 이상 발생하였다면 응답구간 슬롯 개수를 2 이상으로 설정한다.

그리고 충돌 없이 수신된 패킷에 대한 응답으로 해당 단말기의 고유 아이디와 그 단말기에 할당할 네트워크 아이디를 함께 전송함으로써, 네트워크 아이디를 할당받지 못한 단말기들만 다시 응답구간에 참여하도록 한다. 네트워크 합류 슈퍼프레임은 응답구간에서 충돌이 발생하지 않을 때까지 요청-응답 과정을 반복한다.

2) 충전요청 슈퍼프레임

네트워크 합류 슈퍼프레임이 끝난 후 충전요청 슈퍼프레임을 시작한다. 단말기는 요청 구간 동안 베이스 스테이션으로부터 수신된 패킷을 확인하여 패킷의 목적지 네트워크 아이디와 자신의 네트워크 아이디가 동일한 경우, 다음 응답구간에서 응답패킷을 보낸다. 이러한 과정을 반복하여 베이스 스테이션은 네트워크에 합류되어 있는 각 단말기의 상태 정보-배터리량, 거리, 서비스 우선 순위, 사용 유무를 수집하고, 이를 바탕으로 충전서비스 계획을 세운다.

3) 충전 슈퍼프레임

충전 슈퍼프레임은 요청 구간, 대기 구간 그리고 에너지 전송 구간으로 구성된다. 충전 서비스 계획에 따라 베이스 스테이션은 충전하려는 단말기의 네트워크 아이디를 패킷에 실어 요청구간 동안 전송한다. 패킷을 수신한 단말기들은 자신의 네트워크 아이디가 목적지 네트워크 아이디로 지정된 경우, 에너지 전송구간에서 충전을 시작하고, 그 외 다른 단말기들은 에너지 전송구간이 끝나기를 기다린다.

이때 네트워크 아이디는 특정 기기만을 지칭하여 에너지를 전송할 수도 있고, 혹은 모든 기기들을 지칭하여 동시에 충전을 할 수도 있다. 대기 구간은 충전 슈퍼프레임 동안에 새로 충전서비스를 받고자 하는 단말기가 있는지 확인하는 구간이다. 새로운 단말기가 인식되었을 때 네트워크 합류 슈퍼프레임부터 다시 시작할지, 그대로 충전 슈퍼프레임을 진행할지는 베이스 스테이션이 네트워크 상황에 따라 결정한다.

4) 비활성 슈퍼프레임

네트워크에 합류되어 있는 단말기가 없거나 혹은, 합류되어 있는 단말기들이 충분히 충전되어 있어 더 이상 에너지를 전송할 필요가 없을 때 비활성 슈퍼프레임 상태가 된다. 비활성 슈퍼프레임에서 네트워크 합류 슈퍼프레임으로의 전환은 2가지 방법에 의하여 이루어진다.

첫번째로 베이스 스테이션은 충전 슈퍼프레임이 끝나고 비활성 슈퍼프레임을 시작할 때 네트워크 내 모바일 단말기의 상황에 따라 비활성 슈퍼프레임 시간을 설정한다. 해당 시간이 지나면 비활성 슈퍼프레임을 끝내고 다시 네트워크 합류 슈퍼 프레임으로 전환한다. 두번째 방법은 단말기의 요청에 의하여 네트워크 합류 슈퍼프레임을 시작하는 경우이다. 이 때 단말기는 기존의 네트워크에 합류되어 있던 단말기일 수도 있고, 혹은 새로 네트워크 서비스 영역으로 진입한 단말기일 수도 있다. 단말기는 현재 배터리의 상태에 따라 베이스 스테이션에게 충전을 요청할 수 있기 때문이다.

2. 모바일 단말기 모드

모바일 단말기는 크게 충전모드와 통신모드, 그리고 대기모드로 동작할 수 있다. 대기모드에서는 단말기 본래의 동작을 수행하며 배터리의 상태를 확인하고, 아울러 통신 채널을 관찰하여 베이스 스테이션으로부터 전달되는 Wake-up 신호를 감지한다. Wake-up 신호를 받으면 통신모드로 전환하고, 베이스 스테이션으로부터 네트워크 합류 요청 패킷을 받으면 충전 프로토콜을 시작한다. 또는 사용 가능한 배터리량이 일정 수준 이하로 낮아지면 단말기는 충전서비스를 받기 위하여 통신 모드로 전환한 뒤, 주변의 충전 시스템, 즉 베이스 스테이션을 검색하기 시작한다. 이 때 단말기는 일정기간 동안 신호검색을 통하여 충전 네트워크의 존재 여부 및 상태를 파악한다. 만약 네트워크가 검색되었고 네트워크 합류 슈퍼프레임 구간에 있다면, 네트워크 합류 슈퍼프레임 프로토콜에 따라 네트워크에 합류되어 충전서비스를 받을 수 있다. 만약 충전 요청 슈퍼프레임 구간에 있다면 해당 슈퍼프레임이 끝날 때까지 기다려야 한다. 혹은 충전 슈퍼프레임 구간에 있다면 대기구간 동안 베이스 스테이션에게 단말기의 고유 아이디, 서비스 우선 순위 및 배터리 정보를 포함한 패킷을 보낸다. 이 과정에서 수개의 단말기가 동시에 패킷을 보내면 패킷 충돌에 의하여 베이스 스테이션에서는 패킷 수신에 실패할 수 있다. 이렇게 베이스 스테이션에서 패킷 수신을 실패하는 경우와 또는 베이스 스테이션에서 현재의 충전서비스를 계속 유지하고자 하는 경우, 단말기는 충전 슈퍼프레임이 끝날 때까지 계속 대기 모드에서 패킷을 전송하게 된다. 일정시간 동안 아무런 신호도 검색되지 않는다면, 즉 비활성 슈퍼프레임 구간이라면 단말기는 베이스 스테이션에게 충전서비스를 요청한다. 이때는 아로하(Aloha) 방식에 따라 패킷을 송·수신한다.

학습 5

3. 물리계층 구조

충전 프로토콜을 위한 물리계층은 에너지 송신부, 에너지 수신부, 통신 송신부 그리고 통신 수신부로 구분되는데, 그 중 베이스 스테이션은 에너지 송신부와 통신 송·수신부, 단말기는 에너지 수신부와 통신 송·수신부로 구성된다.

1) 에너지 송신부

베이스 스테이션의 에너지 송신부는 안테나, 매칭회로 그리고 에너지 전달신호 생성회로로 구성된다. 이 때 단말기의 개수 및 위치 등에 따라 안테나의 공진주파수가 변화하므로 매칭회로는 동적으로 주파수 조절이 가능하도록 구성한다. 또한 안테나단의 전류 및 전압을 모니터링하는 기능를 추가하여 최대 에너지 전송상태를 찾아낼 뿐 아니라 에너지 전송 중 단말기 및 주변환경의 변화를 감지하도록 한다.

2) 에너지 수신부

에너지 수신부는 단말기에 구현된다. 안테나, 매칭회로, 에너지 정류부 그리고 에너지 안정화부를 거쳐 배터리 충전회로에 에너지를 전달한다. 단말기는 배터리의 충전상태를 모니터링하는 기능을 구현하여 충전서비스 요청여부를 결정하고, 또한 베이스 스테이션에 현재 배터리 상태정보를 전달할 수 있도록 한다.

3) 통신 송 · 수신부

통신 송 · 수신부는 베이스 스테이션과 단말기 양쪽 모두에서 구현된다. 통신물리계층은 KS X 4651-1 "정보기술 - 자기장 통신 네트워크 - 저주파 대역 - 제1부 : 물리 계층 요구사항"을 따른다.

덧붙여 베이스 스테이션과 단말기는 수신신호 세기 측정기능을 지원한다. 이는 베이스 스테이션과 단말기 간의 거리를 측정하는데 사용될 뿐 아니라, 주변에 충전 네트워크 존재 여부 및 패킷 충돌 여부를 판단하는데 사용된다. 즉 기본 패킷(프리엠블+헤더) 길이에 해당하는 시간 동안 수신신호의 세기가 일정값 이상이 되면, 네트워크가 존재함을 알 수 있다. 또한 합류 슈퍼프레임의 응답구간처럼 하나 이상의 패킷 수신이 가능한 시간 슬롯에서 위와 같이 신호는 검출되나 패킷이 정상 수신되지 않으면, 패킷 충돌에 의한 오류로 판단한다. 에너지 송 · 수신과 통신 송 · 수신은 동일한 안테나를 사용하지만 각각의 아날로그 모듈 특성은 다르기 때문에 통신을 위한 별도의 매칭 회로 및 통신 · 충전분리를 위한 회로를 구현한다.

05 무선충전을 위한 임베디드 시스템 플랫폼의 H/W 및 S/W 설계와 구현에 대하여 분석하라.

1. 임베디드 플랫폼 하드웨어 설계 및 구현

모바일 단말기를 위한 임베디드 플랫폼은 [그림 5-10]과 같이 플랫폼 하드웨어는 시스템부, 통신부, 충전부, 안테나부 그리고 배터리부로 구성된다.

소형, 저전력 모바일 단말기를 위하여 시스템의 마이크로 컨트롤러로는 8051을, 그리고 외부 메모리는 시리얼 롬을 사용하였다.

시스템 디버깅을 위한 디버거 및 시리얼 포트 등은 별도의 보드(디버깅 포트 모듈)로 제작하여 필요할 때만 연결하도록 하였다.

통신부 및 충전부의 디지털 하드웨어 파트는 FPGA를 이용하여 모바일 감성 센싱 단말기 전용으로 설계하였다.

BPSK 모듈레이션을 사용하므로, 통신 송신부는 패킷 구성에서부터 BPSK 모듈레이션까지 디지털 블록으로 구현하고, 신호 증폭기만 아날로그 블록으로 구현하였다.

통신 수신부는 직접 변환(Direct Conversion) 방식을 적용하였다. 따라서 안테나에서 수신된 신호는 LNA(Low Noise Amplifier) 아날로그 블록을 통과한 뒤 바로 ADC를 통하여 디지털 신호로 샘플링 되었다. 이후 반송파 대역 처리에서부터 디지털 블록으로 구현하였다.

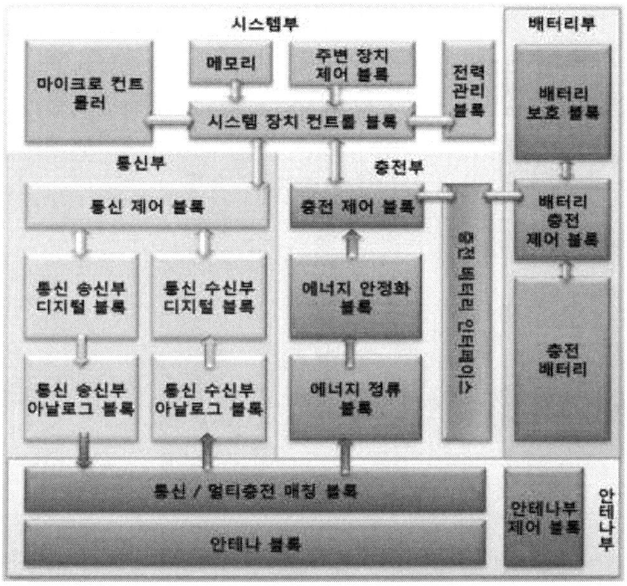

[그림 5-10] 단말기를 위한 임베디드 플랫폼 하드웨어 블록도

이렇게 통신 송·수신부의 대부분을 디지털 하드웨어 전용 블록으로 구현함으로써 소형, 저전력 단말기에 적합하도록 하였다.

충전 수신부 정류회로(Rectifier)와 안정회로(Regulator)로 구현하였다. 안테나부의 매칭 회로는 충전용과 통신용을 별로도 설계하였을 뿐 아니라 스위치를 두어 안테나에서 한번에 하나씩만 연결되도록 하였다. 이는 충전시 안테나 매칭에 영향을 주는 요인을 감소시켜 매칭 작업을 수월하게 하기 위함이다.

배터리부는 충전 배터리와 배터리 보호 블록, 그리고 충전 제어 블록으로 구성하였다. 다만 에뮬레이션의 효율성과 편리성을 위하여 단말기 에뮬레이션 보드는 충전배터리가 아닌 외부 전원공급장치를 통하여 전원을 공급 받았다.

2. 임베디드 플랫폼 소프트웨어 설계 및 구현

[그림 5-11]은 모바일 단말기를 위한 임베디드 플랫폼의 소프트웨어 블록다이어그램이다. 스케줄링 블록을 중심으로 하여, 충전 및 통신을 제어한다. 전력 관리 블록에서는 배

학습 5

터리량 등 충전 · 전력분석 결과 및 실시간 충전상황 모니터링을 통하여 모바일 단말기의 동작모드 및 전력모드를 결정한다.

그리고 네트워크에 합류하여 정보 교환 및 베이스 스테이션의 관리 하에 충전을 진행하기 위한 통신제어 블록들-랜덤 접속 제어 블록, 수신 신호 분석 블록, 송신 패킷 생성 블록 그리고 수신 패킷 처리 블록-이 있다.

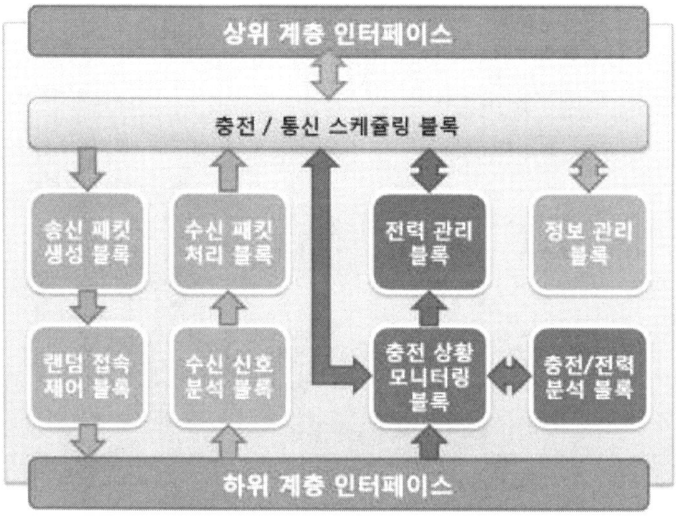

[그림 5-11] 단말기를 위한 임베디드 플랫폼 소프트웨어 블록도

3. 에뮬레이션

모바일 단말기의 에뮬레이션을 위하여 [그림 5-12]와 같이 베이스 스테이션용 에뮬레이션 보드를 구현한다.

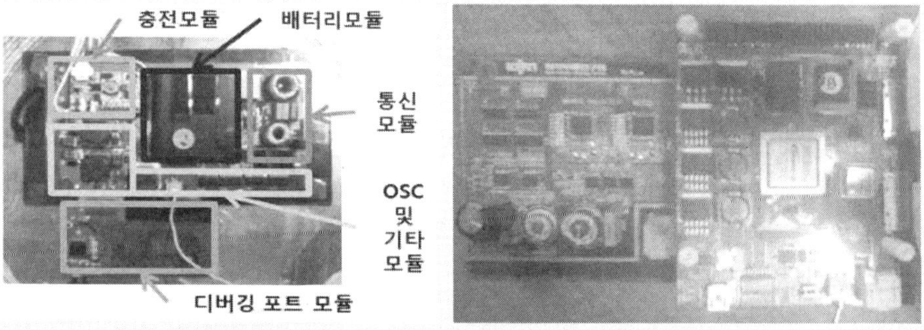

[그림 5-12] 모바일 단말기의 에뮬레이션 보드 실례

1:2 네트워크를 구성하여, 2대의 단말기를 동시에 충전하는 방법과 시간 슬롯으로 나누어 개별 충전하는 방법을 테스트하였다.

자기공진 기반의 무선 통신 네트워크는 약 1.5m, 충전은 약 50cm까지 구현되었다.

06 레이저 무선충전에 대하여 분석하라.

현재까지 개발된 무선충전기술은 크게 전자유도 방식, 자기공진 방식, 전자기파 방식 등이 있다.

기존의 방식 중에서 전자유도 방식은 가장 상용화가 많이 된 방식이다. 이 방식은 전송거리가 1~2cm 이내일 때에는 90 %이상의 전송효율을 내는 장점을 가지고 있지만, 거의 접촉식으로 동작하기 때문에 사실상 유선과 다를 바가 없는 단점을 가지고 있다. 자기공진 방식은 송·수신 안테나간의 공명현상을 이용한 방식으로 수 m의 전송거리에서 수십 %의 전송효율을 보인다. 하지만 공진조건이 맞지 않으면 효율이 아주 낮아진다는 단점이 있고, 하나의 송신기로 여러 종류의 수신단말을 지원하기가 어려운 단점이 있다. 전자기파를 이용한 전력전송 방식은 비교적 먼 전송거리까지 에너지 전송이 가능한 장점이 있지만 전자파 장해를 일으키고 인체에 유해한 단점을 가지고 있다.

이러한 문제점을 해결하기 위하여 레이저를 이용한 무선충전기술이 필요해 보인다.

무선 광에너지 전송방식은 송신단에서 레이저나 LED를 이용하여 전기에너지를 광 에너지로 변환시키고, 이를 빛의 형태로 목표물까지 무신으로 전송시킨 후에 수신단에서는 태양전지나 PD(Photo Diode) 등을 이용하여 전기에너지의 형태로 변환시키는 기술을 말한다. 이러한 무선광에너지 전송기술의 구성요소를 [그림 5-13]에 나타내었다.

한편 무선 광에너지 송신단의 마지막 부분에는 빛을 원하는 방향을 보내기 위한 추가적인 광학장치가 필요할 수 있으며, 이를 위해서는 렌즈, 거울, SLM(Spatial Light Modulator) 등이 사용될 수 있다.

이러한 무선 광에너지 전송기술의 가장 큰 특징은 다른 무선충전기술에 비해 전송거리가 길고, 목표물 이외의 방향으로 에너지가 전달되지 않기 때문에 원하는 목표뷸에만 정확하게 타겟팅(Targeting)이 가능한 장점을 가지고 있다. 만약에 이러한 에너지 전송방식을 무선이 아니라 광섬유를 이용하여 유선으로 전송하면 유선 광에너지 전송기술이 된다.

학습 5

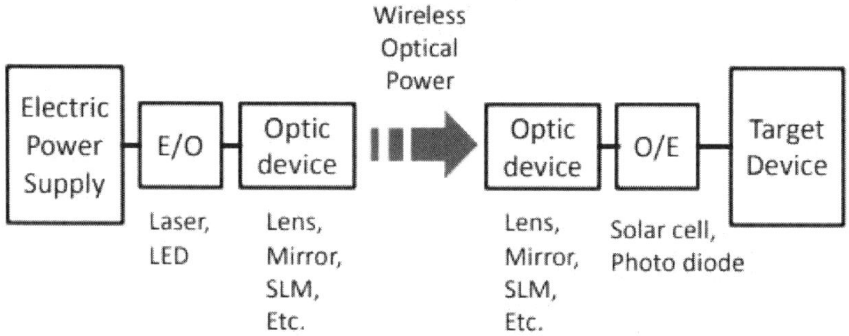

[그림 5-13] 무선 광에너지 전송기술의 구성요소

[그림 5-14]는 기존의 3가지 무선전력전송 방식과 빛을 이용한 무선 광에너지 전송방식에 대해 전송거리에 따른 전송효율을 개략적으로 나타낸 그림이다.

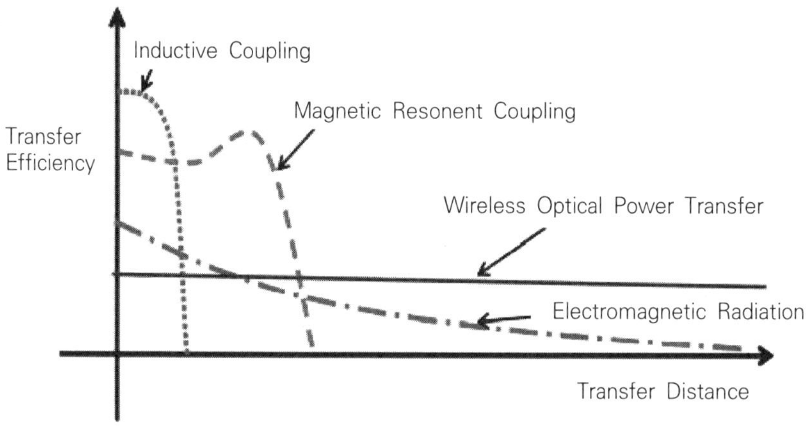

[그림 5-14] 전송거리에 따른 무선충전 방식의 효율 비교

수 cm 이내의 전송거리에서는 전자기 유도방식이 가장 전송효율이 높을 것으로 판단되고, 수 m의 전송거리에서는 자기공명 방식이 전송거리가 가장 높을 것으로 판단된다. 그리고 10m 이상의 장거리에서는 빛을 이용한 무선 에너지 전송방식이 가장 효율이 높을 것으로 예상된다.

따라서 장거리에서 가장 높은 전송효율은 무선 광에너지 전송방식이 있다. 장거리 무선전력전송을 위하여 LED를 광원으로 이용하는 방식보다는 레이저 광원을 이용하는 방식이 장거리 전송에 더 적합하다.

이 기술은 [그림 5-15]처럼 송신단에 광·전변환을 위한 레이저 광원을 사용하여 빛의 형태로 에너지를 무선으로 전송하며, 수신단에는 광·전변환을 위해 태양전지나 PD(Photo Diode)를 이용하는 방식이다.

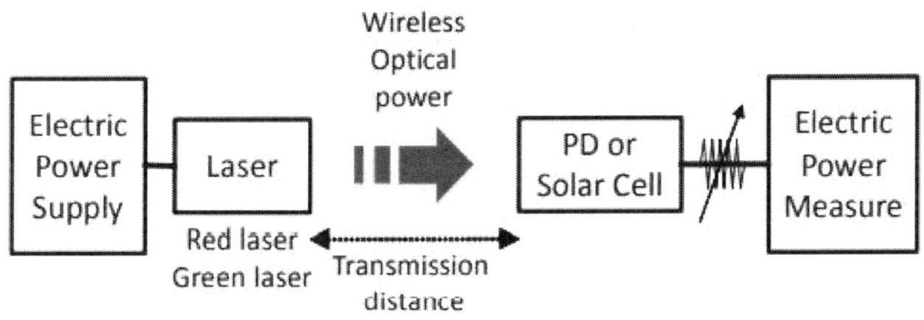

[그림 5-15] 레이저 무선충전 시스템 구성도

10m 이상의 장거리에서는 레이저 무선충전기술의 전송효율이 가장 높을 것으로 전망되며, 장거리 무선충전에서는 레이저 무선충전기술이 가장 효율적인 무선충전기술이 될 것으로 판단된다. 일반적인 연구에서 100mW Red 레이저 송신부와 PD 수신부를 이용하여 70m의 장거리 전송거리에서 DC-to-DC로 2.15%의 무선전력전송 효율을 보였다.

레이저 빔의 크기가 전송거리에 따라 지수적으로 증가하는 경향을 보여 전송손실보다는 레이저 빔 사이즈에 대한 고려가 더 중요할 것으로 판단된다.

학습 5

학습활동.5 교수 · 학습 방법

교수 방법

- 무선충전기술의 개요에 대한 관련 용어, 구성, 방식 이해 정도를 파악한 후 수업을 진행한다.
- 교수자의 주도로 무선충전기술의 개요 등의 내용을 PPT 자료로 제시한 후 설명한다.
- 가능하면 사전에 개인별 학습 자료를 준비하여 모든 학생이 참여할 수 있는 문제 해결식 수업, 협력 수업이 가능하도록 한다.
- 무선충전기술의 개요 전 과정을 작업의 순서에 따라 단계적으로 실습이 이루어질 수 있도록 지도한다.
- 교재를 통해 수업을 준비하는데 있어서 필요한 모든 정보나 팁, 힌트 등 도움이 될 만한 내용들을 확인할 수 있다.
- 학생들이 만들게 될 각 모델들은 수업시간에 중점적으로 다뤄질 부분과 어휘, 질문, 답을 포함하고 있으며 또한 탐구할만한 추가적인 아이디어들도 포함하고 있다.

학습 방법

- 무선충전기술의 개요에 대한 관련 용어를 숙지하고, 무선충전기술의 개요에 대해 이해한다.
- 무선충전기술의 개요의 각 단계별 중점 사항을 체계적으로 학습한다.
- 무선충전기술의 개요의 수행순서의 전 과정을 실습한다.
- 무선충전기술의 개요의 내용을 이해한다.
- 무선충전기술의 개요를 이해하고 숙달이 될 때까지 학습한다.

학습활동.5 평가 및 피드백

평가 준거

- 평가자는 피평가자가 수행 준거 및 평가 내용에 제시되어 있는 내용을 성공적으로 수행할 수 있는 지를 평가해야 한다.

학습내용	평가항목	성취수준		
		상	중	하
무선충전기술의 개요	무선충전기술의 개요를 이해할 수 있다.			

평가 방법

• 작업 포트폴리오

학습내용	평가항목	성취수준		
		상	중	하
무선충전기술의 개요	무선충전기술의 개요를 이해할 수 있다.			

• 필기시험

학습내용	평가항목	성취수준		
		상	중	하
무선충전기술의 개요	무선충전기술의 개요를 이해할 수 있다.			

• 체크리스트를 통한 관찰

학습내용	평가항목	성취수준		
		상	중	하
무선충전기술의 개요	무선충전기술의 개요를 이해할 수 있다.			

• 피드백

1. 작업 포트폴리오
   - 제출한 보고서를 평가한 후 주요 사항에 대하여 표시하여 돌려준다.
2. 필기시험
   - 평가 결과 성적이 저조한 학생은 보고서 제출 기회를 부여한다.
3. 체크리스트를 통한 관찰
   - 실습 과정에서 평가한 후 개선해야 할 사항 등을 정리하여 돌려둔다.

참 | 고 | 문 | 헌

- 강승열 외 3, 무선 에너지 전송기술, 전자통신통신동향분석 제23권 제6호, pp.59-69, 2008.12.
- 국토교통부, 일등석이 버스 속으로!-프리미엄 고속버스 시승 현장에 가다!, 2016.12.18. 국토교통부 블로그. http://blog.naver.com/PostView.nhn?blogId=mltmkr&logNo=220 888 819193
- 김선희 외, 모바일 감성 센싱 단말기의 무선 충전을 위한 프로토콜 설계 및 구현, 대한임베디드공학회 논문지, 제7권 제2호, 2012.4.
- 김성민 외, "무선 충전기술동향과 발전방향", 전자통신동향분석, 제31권 제3호, pp.32-41, 2016. 6.1.
- 김성민, "ETRI E-cup 3차원 공간무선충전기", YouTube, 2016.12.25 https://www.youtube.com/watch?v=T7uHww1W4QI&t=106s
- 김진욱 외, K인버터를 이용한 전자기 유도 방식과 자기 공명 방식의 특성 비교, 2011대한 전기학회 하계학술대회 발표집, 7월, 2011
- 김진욱 · 지현호 · 최연규 · 윤영현 · 김관호 · 박영진, 자기 공명 무선 전력전송 시스템에서 공진 코일의 배열에 관한 연구, 한국전자파학회논문지, 21(6), pp.564-572, 2010.6.
- 류명효 · 정지훈, 비접촉 무선전원 기술의 이해와 응용, 2012 대한전기학회 무선 전력전송 단기강좌 발표집, Apr.25, 2012
- 문정익 외, 스마트 무선 충전기술, 전자통신동향분석, 제32권 제3호, 2017.6.
- 미래창조과학부, 세계2번째, 아시아최초무선 전력전송WPC 표준인증 상호호환성시험소 자격 획득, 미래창조과학부 보도자료, 2017.2.17.
- 박영진, 모바일기기 무선충전 시스템의 기술동향, 전력전자학회지, 제18권4호, pp.29-33, 2013.
- 박영진, 무선 전력전송의 이해, 전자공학회지, 제39권 제8호, 2012.08.
- 성문경, 무선충전기와 공기청정기가 하나로, 쥬니온 미니공기 청정기, 앱스토리매거진, 2017.2.27.
- 송준영 · 이종준, 중 선전 몰려가는 무선충전 연합군…'비접촉 무선충전생태계구축', 전자신문, 2016. 10.24.
- 아이디어팩토리, 무선충전원리, 스마트폰 무선 충전기술, https://m.blog.naver.com/ 2015.3.26
- 안성덕, 무선 전력전송 기술개발 동향, TTA Journal, vol.138, pp.45-51, 2011.
- 양대근 · 김당오 · 이주용 · 조동호, 차세대 무선 전력전송 기술, 정보통신기획평가원, 2020.5.13.
- 양준현, 자기공명형 무선전력 시스템을 이용한 무선충전기 개발에 대한 연구, 명예박사기술논문, 삼성전자, 2010.12.
- 윤건일, LG이노텍, 스마트폰용15와트무선충전패드상용화, 전자신문, 2016.10.12.
- 이동훈 · 김성만, 레이저 무선 충전기술연구, JKIECS, vol.11, no.12, 2016.11.
- 이승민, 무선 전력전송 현황 및 국내도입을 위한 접근 방안, 한국 KFDC법제학회 한국보건산업진흥원 미래산업기획단, 2020.11.15.
- 이영진외, 삼상 계통연계형 배터리 급속충전시스템에 관한 연구, 전력전자학술대화, 2010,10.
- 이유진, 日 도요타, 전기차 무선충전 시스템 개발, 연합뉴스, 2014.2.14.
- 이종민, 삼일렉트로닉스, 아이디어 제품 '포터블 무선 가습기 출시' 출시, 전자신문, 2016.12.15.
- 임대현 · 조인귀, 무선 전력전송 기술동향 및 시장전망, 한국과학기술정보연구원, 2016.12.
- 장병준, 무선 전력전송 기술동향 및 향후 전망, 전력전자학회지, 제15권 제6호, 2010.12.
- 조재환, 자동차, IT에 길을 묻다⑥…무선충전시대, ZDNetKorea, 2015.10.25.
- 최두선, ETRI, 3차원 충전 등 최신 정보통신기술 'CES 2017' 출품, 한국일보, 2017.1.4.

- 최성진, 무선에너지 전송기술동향, 제어로봇시스템학회지, 제20권 제1호, 2014.3.
- 최효상 · 정인성, 무선 전력전송 시스템의 기술개발 현황과 동향, 한국전기학회, 2007.2.
- 한국자동차협회, 강남 노른자 땅에 무선충전소? 전기차 투자 나선부호들, (사)한국자동차협회관련뉴스, 2017.1.13.
- 한국정보통신기술협회, TTA, 4차산업핵심인프라'무선충전' 표준 시험소로 지정, 한국정보통신기술협회 보도자료, 2017.3.16.
- A. Kures et al., "Wireless Power Transfer via Strongly Coupled Magnetic Resonance", Sci., vol.317, no.5832, pp.83-86, July, 2007.
- A. Kurs, A. Karalis, R. Moffatt, J. D. Joannopoulos, P. Fisher, and M. Soljacic, "Wireless power transfer via strongly coupled magnetic resonances", Science, Vol.317, pp.83-86, Jul, 2007.
- A. P. Sample, D. A. Meyer, and J. R. Smith, "Analysis, experimental results, and range adaptation of magnetically coupled resonators for wireless power transfer", IEEE Transactions on Industrial Electronics, Vol.58, No.2, pp.544-554, 2011.
- A. Thomson, 2018 Mercedes-Benz S550e Will Offer Wireless EV Charging Technology Built Using Qualcomm Halo Breakthroughs, OnQ Blog, Oct.11, 2016. https://www.qualcomm.com/news/onq/2016/10/11/2018-mercedes-benz-s550e-will-offer-wireless-ev-charging-technology-built-using
- Allied Market Research, Accessed 2017. https://www.alliedmarketresearch.com/press-release/wireless-charging- market.html
- Aristeidis Karalis, J. D. Joannopoulos, Marin Soljačić, "Efficient wireless non-radiative mid - range energy transfer," Annals of Physics, Vol.323, pp.34-48, 2008.
- B. C. Choi, J. H. Nho, H. Y. Cha, T.Y. Ahn, and S. W. Choi, "Design and implementation of low-profile contactless battery charger using planar printed circuit board windings as energy transfer device", IEEE Transactions on Industrial Electronics, vol.51, no.1, pp.140-147, Feb, 2004.
- Barry Fox, "One charging pad could power up all gadgets-Wireless Recharger", New Scientist, January, 2005.
- Bosch, Accessed, 2017. https://www.bosch-professional.com/static/specials/wireless-charging/gb/en/#goto:wireless-charging
- C. J. Chen, T. H. Chu, C. L. Lin, and Z. C.Jou, "A study of loosely coupled coils for wireless power transfer," IEEE Transactions on Circuits and Systems, Vol.57, No.7, pp. 536-540, 2010.
- C. Liu, A. P. Hu, and N. K. C. Nair, "Modelling and analysis of a capacitively coupled contactless power transfer system", IET Power Electronics, vol.4, no.7, pp.808-815, 2011.
- C.-G. Kim, D.-H, Seo, J.-Sik. You, J.-H. Park, and B. H. Cho, "Design of a contactless battery charger for cellular phone", IEEE Transactions on Industrial Electronics, vol.48, no.6 pp.1238-1247, Dec, 2001.
- D. H. Childress, The Tesla papers, Adventures unlimited press, 2000.
- DAIHEN, "D-Broad Core", Accessed 2017.

학습 5

http://www.daihen.co.jp/en/products/wireless/agv/

- David Baarman (Fulto innovation), private communication.
- David Schneider, "A critical look at wireless power: Wireless power at a distance is still far away", IEEE Spectrum, May, 2010.
- Dong-Gi Youn, Yang-Ha Park, Kwan-Ho Kim, Young-Chul Rhee, "A Study on the Analysis of Rectenna Efficiency for Wireless Power Transmission", IEEE TENCON99, Vol.2, pp.1423-1426 17, Sep, 1999.
- Dong-Gi Youn, Yang-Ha Park, Kwan-Ho Kim, Young-Chul Rhee, "A Study on the Fundamental Transmission Experiment for Wireless Power Transmission System", IEEE TENCON99, Vol.2, pp.1419-1422, 17, Sep, 1999.
- ETRI 미래전략연구소 표준연구본부, 표준화동향 무력전력전송표준기술, 2017.1.
- http://mvo.co.kr/ 블록, 스마트폰 무선충전, 원리는 무엇일까?
- http://www.a4wp.org/
- http://www.powermatters.org/
- https://blog.kepco.co.kr/1857 [한국전력 블로그 굿모닝 KEPCO!]
- https://ko.wikipedia.org/wiki/무선충전
- https://m.blog.naver.com/슈피켄코리아
- https://www.belkin.com/kr/resource-center/wireless-charging/how-it-works/무선충전의 작동원리는 무엇일까요?
- https://www.wirelesspowerconsortium.com
- K. Leswing, "This is the Biggest Hint Yet that Apple's Next iPhone Will Have Wireless Charging", Business Insider, Feb.13, 2017.
- K.W. Choi et al., "Wireless-Powered Sensor Networks: How to Realize", IEEE Trans. Wireless Commun., vol.16, no.1, pp.221-234, Jan, 2017.
- L. Mearian, "Dell's Latitude 7285 to be world's first wireless charging 2-in-1", Computerworld, Jan. 5, 2017. http://www.computerworld.com/article/3154822/mobile- wireless/dells -latitude-7285-to-be-worlds-first- wireless-charging-2-in-1.ht
- M. Kline, I. Izyumin, B. Boser, and S. Sanders, "Capacitive power transfer for contactless charging", APEC- IEEE Applied Power Electronics Conference and Exposition, pp.1398-1404, 2011.
- M.J. Chablko, M. Shahmohammadi, and A.P. Sample, "Quasistatic Cavity Resonance for Ubiquitous Wireless Power Transfer", PLoS One, vol.12, no.2, pp.1-14, Feb, 2017,
- National Space Society, Accessed 2017, http://www. nss.org/settlement/ssp/NASADVD /part03.htm
- P. E. Glaser, "Power from the sun; its future", Science, Vol.162, No.3856, pp.857-861, Nov.22, 1968.
- Persistence Market Research, Accessed 2017. http://www.persistencemarketresearch.com/mediarelease/wireless-charging-market.asp
- Qualcomm, Accessed 2017. https://www.qualcomm.com/products/halo
- S. C. Tang, S. Y. Hui, and H. S. Chung, "Coreless Planar Printed-Circuit-Board (PCB) Transformers-A Fundamental Concept for Signal and Energy Transfer", IEEE Transactions

on Power Electronics, vol.15, no.5, pp.931-941, Sep, 2000.

- S.E. Shladover, "Highway Electrification And Automation", California Partners for Advanced Transit and Highways (PATH), Paper UCB-ITS-PRR-'92'17, 1992.
- SIGNIA, Cellion, Accessed 2017.
https://www.signiausa.com/signia-hearing-aids/cellion-primax-hearing-aids/
- ST, STMicroelectronics and WiTricity to Develop Integrated Circuits (ICs) for Resonant Wireless Power Transfer, Accessed 2017.
http://www.st.com/content/st_com/en/about/media-center/press-item.html/t3803.html
- T. Hardwick, "Ming-Chi Kuo: Apple's Next-gen iPhone to Feature All-glass Case for Wireless Charging", MacDailyNews, Dec.23, 2016.
- Technavio, "Global Wireless Charging Market 2016-2020", SKU: IRTNTR8109, 2015.
- W. C. Brown, "The history of power transmission," Solar power, Vol.56, pp.3-2, 1996.
- W. C. Brown, "Satellite power stations: a new source of energy?" IEEE Spectrum, Vol.10, No.3, pp.38-47, Mar, 1973.
- W. C. Brown, "The history of power transmission by radio waves", IEEE Transactions on microwave theory and techniques, Vol.MTT-31, No.9, Sep, 1984
- Wireless Power Consortium, The Qi Interface Specification Volume I : Low Power, 2010
- WiTricity, Accessed 2017
http://witricity.com/daihen-shipping-industrial-robotics-solutions-powered-witricitys - wireless-charging-technology/
- WPC, Accessed 2017
https://www.wirelesspowerconsortium.com/developers/specification.html

학습 1	무선전력전송의 개요
학습 2	무선전력전송의 기술
학습 3	무선전력전송의 표준화
학습 4	무선전력전송의 활용
학습 5	무선충전기술의 개요
학습 6	**무선충전의 기술**
학습 7	무선충전기술의 표준화
학습 8	무선충전기술의 활용
학습 9	에너지 하베스팅의 개요
학습 10	에너지 하베스팅의 기술
학습 11	에너지 하베스팅의 표준화
학습 12	에너지 하베스팅의 활용
학습 13	무선전력전송, 무선충전, 에너지 하베스팅의 미래

학습 목표	1. 무선충전의 기술에 대하여 이해할 수 있다.

6-1 무선충전의 기술 개요

무선충전기술은 전기에너지(직류전력)를 전파 전력으로 변환해 일정한 거리에 무선으로 전송하는 기술을 의미하며, 정류(Rectification : 직류↔교류)를 거쳐 전자기기의 2차전지(배터리)를 접촉·비접촉 방식으로 충전하는 기술이다.

무선충전기술 방식은 전력전송 방식 및 전송거리에 따라 크게 3가지로 전자유도 방식, 자기공진 방식, 전자기파 방식(RF 방식)이 있다.

1. 자기유도 방식

현재 가장 많이 쓰이는 무선충전 방식이 자기유도(MI : Magnetic Induction) 방식이다. 이 방식의 규격은 무선전력컨소시엄(WPC)의 Qi와 PMA의 파워매트가 있다. 두 규격의 기본 원리는 같지만, 주파수를 달리해 충전 효율에 차이가 있다.

<표 6-1> 무선충전기술 방식의 비교

구 분	자기유도 방식	자기공진 방식	전자기파 방식
원 리	변압기 1-2차 코일간 유도현상 이용	송·수신 안테나 간의 공명현상 이용	안테나를 통해 전자파를 직접 송·수신
주파수	125KHz, 13.56MHz	수십 kHz~수MHz	2.45GHz, 5.8GHz
전송거리 및 효율	수mm 이내 90% 이상 료율	1m~90% 효율 2m~40% 효율	최대 수십km까지 최대 10%~50%효율
인체유해성	거의 무해	거의 무해	유해
특 성	대전력 전송에 유리	대전력 전송 어려움 안테나가 큼	인체 및 장애물 영향
응 용	핸드폰, 노트북, 전기자동차 등	가전기기 전원	위성-지구 전력전송 비행체 전력 등
표준화	WPC표준 제정	WPC표준이 자기공진 기술에 대한 표준 부적합	N/A

학습 6

일반적으로 PMA가 사용하는 주파수 대역이 충전효율이 더 높다고 알려져 있다.

PMA에는 AT&T, 브로드컴, 델, 삼성전자, 퀄컴, 미디어텍 등 다양한 업체가 참여하고 있다. 현재 스타벅스와 맥도날드, 델타항공 기내 등에서 스마트폰 무선충전 서비스로 제공되고 있다.

하지만 많은 스마트폰에서 채택한 것이 WPC 규격이다. 기(氣)를 중국어로 읽은 Qi(치)를 규격 명으로 사용하고 있다. 삼성전자, 소니, LG전자, HTC, 노키아, 에이수스, 블랙베리 등 많은 스마트폰 제조사들이 WPC에 가입되어 있다. 최근 샤오미도 WPC에 합류한다고 발표했다.

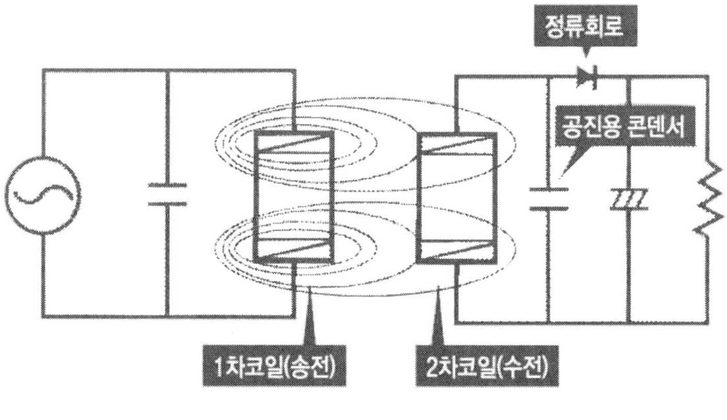

[그림 6-1] 자기유도 방식의 원리

자기유도 방식은 바로 전자기 유도의 원리를 이용하여 전력을 공급한다. 자기선속의 변화가 기전력을 발생시킨다는 패러데이 전자기 유도법칙을 이용하여 무선 충전을 구현한다.

[그림 6-2]처럼 충전패드와 스마트폰에는 모두 코일이 들어가 있다. 송신부인 충전패드에는 전자기장을 발생시키기 위한 1차 코일이, 수신부인 스마트폰은 유도전류를 수신하기 위한 2차 코일이 내장되어 있다. 충전패드를 전원에 연결하면 코일에 전류가 흘려 자기장을 발생한다. 이 자기장이 스마트폰의 코일에 유도전류를 발생시킨다. 이렇게 전자기 유도현상에 의해 스마트폰의 코일에 발생한 전류로 스마트폰을 충전하는 것이다.

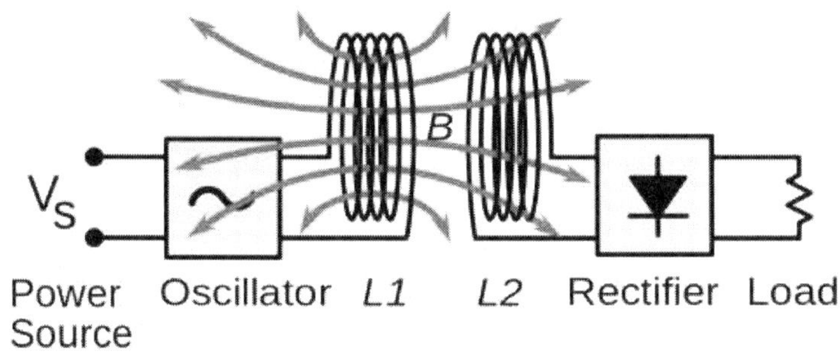

[그림 6-2] 핸드폰의 충전원리

자기유도 방식은 현재 최대 4cm로 전송 거리가 짧다. 그리고 송신부와 수신부의 코일을 정확히 맞추지 않으면 충전이 잘되지 않는다. 그래서 단순히 선만 없을 뿐 충전 중에는 유선보다 더 불편하다. 하지만 자기유도 방식은 대전력 전송에 유리하고 충전효율이 뛰어나며, 전자파가 거의 발생하지 않아 인체에 무해하다. 코일의 공진주파수와 전송 주파수가 달라 소형화가 가능하다. 그래서 대부분 스마트폰이 자기유도 방식을 사용하고 있다.

2. 자기공진 방식

자기공진(MR : Magnetic Resonant) 방식은 공진현상을 이용한다. 공진현상은 특정 진동수를 가진 물체가 같은 진동수의 힘이 외부에서 가해질 때 진폭이 커지면서 에너지가 증가하는 현상을 말한다. 소리굽쇠를 때리면 그 소리굽쇠의 진동에너지가 주변으로 이동한다. 이때 같은 고유 진동수를 가지는 소리굽쇠가 함께 진동하는데 이 현상이 공진현상이다.

[그림 6-3]처럼 자기공진 방식은 1차 코일에 흐르는 전류에서 발생하는 자기장이 2차 코일을 통과해 유도 전류가 발생한다는 점에서는 자기유도 방식과 비슷하다. 하지만 1차 코일과 2차 코일의 공진주파수가 같아야 하며 두 코일 간의 공진 모드 에너지 결합을 통해 1차 코일에서 발생한 에너지가 2차 코일로 전달되는 방식이라는 점이 다르다.

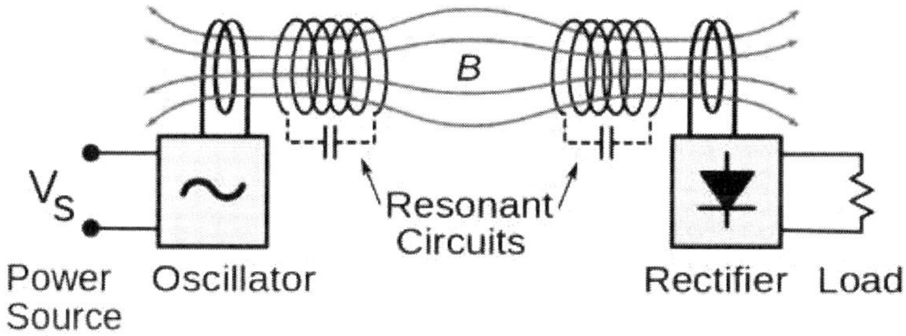

[그림 6-3] 자기공진 방식

자기공진 방식의 규격을 주도하는 단체는 Alliance for Wireless Power(A4WP)다. 삼성전자와 퀄컴이 주도하여 만든 이 단체에는 LG전자, HTC, NEC 등 스마트폰 제조사들은 물론 도이치 텔레콤, 인텔, SK텔레콤, 한국정보통신기술협회(TTA) 등 글로벌 이동통신사, 반도체 기업과 관련 단체들도 가입했다. 현재 AW4P는 자기유도 방식단체인 PMA와 통합하여 AirFuel Alliance를 만들었다.

자기공진 방식은 자기유도 방식보다 충전거리가 길어 더 자유롭게 충전할 수 있다. 충전매드와 몇 미터 정도 거리 내에서 전력 송신 가능하며, 다수의 기기를 한꺼번에 충전할 수 있다. 이런 장점이 있지만, 단점도 존재한다.

거리에 따른 전력 손실이 크며, 충전 위치에 따라 효율이 크게 달라진다는 단점이 있다. 또한 코일설계가 자기유도 방식보다 어렵고, 전자파가 많이 발생해 인체 유해할 가능성이 크다. 하지만 단점을 극복할 수만 있다면 자기유도 방식보다 더 인기 있을 것은 분명하다. 그래서 많은 업체가 자기유도 방식과 자기공진 방식 단체에 모두 가입해 연구개발을 거듭하고 있다.

3. 전자기파 방식

전자기파 방식은 송신부에서 2.45GHz~5.8GHz 전자기파를 빔형태로 직접 발생시켜 안테나와 정류기를 조합한 렉테나(Rectenna)를 이용해 전자기파를 수신

학습 6

한 수신부에서 이를 수신한 후 전력으로 변환하는 방식이다. 일정 공간 안에만 있으면 충전이 되기 때문에 아주 편리하다. 또한 수십 km의 장거리 전송까지 가능하다. 특징은 장거리 전송에 유리하고 위성과 지구간 전력전송 분야에 적용하고 있다. 하지만 전자기파 방식은 전기장과 자기장을 동시에 발생시켜 전송 도중 에너지 손실이 크다. 그리고 전자기파가 인체에 유해하다는 문제가 있어 상용화가 되기까지는 아직 요원하다. 송전탑 대체 또는 우주태양광 발전 등에 활용하기 위한 연구가 진행 중이다.

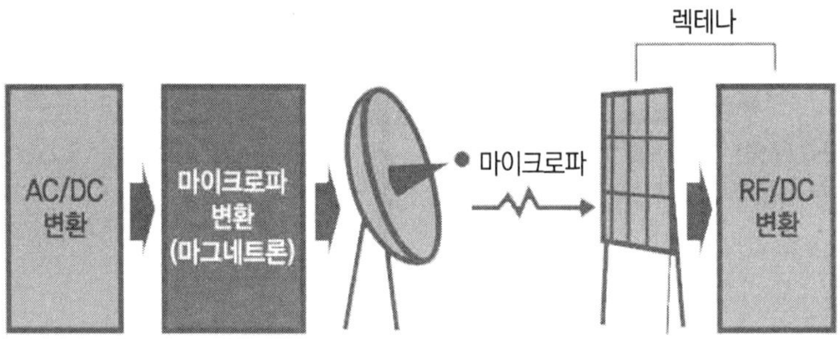

[그림 6-4] 무선충전 전자기파 방식

6-2 무선충전기술의 개발동향

현재의 무선충전기술은 스마트폰과 같은 모바일 기기, 스마트워치 등의 웨어러블 기기 무선충전기의 상용화에 집중되고 있으나, 시장동향에서와 같이 대출력의 전기자동차 무선충전에 대한 산업체의 움직임도 활발하다. 또한 기존 2차원 패드 구조에서 3차원 공간무선충전을 위한 연구, 금속물체를 고려한 스마트폰 충전, 그리고 효율적인 방법으로 공간 내의 수신기들을 무선충전하는 연구결과들이 발표되고 있어 앞으로의 무선충전산업 활성화와 시장확대 전망을 밝게 하고 있다.

1. 국내 무선충전기술 개발동향

1) 모바일기기

국내 무선충전기술은 글로벌 시장을 주도하기 위해 다양한 노력을 시도하고 있다. 특히 스마트폰의 교체주기가 길어짐에 따라 무선충전과 같은 새로운 기능을 추가하여 시장확보에 노력을 기울이고 있으며, 스마트폰 제조사인 삼성전자와 LG전자를 중심으로 무선충전기술을 빠르게 스마트폰과 스마트워치 등의 웨어러블 기기에 대해 도입하고 있다. 스마트폰 무선충전을 위한 송신패드 개발도 한창이다. 최근 LG이노텍은 15W급 무선충전패드를 세계 최초로 상용화하였으며, 송신출력이 높은 만큼 충전 중 과열방지 기능에 있어 안정성을 높였고 충전속도를 기존 대비 3배 증가시켰다[그림 6-5].

[그림 6-5] LG이노텍의 15W 무선충전패드

또한 RT테크에서는 노트북 무선충전용 33W 급 송신기를 개발하여 국내 최초로 AFA 인증을 받았다. 자동차 내 스마트폰 무선충전기도 대중화되고 있다.

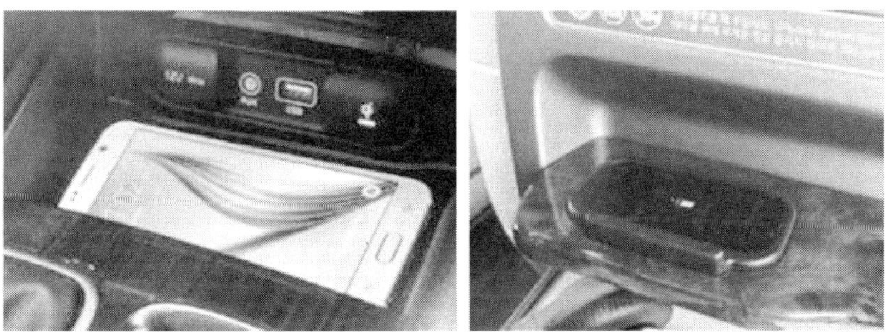

(a) 승용차내 무선충전기 (b) 프리미엄 고속버스내 무선충전패드

[그림 6-6] 차량용 스마트폰 무선충전기

[그림 6-6]과 같이 국내 출시하고 있는 상당수의 자동차에 스마트폰 무선충전기가 장착되어 있고, 최근 서비스를 개시한 장거리 프리미엄 고속버스에도 휴대폰 무선충전기가 장착되어 운행 중에 있다. 또한 국내에서 개발 중인 고속열차의 객실 내에도 휴대폰 배터리 무선충전 시스템이 적용될 예정으로 알려져 있다.

2) 전기자동차 및 응용분야

최근 세계적으로 전기자동차에 대한 소비자의 관심이 높아지면서 전기자동차의 무선충전에 대한 국내 기업체의 제품개발도 계속되고 있다. ㈜그린파워에서 6.6kW 전기자동차용 무선충전 시스템을 개발한데 이어, ㈜한국전력과 ㈜현대차 그룹 등이 전기차 무선충전기술 개발에 나서고 있다. 이러한 전기차 무선충전기술은 미래 성장동력 중 하나로 손꼽히는 자율주행차 개발과 맞물려 관심이 고조되고 있으며, 전기차의 보급을 더욱 가속화시킬 것으로 업계에서는 전망하고 있다.

한편 정부에서도 전기자동차 무선전력전송의 주파수 배분을 위해 추가로 85kHz를 활용하기 위한 연구를 시작하여 국제전기통신연합(ITU) 회의와 세계 자동차 무선충전시장 흐름을 살펴본 후 분배를 결정할 예정이다. 모바일기기와 전기 자동차 외에도 무선충전의 틈새시장 경쟁도 치열하다.

새로운 아이디어를 가지고 무선충전기술이 적용 가능한 분야들을 공략하는 기업들이 무선충전식 가습기와 스마트폰 무선충전기능을 지원하는 공기청정기 등 우수한 성능의 제품들을 출시하고 있다(그림 6-7).

(a) 포터블 무선충전식 가습기

(b) 무선충전기능을 탑재한 공기청정기

[그림 6-7] 무선충전기능을 지원하는 제품

2. 해외 무선충전기술의 개발동향

1) 모바일기기

해외 모바일기기 시장에서는 단연 애플의 행보에 주목하고 있다. 주로 독자적인 기술노선을 추구해 온 애플이 장거리 무선충전기술을 보유한 에너저스와 파트너십을 체결하는 한편, WPC에도 지난 1월 정식멤버로 가입하는 등 무선충전 시장의 새로운 화젯거리를 낳고 있다. 이러한 이유로 새로운 아이폰 모델에서는 무선충전이 탑재될 것으로 전망하고, 원활한 무선충전을 위하여 기존 금속케이스 대신 글라스 케이스를 적용할 것이라는 소식이 전해지고 있다.

고속충전을 위한 15W급 솔루션 개발도 활발하다. 독일 Wurth Electronics 그룹은 일본 Rohm Semi-conductor와 공동으로 WPC 15W급 무선전력키트를 개발하였으며, IDT는 효율이 87%이고 Qi 1.2.2를 만족하는 무선전력 레퍼런스 설계 키트를 선보였다.

이밖에도 ST Microelectronics와 WiTricity는 금속물체의 스마트폰 등 기존의 무선충전 방식을 능가하는 기술개발을 위해 협력하였으며, 지멘스의 보청기 사업을 인수한 다국적 보청기 제조업체 Sivantos는 무선충전기술을 도입한 보청기 'Primax Cellion'을 출시, 4시간 충전에 24시간 사용이 가능하여 기존의 15일에서 20일에 한 번씩 배터리를 교체하는 불편을 제거하였다(그림 6-8).

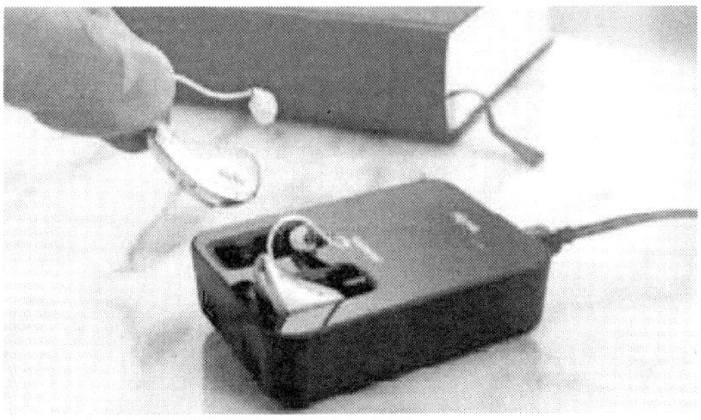

[그림 6-8] 무선충전 가능한 보청기

또한 중국은 정부와 기업이 손잡고 대표 하이테크 도시인 선전시에 500여개의 무선충전시스템을 클라우드로 관리하는 공공 무선충전시스템 프로젝트를 추진하여 '비접촉 무선충전 생태계'를 구축한다는 전략이다. 해당 프로젝트에는 퀄컴과 중국기업 MGE, 그리고 인포차지가 참여하게 된다.

2) 전기자동차 및 응용분야

해외의 전기자동차 무선충전 시스템 개발동향을 살펴보면 WiTricity는 하이브리드 자동차의 충전을 위해 자사의 11kW급 솔루션인 'Park-and-Charging' 키트를 발표하였고, 메르세데스 벤츠는 2018년에 하이브리드 차량인 S550e에 퀄컴이 개발한 자기유도 방식의 Halo 무선충전기술(WEVC : Wireless Electric Vehicle Charging)을 탑재, 90% 충전효율로 3.6kW의 배터리 충전을 계획하고 있다(그림 6-9).

학습 6

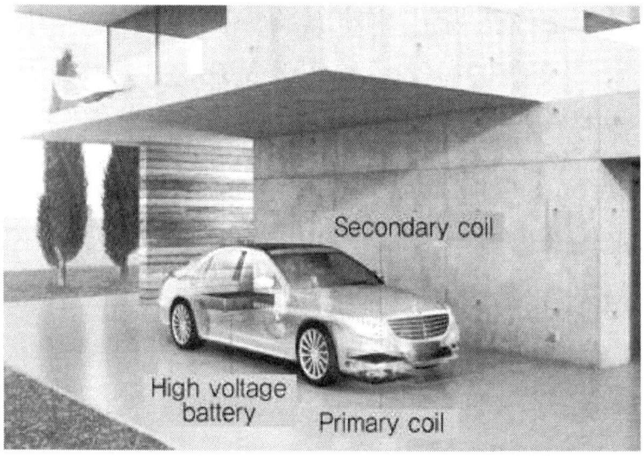

[그림 6-9] 퀄컴 Halo를 적용한 차량 무선충전시스템

또한 해외전시에서 Halo가 탑재된 BMW I8을 시연하여 충전효율 90%, 7.4kW 완충 1시간의 성능을 보였다. 미국 자동차기술자협회(SAE)에서는 2020년에 자동차 무선충전 호환성과 상용화를 위해 전기 자동차 무선충전 지침인 'SAR TIR J2954'를 2018년에 완성하였으며, 송신전력에 따라 4개 Class로 구분하고, 최소 효율 80% 이상을 요구하고 있다.

한편 일본 Daihen사는 WiTricity의 무선전력전송 기술을 사용하여 공장 라인 자동화 시스템을 출하하였다. 특히 자율충전 기술을 탑재한 자동안내 차량(AGV)을 개발하여 도킹 스테이션 및 레일이 필요 없는 점을 특징으로 하고 있다(그림 6-10).

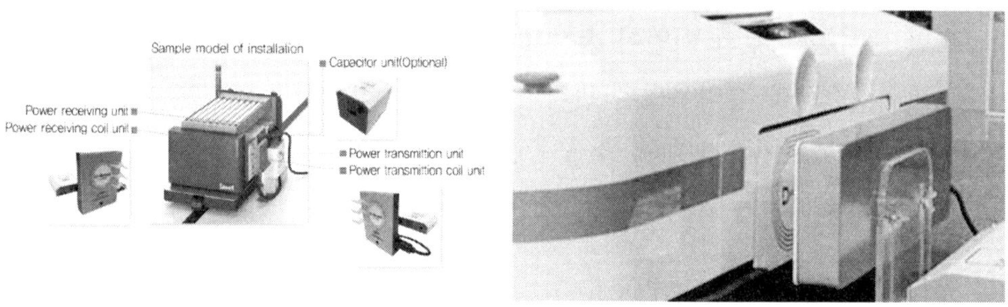

(a) 무선충전시스템 (b) AGV실물

[그림 6-10] Daihen의 공장자동화 시스템

또한 독일 Bosch사도 FOD 기능을 탑재한 무선충전 전동공구를 개발하였고, Dell사는 자기공명 무선충전기술을 탑재하고 AFA 인증을 획득한 Latitude 7285 노트북을 출시하였다(그림 6-11).

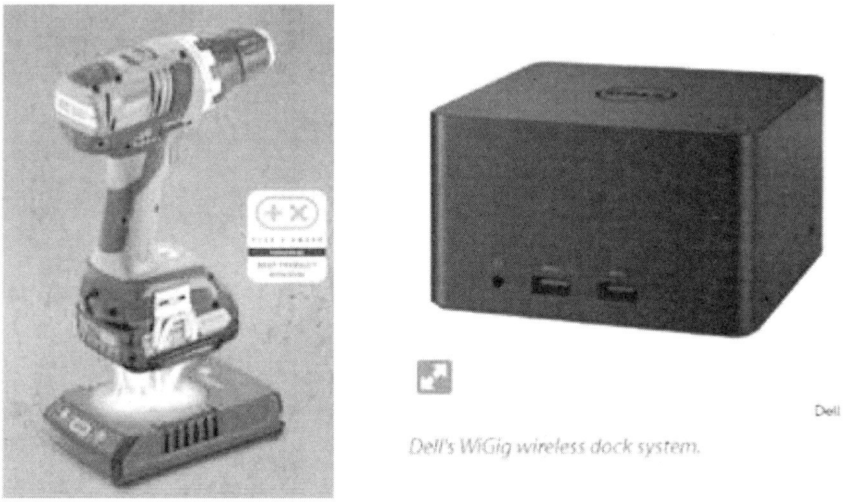

(a) 무선충전드릴 (b) 델 노트북 무선충전용 시스템

[그림 6-11] 무선충전기술을 탑재한 제품

그리고 중출력 무선충전기술 표준화를 주도하고 있는 NXP 반도체는 CES에서 테블릿용 100W급 고출력 무선충전 솔루션을 출시하여 관심을 받았다.

전기자동차의 경우는 배터리 기술 발전과 전기자동차의 성능 개선 등으로 소비자들의 긍정적인 반응을 이끌어 내고 있다. 이에 전기자동차의 무선충전시장 성장도 낙관적이며, 기존 완성차 업체뿐 아니라 모바일 관련 서비스 업체까지도 기술 개발에 뛰어들고 있어 앞으로 치열한 경쟁이 예상된다. 이러한 무선충전기술은 2차원 전송방식으로서 충전을 위한 송·수신기의 공간 자유도가 한계를 가지고 있어 이를 극복하기 위한 3차원 공간무선 충전기술들이 개발되고 있다.

특히 한국전자통신연구원에서 최근에 개발한 'E-Cup'은 작은 공간이긴 하지만 공간내 균일장을 형성하는 기술을 적용하여 스마트폰과 같은 소형 수신기가 공간 내 어느 위치에서도 균일한 효율로 배터리 충전이 가능한 기술이다(그림 6-12).

[그림 6-12] ETRI의 3차원 무선충전시스템

또한 디즈니 리서치에서는 캐비티 형상의 실내에 다이폴을 형상화하여 전송하는 연구결과를 발표하는 등 다양한 기술들을 응용하여 공간내 무선충전이 가능한 기술들을 연구 중이다(그림 6-13).

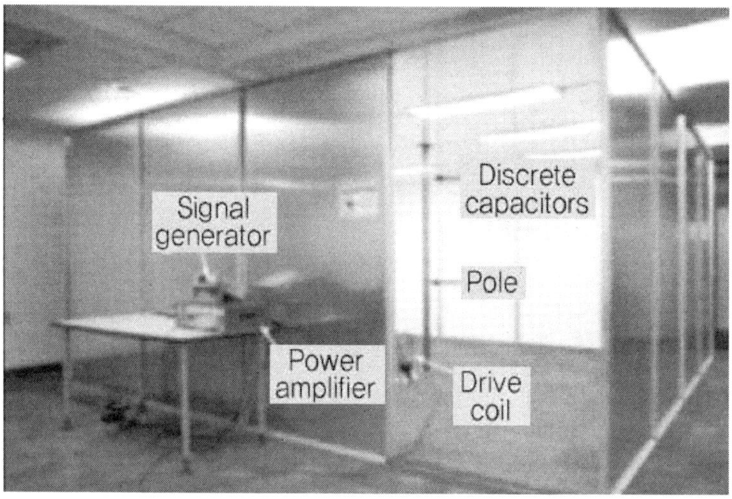

[그림 6-13] 디즈니 리서치의 실내공간 무선 충전시스템

수행 내용

재료 · 자료

- 무선전력전송 관련 자료

기기(장비 · 공구)

- 컴퓨터, 문서작성 프로그램, 프린터, 주변기기

안전 · 유의사항

- 무선전력전송 관련 장비의 안전 및 유의사항을 숙지한다.

수행 순서

학습 6

01 무선충전기술에 대한 보안문제 및 한계에 대하여 분석하라.

1. 보안문제

무신충전기술 적용시 문제시 되는 보안문제는 기기 사용자에 대한 위조나 변조를 통해 충전비용이나 악성코드 등을 통해 악용할 여지가 있다는 점이다.

1) 충전비용의 경우

가정의 경우 가정 내 사용에 대한 정당한 인증이 이루어지지만 외부 장소에서 충전 시 인증에 대한 위조가 가능하며, 그에 따른 충전비용의 악용이 발생할 여지가 있다.

2) 악성코드의 경우

무선충전 시 악성코드의 삽입을 통한 디바이스의 공격이 가능하여 기기간의 도청, 가로채기, 프라이버시 등의 위협 요소가 존재한다.

2. 무선충전기술의 한계

① 코드프리 : 충전기 자체에는 여전히 코드와 콘센트가 필요하며, 현재 상용화된 무선충전기는 밀접한 거리에서만 충전이 가능하다.

② 충전거리 : 인체 안전에 미치는 영향이 아직 검증되지 않아 시중 제품의 무선충전 거리는 1cm로 제한한다.

③ 충전효율 : 전력전송효율이 90%로, 전력손실이 많아 충전효율이 떨어진다.

④ 충전속도 : 삼성 갤럭시 S6의 경우 유선충전 2시간 이내, 급속충전 1시간 이내에 완충되지만 무선충전시 약 3시간 소요되어 유선충전 방식보다 속도가 느리다.

⑤ 인체유해성 : 장거리 송전시 전자기파 발생으로 인한 인체유해성에 대한 정보가 불확실하다.

02 자기유도 방식과 자기공명 방식이 무선충전기술의 승자에 대하여 분석하라.

최근 무선전력기술 분야의 움직임을 살펴보면 앞으로 어떤 기술이 이상적인 솔루션으로 채택될 것인지 궁금해진다. 자기유도(MI : Magnetic Induction) 방식 또는 자기공진(MR : Magnetic Resonant) 방식 두 가지 모두 가전시장에서 활용될 수 있는 기술로 보인다. 가전 시장에서 어떤 기술이 채택될지 아직은 알 수 없지만 분명한 것은 무선충전기술의 도입은 이미 예정되어 있는 사실이다.

일례로 현재 이동통신 시장은 이동통신 공급자들이 주도하고 있지만 향후 몇 년 안에 이동통신 시장내 에코시스템에서는 무선충전시장이 급성장하게 될 것이다.

그 이후에는 이미 강력한 에코 시스템을 소유하고 있는 컴퓨팅 환경이 무선충전기술을 확산시키고 또 다른 성장을 견인할 것이다. 이 시점부터 무선전력은 이동통신 및 컴퓨팅 솔루션을 지원하는 환경으로 확장되고, 입지를 굳히게 될 것으로 보인다. 그러나 이러한 사용처들은 무선전력기술이 미래의 아키텍처와 솔루션에서 어떻게 사용될 것인지에 대한 서막일 뿐이다.

무선전력기술의 도입율과 잠재적 전체가용시장(TAM : Total Available Market)에 대한 많은 보고서와 시장조사가 이뤄지고 있지만, 시장정보를 정확하게 제공하기란 쉽지 않다. 도입율과 채택기술이 시장을 전망하는데 있어 중요한 변수이기 때문이다.

MI기술의 경우에는 2개의 주요 표준인 WPC(Wireless Power Consortium)와

PMA(Power Matters Alliance)가 존재한다. 이 두 가지 표준은 현재 많은 제품들을 통하여 가전시장에서 통용되고 있기 때문에 사용도 면에서는 상당히 성숙되었다. A4WP (Alliance for Wireless Power)는 MR방식에 기반한 첫번째 표준이다.

인텔의 무선충전기술(Wireless Charging Technology) 역시 MR방식에 기반하고 있으며, 인텔은 무선충전기술의 개발을 통해 울트라북과 인텔 자체 내의 에코시스템 형성을 목표하고 있다.

산업 및 방산 애플리케이션에서는 이미 확고하게 자리를 잡은 Power by Proxy, WiTricity 등과 같은 다른 표준들 또한 현재 가전시장에 진입중이다. 이러한 표준과 솔루션들은 무선전력기술이 어느 방향으로 흘러가게 될지, 어떤 솔루션들이 도입될지에 대한 여러 가지 궁금증을 낳는다. 이 궁금증을 풀기 위해서는 MI 및 MR기술의 근본적인 차이점에 대한 이해가 선행되어야 한다. 이러한 이해와 애플리케이션/시스템 요구사항을 고려해야만 해당 애플리케이션을 위한 적합한 솔루션을 선택할 수 있다.

모바일 솔루션 분야는 가전시장 최초로 무선전력 솔루션을 도입하고 있다. LTE기술의 경우, 통신속도와 대역폭에 있어서 적어도 향후 수년 동안은 어떠한 제약도 받지 않을 것이다. 그러나 가전시장에서 모바일 솔루션이 성장하기 위해서는 편의성 역시 확보돼야만 한다. 휴대전화, 태블릿, 미디어 플레이어, 모바일 TV 등과 같은 다양한 모바일 솔루션들은 각기 다른 인터페이스 커넥터를 사용하는 다수의 어댑터를 요구한다. 그렇기에 사용자들은 모바일 디바이스에 전하를 전달하는 하나의 동일 목적을 달성하기 위해 무수히 많은 커넥터와 어댑터를 가지고 다녀야 하는 불편함을 감수해야 한다. 이러한 불편함은 강력한 지원 인프라와 에코시스템을 형성할 것이라 전망되는 범용 무선 어댑터가 해소해 줄 수 있을 것이다. 자동차, 커피숍, 도서관, 식당, 열차, 비행기, 사무실, 회의실 등에서 이용 가능한 솔루션을 확보함으로써 사용자들이 이제껏 요구해 온 편의성을 제공할 수 있다.

모바일 솔루션은 수년에 한 번씩 외형, 성능, 기능 등을 강화하기 위하여 업그레이드된다. 이러한 업그레이드는 강제적으로 전력 요구사항, 커넥터, 인터페이스 등에 대한 변화를 불러오며, 일반적으로 그 결과로서 새로운 어댑터를 요구한다. 이로 인해 기존 어댑터는 무용화 및 폐기되는 것이다. 다양한 어댑터와 커넥터를 제거하고 표준 무선충전기능을 사용하면 에너지 낭비를 줄이고 모바일 디바이스의 '환경기준(Green Credential)' 또한 개선할 수 있다. 또 다른 중요한 요소는 3D 등과 같은 디스플레이 기술의 도입을 통한 모바일 솔루션의 기술 업그레이드라 할 수 있다. 모바일 솔루션은 필요한 성능을 강화하기 위해 고해상도 디스플레이 기술의 사용을 늘릴 것이며 이 디스플레이 기술은 멀티코어 CPU를 지닌 고성능 그래픽 컨트롤러를 통해 지원된다. 3D GPS 솔루션, 고성능

비디오 및 오디오 기술, NFC 기술, 휴대형 TV, 고성능 게임 등의 통합을 그 예로 들 수 있으며, 이러한 기능들은 모바일 솔루션의 증가와 함께 채택될 것이다. 그리고 이러한 기능과 요구사항 대부분은 디바이스 배터리로 부터 보다 많은 전력을 요구할 것이다.

일반적으로 모바일 솔루션의 에너지원은 에너지 밀도가 이미 수년 전부터 포화 상태에 도달한 리튬+/폴리머(Li+/Polymer) 배터리 팩이다. 용량과 수명을 증가시키기 위해서 리튬과 기반 배터리 팩에 대한 기술을 강화하였고 다양한 금속화 과정 또한 이행했으나, 증가하는 에너지 요구를 충족시킬 수 없었다. 또한 모바일 솔루션의 애플리케이션 요구 사항을 충족시키기 위해서는 배터리 팩이 물리적으로 차지하는 영역이 작아야만 하는데, 단위 부피 당 배터리 용량이 현재 한계에 도달했기 때문에 솔루션은 보다 큰 배터리 용량 또는 보다 빈번한 충전 주기를 요구하게 될 것이다. 이러한 상황에서 모바일 솔루션은 한층 더 소형화되는 추세이기 때문에 더욱 큰 용량의 배터리를 적용하는 것은 전체 솔루션의 크기와 비용에 영향을 미칠 것이 자명하다. 주의할 점은 배터리 용량이 커질수록 신속하게 충전을 완료하려는 요구 역시 커질 것이기 때문에 배터리 수명 주기와 수명 유지 과정에서 화학적 변화가 일어날 수도 있다는 것이다. 따라서 빈번한 충전을 지원하는 것이 보다 명확한 해결책일 것이다. 전기를 사용하는 우리 주변의 모든 애플리케이션이 무선전력기술을 도입할 후보군이 될 수 있다. 해당 애플리케이션에 대하여 어떤 것이 최적의 무선기술 - MI 또는 MR - 인지에 대한 답을 찾기 위해 우리는 각 방식에 대한 기본 사항들을 검토해 봐야 한다.

무선충전기술 접목 사례로 스타벅스의 경우는 미국 샌프란시스코와 보스턴을 시작으로 스타벅스 매장 테이블에 무선충전 스폿 시설을 설치하여 Wireless Charging 서비스를 시작하였고, 도입한 무선충전기는 파워매트 테크놀로지와 P&G 산하 듀라셀이 합작으로 만든 제품 '파워매트 스폿(Powermat Spot)'이고, 고객이 무선충전 이용을 원하면 무선충전 전용 USB를 무료로 대여한다. 스타벅스는 향후 무선충전시스템을 미국 전체 매장에 설치할 예정이며 유럽과 아시아 매장에도 연내 시범 도입할 계획이다.

이케아는 테이블, 램프 등 무선충전 규격 치(Qi)를 지원하는 가구 시리즈 발표하였다. 가구에 + 표시를 한 충전 패드가 포함되어있어 같은 충전 규격을 지원하는 스마트폰이나 태블릿 등을 충전이 가능하고 충전이 편리하고 미관상 정리된 환경을 구축하는데 용이하여 가구에 적용하고 있고, 무선충전 전기차 등에 사용한다.

03 전기차 무선충전기술 현황에 대하여 분석하라.

전기차는 효율이 뛰어나고 배기가스를 내뿜지 않는다. 배터리의 발전으로 이제는 완전히 충전했을 때 400km 안팎을 달릴 수 있는 전기차도 상용화됐다. 그런데도 전기차 구매를 망설이게 만드는 이유는 바로 충전의 불편함이다. 충전소도 부족하지만 '급속충전'을 해도 30분이 걸려 80%가 충전된다. 가정용 완속 충전기로는 몇 시간씩 걸린다. 급속이든 완속이든 충전케이블을 꽂아 둔 채 차를 놓고 자리를 비우기도 찜찜하다. 이에 주목받는 게 전기차 무선충전기술이다. 개인용 스마트 기기에 이미 보편화된 기술을 전기차로 적용하는 것으로, 최근 몇 년 사이 업계에서 전기차 무선충전에 대해 많은 연구와 상용화 시도가 이뤄지고 있다.

스마트폰을 무선충전하는 것과 같이 전선이 매설된 도로 위를 주행하여 무선충전이 가능한 전기자동차를 말한다. 이 때 사용된 기술은 카이스트에서 개발한 주행 또는 정차 중 무선으로 대용량의 에너지를 안전하게 전달하는 자기공진 형상화 기술(SMFIR, Shaped Magnetic Field)로 최근 세계 10대 유망기술로 선정되었다.

[그림 6-14]처럼 SMFIR 기술은 도로 밑에 매설된 전선에 전류를 흘려 자기장을 발생시킨 후 차량 하부에 장착된 집전장치를 통해 자기장을 모아 전기에너지로 변환시켜 차량에 저장하는 원리이다.

노면과 차량 하부의 이격거리가 약 20cm 일 때 전력전달 효율은 85%에 이르며, 전자파 인체 안정성 기준을 확보한다. OLEV는 전력을 항상 노면에서 공급받으면서 주행할 수 있어 연속주행 거리를 늘릴 수 있고, 기존 전기자동차보다 배터리 용량을 축소가능하여 가격이 낮아진다는 장점이 있다.

BMW는 지난해 7월 플러그인 하이브리드(PHEV) 530e i퍼포먼스 모델에 무선충전 옵션(BMW Wireless Charging)을 리스 형태로 제공한다. BMW 무선충전 시스템은 유도충전 스테이션(GroundPad)과 차량 하부에 고정된 보조 차량 부품(CarPad)으로 구성된다. 시스템 충전전력은 3.2kW이고, PHEV는 완속 충전만 할 수 있어서 차에 내장된 9.2 kwh 고전압 배터리를 약 3시간 반 만에 완전히 충전할 수 있다. 충진효율은 85%, 한번 충전시 주행거리는 약 26km다.

콘티넨탈은 지난해 2월 자동 무선충전 시스템을 공개했다. 충전전력을 지상 충전패드에서 자동차 하단에 장착한 수신 패드까지 무선으로 전달하는데, 자동차와 지상 충전패드의 정확한 위치 확보가 중요하다.

학습 6

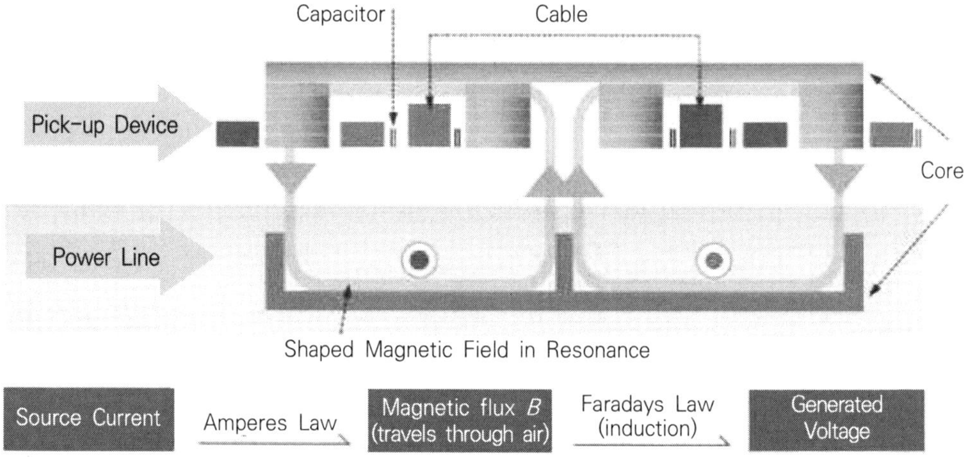

[그림 6-14] 자기공진 형상화의 기술 개요

이에 콘티넨탈은 기존 주차 시스템보다 정밀도를 높인 '자기(Magnetic)위치 시스템' 기반 마이크로 내비게이션 솔루션을 개발했다. 이 시스템은 지상 충전패드가 눈이나 낙엽으로 덮여 있을 때도 정확히 감지하며, 90% 이상의 효율성을 갖췄다고 한다. 퀄컴 자회사 퀄컴 테크놀로지는 2017년 5월 주행 중에 자동차를 충전할 수 있는 기술을 시연했다. 시속 100km에서 최대 20kW까지 충전할 수 있다. 동일한 트랙에서 2대가 동시에 충전할 수 있는 방식으로, 달리는 방향이 다르거나 후진할 때도 무선충전을 할 수 있다.

혼다는 올해 미국 라스베이거스에서 열린 소비자가전쇼(CES)에서 무선충전 양방향 에너지 관리시스템 콘셉트를 공개했다.

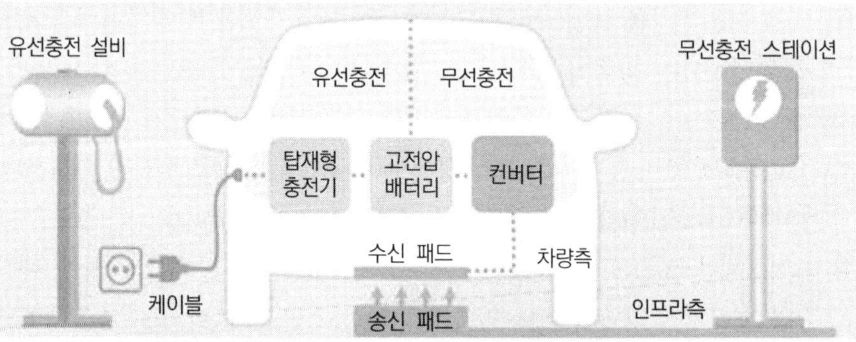

[그림 6-15] 전기차의 유무선 충전방식의 비교

전기차의 배터리를 충전할 뿐 아니라 필요하면 자동차에서 전력시스템으로 거꾸로 전기를 보낼 수도 있는 시스템이다. 이를 통해 전기의 수요와 공급 간의 격차를 줄일 수 있고, 정전 때는 전기차를 비상용 대용량 배터리로 사용할 수도 있다.

카이스트는 2011년 서울대공원 코끼리 열차를 시작으로 2014년 경북 구미시, 2015년 세종시에서 무선충전 전기버스를 운행하고 있다. 무선충전 전기버스는 디젤대비 38%, 압축천연가스(CNG) 대비 33% 연료비를 절감하고, 플러그인(Plug-in) 충전방식이나 배터리 교환방식에 비해 배터리 무게가 3분의 1밖에 되지 않는다. 카이스트는 무선충전 철도기술과 트램, 빌딩, 드론을 이용한 무선충전시스템 등도 연구중이다.

현대자동차는 지난해 말 스마트 자율주차 기술 콘셉트를 담은 3차원 그래픽 영상을 공개했다. 운전자가 내린 뒤 자동차가 주차장 내 전기차 무선충전 구역으로 혼자 이동해 충전을 마친 뒤, 다시 일반 주차구역 내 빈자리를 찾아 주차를 마치는 시스템이다. 현대차는 2025년쯤 완전 자율주행차가 출시될 때 이 기술을 적용하는 방안을 검토 중이다.

학습 6

학습활동.6 교수 · 학습 방법

교수 방법

• 무선충전기술의 현재에 대한 관련 용어, 구성, 방식 이해 정도를 파악한 후 수업을 진행한다.
• 교수자의 주도로 무선충전기술의 현재 등의 내용을 PPT 자료로 제시한 후 설명한다.
• 가능하면 사전에 개인별 학습 자료를 준비하여 모든 학생이 참여할 수 있는 문제 해결식 수업, 협력 수업이 가능하도록 한다.
• 무선충전기술의 현재 전 과정을 작업의 순서에 따라 단계적으로 실습이 이루어질 수 있도록 지도한다.
• 교재를 통해 수업을 준비하는데 있어서 필요한 모든 정보나 팁, 힌트 등 도움이 될 만한 내용들을 확인할 수 있다.
• 학생들이 만들게 될 각 모델들은 수업시간에 중점적으로 다뤄질 부분과 어휘, 질문, 답을 포함하고 있으며 또한 탐구할만한 추가적인 아이디어들도 포함하고 있다.

학습 방법

• 무선충전기술의 현재에 대한 관련 용어를 숙지하고, 무선충전기술의 현재에 대해 이해한다.
• 무선충전기술의 현재의 각 단계별 중점 사항을 체계적으로 학습한다.
• 무선충전기술의 현재 수행순서의 전 과정을 실습한다.
• 무선충전기술의 현재의 내용을 이해한다.
• 무선충전기술의 현재를 이해하고 숙달이 될 때까지 학습한다.

학습활동.6 평가 및 피드백

평가 준거

• 평가자는 피평가자가 수행 준거 및 평가 내용에 제시되어 있는 내용을 성공적으로 수행할 수 있는 지를 평가해야 한다.

학습내용	평가항목	성취수준		
		상	중	하
무선충전기술의 현재	무선충전기술의 현재를 이해할 수 있다.			

평가 방법

• 작업 포트폴리오

학습내용	평가항목	성취수준		
		상	중	하
무선충전기술의 현재	무선충전기술의 현재를 이해할 수 있다.			

• 필기시험

학습내용	평가항목	성취수준		
		상	중	하
무선충전기술의 현재	무선충전기술의 현재를 이해할 수 있다.			

• 체크리스트를 통한 관찰

학습내용	평가항목	성취수준		
		상	중	하
무선충전기술의 현재	무선충전기술의 현재를 이해할 수 있다.			

• 피드백

1. 작업 포트폴리오
   - 제출한 보고서를 평가한 후 주요 사항에 대하여 표시하여 돌려준다.
2. 필기시험
   - 평가 결과 성적이 저조한 학생은 보고서 제출 기회를 부여한다.
3. 체크리스트를 통한 관찰
   - 실습 과정에서 평가한 후 개선해야 할 사항 등을 정리하여 돌려둔다.

참 | 고 | 문 | 헌

- 강승열 외 3, 무선 에너지 전송기술, 전자통신통신동향분석 제23권 제6호, pp.59-69, 2008.12.
- 국토교통부, 일등석이 버스 속으로!-프리미엄 고속버스 시승 현장에 가다!, 2016.12.18.
- 국토교통부 블로그, http://blog.naver.com/PostView.nhn?blogId=mltmkr&logNo=220 888 819193
- 김성민 외, 무선 충전기술동향과 발전 방향, 전자통신동향분석, 제31권 제3호, pp.32-41. 2016.6.1
- 김성민, ETRI E-cup 3차원 공간무선충전기, YouTube, https://www.youtube.com/watch?v=T7uHww1W4QI&t=106s, 2016.12.25.
- 김성훈, http://www.munhwa.com/news/전기차 무썬충전시대 눈앞
- 김진욱 외, K인버터를 이용한 전자기 유도 방식과 자기 공명 방식의 특성 비교, 2011 대한전기학회 하계학술대회 발표집, 7월, 2011.
- 김진욱 · 지현호 · 최연규 · 윤영현 · 김관호 · 박영진, 자기 공명 무선 전력전송 시스템에서 공진 코일의 배열에 관한 연구, 한국전자파학회논문지, 21(6), pp.564-572, 2010.6.
- 류명효 · 정지훈, 비접촉 무선전원 기술의 이해와 응용, 2012 대한전기학회 무선 전력전송 단기강좌 발표집, Apr.25, 2012.
- 무선충전의 원리와 사례, https://artistichooc.com/13
- 문정익 외, 스마트 무선 충전기술, 전자통신동향분석, 제32권 제3호, 2017.6.
- 미래창조과학부, 세계2번째, 아시아최초무선 전력전송WPC 표준인증 상호호환성시험소 자격 획득, 미래창조과학부 보도자료, 2017.2.17.
- 박영진, 모바일기기 무선충전 시스템의 기술동향, 전력전자학회지, 제18권4호, pp.29-33, 2013.
- 박영진, 무선 전력전송의 이해, 전자공학회지, 제39권 제8호, 2012.8.
- 성문경, 무선충전기와공기청정기가하나로, 쥬니온 미니공기 청정기, 앱스토리매거진, 2017.2.27.
- 송준영 · 이종준, 중 선전 몰려가는 무선충전 연합군…'비접촉 무선충전생태계구축', 전자신문, 2016.10.24.
- 안성덕, 무선 전력전송 기술개발 동향, TTA Journal, vol.138, pp.45-51, 2011.
- 양대근 · 김당오 · 이주용 · 조동호, 차세대 무선 전력전송 기술, 정보통신기획평가원, 2020.5.13.
- 양준현, 자기공명형 무선전력 시스템을 이용한 무선충전기 개발에 대한 연구, 명예박사기술논문, 삼성전자, 2010.12.
- 윤건일, LG이노텍, 스마트폰용15와트무선충전패드상용화, 전자신문, 2016.10.12.
- 이승민, 무선 전력전송 현황 및 국내도입을 위한 접근 방안, 한국 KFDC법제학회 한국보건산업진흥원 미래산업기획단, 2020.11.15.
- 이유진, 日 도요타, 전기차 무선충전 시스템 개발, 연합뉴스, 2014.2.14.
- 이종민, 삼일렉트로닉스, 아이디어 제품 '포터블 무선 가습기 출시' 출시, 전자신문, 2016.12.15.
- 임대현 · 조인귀, 무선 전력전송 기술동향 및 시장전망, 한국과학기술정보연구원, 2016.12.
- 장병준, 무선 전력전송 기술동향 및 향후 전망, 전력전자학회지, 제15권 제6호, 2010.12.
- 조재환, 자동차, IT에 길을 묻다⑥…무선충전시대, ZDNetKorea, 2015.10.25.
- 최두선, ETRI, 3차원 충전 등 최신 정보통신기술 'CES 2017' 출품, 한국일보, 2017.1.4.
- 최성진, 무선에너지 전송기술동향, 제어로봇시스템학회지, 제20권 제1호, 2014.3.
- 최효상 · 정인성, 무선 전력전송 시스템의 기술개발 현황과 동향, 한국전기학회, 2007.2.
- 한국자동차협회, 강남 노른자 땅에 무선충전소? 전기차 투자 나선부호들, (사)한국자동차협회관련뉴스, 2017.1.13.

- 한국정보통신기술협회, TTA, 4차산업핵심인프라 '무선충전' 표준 시험소로 지정, 한국정보통신기술협회 보도자료, 2017.3.16.
- A. Kures et al., "Wireless Power Transfer via Strongly Coupled Magnetic Resonance", Sci., vol.317, no.5832, pp.83-86, July, 2007.
- A. Kurs, A. Karalis, R. Moffatt, J. D. Joannopoulos, P. Fisher, and M. Soljacic, "Wireless power transfer via strongly coupled magnetic resonances", Science, Vol.317, pp.83-86, Jul, 2007.
- A. P. Sample, D. A. Meyer, and J. R. Smith, "Analysis, experimental results, and range adaptation of magnetically coupled resonators for wireless power transfer", IEEE Transactions on Industrial Electronics, Vol.58, No.2, pp.544-554, 2011.
- A. Thomson, 2018 Mercedes-Benz S550e Will Offer Wireless EV Charging Technology Built Using Qualcomm Halo Breakthroughs, OnQ Blog, Oct.11, 2016. https://www.qualcomm.com/news/onq/2016/10/11/2018-mercedes-benz-s550e-will-offer-wireless-ev-charging-technology-built-using
- Allied Market Research, Accessed 2017. https://www. alliedmarketresearch.com/press-release/wireless-charging-market.html
- Aristeidis Karalis, J.D.Joannopoulos, Marin Soljačić, "Efficient wireless non-radiative mid-range energy transfer," Annals of Physics, Vol.323, pp.34-48, 2008.
- B. C. Choi, J. H. Nho, H. Y. Cha, T. Y. Ahn, and S. W. Choi, "Design and implementation of low-profile contactless battery charger using planar printed circuit board windings as energy transfer device", IEEE Transactions on Industrial Electronics, vol.51, no.1, pp.140-147, Feb, 2004.
- Barry Fox, "One charging pad could power up all gadgets-Wireless Recharger", New Scientist, January, 2005.
- Bosch, Accessed 2017. https://www.bosch-professional.com/static/specials/wireless-charging/gb/en/#goto:wireless-charging
- C. J. Chen, T. H. Chu, C. L. Lin, and Z. C.Jou, "A study of loosely coupled coils for wireless power transfer", IEEE Transactions on Circuits and Systems, Vol.57, No.7, pp. 536-540, 2010.
- C. Liu, A. P. Hu, and N. K. C. Nair, "Modelling and analysis of a capacitively coupled contactless power transfer system", IET Power Electronics, vol.4, no.7, pp.808-815, 2011.
- C.-G. Kim, D.-H, Seo, J.-Sik. You, J.-H. Park, and B. H. Cho, "Design of a contactless battery charger for cellular phone", IEEE Transactions on Industrial Electronics, vol.48, no.6 pp.1238-1247, Dec, 2001.
- D. H. Childress, The Tesla papers, Adventures unlimited press, 2000.
- DAIHEN, "D-Broad Core", Accessed 2017. http://www.daihen.co.jp/en/products/wireless/agv/
- David Baarman (Fulto innovation), private communication.
- David Schneider, "A critical look at wireless power: Wireless power at a distance is still far away", IEEE Spectrum, May, 2010.

- Dong-Gi Youn, Yang-Ha Park, Kwan-Ho Kim, Young-Chul Rhee, "A Study on the Analysis of Rectenna Efficiency for Wireless Power Transmission", IEEE TENCON99, Vol.2, pp.1423-1426 17, Sep, 1999.
- Dong-Gi Youn, Yang-Ha Park, Kwan-Ho Kim, Young-Chul Rhee, "A Study on the Fundamental Transmission Experiment for Wireless Power Transmission System", IEEE TENCON99, Vol.2, pp.1419-1422 17, Sep, 1999.
- ETRI 미래전략연구소 표준연구본부, 표준화동향 무력전력전송표준기술, 2017.1.
- http://mvo.co.kr/ 블록, 스마트폰 무선충전, 원리는 무엇일까?
- http://www.a4wp.org/
- http://www.energy.or.kr/무선충전전기차
- http://www.powermatters.org/
- https://blog.kepco.co.kr/1857 [한국전력 블로그 굿모닝 KEPCO!]
- https://img.etnews.com/cms/uploadfiles/afieldfile/2013/06/11/1-2.jpg
- https://ko.wikipedia.org/wiki/무선충전
- https://m.blog.naver.com/슈피켄코리아
- https://www.belkin.com/kr/resource-center/wireless-charging/how-it-works/무선충전의 작동원리는 무엇일까요?
- https://www.wirelesspowerconsortium.com
- K. Leswing, "This is the Biggest Hint Yet that Apple's Next iPhone Will Have Wireless Charging", Business Insider, Feb.13, 2017.
- K. W. Choi et al., "Wireless-Powered Sensor Networks: How to Realize", IEEE Trans. Wireless Commun., vol.16, no.1, pp.221-234, Jan, 2017.
- L. Mearian, "Dell's Latitude 7285 to be world's first wireless charging 2-in-1", Computerworld, Jan. 5, 2017. http://www.computerworld.com/article/3154822/mobile- wireless/dells-latitude-7285-to-be-worlds-first- wireless-charging-2-in-1.ht
- M. Kline, I. Izyumin, B. Boser, and S. Sanders, "Capacitive power transfer for contactless charging", APEC- IEEE Applied Power Electronics Conference and Exposition, pp.1398-1404, 2011.
- M. J. Chablko, M. Shahmohammadi, and A.P. Sample, "Quasistatic Cavity Resonance for Ubiquitous Wireless Power Transfer", PLoS One, vol 12, no.2, Feb. 2017, pp.1-14.
- National Space Society, Accessed 2017.
  http://www. nss.org/settlement/ssp/NASADVD/part03.htm
- P. E. Glaser, "Power from the sun; its future", Science, Vol.162, No.3856, pp.857-861, Nov.22, 1968.
- Persistence Market Research, Accessed 2017.
  http://www.persistencemarketresearch.com/mediarelease/wireless-charging-market.asp
- Qualcomm, Accessed 2017. https://www.qualcomm.com/products/halo
- S. C. Tang, S. Y. Hui, and H. S. Chung, "Coreless Planar Printed-Circuit-Board (PCB) Transformers-A Fundamental Concept for Signal and Energy Transfer", IEEE Transactions on Power Electronics, vol.15, no.5, pp.931-941, Sep, 2000.
- S.E. Shladover, "Highway Electrification And Automation", California Partners for Advanced Transit and Highways (PATH),Paper UCB-ITS-PRR-'92'17, 1992.

- SIGNIA, Cellion, Accessed 2017.
https://www.signiausa.com/signia-hearing-aids/cellion-primax-hearing-aids/
- ST, STMicroelectronics and WiTricity to Develop Integrated Circuits (ICs) for Resonant Wireless Power Transfer, Accessed 2017.
http://www.st.com/content/st_com/en/about/media-center/press-item.html/t3803.html
- T. Hardwick, "Ming-Chi Kuo: Apple's Next-gen iPhone to Feature All-glass Case for Wireless Charging", MacDailyNews, Dec.23, 2016.
- Technavio, "Global Wireless Charging Market 2016-2020", SKU: IRTNTR8109, 2015.
- W. C. Brown, "The history of power transmission," Solar power, Vol.56, pp.3-2, 1996.
- W. C. Brown, "Satellite power stations: a new source of energy?" IEEE Spectrum, Vol.10, No.3, pp.38-47, Mar, 1973.
- W. C. Brown, "The history of power transmission by radio waves", IEEE Transactions on microwave theory and techniques, Vol.MTT-31, No.9, Sep, 1984.
- Wireless Power Consortium, The Qi Interface Specification Volume I : Low Power, 2010.
- WiTricity, Accessed 2017.
http://witricity.com/daihen-shipping-industrial-robotics-solutions-powered-witricitys-wireless-charging-technology/
- WPC, Accessed 2017.
https://www.wirelesspowerconsortium.com/developers/specification.html

학습 1	무선전력전송의 개요
학습 2	무선전력전송의 기술
학습 3	무선전력전송의 표준화
학습 4	무선전력전송의 활용
학습 5	무선충전기술의 개요
학습 6	무선충전의 기술
학습 7	**무선충전기술의 표준화**
학습 8	무선충전기술의 활용
학습 9	에너지 하베스팅의 개요
학습 10	에너지 하베스팅의 기술
학습 11	에너지 하베스팅의 표준화
학습 12	에너지 하베스팅의 활용
학습 13	무선전력전송, 무선충전, 에너지 하베스팅의 미래

학습 목표

1. 무선충전기술의 표준화를 이해할 수 있다.

7-1 무선충전기술의 표준화

1. 무선충전기술의 표준화 개요

현재 대부분의 상용 무선충전기술은 자기장방식을 이용하여 개발되고 있으며, 제품화와 시장선점에 관심이 높은 세계적인 기업들이 민간표준단체를 구성하여 국제표준화를 위한 노력을 하고 있다. 무선충전 표준 단체들로는 기술적 분류와 유사하게 자기유도 방식을 기반으로 하는 WPC(Wireless Power Consortium)와 같다.

WPC는 유럽국가를 중심으로 무선충전에 대한 표준을 제정하기 위해 2008년에 설립되어 자기유도 방식의 무선충전 표준인 'Qi' 규격을 공표하였으며, 2011년에 스마트폰 무선충전기기를 최초로 출시하여 현재 1,390개의 제품이 Qi 인증을 받았다. 그리고 최근 회원사로 가입한 애플을 비롯한 209개의 회원사로 구성되어 무선충전 기기의 민간표준화 및 상용화를 주도하고 있다.

자기공명 방식을 기반으로 한 A4WP의 상용화는 기술적 제약으로 인해 다소 더디게 진행되고 있었다. 북미 지역을 중심으로 한 PMA도 시장의 주도권을 WPC에 내주게 되자 두 단체는 WPC에 공동으로 대응하기 위해 2015년 1월에 합병을 결의하게 되었고, 약 10개월간의 준비기간을 거쳐 2015년 11월에 AirFuel Alliance 라는 새로운 표준단체를 출범하였다.

이렇게 출범한 AirFuel Alliance는 2016년 1월 글로벌 인증규격을 발표하면서 2016년에 출시되는 다양한 제품군으로 이를 확대할 것이라고 밝혔다. 특히 인증 가능한 전송전력을 수신기의 경우 최대 50W까지 확대하고, 송신기에 대해서는 최대 70W까지 확대하여 고출력 충전기의 출시를 공약하였다. 이러한 인증규격은 통일된 AriFuel 브랜드로 공급되며 이를 통해 상업적 장벽을 제거하여 소비자가 언제 어디서든 필요한 에너지를 무선으로 공급받을 수 있도록 하는 계획을 세우고 있다. 또한 AirFuel Alliance는 2017년까지 데이터 전송보안과 조건부 충전과 사용료 징수 등과 같은 서비스 인터페이스를 개발할 계획이다. 이를 위해 AirFuel Alliance는 200개에 달하는 회원사 간의 활발한 교류와 연구개발을 지속하고 있다.

특히 퀄컴과 인텔 및 WiTricity 등의 자기공명 방식에 대한 개발에 집중해온 회원사들은 CES 2016에서 모바일과 랩탑 등의 다양한 제품군을 선보였다.

AirFuel Alliance는 총 3개의 위원회(Committee)로 구성되어 있다. 첫번째 위원회는 Technical Steering Committee(TSC)이며 AirFuel Alliance의 선도 위원회 역할을 수행하고 있다. TSC는 또다시 5개의 부위원회(Subcommittee)로 구성된다. 각 부위원회에 대한 설명은 다음과 같다.

〈표 7-1〉 TSC 5개의 부위원회(Subcommittee)

위원회 명칭	업무 범위
Magnetic Inductive Working Committee(MIWC)	직접 전자유도(Direct Electromagnetic Induction) 기술에 기반한 무선전력전송 규격 개발
Magnetic Resonant Working Committee(MRWC)	자기공명(Magnetic Resonance) 기술에 기반한 무선전력전송 규격 개발
Uncoupled Working Committee(UWC)	비자기적(Non-magnectic) 기술(RF와 초음파 및 레이저)을 사용한 무선전력 전송 규격 개발
Infrastructure Working Committee(IWC)	무선충전과 관련된 네트워크 통신 프로토콜 규격 개발
RWC : Regulatory Working Committee	기술작업위원회들에 대한 자문을 담당

〈표 7-2〉 글로벌 무선충전기술 표준화 단체 비교

표준단체	WPC	PMA	A4WP
설 립	2008년	2012년	2012년
기 술	자기유도	자기유도	자가공진
기술공개범위	Public	Members only	Members only
사용주파수	100kHz~205kHz	Type1: 277kHz~357kHz Type2: 118kHz~153kHz	7.68mkHz
테스트하우스	9개	설립중	설립중
규제승인 여부	○	○	X
인프라 구축 지역	미국, 일본, 유럽	미국, 유럽	없음
표준규격	Qi		Resence
회원사 규모	203개	80 여개	40 여개
주요 회원사	삼성전자, LG전자, 삼성전기	삼성전자, 구글, 노키아	삼성전자, 퀄컴

두번째와 세번째 위원회는 CWC(Certification Working Committee)와 MWC(Marketing Working Committee)이다. CWC는 AirFuel Alliance 규격에 기반한 제품에 대한 인증 프로그램을 담당하고 있고, MWC는 표준 규격의 저변화를 위한 마케팅을 담당하고 있다.

AFA는 북미지역 주도의 자기유도방식 표준 단체인 PMA(Power Matters Alliance)와 자기공명 방식 무선충전 표준 단체인 A4WP(Alliance for Wireless Power)가 2015년 합병하여 탄생한 단체로 WPC가 선점하고 있는 무선충전 시장을 자기공명 방식으로 확대하기 위한 노력을 하고 있으며, 현재 111개의 회원사가 가입되어 있고 삼성과 퀄컴이 주축을 이루고 있다.

무선충전기술의 대상은 모바일기기와 전기자동차 충전이 주류를 이루고 있다. 모바일의 경우는 WPC와 AFA가 세계시장을 놓고 신경전을 벌이는 가운데, 2가지 규격 모두를 수용할 수 있는 호환성 높은 제품 개발에도 열을 올리고 있다.

또한 소출력의 모바일 충선 제품 개발로 얻은 다양한 노하우를 가지고 중출력 충전제품으로 빠르게 확산하고 있으며, 비교적 규모가 작은 산업체에서는 틈새시장에 접근하고 있다. 한편 수신기의 판매량 증가로 표준인증을 받지 않은 불법 제품의 판매 감시와 지적재산권을 둘러싼 분쟁이 빈번히 발생할 것으로 예상된다.

2. WPC 표준화 동향

2008년 설립된 WPC는 2009년 8월, 5W급 무선충전 규격인 Qi 1.0의 발표를 시작으로 현재 Qi 1.2.4까지 진행되었다.

5W급 무선충전 규격인 'Qi 1.0'은 2015년 상반기까지 여러 번의 개정작업을 거쳐 완성 되었으며, 전송거리 5mm 미만의 거리에서 자기유도 방식으로 스마트폰을 충전할 수 있는 상용 무선충전시스템에 적용되었다.

스마트폰의 사용량이 증가하고, 그에 따라 배터리의 용량도 함께 증가함에 따라 고속충전에 대한 요구가 커지게 되었다. 또한 전송거리 확장과 코일 간의 정렬에 대한 자유도 확보에 대한 요구도 증가했다. 이러한 기술적 제약을 극복하기 위해 WPC는 2015년 2월 전송 전력을 15W까지 증가시키고, 5mm 미만에 머물렀던 전송거리를 최대 45mm까지 확장시키며, 하나의 인버터로 다수개의 스마트폰을 동시에 충전하는 다중 충전 기능을 제공하는 'Qi 1.2' 규격을 제정하겠다고 발표하였다. Qi 1.2에는 급속충전과 15W급 송신기와 수신기, 송신기 발열시험의 개선부분, 이물질 탐지에 대한 제한기준 변경, 수신기 식별 등에 대한 기술사양이 포함되어 있다.

학습 7

일부 반도체 제조사들은 이미 WPC의 정책에 발맞추기 위해 15W급의 무선충전 수신 IC를 개발 중에 있었다. 제조사들의 협력으로 WPC는 2015년 6월 전송 전력을 15W까지 증가시킨 'Qi 1.2' 규격을 발표하였다. 당초 공표하였던 내용에서 전송거리 확장과 다중 충전에 대한 내용은 일부 누락 되었으나, 전송전력을 15W까지 확장하여 30분 이내에 60%의 배터리를 충전할 수 있는 고속 무선충전 기능을 제공함으로써 사용자의 요구사항을 반영하고, 무선충전의 편의성을 크게 증가시키는 데 기여하였다.

지난 1월 런던에서 열린 WPC 1701에서는 송신전력 15W에서 200W를 중전력으로 분류하고, 노트북 무선충전을 주요 이슈로 표준을 진행하였다. 또한 주방가전 부분에서는 필립스가 주도권을 가지고 해당분과를 운영하며, 자사가 제안한 통신 알고리즘을 표준화하는데 공을 들이고 있다.

이를 토대로 WPC는 향후 전송전력을 최대 2kW까지 확장하여 부엌 가전기기에 무선으로 전력을 공급할 수 있도록 하고, 'Tuned-Resonance Technology'를 도입하여 전송 거리를 최대 45mm까지 확장할 예정이다. WPC는 이처럼 장기적인 계획으로 무선충전시장을 주도하기 위해 계속 노력하고 있다.

2015년 WPC는 최대 15W. EPP(확장된 전원 프로파일 Extended Power

Profile : 15W)를 지원하는 2차 확장 전력 프로파일(EPP) 사양을 도입하여 일반적으로 BPP(기준전원 프로파일, Baseline Power Profile : 5W)와 같은 모바일 장치를 충전하는 데 사용된다. 확장전력프로필(EPP)을 지원하는 전화회사는 LG전자, 소니, 샤오미, 샤프 코퍼레이션 등이다.

WPC는 전화 OEM이 기준 전력 프로파일의 5W 또는 확장 전원 프로필의 15W보다 높은 것을 제공 할 수 있도록 독점전력 공급확장(PPDE : Proprietary Power Delivery Extension)을 도입했다. 현재 삼성만이 컴플라이언스 테스트를 발표했다. 빠른 무선충전에 대한 독점 표준을 사용하는 다른 전화 회사는 애플, 화웨이와 구글을 포함한다.

〈표 7-3〉 WPC의 규격 버전별 특징

No.	규격 버전	특 징
1	Qi 1.0	• Qi 호환용 스마트폰에 5W 전력 송신지원 • 무선전력전송기 설계와 관련해 Single Coil Transmitter와 Coil Array Transmitter 및 Moving Coil Transmitter 중 선택 가능 • 유연한 무선전력 수신기 설계 가능 • 다양한 형태의 무선전력 전송기 설계지원 안됨
2	Qi 1.1	• 다양한 형태의 무선전력 전송기 설계지원(총 12개의 전송기 규격제공) • Qi 비호환 물체감지능력 향상을 통한 액티브 전송기 근처 금속물체에 대한 발열 문제 방지 • USB 충전기를 무선전력 전송기 전원으로 사용가능
3	Qi 1.2	• 고속충전 가능(15W까지 전력송신 가능하며 수신기도 선택적으로 최대 15W까지 수신 가능) • 보다 향상된 Qi 비호환 물체 감지 능력 • 일반 공개버전은 'Qi 1.2.2'
4	Qi 1.2.3	• 2017 공개 • EPP 파워 클래스 0: 5W-30W • 소비자가 충전기에서 최대 30W까지 협상할 수 있는 Power Class 0이 추가
5	Qi 1.2.4	• 테스트 요구 사항의 변경. 확장된 전원 프로파일 테스트에 더 쉽게 액세스할 수 있음

그 밖에 무선충전기와 차량용 스마트간의 EMI 분석, 다양한 코일 솔루션, 인프라 활성화 계획, 시장성장에 따른 위험요인 분석 등의 주제가 다루어졌다. 특히 WPC 1701에서 애플이 WPC 멤버로 가입하여 WPC의 세계 무선충전 시장확대에 큰 기대감을 불러 일으킨 반면, 애플의 시장잠식을 우려하여 견제하는 분위기도 있다.

또한 2016년 IHS 통계상 무선충전 수신기의 판매량이 2억 5백만개를 돌파함에 따라 WPC에서는 Qi 인증을 함부로 사용하는 불법제품에 대한 점검 계획을 시작할 것으로 예상된다.

한국에서는 한국무선 전력전송포럼(KWPF : Korea Wireless Power Forum)과 한국전파진흥협회(RAPA: Korea Radio Promotion Association)가 WPC와 파트너십을 맺고 있으며, 한국정보통신기술협회(TTA)가 아시아 최초로 WPC 상호호환성 시험소로 지정받아 운영하고 있다.

3. AFA 표준화 동향

자기유도 방식을 기반으로 한 WPC가 무선충전 시장을 주도하는 가운데, 2015년에 출범한 AFA는 2016년 1월, 글로벌 인증규격을 발표하였다. 최근까지 24종의 송신기가 표준으로 등록되어 있으며, 다중 모드 상호동작 시험사양과 NFC 감지를 위한 관련 규격들의 보강작업이 진행되고 있다. 그러나 WPC와 달리 회원사에만 규격 공개를 하고 있어, 비회원사가 내용 파악을 하는 데는 어려움이 있다. AFA내에는 7개의 Working Committee가 있고, 그중 Uncoupled Working Committee(UWC)에서는 자기장 방식이 아닌 RF, 초음파, 레이저를 이용한 무선전력전송과 무선충전에 대한 기술 사양을 논의하고 있다. 또한 수신기의 완충개념보다는 서서히 배터리를 방전시켜 수신기의 사용시간을 늘리는데 초점을 두고 있으며, 이에 대한 사양서는 나왔다.

이밖에 삽입형 의료기기의 전계강도 표준갱신 논의와 50W 이상 기기의 무선충전 규제 정보 수집 등이 진행되고 있다. 한편 TTA는 WPC 시험소뿐 아니라 AFA의 국제공인시험소로 지정받아 시험인증 서비스를 제공하고 있다.

4. IEC TC100

IEC TC100에서는 2013년에 설립된 산하 무선전력전송 서브그룹인 Technical Area(TA)15가 무선전력전송과 관련된 국제표준개발을 담당하여 진행하고 있다.

TA15는 무선전력전송 서비스 사업자와 전기사업자 및 충전서비스 이용자 간 상용 충전서비스를 위해서 무선전력전송 서비스 엔터티 식별 및 제어 · 관리기술, 코디네이터 · 노드제어 및 관리기술 표준규격을 개발하였다. 향후 IEC TC100 TA15 그룹은 공간충전기반 무선전력전송 기술 등에 대한 표준화를 계획하고 있다.

학습 7

1) Wireless power transfer-Management-Pa rt 1

Common component(IEC 62827-1), 무선전력전송 송 · 수신기 관리 프로토콜 기본 요소 국제표준 IS 제정(2016년 4월)

2) Wireless power transfer-Management-Part 2

Multiple devices control management(IEC CDV 62827-2), 무선전력전송 다수기기 관리 프로토콜 국제표준(IEC 62827-2) CDV 채택(100/2762/CDV, 100/2878/RVC)(2017년 3월)

3) Wireless power transfer-Management-Part 3

Multiple source control management(IEC 62827-3), 무선전력전송 다수 충전기 관리 프로토콜 국제표준 CDV 채택(100/2724/RVC) 및 국제 규격 IS 제정(2016 년 12월)

5. ITU-R SG1

ITU-R 전파관리기술연구반(SG1)은 2014년 무선전력전송 보고서 제정 후 2015년 주파수 공유연구 결과 등을 추가하여 보고서를 개정하고 기술별 적합 주파수 대역 권고 개발을 진행 중이다.

6. CJK-IT WPT

CJK-IT WPT WG에서는 2013년 CJK IMT WG 산하의 WPT-SIG에서 한중일 주파수 및 규제 현황 정보 등을 담은 무선전력전송 기술보고서 ver1.0을 개발하였다. 이후 CJK WPT WG 설립하고 최신 현황을 업데이트하여 무선전력전송 기술보고서 개정판을 두 차례(2014년 ver2.0, 2015년 ver3.0) 발간하였다.

7. APT Wireless Group(AWG)

APT Wireless Group(AWG)는 한중일 무선전력전송 기술보고서를 기반으로 APT 무선전력전송 기술서비스 및 응용보고서를 개발하고 있으며, 그 밖에도 전기자동차용 적합 주파수 보고서 및 모바일기기를 위한 적합 주파수 권고 초안 작업을 진행중이다.

8. ISO/IEC/SAE

ISO/IEC/SAE에서는 전기자동차와 관련하여 비접촉식 충전기술표준을 개발하고 있다. 이미 오래 전에 변압기에서 사용하는 1차와 2차 유도결합 방식을 사용한 유도식 충전방식이 개발되어 GM EV1에 적용된 적이 있으나, 최근에는 미국 MIT에서 처음 개발한 자기공명 방식 기술이 주를 이루고 있다. 이러한 비접촉식 충전방식은 미국 SAE 2954 표준에서 '무선충전'이라는 용어를 사용하였으나 IEC 61980-1 표준에서는 이 명칭을 '무선충전시스템'으로 변경하여 사용하고 있다. 전기자동차 무선충전 방식에 대한 일반 요구사항을 담고 있는 국제표준인 IEC 61980-1을 신규 제정하고 있으며 무선충전에 대한 V2G 기술표준인 IEC 15118-6와 IEC 15118-7을 신규 제정 중이다.

7-2 무선충전 전기자동차 표준화 동향분석

학습 7

1. 전기자동차의 무선표준화 개요

환경오염에 대한 국제적 대응을 위해 교토의정서 가입국들은 2012년까지 CO_2 배출량을 1990년 대비 5% 감축을 협정하였다. 이를 초과할 경우 각 국들은 자국의 기업이 배출량을 초과할 경우 배출량이 적은 배출권 소유자의 권리를 사서 초과분을 해결해야 한다. 이와 같은 국제적 흐름에 따라 국내의 경우에도 CO_2의 배출량을 감축하기 위해 많은 연구가 진행되고 있다. 이 중 이산화탄소의 배출량이 높은 자동차의 경우 이를 해결하기 위해 전기자동차 개발에 많은 연구가 진행되고 있다. 그러나 전기자동차의 가장 큰 문제점으로 대두되고 있는 배터리의 무게 감소 및 효율 증가에 대한 연구가 미진하여 아직까지 전기자동차에 대한 수요가 많지 않은 상태이다. 이를 해결하기 위한 하나의 방법으로 고주파(20 kHz)를 이용하여 도로 주행 중 충전이 가능한 무선충전 방식의 전기자동차 개발이 진행되고 있다.

그러나 국내 전기설비의 경우 대부분이 60 Hz에서 운영되고 있어 20kHz를 사용하는 대전력 무선충전 전기설비의 경우 국내외에서 아직까지 연구가 진행되지 않아 본 설비가 시공되어 운영될 경우 큰 혼란이 발생될 우려가 있다. 한 예로 인체감전의 경우 전원의 주파수가 증가함에 따라 인체의 임피던스는 감소하고, 도체의 임피던스는 증가를 하는 특징을 가지고 있다.

그러나 접촉전압의 경우 주파수가 증가함에 따라 감소를 하며 일정 주파수 이상이 되면 다시 증가하는 현상을 나타내게 된다. 이와 같이 전체적인 측면에서 아직까지 해석이 이루어지지 않았으므로 아무런 검증 없이 실제 현장에 60Hz에 대한 해석부분을 20kHz에 적용하게 되면 감전위험이 상존하게 된다.

무선충전 전기자동차는 이산화탄소의 배출량이 높은 자동차 산업의 이산화탄소 감소의 감축과 배터리 사용량의 최소화라는 장점을 가지고 있는 새로운 산업모델 중 하나로 향후 사용 편리성과 감전사고 예방 등에 대한 안전성과 같은 강점을 가지고 있어 전기자동차 시장 활성화시 경쟁력이 충분히 있는 산업으로 예측하고 있다. 현재 일본, 미국 등 각국에서는 무선충전 전기자동차에 대한 투자와 연구를 지속적으로 진행하고 있고, 세계 각국은 저용량(22kW 이하)무선충전 전기자동차에 대한 연구가 진행되어 상용화 이전 단계 까지 개발이 완료되었으나 국내의 경우 대용량(80kW 이상) 전기자동차 개발이 완료되어 현재까지 기술적 우위를 점하고 있는 상태이다. 또한 표준개발에서도 아직까지는 각국에서 한국의 발언에 대해 인정을 해줄 정도로 국내기술을 인정하고 있는 상태이다. 그러나 표준개발의 후발주자로 참여하여 국내에서 제안한 IEC표준에 대해서는 일본 및 미국 등이 난색을 표하고 있지만, 국내에서 제안한 표준이 IEC에 등재될 경우 국내산업의 보호와 국외 산업으로의 진출시 제도적 난제의 타개 모색이 가능할 것으로 판단된다.

이와 같이 기술적 우위를 가지고 있는 무선충전 전기자동차 분야의 지속적 성장을 위해서는 보다 많은 투자와 연구개발이 이루어져야 할 것으로 판단되며, 향후 지속적인 기술개발을 통해 국제적인 경쟁력을 가진 새로운 산업으로의 중추적 역할을 담당할 것으로 예상된다.

2. 국내 무선충전 전기자동차 현황 분석

전기자동차 상용화의 가장 중요한 기술은 2차 전지이며, 현재 가장 주목받고 있는 배터리는 리튬 배터리이다. 그런데 현재 한번 충전으로 100km를 주행할 수 있는 10kWh 용량의 리튬 배터리가 1,000만원 이상이고 무게는 차량의 1/3 수준이다. 또한 남아있는 리튬자원의 양이 세계적으로 410만톤 밖에 안되어 10년 안에 고갈될 거라는 전망도 상용화의 걸림돌이다.

이러한 문제들에 대한 해법으로 도로 위에서 무선으로 충전이 가능한 무선충전 전기자동차가 개발되고 있다. 무선충전 전기자동차는 도로면 아래에 매설된 급전선로에 의해 발생된 자기장을 차량 하부에 설치된 집전장치로 전달하고 이를 차량의 동력원으로 사용하는 새로운 방식의 전기자동차이다. 기존의 전기자동차에 비해 배터리의 용량을 절반 이하 수준으로 감소시킴으로써, 전기자동차의 무게와 가격을 감소시키고, 충전소 설치와 운영에 관련한 문제점을 근본적으로 해결할 수 있다는 장점을 가지고 있다.

1) 국내기술동향

무선충전 전기자동차의 전력전송시스템은 급전레일과 집전장치 그리고 배터리로 구성되어 있다. 구조를 자세히 살펴보면 인버터, 급전 선로, 집전장치, 커패시터, 배터리 그리고 모터로 이루어져 있다. 60Hz의 상용전원은 인버터에 의해 20kHz로 주파수 가변되고, 급전선로에 200A의 전류를 흘린다. 이 급전선로를 흐르는 전류에 의해 생성된 자속은 집전장치에 집중되도록 설계되었으며, 이 자속에 의해 거리 20cm에서 약 100kW의 전력이 약 80%의 효율로 차량으로 전달되고 차량 내부에서 전력변환 과정을 거쳐 배터리와 모터에 공급된다. 이러한 시스템 구조에서 효율적인 전력전달과 인체에 유해할 수 있는 EMF의 차단을 위한 핵심기술은 급전선로와 집전장치의 설계이며, 집전장치에서의 자속 방향에 따라 Monotype과 Dual Type으로 설계되었다.

차량의 안전과 관련하여 급전인버터, 케이블에 대한 인증을 마무리하였고 차량에 대한 전자파 또한 현재 국내기준 62.5mG 이내로 안전기준을 만족하고 있다.

무선전력전송을 위한 주파수의 경우 국내에서 20kHz와 60kHz에 대해 무선전력전송용으로 사용이 가능하다는 승인이 떨어져 제도적 제약 없이 사용이 가능하다.

(1) 무선충전 전기자동차 운영 현황

국내 무선충전 전기자동차는 대용량을 중심으로 개발이 이루어지고 있으며 세계최초로 2013년도부터 경북 구미시에 실제 상용화 구간에 무선충전 전기버스를 운행하고 있다. 해당 구간의 총 길이는 약 24km이고 무선충전 시스템은 버스기점과 종점에 각각 200kW급, 승하차장 3개소에 각각 150kW급 무선충전시스템을 설치하였으며 현재 5대의 차량이 투입되어 운행되고 있다.

(2) 무선충전 전기자동차 전기안전

무선충전 전기자동차는 불특정 다수가 사용하는 범용 설비로서 전기와 관련된 안전대책이 미흡할 경우 감전 사고에 대해 매우 취약한 설비중 하나이다. 본 내용에서는 고주파(20kHz)를 사용하는 무선충전 전기자동차의 전기안전 대책 수립과 관련된 국내동향을 분석하였다.

무선충전 시 사용되고 있는 주파수는 현재 일반적으로 사용되고 있는 상용주파(60Hz)의 300배 이상의 고주파로 KS CIEC 62110 등을 이용한 감전보호에 대한 연구가 이루어져 접촉전압 35V, 감전전류 60mA로 정의된 연구결과가 발표된 사례가 있다.

접지시스템과 관련하여 '20kHz 전력설비 접지시스템 분석에 관한 연구'에서는 고주파 무선충전으로 인해 인근 설비에 미치는 영향을 최소화하기 위하여 고주파 차폐가 가능한 접지 시스템을 제안하였다. 또한 지락사고 발생시 무선충전시스템 특징으로 인해 지락사고 전류가 한정되는 특징을 고려하여 지락사고에 대한 보호 방안을 제시한 연구가 진행되고 있다.

또한 무선충전 전기자동차의 경우 불특정 다수가 사용하는 전력설비로 지락, 단락 등의 사고가 발생할 경우 대규모 사고로 확산될 수 있는 위험요소를 가지고 있다. 이에 따라 해당 설비의 전기안전을 확보하기 위해 각 구간의 상태를 모니터링 할 수 있는 상태감시 시스템을 개발하였다. 주요기능으로는 전력계통의 전압, 전류, 역률, 전력품질 등의 모니터링기능과 지락, 단락 등으로 인한 전기안전 모니터링 기능, 차량의 최적운전을 위해 무선충전 전력시스템부터 차량까지의 효율의 모니터링 기능을 탑재하고 있다.

(3) 무선충전 전기자동차 표준화 동향

최근 무선충전 전기자동차 연구결과의 가시적 성과를 기반으로 개발결과의 경쟁력 강화를 위해 2013년 국내에 무선충전 전기자동차 표준개발을 위한 워킹그룹이 결성되어 국제표준 개발 회의에 참석하고 있다.

국내기술과 해외기술의 가장 큰 차이점은 무선전력전송을 위해 사용되는 전력전송부와 전력집전부의 설계와 무선전력전송시 사용되는 주파수, 무선전력전송 용량을 들 수 있다.

국내의 경우 무선전력전송을 위한 전력전송부와 집전부의 경우 사각형 형태를 취하고 있으나 유럽과 일본은 원형을 기본 형태로 취하고 있다.

무선전력전송을 위해 사용되는 주파수의 경우 일본은 85kHz, 유럽은 145kHz를 기반으로 연구개발이 이루어지고 있지만, 국내는 20kHz와 60kHz를 기반으로 연구개발이 이루어지고 있다. 주파수의 경우 정부의 사용 승인사항으로 85kHz와 145kHz는 국내 타분야에서 사용되고 있어 승인이 불가능한 상황이다.

〈표 7-4〉 포럼 구성 및 주요 활동

분 과	주요 활동 계획
충전기 분과	• 400kW급 초급속충전기 표준 개발 및 안전인증체계 구축 • 충전기와 관리 서버간 통신 규약, 차량과 전력망 연계(V2G)를 위한 표준 개발
무선충전 분과	• 고출력 정차중 무선충전, 주행중 무선충전 관련 국제표준 제정
이륜차 분과	• 교체식 배터리 호환성 확보를 위한 전압, 형상 등 표준 개발
배터리 분과	• 전고체 배터리 등 차세대 배터리 표준 수요 발굴
차량 분과	• 편의 · 안전장치 등 틈새분야 표준 수요 발굴

국내의 경우 80kW급 이상의 대용량 무선전력전송을 기반으로 기술개발이 이루어져 해당하는 표준의 IEC 61980-3Annex EE로 삽입하기 위해 노력중에 있다.

2014년 국내에서 개발된 무선충전 시스템의 국제표준 삽입을 위해 2014년 9월 제정(안)을 IEC에 제출하였고, 2014년 10월 독일회의에서 정식안건으로 논의되었다. 2015년 2월 일본회의에서 무선충전 전기자동차의 CD(Committee Draft) 투표가 이루어질 것으로 예정되었으나 일본을 중심으로 반대가 심하여 한국에서 해당 안건을 포함한 전체 내용에 대한 CD 투표가 진행될 예정이다.

금년에 출범한 '전기차 표준화 포럼'은 초급속충전기(400kW급), 에너지저장시스템(ESS), V2G(Vehicle to Grid), 고출력 무선충전(50kW 이상)과 주행 중 무선충전 표준화 선점에 주력하고 있다.

초급속 충전기는 향후 본격 보급될 출력 400kW급 이상 초급속충전기는 기존 공랭식 냉각이 아닌 수냉식 냉각기술 적용에 따른 새로운 기술표준과 안전기준이 요구된다. 초급속충전기는 주행거리 약 400km 수준 승용차 배터리를 약 80% 충전하기 위한 대략적인 시간(완속 7kW) 약 8시간, (급속 100kW) 약1시간, (초급속 400kW) 약15분이다. 이에 따라 현재 기술적 논의가 마무리 단계에 접어든 국제표준에 부합하는 국가표준을 신속히 제정 · 보급하고, 표준에 따른 안전인증을 위한 시험장비를 적기 구축하여 안전관리를 강화할 계획이다.

충전기 통신규약은 운영사업자별로 상이하게 적용해 온 충전기 통신규약을 표준화해 충전인프라의 호환성을 제고한다. 충전기 통신규약은 충전기와 관리서버 간에 과금정보, 충전기 상태 등을 원활히 통신하기 위한 규칙이다.

충전기 통신규약이 표준화되면 충전기 제작비용을 낮추고, 충전기 운영주체가 변경되더라도 서비스를 원활하게 이전할 수 있을 것으로 기대된다.

V2G는 전기차와 전력망을 양방향으로 연결하여 전기차를 단순 이동수단이 아닌 에너지저장시스템(ESS)로 활용하기 위한 표준개발을 추진한다.

V2G 실현을 위해서는 차량, 충전기, 전력망 등 각 요소가 표준화된 기술방식을 적용해 호환성을 확보하는 것이 필수적이다.

무선충전은 주차와 동시에 충전이 가능하고 주행중에도 충전이 가능한 차세대 충전방식인 무선충전기술의 국제표준을 선점할 계획이다. 우리나라는 무선충전 핵심기술 3종의 국제표준안을 국제전기기술위원회(IEC)에 제안하였으며, 국내 전문가의 공동 대응을 통해 '24년까지 국제표준 제정을 성공적으로 마무리하는 것이 목표이다. 제안내용은 ① 고출력 무선충전 상호운용성 및 안정성, ② 주행중 무선충전 상호운용성 및 안전성, ③ 주행중 무선충전 통신 요구사항 등이다.

전기이륜차는 현재 일본, 독일 등이 주도하고 있는 이륜차 시장에서 국내 이륜차 업계는 전기이륜차로의 변화에 맞춰 표준화를 통한 시장확대와 제품경쟁력 회복을 추진한다. 특히 전기차와 달리 탈부착이 가능한 이륜차 배터리의 전압, 형상, 충전 커넥터 등을 조속히 표준화하여 호환성을 갖추고 성능과 안전에 대한 신뢰성을 확보해 나간다는 계획이다.

배터리는 차세대 배터리로 주목받고 있는 전고체 배터리의 성능과 안전에 대한 표준을 선제적으로 개발하고 국제표준 논의를 주도하여, 배터리 강국의 위상을 지켜나간다는 전략이다. 전고체 배터리는 배터리 양극과 음극 사이의 전해질이 고체로 된 2차전지로 대용량 구현이 가능하고 발화 가능성이 낮아 차세대 배터리로 주목하고 있다.

차량부품은 그간 표준화 논의에서 상대적으로 소외되었던 편의 · 안전장치 등 틈새분야에 대한 표준 수요를 적극 발굴하여 부품산업 경쟁력을 제고한다.

3. 국외 무선충전 전기자동차 현황 분석

1) 일본의 무선충전기술 현황

일본 국토교통성이 2002년부터 '차세대 저공해차 개발 및 실용화 촉진 프로젝트'를 시행하여 2008년 2월부터 하네다 공항에서 시험운행 중에 있다. 정차 중 도로에 매립된 급전장치에서 비접촉으로 급속충전하는 방식을 채택하였다.

2009년 7월에 개최된 닛산의 "첨단기술설명회-시승회 2009"에서 전기자 동차용 정차중 비접촉 충전시스템을 공개하였다.

[그림 7-1] WiTricity/도요타 무선충전 전기차

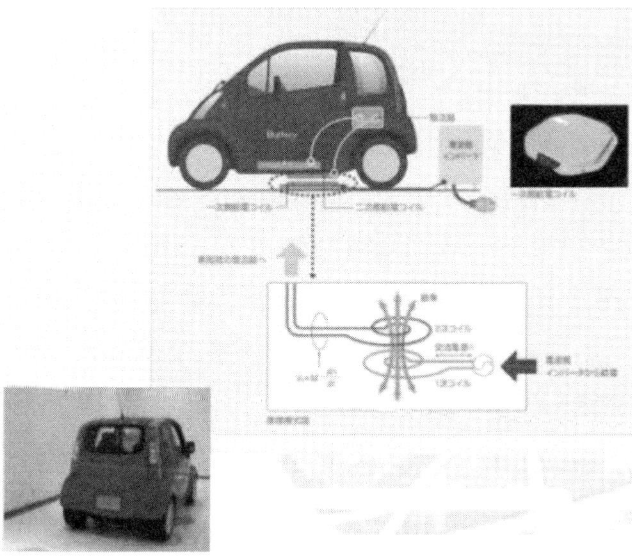

[그림 7-2] 닛산의 하이퍼미니 비접촉 충전시스템

2015년 현재 LEAF라는 모델로 3.3kW급 전기승용차 상용화 출시를 준비중에 있으며, 무선전력전송 시 주파수는 85kHz를 적용하였다. 무선전력전송시 공극은 10cm 정도이며, 이때 효율은 85~89% 정도이다.

2) 미국의 무선충전기술 현황

미국 버지니사에 위치한 MTC Transformers가 설립한 에바트랜에서 전기자동차를 근접에서 충전할 수 있는 자기유도방식의 '플러그리스 파워(Plugless Power)' 무선충전 솔루션을 출시하였다.

[그림 7-3] 에바트랜의 플러그리스 파워

현 시스템은 배터리 충전시 약 20%의 에너지 손실이 발생하지만 신차 시판시 90% 이상으로 에너지 효율성을 보완할 계획이다. 델파이오토모티브는 무선에너지 전송기술 공급업체인 와이트리시티(Witricity Corp.)와 제휴를 통해 가정용/상용 무선충전인프라 시스템 개발계획을 2010년 10월에 발표하여 2014년 2월 WiT-3000이라는 모델의 무선전력전송 모듈 개발 후 일본 도요타의 프리우스 모델에 적용하였다. 해당 무선전력전송 용량은 3.3kW, 사용주파수 85kHz, 공극 10cm이며 효율은 약 89% 정도이다.

또한 Plugless Power사에서는 2011년부터 L2라는 모델로 전기승용차 적용을 위한 무선전력시스템을 개발하고 있으며 캐딜락 ELR, 쉐보레 볼트 등 일부 전기자동차에 적용이 가능한 무선전력전송 시스템의 개발을 목표로 상용화를 추진하고있다. 해당 시스템의 사양은 무선전력전송 용량 3.3kW, 공극거리 10cm, 무선전력전송 주파수 85kHz이다.

3) 국외 무선충전 전기자동차 표준화 동향

IEC의 경우 유럽과 일본이 무선충전 설비에 대해 표준개발을 주력하고 있으며, 미국의 경우 퀄컴을 중심으로 무선충전을 위한 통신모듈 개발에 주력하고 있다. 현재 개발되고 있는 IEC 표준은 TC69에서 담당을 하고 있으며, 무선충전 전기자동차 중 소형차의 정차중 무선충전에 대한 표준개발이 진행되고 있는 상태이다.

표준은 2015년 초판이 발행될 예정에 있다.

표준화와 관련된 각국의 입장은 자국표준의 국제표준화를 위해 통신분야에서는 미국과 일본이 연합하여 표준개발을 추진하고 있다. 이를 기반으로 일본은 ISO와 SAE에서 발언권을 확보하여 IEC에서도 발언권을 강화하고 있다.

IEC 표준의 각국의 현 상태와 입장을 세부적으로 살펴보면 유럽의 경우 독일을 중심으로 표준 활동을 진행하고 표준개발 주도권을 확보하였으나 기술력 한계를 드러내어 일본에 주도권을 빼앗긴 상태이다. 일본은 무선충전 방식, 주파수에 대한 표준 삽입을 강력하게 추진하고 있다. 미국의 경우 퀄컴이 통신분야에 적극적 활동을 하고 있으며 현재 이해관계가 좁혀지지 않고 있는 주파수 결정에서 일본의 입장을 지지하고 있다. 참고로 유럽은 무선전력전송시 사용주파수는 140kHz이고, 일본은 85kHz로 향후 DC단계에서 일본의 85kHz가 표준에 삽입될 것으로 예상하고 있으나 현시점에서 일본의 경우 85kHz가 일본 해상 무선통신 주파수와 겹치는 문제가 있어 자국 내에서의 해당 주파수 해결을 위한 난관이 예상되고 있다.

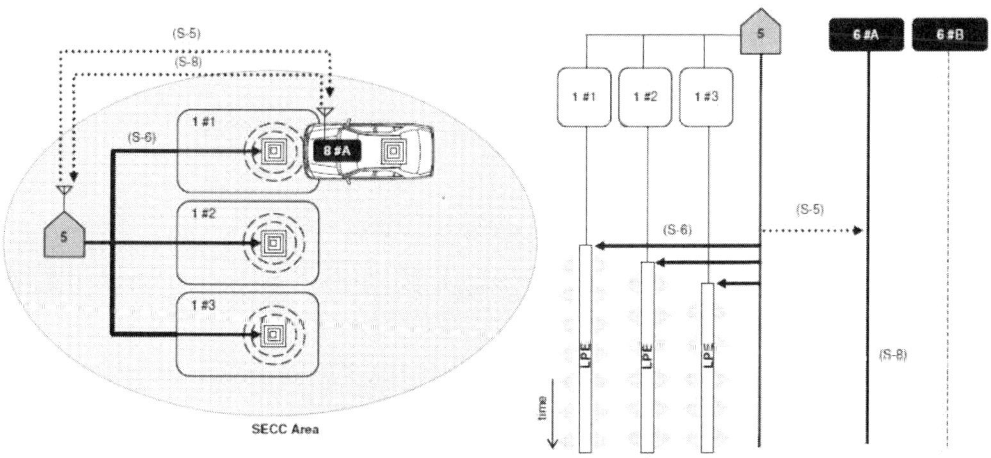

[그림 7-4] 퀄컴의 무선충전 전기자동차 상호통신 개념도

마지막으로 퀄컴의 경우 IEC 61980-2의 주요내용인 무선충전 전기자동차 및 시스템에 대한 통신모듈 개발에 주력하고 있으며, 모든 무선충전 전기자동차 표준개발을 위한 각국 IEC대표 및 제작 업체들은 퀄컴이 제안한 통신모듈을 기반으로 해당 시스템을 개발을 진행하고 있는 추세이다.

수행 내용

재료 · 자료

- 무선전력전송 관련 자료

기기(장비 · 공구)

- 컴퓨터, 문서작성 프로그램, 프린터, 주변기기

안전 · 유의사항

- 무선전력전송 관련 장비의 안전 및 유의사항을 숙지한다.

수행 순서

01 WPC의 표준 Qi 무선충전시스템에 대하여 분석하라.

Qi 표준으로 작동하는 장치는 평면 코일사이의 전자기 유도에 의존한다. Qi 시스템은 전원에 연결되어 유도전력을 제공하는 기지국과 유도전력을 소비하는 모바일 장치라는 두 가지 유형의 장치로 구성된다.

[그림 7-5]처럼 베이스 스테이션은 진동 자기장을 생성하는 송신코일을 포함하는 전력 송신기를 포함하여 모바일 장치에는 수신코일을 들고 있는 전원 수신기가 포함되어 있다. 자기장은 패라데이의 유도법칙에 의해 수신코일에 교대전류를 유도한다. 두 코일의 간격을 닫고 표면의 차폐를 통해 유도전력 전달이 효율적이다.

베이스 스테이션은 일반적으로 인터페이스 표면이라고 하는 평평한 표면을 가지며, 그 위에 사용자가 하나 이상의 모바일 장치를 배치할 수 있다. 전력전달이 발생하기 위해 송신코일(베이스 스테이션의 일부)과 코일(모바일 장치의 일부)을 수신하는 방법에는 두 가지가 있다. 유도위치 지정이라고 하는 첫번째 개념에서 사용자는 베이스 스테이션 표면의 특정 위치에 모바일 장치를 배치해야 한다. 이를 위해 모바일 장치는 크기, 모양 및 기능에 적합한 정렬 보조 장치를 제공한다. 무료 포지셔닝이라고 하는 두번째 개념은 사용자가 모바일 장치를 전송코일과 직접 정렬할 필요가 없다. 무료 포지셔닝을 달성하는 방법에는 여러 가지가 있다. 한 예로 코일을 송신하는 번들은 수신코일의 위치에서만 자기장을 생성하는 데 사용된다. 또 다른 예는 기계적 수단을 사용하여 수신코일 아래에 단일 송신코일을 이동한다. 세번째 옵션은 '다중 협동 플럭스 생성기'라는 기술을 사용하는 것이다.

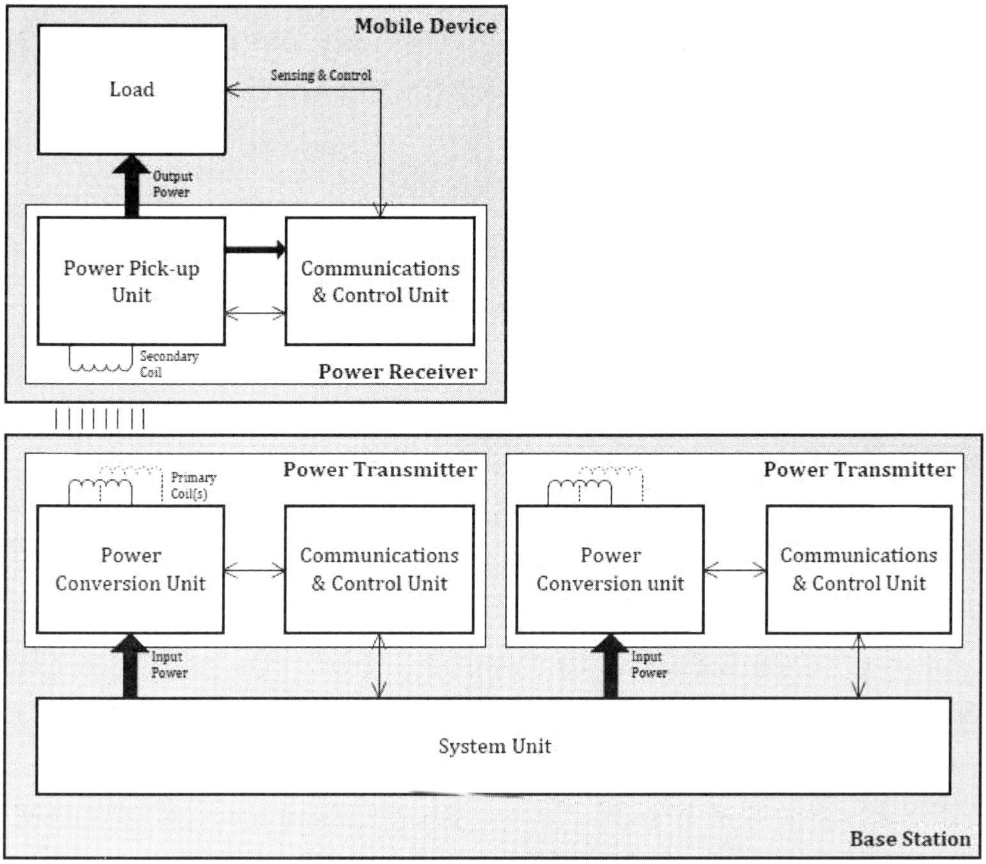

[그림 7-5] WPC 무선충전시스템

[그림 7-5]과 같이 전력 송신기에는 전력변환장치와 통신 및 제어장치라는 두 가지 주요 기능 단위가 포함된다. 다이어그램은 전력변환장치의 일부로 자기장을 생성하는 송신코일(Array)을 보여 주고 있다. 제어 및 통신장치는 전원 수신기가 요청하는 수준으로 전송된 전원을 조절한다. 또한 이 다이어그램에는 베이스 스테이션에 수많은 송신기가 포함될 수 있으므로 여러 대의 모바일 장치를 동일한 베이스 스테이션에 배치하고 각 배터리가 완전히 충전될 때까지 유도적으로 충전할 수 있다. 마지막으로 다이어그램의 시스템 단위는 입력 전원 프로비저닝, 다중 전력 송신기 제어 및 사용자 인터페이싱과 같은 베이스

스테이션의 다른 모든 기능을 포함한다.

파워 리시버는 전원픽업장치뿐만 아니라 통신 및 제어 장치로 구성된다. 송신기의 전력 변환 유닛과 유사하게 [그림 7-5]은 수신 코일을 파워 픽업장치의 자기장을 캡처하는 것으로 보여 준다. 전원픽업장치에는 일반적으로 수신코일 단일만 포함된다. 또한 모바일 장치에는 일반적으로 단일전원 수신기가 포함되어 있다. 통신 및 제어장치는 전력 수신기의 출력에 연결된 하위 시스템(예를 들어, 배터리)에 적합한 수준으로 전달된 전력을 조절한다. 이러한 하위 시스템은 모바일 장치의 주요 기능을 나타낸다.

1. 전원 송신기 하드웨어의 예제

2017년 제나라 사양의 1.2.2버전의 예로 A2 기준치 저전력 송신기는 평평한 코일에서 20회전(2층)의 코일을 가지며, 19mm 내지름과 40mm 외경의 형태에 상처를 주며 ± 직경이 4mm 이상인 연철의 아래 코일 쉴드가 있는 211개의 미세한 철의 하온 쉴드가 있다. 이 코일은 수신기 코일에 결합될 때 ~140kHz에서 자연 공명회로를 산출하기 위해 200nF 커패시터가 있는 계열 공진 회로에 배치된다.

이 계열 공진회로는 DC소스에서 H-브리지 스위칭 배열에 의해 구동된다. 커패시터의 전압은 50볼트에 도달할 수 있고, 전원 제어는 자동이다. Qi 사양은 적용된 실제 전압을 최소 50밀리볼트의 작은 단계에서 제어할 수 있어야 한다.

장치의 충전전압을 다운조절하는 대신, A2 기준을 충족하는 Qi 충전기는 1차 셀 전압에 따라 전달된 전력을 조절하기 위해 PID(비례 일체형 유도체) 컨트롤러를 사용한다.

다른 Qi 충전 송신기는 140kHz에서 연결을 시작하지만 송신기와 수신기 코일 간의 상호 유도는 송신기와 수신기 코일 사이의 스탠드오프 거리에 따라 다르므로 자연 공명 주파수가 달라지므로 더 나은 일치로 주파수를 찾을 수 있다.

다른 Qi 참조 설계에는 타원형 코일 및 다중 코일 시스템뿐만 아니라 여러 인덕터 및 커패시터가 있는 보다 복잡한 공명 네트워크를 포함하여 다른 코일 배열이 있다. 이러한 설계를 통해 주파수 민첩한 작동을 105~205kHz의 주파수와 최대 공진회로전압 200볼트로 허용한다.

2. 전원 수신기 하드웨어의 예제

Qi 전원 수신기 하드웨어 레퍼런스 디자인 1은 Qi 사양의 버전 1.2.2에서 와이어 44mm×30mm 외부 크기의 직사각형 코일, 와이어 14 회전 및 위 코일 마그네틱 쉴드로 시작한다. 이 코일은 커패시터(127nanofarad시리즈, 1.6nanofarad)를 병행 공진회로로 연결한다. 출력은 1.6nanofarad 커패시터에서 시작한다.

전원 송신기로 다시 디지털 통신 채널을 제공하기 위해 22개의 nanofarad 커패시터와 T 구성의 10kΩ 저항기로 구성된 공명 변조기를 1.6 nanofarad커패시터를 가로질러 전환할 수 있다. 1.6nanofarad커패시터를 통해 T 네트워크를 전환하면 전달된 전력의 변화로 전력 송신기에서 검출되는 결합된 시스템의 공진주파수가 크게 변화하게 된다.

휴대용 장치에 대한 전력 출력은 1.6nanofarad 커패시터를 가로질러 유선된 풀 웨이브 브리지를 통해서 전력은 일반적으로 충전 컨트롤러로 전달하기 전에 20microfarad 커패시터로 필터링된다.

다른 Qi 전원 수신기는 교량 정류기 전후에 수신기 공진기 커패시터를 가로질러 저항기 또는 저항기 쌍을 전환하는 등 대체 공진 변조기를 사용한다.

02 전기자동차의 무선충전시 보안위협 및 공격 대응방법에 대하여 분석하라.

1. 전기자동차 충전기술의 개요

지능형 자동차의 분야는 다양한 첨단기술을 접목시켜 안전한 주행과 편리한 서비스를 제공하기 위한 많은 연구가 진행이 되고 있는 분야이다. 특히 그린환경 정책의 일환으로 전기를 이용한 전기자동차에 대한 연구 또한 활발하게 진행이 되고 있다. 전기자동차의 경우 그린정책을 반영하기 위하여 전기의 에너지를 이용하는 기술로서, 주정차시 전기를 공급할 수 있는 기술의 개발이 진행이 되고 있다. 특히 주차시 주차장에서 자동으로 충전을 하기 위한 무선충전기술의 적용을 위한 모델이 사업화 모델로 제시되어 다양한 무선충전기술에 대한 많은 연구가 진행 중이다. 이러한 전기자동차의 특징은 우선 주행 중에 배기가스가 전혀 나오지 않는다. 그리고 소음이 아주 작다는 장점이 있다. 또한 에너지원이 다양하다.

단점으로는 1회 충전 후 주행거리가 짧다는 것인데, 그 이유는 배터리의 중량이 무겁기 때문이다. 또한 비용에도 문제가 있다. 판매가격은 동격 내연기관 자동차의 3배 이상이고, 전지의 수명이 짧고 그것의 교환 비용까지 생각한다면 비용적인 부담이 크다. 또한 충전에 걸리는 시간 또한 너무 길어 문제이다. 때문에 실용화되지 못하다가 고유가 문제와 공해문제가 대두되면서 차세대 자동차로 부상하고 있다. 전기자동차의 충전방식은 단자 접촉에 의해 전류를 직접 유입하는 컨덕티브 방식과 전자유도에 의해 전기에너지를 전달하는 인덕티브 방식으로 나뉜다. 또한 충전 시간에 따라 보통충전, 급속충전, 중속충전으로도 분류된다. 무선충전 인프라는 미국 캘리포니아의 Coulomb Technology에서 Charge Point라는 무인충전소를 설치하고, 충전 인프라 이용자를 대상으로 정보를 제공하고 있다. 제공 서비스로는 웹 기반 시스템을 통해 인터넷이나 휴대전화로 충전설비 지리정보, 이용가능 상황 등을 실시간으로 검색할 수 있다는 것이다.

2. 무선충전의 보안위협 요소

무선충전의 보안 위협요소는 근접 무선충전, 주차시 무선충전, 차량 이동간 무선충전의 서비스모델에서의 보안 위협요소를 분석하였다.

1) 근접 무선충전

[그림 7-6]처럼 스마트폰이나 디지털 카메라, 전동칫솔 등 근접한 기기에 대한 무선충전시 발생할 보안위협 요소로는 기기 사용자에 대한 위조나 변조의 위험이 존재한다는 것이다. 충전환경이 가정의 경우는 가정 내 사용에 대한 기기에 대한 정당한 인증이 이뤄지지만, 외부장소에서 충전시 발생하는 충전기기에 대한 인증에 대한 위조가 가능하며, 그에 따른 충전 비용에 대한 악용도 예상된다.

무선충전시 무선을 이용한 악성코드의 삽입을 통한 디바이스의 공격이 가능하다. 특히 무선충전시 기기간의 도청, 가로채기, 부인과 관련된 프라이버시 및 변조위협 요소가 법도용 및 접근을 통한 권한 위배, 물리적 침입, 재사용 공격, 중간자 공격의 위협이 가능하다.

[그림 7-6] 근접 무선충전시 보안위협

2) 전기자동차에서 주차 시 무선충전

[그림 7-7]처럼 전기자동차의 경우 주차시 무선으로 충전할 수 있는 방법으로 인프라가 구축되고 있다. 주차시 전기자동차에 대한 무선충전시 발생할 위협요소는 차량에 대한

사용자 인증에 대한 위조나 변조가 가능하다. 사용자 인증이 잘못될 경우 그에 따른 충전 비용이 잘못 부과될 수 있는 위협이 존재한다. 충전시에도 공공장소에서의 위협을 통해서 무선을 통한 악성코드의 삽입으로 다양한 보안위협이 예상된다. 전기자동차의 충전시 차량에 대한 정확한 인증이 안 될 경우 충전에 대한 남용의 공격이 가능하다. 무선에서 발생할 수 있는 다양한 DoS 공격의 유형이 발생할 수 있다. 특히 무선충전시 불법침투, 서비스 거부를 통한 차량 운행 마비, 바이러스, 웜, 트로이목마, 자원고갈 등의 보안 위협 요소들이 발생 가능하다.

[그림 7-7] 수자중 부선충전시 보안위협

3) 주행 중인 차량들 사이의 무선충전

차량 주행시 차량간 무선충전을 위한 방법으로 차량간 충전시 차량에 대한 상호인증의 부재를 통한 사용자 위조와 변조가 가능하다. 주행중 차량간 무선충전시 무선을 사용한 악성코드의 삽입으로 차량의 큰 사고를 유발할 수 있다.

또한 무선충전시 M2M의 지능형 자동차에서 발생 가능했던 다양한 공격유형이 동일하게 발생할 수 있다. 특히 거짓 정보를 발생시키는 공격차량에 의해 일정 네트워크 영역안에 있는 다른 차량들에게 거짓 정보를 보내는 Forgery 위협과 일정 네트워크 영역안에서 다른 차량의 통신에 장애를 가하는 신호를 발생시키는 Jamming공격이 가능하다. 무선충전시 차량의 상태정보를 변경하여 다른 차량으로 하여금 오인하도록 하는 공격하는

Impersonation 공격이 가능하다. 시간, 위치, 차량 ID, 이동정보 등의 차량과 관련된 개인 프라이버시 정보에 대한 침해하는 Privacy Violation과 차량내부의 정보인 속도, 위치, 차량 전장 부분의 상태, 각종 센싱정보 등에 대한 위변조의 공격이 가능한 위협요소이다.

[그림 7-8] 주행중 무선충전시 보안위협

3. 무선충전시 공격 대응방법

무선충전시 보안에서의 가장 큰 위험요소로는 사용기기에 대한 인증과 그에 따른 전기 사용량에 대한 비용에 대한 지불의 문제가 가장 중요한 보안위협 요소이다.

이동간 기기간의 상호충전시 발생할 수 있는 위험요소들은 기기에 악성코드 삽입을 통한 기기의 오작동이나 전기사용의 오남용의 위험이 존재한다. 이러한 위험에 대응하기 위해서는 무선충전 환경에 적합한 사용자 인증기법과 지불에 대한 대응방법이 필요하다.

사용자 인증에 대한 부분은 각 기기에 대한 사용자의 고유 식별을 위한 생체인식(지문, 홍채 등)을 통한 사용자 인증을 통해 정확한 사용자에 대한 식별 방법을 통해서 위험을 방어할 수 있다.

충전 기기간에 클러스터 단위로 구성을 통한 Threshold를 이용한 서명기반의 인증을 통해서 클러스터 서비스시 공개키/개인키 쌍으로 구성하여, 임계치 키구성 기법을 이용하면 클러스터 내의 기기에 대한 부분 인증이 실패해도 개인키를 이용하여 사용자 인증이 이뤄져 안전성을 보장할 수 있다.

전기자동차 충전시에 사용자 인증을 위해서 차량정보 연결을 요청할 때 사용자는 인증서버로 부터 본인 인증을 받아 차량정보를 기반으로 안전하게 통신이 되어야 한다. 차량 충전 인증이 진행시 단순 차량 정보와 패스워드 입력을 통한 인증보다는 좀 더 복잡한 인증 과정을 통하는 것이 상호인증에 안전하다. 사용자는 자신의 차량정보와 생체인식(지문, 홍채 등)을 이용하여 사용자의 차량정보, MAC 주소를 이용하여 만든 비밀키를 인증서버에게 보낸다. 인증서버는 사용자의 생체키를 기반으로 사용자의 마스터키를 찾아서 사용자 정보를 포함하고 있는 Ticket Key와 세션키를 만든다. 인증서버는 자신의 마스터키를 이용하여 Ticket Key를 암호화 하고 Ticket Key와 세션키를 사용자에게 보낸다. 사용자는 암호화된 Ticket Key 세션키를 가지고 차량정보와 접속한다. 사용자는 TimeStamp를 통해서 암호화와 복호화를 진행하여 세션 키를 이용하여 안전성을 보장한다.

전기자동차간 주행 중 상호 인증하기 위해서는 전기자동차간의 클러스터 단위의 그룹을 통해 그룹 인증을 이용할 수 있다. 충전을 원하는 차량이 클러스터에 진입 하려는 경우, 차량은 상호 간 안전한 통신을 통하여 상호 인증을 받아야 한다. 상호인증을 위해서는 차량의 고유의 정보와 사용자의 생체키 등을 이용한 인증을 통해서 차량의 정당한 사용자임을 안전하게 확인해 주어야 한다.

무선충전전송 기술은 산업분야에 다양하게 적용할 수 있는 파급효과가 매우 큰 첨단기술이다. 하지만 주파수 할당, 인체영향 및 기술적인 한계점 등 해결해야할 부분이 많이 있다. 앞으로 전개될 무선 충전시스템에서의 발생할 경우의 사업 모델을 기반으로 취약점을 분석하고 그에 따른 대응 방법을 제시하였다. 향후 이러한 문제를 좀 더 구체화하여 세부적인 대응 기법에 대한 인증과 지불에 대한 연구가 필요하겠다.

03 전기자동차 등의 무선충전 표준화에서 한국이 주도하는 이유에 대하여 분석하라.

한국은 미래 전기자동차 보급 확산의 핵심 인프라로 꼽히는 무선충전기술의 국제표준화를 주도한다.

산업통상자원부 국가기술표준원은 한국이 제안한 정차(停車) 중 고출력 무선충전기술의 국제표준 제정을 위한 국제표준화회의에 현대차, 와이파 워원 등 국내 대학 및 기업의 전문가들과 미국, 독일, 스위스, 이스라엘 등 7개국 해외 전문가 30여명이 참가했는데 무선충전은 주차와 동시에 충전이 가능하고 주행 중에도 충전할 수 있는 차세대 충전방식으로, 세계 각국이 기술 개발과 실증 사업을 추진하고 있는 가운데 한국과 일본이 국제표준 선점경쟁을 하고 있다.

[그림 7-9] 전기자동차의 주행 및 정차중 무선충전기술

현재 국제전기기술위원회(IEC)에서는 우리나라가 제안한 3종, 일본이 제안한 3종 등 6종의 국제표준안에 대한 기술 논의를 활발히 진행하고 있다.

이 가운데 정차 중 무선충전기술은 일본이 3종의 표준안을 제안하면서 국제표준화를 주도해 왔다. 하지만 일본의 표준안은 출력 11kW 이하 무선충전에 대해서만 규정하고 있어 기술성장에 한계가 있다. 11kW는 아파트 등에 설치된 완속 유선충전기와 유사한 수준의 출력이다.

한국은 최근 급속충전기 수준의 50kW 이상 고출력 무선충전기술에 대한 국제표준안을 IEC TC69에 제안하면서 혁신기술의 국제표준화를 추진하고 있다. 이 표준안은 작년 국제표준 제정의 첫 관문인 신규작업과제(NP : New Proposal) 채택 절차를 성공적으로 마쳤다.

〈표 7-5〉 전기차 무선충진 국제표준안 제안 현황

구 분	표준번호	표준명	제안국	제안 시기
정차중 충전 (4종)	IEC 61980-1	전기차 무선충전-제1부 일반요구사항	일 본	17.03
	IEC 61980-2	전기차 무선충전-제2부 통신요구사항		19.11
	IEC 61980-3	전기차 무선충전-제1부 특정요구사항		19.11
	IEC 61980-4	전기차 고출력 무선충전 상호운용성 및 안정성	한 국	20.07
주행중 충전(2종)	IEC 63243	전기차 주행중 무선충전 상호운용성 및 안정성	한 국	18.12
	IEC 63381	전기차 주행중 무선충전 통신 요구사항		20.12

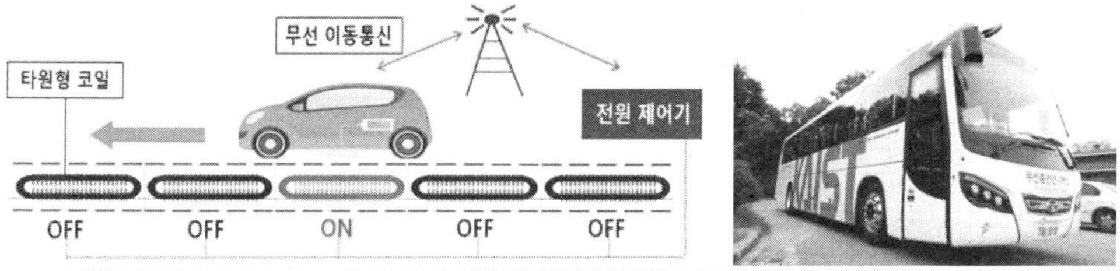

[그림 7-10] KAIST의 주행중 무선충전 표준의 개념

50kW급 무선충전이 상용화되면 약 1시간 만에 배터리 용량의 80%까지 충전이 가능하며, 70kWh 수준 승용차 배터리를 약 1시간 만에 용량의 70%까지 충전, 교차로 등에서 신호대기 중 약 1분간의 충전으로도 4~5km를 주행할 수 있다.

신규작업과제(NP) 채택 이후 고출력 무선충전기술 국제표준 제정을 위해 구성된 프로젝트팀의 '타원형 코일방식' 기술 논의를 위해 열렸고, 무선충전기 핵심 부품인 코일 구조에 대한 논의가 중점적으로 이루어졌다.

이 외에 우리나라는 전기차 무선충전의 또 다른 혁신기술인 주행중 충전분야에서 2종의 국제표준안을 제안하며, 이 분야 국제표준화를 선도하고 있다.

국표원은 전기차 무선충전 국제표준화회의에서 우리가 제안한 주행중 무선충전기술에 대한 국제표준화 논의를 주도한다.

주행중 무선충전기술은 고정 노선 순환 버스 등에 우선 적용이 가능하며, 주행중에도 배터리를 충전할 수 있어, 전기차 보급 확산의 촉매제 역할을 할 수 있다.

우리나라가 국제표준회의에서 타원형 코일방식의 철도 무선급전 방식을 제안해 향후 국제표준으로 채택될지 주목된다.

주행중 무선충전기술이 상용화했을 때를 대비해 차량과 인프라 간 상호호환성을 확보하고 차량과 탑승자를 전자파로부터 안전하게 보호하는 국제표준을 마련하자는 것이다. 주행중 무선충전기술은 아직 상용화하진 않았으나 전기차 대중화에 필요한 인프라 기술의 하나로 꼽히고 있다.

철도 무선급전기술을 국제표준으로 제정하기 위한 국제표준화 회의는 우리나라가 2018년 12월 국제표준화기구(IEC)에 제안한 국제표준안이 임시작업그룹 과제로 채택된 후 국제표준 제정을 위해 열리는 회의다. IEC 산하 철도기술위원회 철도무선급전시스템 그룹의 회원국인 프랑스 이탈리아 독일 중국 일본 한국 등 6개국 철도무선급전기술 전문가 등 30여 명 참석했다.

제안된 과제에 대해 기술위원회 정회원국 다수결의 찬성과 3개국 이상의 국가에서 표준화작업에 직접 참여하는 조건을 만족해야 첫번째 관문을 통과하게 된다. 이후 표준(안)은

[그림 7-11] 한국철도기술연구원이 개발한 경전철용 무선급전시스템

회원국 의견수렴 및 보완 과정을 거치게 되고 최종표준에 대한 찬반투표를 거쳐 최종 승인이 된다.

한국이 제안한 철도 무선급전 시스템의 상호호환성과 안전성 관련 국제표준에 대해 국제적 논의가 본격적으로 시작됐다는 점에서 매우 큰 의의가 있다.

철도에 무선급전 방식이 도입되면 철로 위의 전기선을 사라져 도시미관이 좋아지고 감전사고 위험도 줄어든다. 철도에 무선급전 방식이 도입되면 철로 위의 전기선을 사라져 도시미관이 좋아지고 감전사고 위험도 줄어든다.

철도는 그동안 철로위에 설치된 전기선을 통해서만 전력공급이 이루어지는 전차선 급전방식이었는데 무선 급전 방식은 차량이 주행 또는 정차 중에 무선으로 전력을 공급해 주는 기술이다.

철도 위 전기선이 사라지니 감전 사고 위험도 없어지고 도시미관도 향상된다. 터널 면적도 줄일 수 있어 공사비를 아낄 수 있고 철도역사 위치 선정에 있어서도 제약사항이 줄어든다.

우리나라의 타원형 코일방식은 유럽 등 다른 나라에서 개발한 원형 코일방식보다 비용을 절반 이하로 낮출 수 있다.

향후 무선급전시스템이 국제표준으로 제정되면 무선급전시스템에 대한 철도 차량과 시설 간의 상호호환성을 확보하고 전자파로부터 안전한 환경이 조성되는 등 기술 상용화의 기반이 될 것이다.

학습활동.7 교수 · 학습 방법

교수 방법

- 무선충전기술의 표준화에 대한 관련 용어, 구성, 방식 이해 정도를 파악한 후 수업을 진행한다.
- 교수자의 주도로 무선충전기술의 표준화 등의 내용을 PPT 자료로 제시한 후 설명한다.
- 가능하면 사전에 개인별 학습 자료를 준비하여 모든 학생이 참여할 수 있는 문제 해결식 수업, 협력 수업이 가능하도록 한다.
- 무선충전기술의 표준화전 과정을 작업의 순서에 따라 단계적으로 실습이 이루어질 수 있도록 지도한다.
- 교재를 통해 수업을 준비하는데 있어서 필요한 모든 정보나 팁, 힌트 등 도움이 될 만한 내용들을 확인할 수 있다.
- 학생들이 만들게 될 각 모델들은 수업시간에 중점적으로 다뤄질 부분과 어휘, 질문, 답을 포함하고 있으며 또한 탐구할만한 추가적인 아이디어들도 포함하고 있다.

학습 방법

- 무선충전기술의 표준화에 대한 관련 용어를 숙지하고, 무선충전기술의 표준화에 대해 이해한다.
- 무선충전기술의 표준화의 각 단계별 중점 사항을 체계적으로 학습한다.
- 무선충전기술의 표준화의 수행순서의 전 과정을 실습한다.
- 무선충전기술의 표준화의 내용을 이해한다.
- 무선충전기술의 표준화를 이해하고 숙달이 될 때까지 학습한다.

학습 7

학습활동.7 평가 및 피드백

평가 준거

- 평가자는 피평가자가 수행 준거 및 평가 내용에 제시되어 있는 내용을 성공적으로 수행할 수 있는 지를 평가해야 한다.

학습내용	평가항목	성취수준		
		상	중	하
무선충전기술의 표준화	무선충전기술의 표준화를 이해할 수 있다.			

평가 방법

• 작업 포트폴리오

학습내용	평가항목	성취수준		
		상	중	하
무선충전기술의 표준화	무선충전기술의 표준화를 이해할 수 있다.			

• 필기시험

학습내용	평가항목	성취수준		
		상	중	하
무선충전기술의 표준화	무선충전기술의 표준화를 이해할 수 있다.			

• 체크리스트를 통한 관찰

학습내용	평가항목	성취수준		
		상	중	하
무선충전기술의 표준화	무선충전기술의 표준화를 이해할 수 있다.			

• 피드백

1. 작업 포트폴리오
   - 제출한 보고서를 평가한 후 주요 사항에 대하여 표시하여 돌려준다.
2. 필기시험
   - 평가 결과 성적이 저조한 학생은 보고서 제출 기회를 부여한다.
3. 체크리스트를 통한 관찰
   - 실습 과정에서 평가한 후 개선해야 할 사항 등을 정리하여 돌려둔다.

참 | 고 | 문 | 헌

- 강승열 외 3, 무선 에너지 전송기술, 전자통신통신동향분석 제23권 제6호, pp.59-69, 2008.12.
- 국토교통부, 일등석이 버스 속으로!-프리미엄 고속버스 시승 현장에 가다!, 2016.12.18.
- 국토교통부 블로그, http://blog.naver.com/PostView.nhn?blogId=mltmkr&logNo=220 888 819193
- 김덕준, 국토부 "철도 무선급전, 타원형 코일방식 국제회의에 제안, 부산일보; http://www.busan.com, 2021.5.10.
- 김성민 외, 무선 충전기술동향과발전방향, 전자통신동향분석, 제31권 제3호, pp.32-41, 2016.6.1.
- 김성민, "ETRI E-cup 3차원 공간무선충전기", YouTube, https://www.youtube.com/watch?v=T7uHww1W4QI&t=106s, 2016.12.25 .
- 김성훈, http://www.munhwa.com/news/전기차 무썬충전시대 눈앞
- 김진욱 외, K인버터를 이용한 전자기 유도 방식과 자기 공명 방식의 특성 비교, 2011대한 전기학회 하계학술대회 발표집, 7월, 2011.
- 김진욱 · 지현호 · 최연규 · 윤영현 · 김관호 · 박영진, 자기 공명 무선 전력전송 시스템에서 공진 코일의 배열에 관한 연구, 한국전자파학회논문지, 21(6), pp.564-572, 2010.6.
- 류명효 · 정지훈, 비접촉 무선전원 기술의 이해와 응용, 2012 대한전기학회 무선 전력전송 단기강좌 발표집, Apr.25, 2012.
- 무선충전의 원리와 사례, https://artistichooc.com/13
- 문정익 외, 스마트 무선 충전기술, 전자통신동향분석, 제32권 제3호, 2017.6.
- 미래창조과학부, 세계2번째, 아시아최초무선 전력전송WPC 표준인증 상호호환성시험소 자격 획득, 미래창조과학부 보도자료, 2017.2.17.
- 박영진, 모바일기기 무선충전 시스템의 기술동향, 전력전자학회지, 제18권4호, pp.29-33, 2013.
- 박영진, 무선 전력전송의 이해, 전자공학회지, 제39권 제8호, 2012.08.
- 성문경, 무선충전기와공기청정기가하나로, 쥬니온 미니공기 청정기, 앱스토리매거진, 2017.2.27
- 송준영 · 이종준, 중 선전 몰려가는 무선충전 연합군…'비접촉 무선충전생태계구축', 전자신문, 2016.10.24.
- 안성덕, 무선 전력전송 기술개발 동향, ITA Journal, vol.138, pp.45-51, 2011.
- 양대근 · 김당오 · 이주용 · 조동호, 차세대 무선 전력전송 기술, 정보통신기획평가원, 2020.5.13.
- 양준현, 자기공명형 무선전력 시스템을 이용한 무선충전기 개발에 대한 연구, 명예박사기술논문, 삼성전자, 2010.12.
- 윤건일, LG이노텍, 스마트폰용15와트무선충전패드상용화, 전자신문, 2016.10.12.
- 이경수, 전기차 무선충전 국제표준, 한국이 주도한다, 산업통산자원부, 2021.4.16.
- 이근호, M2M에서 무선충전 시스템의 보안위협, 한국융합학회 논문지, 제4권 제1호, 2013.2.
- 이승민, 무선 전력전송 현황 및 국내도입을 위한 접근 방안, 한국 KFDC법제학회 한국보건산업진흥원 미래산업기획단, 2020.11.15.
- 이유진, 日 도요타, 전기차 무선충전 시스템 개발, 연합뉴스, 2014.2.14.
- 이종민, 삼일렉트로닉스, 아이디어 제품 '포터블 무선 가습기 출시' 출시, 전자신문, 2016.12.15.
- 임대현 · 조인귀, 무선 전력전송 기술동향 및 시장전망, 한국과학기술정보연구원, 2016.12.
- 장병준, 무선 전력전송 기술동향 및 향후 전망, 전력전자학회지, 제15권 제6호, 2010.12.
- 정진수 · 한운기, 무선충전 전기자동차의 국내 · 외 표준 및 기술 동향 분석, 2015.04.
- 조재환, 자동차, IT에 길을 묻다⑥…무선충전시대, ZDNetKorea, 2015.10.25.

• 주문정, 전기차 무선충전 국제표준 우리 기술로 주도한다, ZD Net Korea, 2021.4.15.
• 최두선, ETRI, 3차원 충전 등 최신 정보통신기술 'CES 2017' 출품, 한국일보, 2017.1.4.
• 최성진, 무선에너지 전송기술동향, 제어로봇시스템학회지, 제20권 제1호, 2014.3.
• 최효상 · 정인성, 무선 전력전송 시스템의 기술개발 현황과 동향, 한국전기학회, 2007.2.
• 한국자동차협회, 강남 노른자 땅에 무선충전소? 전기차 투자 나선부호들, (사)한국자동차협회관련뉴스, 2017.1.13.
• 한국정보통신기술협회, TTA, 4차산업핵심인프라 '무선충전' 표준 시험소로 지정, 한국정보통신기술협회 보도자료, 2017.3.16.
• A. Kures et al., "Wireless Power Transfer via Strongly Coupled Magnetic Resonance", Sci., vol.317, no.5832, pp.83-86, July, 2007.
• A. Kurs, A. Karalis, R. Moffatt, J. D. Joannopoulos, P. Fisher, and M. Soljacic, "Wireless power transfer via strongly coupled magnetic resonances", Science, Vol.317, pp.83-86, Jul, 2007.
• A. P. Sample, D. A. Meyer, and J. R. Smith, "Analysis, experimental results, and range adaptation of magnetically coupled resonators for wireless power transfer", IEEE Transactions on Industrial Electronics, Vol.58, No.2, pp.544-554, 2011.
• A. Thomson, 2018 Mercedes-Benz S550e Will Offer Wireless EV Charging Technology Built Using Qualcomm Halo Breakthroughs, OnQ Blog, Oct.11, 2016. https://www.qualcomm.com/news/onq/2016/10/11/2018-mercedes-benz-s550e-will-offer-wireless-ev-charging-technology-built-using
• Allied Market Research, Accessed 2017. https://www. alliedmarketresearch.com/press-release/wireless-charging- market.html
• Aristeidis Karalis, J.D.Joannopoulos, Marin Soljačić, "Efficient wireless non-radiative mid-range energy transfer", Annals of Physics, Vol.323, pp.34-48, 2008.
• B.C. Choi, J.H. Nho, H.Y. Cha, T.Y. Ahn, and S.W. Choi, "Design and implementation of low-profile contactless battery charger using planar printed circuit board windings as energy transfer device", IEEE Transactions on Industrial Electronics, vol.51, no.1, pp.140-147, Feb, 2004.
• Barry Fox, "One charging pad could power up all gadgets-Wireless Recharger",New Scientist, January. 2005.
• Bosch, Accessed 2017. https://www.bosch-professional.com/static/specials/wireless-charging/gb/en/#goto:wireless-charging
• C. J. Chen, T. H. Chu, C. L. Lin, and Z. C.Jou, "A study of loosely coupled coils for wireless power transfer," IEEE Transactions on Circuits and Systems, Vol.57, No.7, pp. 536-540, 2010.
• C. Liu, A. P. Hu, and N. K. C. Nair, "Modelling and analysis of a capacitively coupled contactless power transfer system",IET Power Electronics, vol.4, no.7, pp.808-815, 2011.
• C. G. Kim, D. H, Seo, J. Sik. You, J. H. Park, and B. H. Cho, "Design of a contactless battery charger for cellular phone", IEEE Transactions on Industrial Electronics, vol.48, no.6 pp.1238-1247, Dec, 2001.

- D. H. Childress, The Tesla papers, Adventures unlimited press, 2000.
- DAIHEN, "D-Broad Core", Accessed 2017.
  http://www.daihen.co.jp/en/products/wireless/agv/
- David Baarman (Fulto innovation), private communication.
- David Schneider, "A critical look at wireless power : Wireless power at a distance is still far away", IEEE Spectrum, May, 2010.
- Dong-Gi Youn, Yang-Ha Park, Kwan-Ho Kim, Young-Chul Rhee, "A Study on the Analysis of Rectenna Efficiency for Wireless Power Transmission", IEEE TENCON99, Vol.2, pp.1423-1426 17, Sep, 1999.
- Dong-Gi Youn, Yang-Ha Park, Kwan-Ho Kim, Young-Chul Rhee, "A Study on the Fundamental Transmission Experiment for Wireless Power Transmission System," IEEE TENCON99, Vol.2, pp.1419-1422 17, Sep, 1999.
- ETRI 미래전략연구소 표준연구본부, 표준화동향 무력전력전송표준기술, 2017.1.
- http://mvo.co.kr/ 블록, 스마트폰 무선충전, 원리는 무엇일까?
- http://www.a4wp.org/
- http://www.energy.or.kr/무선충전전기차
- http://www.powermatters.org/
- https://blog.kepco.co.kr/1857 [한국전력 블로그 굿모닝 KEPCO!]
- https://img.etnews.com/cms/uploadfiles/afieldfile/2013/06/11/1-2.jpg
- https://ko.wikipedia.org/wiki/무선충전
- https://m.blog.naver.com/슈피켄코리아
- https://www.belkin.com/kr/resource-center/wireless-charging/how-it-works/
  무선충전의 작동원리는 무엇일까요?
- https://www.wirelesspowerconsortium.com
- K. Leswing, "This is the Biggest Hint Yet that Apple's Next iPhone Will Have Wireless Charging", Business Insider, Feb.13, 2017.
- K.W. Choi et al., "Wireless-Powered Sensor Networks: How to Realize", IEEE Trans. Wireless Commun., vol.16, no.1, pp.221-234. Jan, 2017,
- L. Mearian, "Dell's Latitude 7285 to be world's first wireless charging 2-in-1", Computerworld, Jan. 5, 2017. http://www.computerworld.com/article/3154822/mobile- wireless/dells-latitude-7285-to-be-worlds-first- wireless-charging-2-in-1.ht
- M. Kline, I. Izyumin, B. Boser, and S. Sanders, "Capacitive power transfer for contactless charging", APEC- IEEE Applied Power Electronics Conference and Exposition, pp.1398-1404, 2011.
- M.J. Chablko, M. Shahmohammadi, and A.P. Sample, "Quasistatic Cavity Resonance for Ubiquitous Wireless Power Transfer", PLoS One, vol 12, no.2, pp.1-14, Feb, 2017.
- National Space Society, Accessed 2017.
  http://www. nss.org/settlement/ssp/NASADVD/part03.htm
- P. E. Glaser, "Power from the sun; its future", Science, Vol.162, No.3856, pp.857-861, Nov.22, 1968.
- Persistence Market Research, Accessed 2017.
  http://www.persistencemarketresearch.com/mediarelease/wireless-charging-market.asp

- Qualcomm, Accessed 2017. https://www.qualcomm.com/products/halo
- S. C. Tang, S. Y. Hui, and H. S. Chung, "Coreless Planar Printed-Circuit-Board (PCB) Transformers-A Fundamental Concept for Signal and Energy Transfer", IEEE Transactions on Power Electronics, vol.15, no.5, pp.931-941, Sep, 2000.
- S. E. Shladover, "Highway Electrification And Automation", California Partners for Advance d Transit and Highways (PATH),Paper UCB-ITS-PRR-'92'17, 1992.
- SIGNIA, Cellion, Accessed 2017. https://www.signiausa.com/signia-hearing-aids/cellion-primax-hearing-aids/
- ST, STMicroelectronics and WiTricity to Develop Integrated Circuits (ICs) for Resonant Wireless Power Transfer, Accessed 2017. http://www.st.com/content/st_com/en/about/media-center/press-item.html/t3803.html
- T. Hardwick, "Ming-Chi Kuo: Apple's Next-gen iPhone to Feature All-glass Case for Wireless Charging", MacDailyNews, Dec.23, 2016.
- Technavio, "Global Wireless Charging Market 2016-2020", SKU: IRTNTR8109, 2015.
- W. C. Brown, "The history of power transmission", Solar power, Vol.56, pp.3-2, 1996.
- W. C. Brown, "Satellite power stations: a new source of energy?" IEEE Spectrum, Vol.10, No.3, pp.38-47, Mar, 1973.
- W. C. Brown, "The history of power transmission by radio waves", IEEE Transactions on microwave theory and techniques, Vol.MTT-31, No.9, Sep, 1984.
- Wireless Power Consortium, The Qi Interface Specification Volume I : Low Power, 2010.
- WiTricity, Accessed 2017. http://witricity.com/daihen-shipping-industrial-robotics-solutions-powered-witricitys - wireless-charging-technology/
- WPC, Accessed 2017. https://www.wirelesspowerconsortium.com/developers/specification.html

학습 목표

1. 무선충전기술의 활용 이해할 수 있다.

학습 8

8-1 무선충전기술의 활용

1. 무선충전기술 활용의 개요

무선충전에서는 전력별로 소 · 중 · 대로 구분하지만 동일한 응용분야가 다양한 소비전력을 가지는 경우도 많으므로 전력의 경계를 명확히 구분하기는 어렵다. WPC에서는 소전력 표준(Qi)과 주방가전 표준(Ki) 사이의 전력인 30~65W를 중전력(Medium Power)으로 정의하고, 향후 200W까지 확장할 계획이지만 앞으로 중전력 응용분야가 점차 확대될 것을 예상하면 소전력 이후부터 주방가전 표준을 포함한 전기차 충전 전단계까지로 범위가 넓어질 것으로 예상된다. 따라서 중전력의 범위는 수십 W에서 수 kW까지로 볼 수 있다.

무선충전기술은 일반적인 기술발전 양상과 다르게 소전력의 스마트폰 무선충전과 대전력의 전기차 무선충전기술 개발이 먼저 시작되었고, 이후 중전력 응용분야

적용을 위한 상용화 기술개발이 진행되고 있다. 이러한 이유는 무선충전기술이 적용될 수 있는 응용분야의 시장성과 관계가 당연히 깊고 [그림 8-1]과 같이 미래사회에서 일어날 새로운 정보통신 지능화 서비스에 무선충전기술을 어떻게 적용할까에 대한 고민의 결과이기도 하다. 결국에 무선충전기술은 하나의 독립적인 서비스를 제공하기보다는 다양한 기술들과 융합되어 인류에게 편리와 해택을 주는 산업과 서비스를 구성하는 작은 부속품의 역할을 해야 할 것이다.

1 디지털 개인비서 2 반료 로봇 3 사고율 0% 자율이동 4 제2의 몸-엑스스킨
5 감정치유 6 환경인지 생산농장 7 자율공장 8 AI 가정교사
9 의료 AI 중추 10 AI 군(軍)참모 11 디지털 쌍둥이 도시 12 에너지 거장

[그림 8-1] 미래사회에서 일어날 새로운 정보통신 지능화 서비스

2. 소전력 무선충전 적용분야

무선충전은 모바일 · 스마트기기를 위주로 하는 소전력 분야의 업계형성이 활발해지면서, 최근 대전력 분야의 업계 활성화도 더욱 분명해지는 추세이다. 이는 전반적인 무선충전시장의 활성화에 따른 응용분야 확장에 따른 것으로 분석되며, 향후 참여업체의 수와 범위는 응용분야의 성장세, 타 분야의 융합, 무선충전 방식의

표준화 그룹별(CEA : Consumer Electronics Association, WPC : Wireless Power Consortium, AFA : Airfuel Alliance(구 PMA(Power Matters Alliance) 등) 시장선점/우위 등에 따라 크게 달라질 것으로 예상된다. 최근에 NFC(Near Field Communication) 포럼에서도 무선충전에 대한 신규 표준을 제정, 발표한 사례 또한 관련 시장의 확대를 반증하는 것으로 볼 수 있다.

소전력 분야의 경우, 스마트폰의 무선충전 제품(모듈, 패드, 리시버 등)의 제조 및 유통에 관계된 업체가 주를 이루고 있으며, 현재 주요 방식으로 사용되는 자기유도 방식과 자기공명 방식의 모듈, 패드, 리시버 등의 제조 · 유통업체가 대부분을 차지한다.

3. 중전력 무선충전 적용분야

중전력 무선충전기술의 적용이 가능한 분야는 [그림 8-2]과 같이 전동공구, 진공청소기, 드론, 전기자전거, 로봇 등이 있으며 현재는 접촉식 충전을 하거나 배터리를 본체에서 분리하여 별도로 배터리만 충전하는 경우가 많다.

따라서 접촉식 충전에서 발생할 수 있는 전극마모 또는 아크발생 문제와 배터리 탈부착의 불편함을 무선충전기술이 해결한다면 중전력 무선충전시장 전망은 상당히 밝다고 할 수 있다.

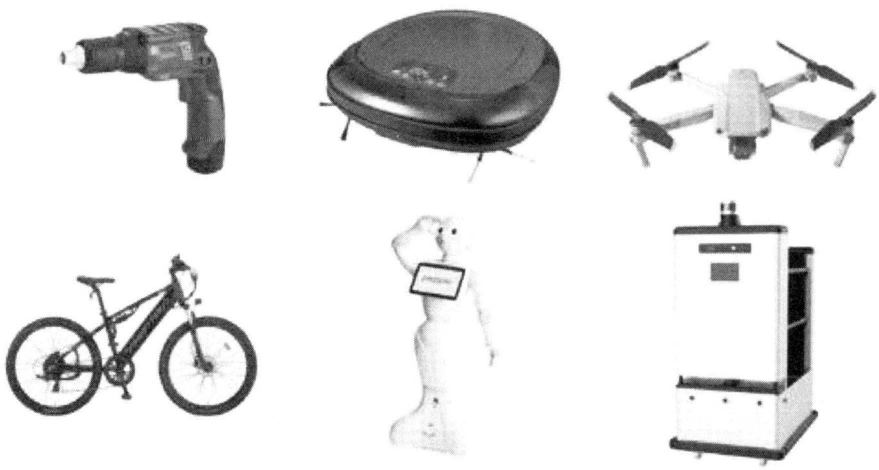

[그림 8-2] 중전력 무선충전 적용기능 분야

다음은 중전력 무선충전기술이 실제로 적용된 사례들을 〈표 8-1〉에 정리하였다. 일반적으로 시스템 효율은 송신부의 입력 직류전력 대비 부하(배터리) 입력전력으로 정의하지만 무선충전시스템의 용도에 따라 시스템을 구성하는 송 · 수신 코

학습 8

일의 크기와 이격거리가 서로 다르므로 효율만을 직접적으로 비교하여 시스템의 우위를 가리기는 어렵다.

〈표 8-1〉 중전력 무선충전기술 활용 사례

항 목	특 징	제조사, 개발기관
	• 충전전압 및 전류 18V, 3A • 전동공구 무선충전기 • 완충시간은 배터리 용량에 따라 45~120분 소요	BOSCH
	• 200W 출력, 전송주파수 140kHz • 시스템 효율 80%, 드론 무선충전용으로 개발 • 충전 자유도 향상 기술 적용	ETRI
	• 100~120W 출력 • 시스템 효율 80%, 소형 E-bike 충전용 • 공유자전거 서비스용으로 개발	KING-METER
	• 300W 출력, FCC 승인획득 • 로봇, 드론 등에 적용할 목적으로 모듈 형태로 개발 • 수중이동체 무선충전기술 개발	WIBOTIC
	• 2~4kW 출력, 전송주파수 85kHz • 시스템 효율 86%, 물류로봇 무선충전용(D-Broad) • WiTricity사와 라이센스 계약	DAIHEN
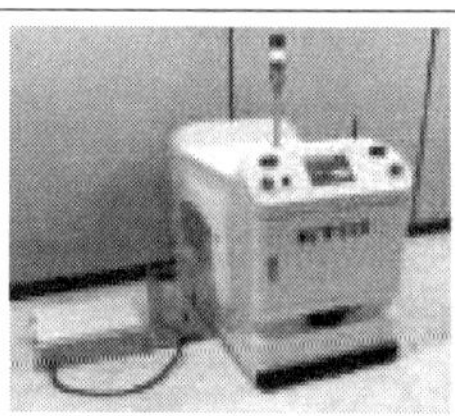	• 250~1000W 출력, 전송주파수 85kHz • 시스템 효율 90%, 물류로봇 무선충전용 • 영상정보를 이용한 지능형 이물질/생명체 탐지기술 적용	ETRI

그러나 일정수준 이상의 시스템 효율을 충전중에 유지해야 발열로 인한 성능저하와 안전사고 등을 예방할 수 있고, 무엇보다 충전시간을 단축할 수 있어 시스템의 상품성이 높아진다.

〈표 8-1〉과 같이 무선충전기술의 적용이 가능한 중전력급의 사례 중 드론과 같이 대용량 배터리를 장착하고도 운용시간이 짧은 경우는 배터리 교체방식에 비해 무선충전의 효용성이 낮은 것으로 지적되어 왔다.

그러나 다수의 드론을 순차적으로 운용하여 주요 시설물을 장시간 감시하거나 재난 지역을 관찰하는 등의 연속적 임무를 수행하는 경우에는 무선충전 스테이션과 자율비행 기술을 접목한 드론운용이 매우 효과적일 수 있다. E-bike는 최근 수요가 많아지고 각국의 친환경 정책에 발맞춰 아시아 시장을 중심으로 빠르게 성장하고 있으며, 전기자전거 관련 회사들은 새로운 제품 출시와 함께 개별 무선충전 및 공용무선충전 플랫폼을 제안하고 있다.

한편 COVID-19로 인한 사회전반의 비대면화 확산과 인공지능기술 발달로 글로벌 로봇시장은 연평균 22% 성장하여 2025년에는 194조원 규모로 커질 것으로 예상되고 있다. 또한 로봇은 미국 국제전자제품박람회(CES) 2021의 6대 키워드 중 하나로 꼽힐 만큼 세계적으로 관심이 매우 높아 국내에서도 비대면 서비스 로봇 관련 특허출원이 급증하고 있으며, 기업들도 앞다투어 시장진출을 하고 있다.

〈표 8-2〉 로봇의 분류

대분류	중분류
제조업용 로봇	• 이적재용, 핸들링, 공작물 장착 및 탈착용 로봇 • 용접, 납땜, 조립, 분해, 접착, 마킹 및 라벨링용 로봇 • 물품 연마, 절단 등 가공 및 표면처리용 로봇 • 생명공학기술 공정용 로봇 • 측정, 검사, 시험용 로봇 • 기타 제조업용 로봇
전문서비스용 로봇	• 사업시설 관리용, 안전 및 극한작업용 로봇 • 의료용, 건설용, 군사용, 농림어업용 로봇 • 여가 및 오락 서비스용 로봇 • 기타 전문서비스용 로봇
개인서비스용 로봇	• 가사용, 개인 건강관리용 로봇 • 개인여가/오락/취미용 및 감성교감, 교육용 로봇 • 기타 개인서비스용 로봇

로봇은 종류가 다양하여 〈표 8-2〉와 같이 제조업용 로봇, 전문서비스용 로봇, 개인 서비스용 로봇으로 분류할 수 있으며 무선충전기술을 적용하는 관점에서 보면 중전력을 중심으로 소전력부터 대전력까지 광범위한 응용분야로 기술상용화에

아주 좋은 모델이 된다.

[그림 8-3]는 〈표 8-2〉에 나열된 다양한 로봇분야에서 시급성과 실현가능성에 따른 로봇활용 서비스를 잘 정리하여 보여주고 있다.

특히 물류센터를 시급성과 실현 가능성이 가장 높은 서비스로 분류하고 있으며, 실제로 세계적인 전자상거래 업체인 아마존과 알리바바는 몇 년 전부터 물류센터와 창고에 물류로봇을 도입하여 활용하고 있다. 따라서 물류로봇은 서비스 로봇 분야에서 최고의 성장 잠재력을 가진 것으로 평가받고 있다.

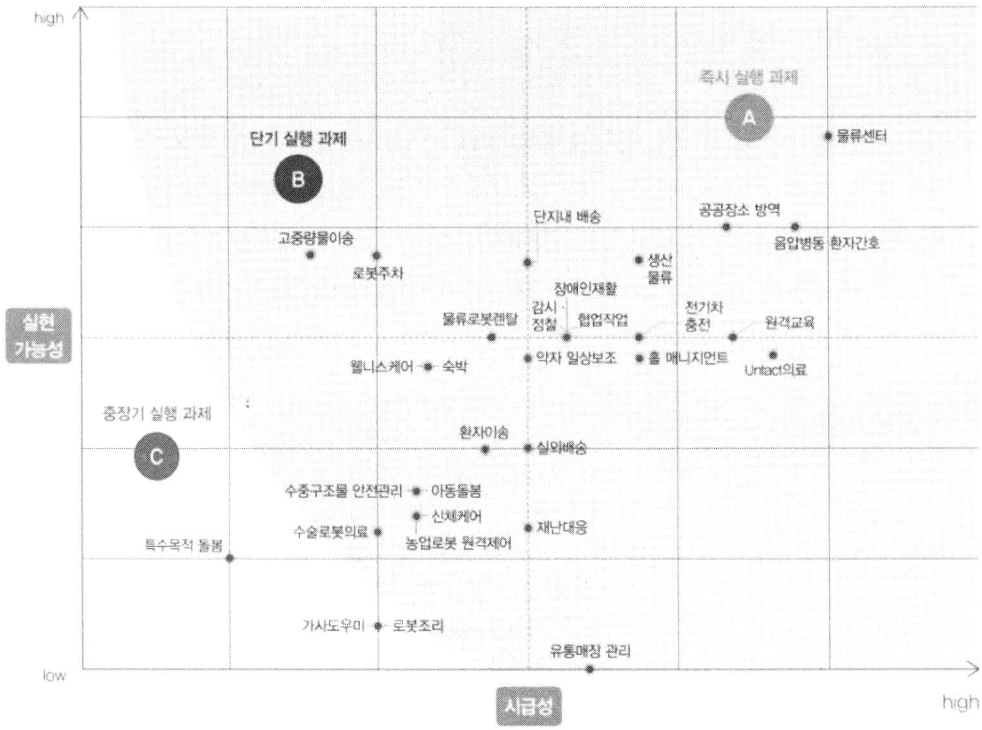

[그림 8-3] 로봇활용 전략 네트워크 서비스

4. 대전력 무선충전 적용분야

대전력 분야에서도 전기자동차의 확산에 따라 주행중 충전을 위한 분야와 원거리 무선충전 등에 대한 표준화, 정부/공공기관이나 대학/연구소와의 협업에 따른 원천/기초기술의 개발 및 인프라의 확보, 혹은 이를 응용하여 사업화 및 상용화하기 위한 목적에서 관련 업체(전기 · 전자, 건설, 자동차 등)의 참여에 따라 전반적인 업계가 형성되는 것으로 분석된다.

단 항공/우주 등과 같이 국가차원의 연구 · 개발 및 수행이 필요한 대형 프로젝트의 경우에는 국책 연구기관을 필두로 하여 프로젝트의 과제를 위한 부품/자재의 생산 및 공급, 기반기술의 확보에 필요한 인력 등의 참여 수준에서 시장이 형성되고 있으며, 관련 업계도 장기적인 차원에서 형성될 것으로 보인다.

따라서 전기자동차 위주의 제품을 통해 형성되는 대전력 관련업계의 확대가 정부 위주의 대형 사업/프로젝트, 인프라 구조의 대전력 관련 업계로의 확대를 뒷받침하고 있으며, 향후 업계전반의 확대로 이어질 전망이다.

8-2 무선충전기술의 특허 및 시장현황

1. 무선충전기술 관련 특허동향

[그림 8-4]은 무선충전기술 관련 특허 출원 동향을 연도별, 기술별로 나타내었다.

전체 조사 특허 건수는 총 1,439건으로 자기유도 방식 50%, 자기공진 방식 37%, RF 방식 6%, Laser 방식 3%, 초음파 방식 4%로 확인되었다.

무선충전기술의 출원 건수는 상용화 단계인 2013년 부근에 자기유도 기술 및 자기공진 기술을 중심으로 최다건을 기록 한 후 다소 감소하였으며, 이후 RF 방식, Laser 방식, 초음파 방식을 중심으로 출원 건수가 다소 회복되었다.

다만 2019년과 2020년의 출원은 아직 미공개 특허들이 존재하여, 향후 추가적

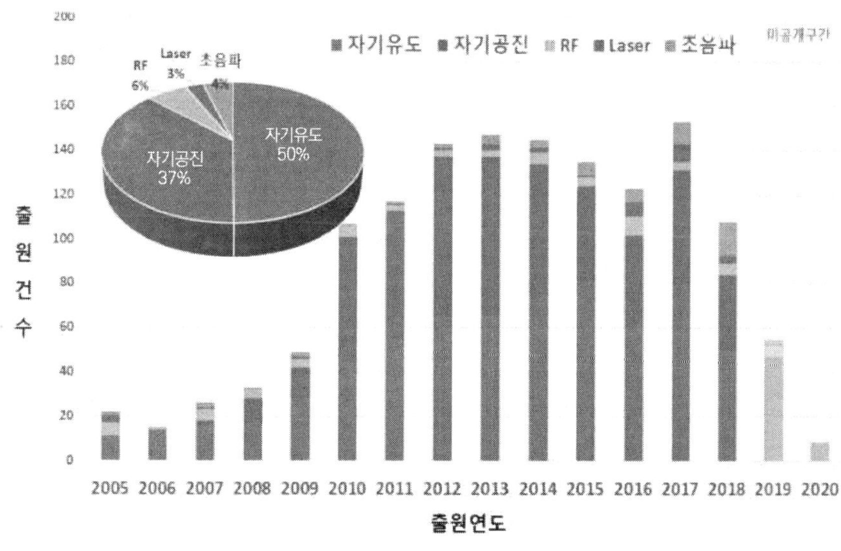

[그림 8-4] 연도별 특허출원 동향

인 관찰이 필요한 것으로 판단된다.

[그림 8-5] 무선충전기술과 관련된 특허를 분석하여 기술시장 성장단계를 조사하였다. 그래프의 가로축은 출원 인수, 세로축은 출원 건수를 나타낸다.

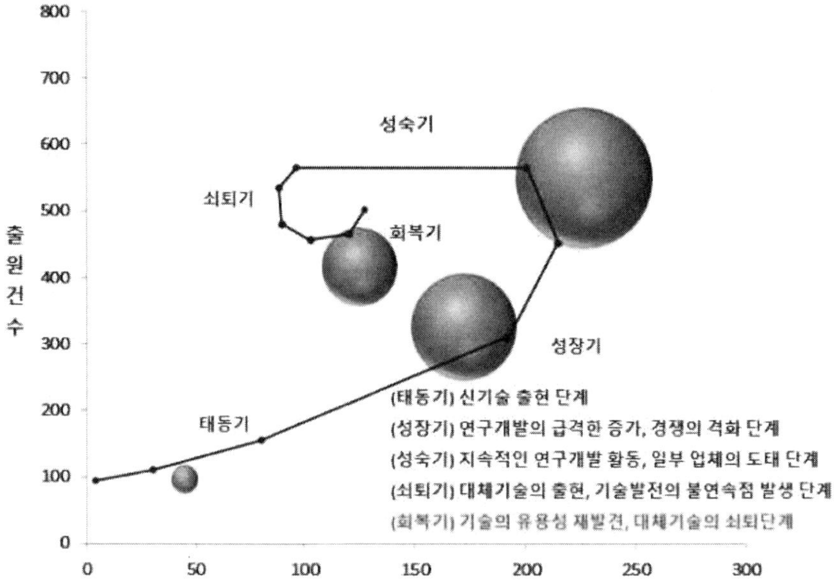

[그림 8-5] 기술시장 성장단계

1구간('05~08)은 신기술 출현단계인 태동기, 2구간('09~12)부터 3구간('13~16)은 출원인수와 출원 건수가 급격히 증가하는 성장기에 있으며, '17~20은 출원 건수와 출원 인수가 모두 감소한 쇠퇴기로 보인다.

최근 이후 RF 방식, Laser 방식, 초음파 방식을 중심으로 출원 건수가 증가하고는 있으나, 자기유도 방식과 자기공진 방식의 출원 건수 감소를 극복할 정도는 아닌 것으로 보인다.

무선충전기술과 관련된 출원 특허를 검색하여 확인된 주요 출원인은 삼성전자, 엘지이노텍, 엘지전자 등의 순이었으며 코스닥 기업으로 차량의 무선충전장치를 연구, 개발하는 ㈜모베이스전자도 주요출원인으로 조사 되었다.

주요출원인별 주요기술 동향으로 삼성전자, 엘지이노텍, 엘지전자 등의 주요출원인들은 이미 상용화된 자기유도, 자기공진 기술에 기술개발을 집중하고 있는 것으로 조사되었다. RF 방식, Laser 방식, 초음파 방식 등은 상대적으로 특허 출원이 활발하지 않은 분야였으나, 삼성전자와 엘지전자는 이들 차세대 충전방식에 대해서도 특허를 확보하고 있다. 또한 한국전자통신 연구원의 경우 이미 초음파 방식에서 상당한 특허 장벽을 확보한 것으로 판단된다.

국내의 주행중 무선충전기술의 특허 출원 건수는 '10년부터 10년간 총 299건으로 송·수신코일 169건, 충전과금 60건, 전자파 차폐 36건, 이물질검출 34건 등이다.

※ 국내 특허 출원자 현황 : 현대차(46건), LG전자(7건), KAIST(12건), 연구소(178건), 에드윈(8건), 그린파워(6건), 퀄컴(11건), 오클랜드 유니시비시즈(5건), 도요타(2건) 등이다.

2. 무선충전기술의 시장동향

무선충전은 스마트기기 및 웨어러블기기 분야를 앞세워 비즈니스, 의료/헬스케어, 일반산업용 분야에 이르기까지 전반적인 성장세가 뚜렷하게 나타나고 있다.

1) 세계, 스마트기기/웨어러블 분야의 사용확대로 성장세 전망

무선충전은 무선방식이 갖고 있는 충전의 자유도에 의한 편리성과 유지비용 등의 장점에 따라 다양한 분야에 적용될 것으로 예상되며, 4차 산업혁명으로 대두되는 IoT시대에 부흥한 모바일기기 분야의 수요가 관련 시장을 견인할 것으로 전망된다. 무선충전 분야는 대기업 위주의 스마트기기 제조업체들이 적극적으로 민간 표준단체에 참여함으로써 세계적인 기술수준을 확보하고, 이에 따른 수요창출을 이끌어내고 있다.

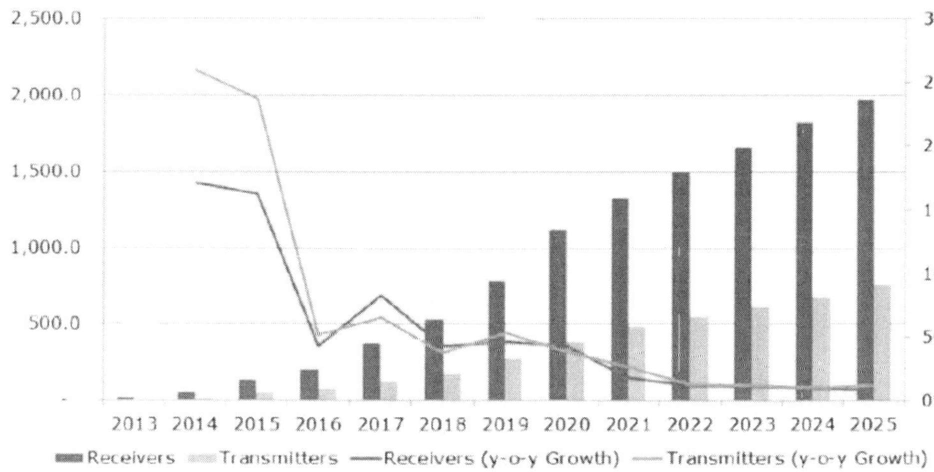

[그림 8-6] 세계 무선충전기 사용대수 전망(단위 : 백만대)

[그림 8-6]과 같이 글로벌 시장조사 전문업체인 IHS Market에 따르면, 2017년 세계 무선충전기 대수는 연간 3억 대를 넘어서면서 전년대비 약 75% 증가하였다. 이는 스마트폰, 노트북, 웨어러블 기기 시장의 시장견인이 반영된 것으로 보이며, 소비자들이 무선충전에 대한 관심이 높아진 이후 매년 사용자가 증가하면서 무선 충전기술을 응용한 분야가 확대되고 이를 채택한 기기들의 대수도 지속적으로 증가할 것으로 예상된다.

한편 미국 내 약 35%의 소비자가 스마트폰을 비롯한 모바일기기에 무선충전을 활용하고 있는 것으로 나타났으며, WPC에 따르면 2017년 세계시장을 기준으로 약 1.5억대의 송신기가 스마트폰의 무선충전을 목적으로 사용되는 것으로 집계되었다. 그 중 자기유도형 및 자기공진형 제품은 모바일기기, AV기기(디지털 카메라 등), 비즈니스용 제품(핸디형 디지털 도구 등), 기타 LED, 로봇, 장난감, 자동차 마운트형 제품, 의료제품, 헬스케어용 제품, 일반산업용 도구 · 제품 등에 다양하게 활용되고 있다.

글로벌 시장정보 업체인 Global Market Insight의 자료에 따르면 [그림 8-7]에서 나타난 바와 같이, 세계 무선충전시장의 규모는 2021년 150억 달러 규모에서 2026년 300억 달러 규모로 2020~2023년 사이 연평균 약 14.5% 수준의 성장세가 기대된다. 이는 웨어러블기기의 판매증가 외에도 북미 및 유럽의 전기차 확대에 따른 것이며, 인도 및 동남아 지역의 스마트폰 수요증가, 첨단 의료분야의 무선충전에 대한 니즈확대, 아시아/태평양 지역의 상업용 및 산업용 분야에서의 사용증가 등도 주된 이유이다.

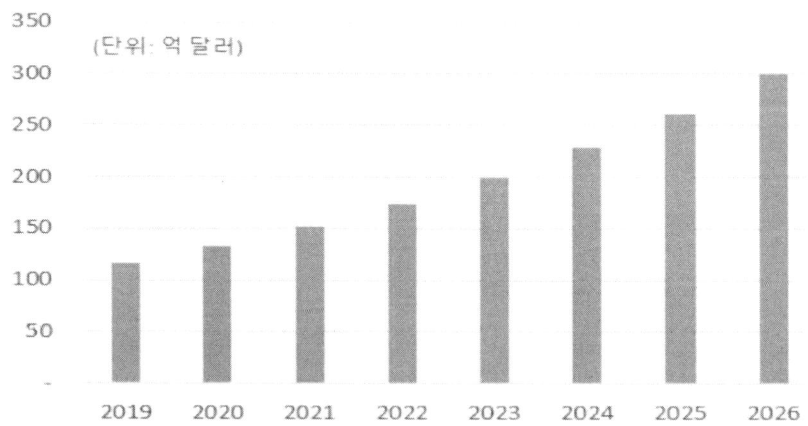

[그림 8-7] 세계 무선충전시장 전망

주요 품목별로는 2021년 기준으로 소비자용 제품분야의 시장점유율이 전체의 60%를 차지하고 있는 가운데, 최근 들어 공식 및 사실표준화기구 중에서도 자기유도 관련 표준이 영향력을 높여가면서 자기유도 방식의 제품 점유율이 45% 이상을 차지함에 따라 당분간 지속적인 성장세를 나타낼 것으로 예상된다. 자기공명방식 역시 2020년~2026년 성장률이 17% 수준에 달할 것으로 전망되면서 시장우위를 향한 경쟁은 지속될 것으로 보인다. 이 외에도 RF 방식 분야와 기타 방식 분야들도 지속적인 연구개발 및 인프라 분야로의 적용확대에 힘입어 시장 점유율을 점차 높여갈 것으로 기대된다.

2) 국내, 스마트기기 수요증가에 힘입어 세계시장과 유사한 성장세 기대

국내의 경우, 대기업이자 스마트폰 제조업체인 삼성전자와 LG전자를 중심으로 무선충전기술을 스마트폰 및 스마트워치 등의 모바일 및 웨어러블 기기에 도입하면서 관련 시장이 성장세를 보이고 있다. 이에 따라 스마트폰 제조업체뿐만 아니라 다양한 스마트폰 주변기기 업체들도 스마트폰/웨어러블 기기의 무선충전을 위한 송·수신 패드 등 관련 제품의 판매확대를 추진하면서 대중화 기반을 늘려가고 있다. 이 밖에도 자동차용 무선충전 기기제조업체들이 신형 자동차 모델들에 적용을 확대하면서 추가수요의 창출에 기여하고 있다.

Market sand Markets의 자료에 따르면 국내시장은 2021년 기준 약 7,100억원 규모를 나타내고 있으며, 향후에도 세계시장과 유사한 트렌드로 성장할 전망임에 따라 연평균 두 자릿수의 성장이 기대되고 있다. 이는 스마트기기 및 IoT 관련기기의 수요증가에 따라 소비자용 무선충전 관련기기의 수요도 동반 성장할 전망이기 때문이다.

학습 8

수행 내용

재료 · 자료

• 무선전력전송 관련 자료

기기(장비 · 공구)

• 컴퓨터, 문서작성 프로그램, 프린터, 주변기기

안전 · 유의사항

• 무선전력전송 관련 장비의 안전 및 유의사항을 숙지한다.

수행 순서

01 무선충전시스템의 3단계 과정에 대하여 분석하라.

무선충전시스템은 [그림 8-8]과 같이 대부분 3단계로 구성되어 있다.

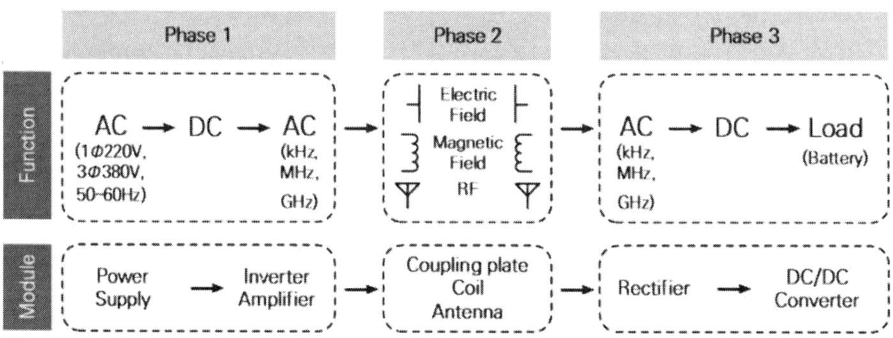

[그림 8-8] 무선충전시스템의 구성

① 단상 220V 또는 3상 380V의 교류전원을 직류로 변환하여 전력전송에 필요한 교류전원으로 재변환하는 단계

② 전극이나 코일 또는 안테나를 이용하여 무선으로 에너지를 전송하는 단계

③ 수신된 교류를 직류전원으로 변환하여 부하에 직접 전달하거나 배터리를 충전하는 단계

이러한 3단계를 기본 골격으로 시스템의 입출력 크기와 요구 성능 및 제작비용에 따라 부품들이 바뀌고 선택적 기능을 가진 구성품들이 추가될 수 있다.

또한 배터리 잔량에 따른 부하변동과 송·수신의 물리적 정렬과 거리에 따라 변하는 결합계수 등 충전환경에 따라 전송전력 및 시스템 효율 유지를 위해 각종 하드웨어 기법과 제어 알고리즘 그리고 다양한 방식의 통신모듈이 부가된다.

따라서 중전력 무선충전 시스템도 소전력 및 대전력과 마찬가지로 기본적인 구성은 동일하며 기존보다 우수한 시스템 효율과 충전 환경 변화에도 성능을 유지하며 안전성이 보장되는 완벽한 무선충전기술을 확보하기 위해 많은 노력과 시간을 투자하고 있다.

02 물류로봇의 무선충전기술 특징 및 이물체(FOD/생명체 탐지 LOD 기술에 대하여 분석하라.

1. 물류로봇 무선충전의 특징

물류로봇은 AGV(Automated Guided Vehicle) 또는 무인 운반차로 통용되지만 물류창고뿐 아니라 식당, 병원 등에서 배송 관련 서비스를 하는 자율 이동로봇(AMR : Automated Mobile Robot)까지 포함한다. 무선충전기술에서 물류로봇은 모델에 따라 수십 W에서 수 kW 전력의 배터리를 사용하므로 전력 스펙트럼이 아주 넓은 분야일 뿐 아니라 로봇 기술의 발달로 과거에 비해 고도로 정밀하고 지능화된 동작제어가 가능하여 무선충전을 위한 송·수신 코일의 정렬을 양호하게 만들 수 있고, 전력제어 알고리즘을 시스템에 탑재하는데 상당히 매력적이다.

물류로봇을 위한 무선충전은 일반적인 스마트폰이나 전기차 충전과는 다르게 [그림 8-9]과 같이 송·수신코일이 지면에 각각 수직방향으로 배치된 수직식 무선충전 형태가 거의 대부분이다.

수직식 무선충전 형태를 선호하는 이유는 물류로봇을 사용하는 스마트 공장이나 건물의 지면에 충전시스템의 송신부를 설치하면 비용이 증가할 뿐 아니라 시설변경 및 이설을 하는데 매우 불편하기 때문이다. 또한 마그네틱 테이프를 사용하여 경로를 유도하는 로봇의 경우에는 바닥에 송신부를 설치하는 것이 거의 불가능하다. 그리고 수평식의 경우 송신부 표면에 이물질이 부착되는 경우가 잦아 사람의 관리가 필요하지만, 수직식의

경우 송·수신부에 이물질 부착되어도 중력에 의해 쉽게 지면으로 떨어지므로 수평식 충전에 비해 유리하다.

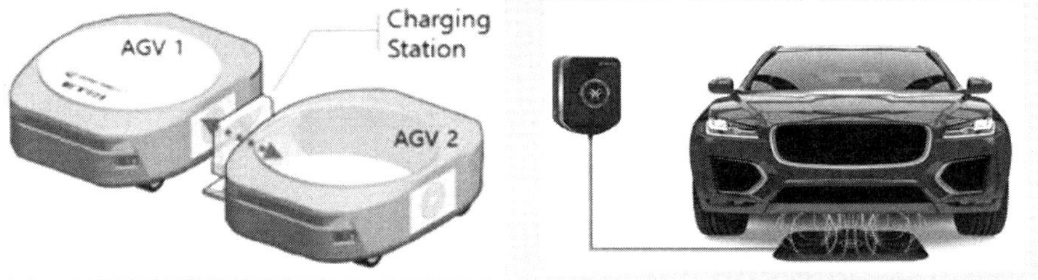

(a) 수직식 양방향 무선충전　　　(b) 수평식 단방향 무선충전

[그림 8-9] 송·수신코일과 지면 방향에 따른 수직식 또는 수평식 무선충전

그리고 다중충전에 있어서도 기술적인 어려움을 극복할 수 있다면 하나의 송신코일 앞뒤 면을 모두 이용하거나 복수의 송신코일을 설치하여 동시에 양방향으로 전력을 전송하는 무선충전시스템 기술을 적용하여 시스템의 개수와 설치공간을 줄이고 시스템 활용도를 높일 수 있는 것도 수직식 충전방식의 장점이다.

그러나 송신코일의 한쪽 면이 지면을 향하는 수평식에 비해 코일이 양방향으로 노출되므로 전자파 저감 측면에서 불리한 점은 앞으로 해결해야 할 숙제이기도 하다.

2. 영상정보를 이용한 지능형 이물체/생명체 탐지 기술

물류로봇은 지능적이고 자율적인 무인화 시스템 운용, 인간과 협업을 목적으로 사용되는 도구이므로 무선충전 시스템이 로봇 운용 시스템과 연동되는 것은 물론이고 발열과 이물체/생명체 탐지(FOD/LOD, Foreign/Live Object Detection) 그리고 전자파 문제를 필수적으로 해결해야 한다. 이러한 무선충전시스템의 3대 난제를 발생시키는 요인은 다양하고 복잡하여 충전전력이 증가함에 따라 해법을 찾기가 어렵다.

그 중 생명체를 포함한 이물체 탐지기술은 물류로봇 무선충전시스템이 수십 W 이상의 중전력이고 다양한 설치환경과 대전력에 비해 충전 중 사람이 접근하는 경우가 많이 발생하는 응용 분야이므로 중요하게 다루어야 할 기술 분야이다. 이물질을 탐지하는 방법은 [그림 8-10]과 같이 분류되고 정리된다.

이물체 중 특히 금속성 이물체는 자기장에 의해 표면에 전류가 흐르고 이물체의 저항 성분 때문에 쉽게 발열되는 특성이 있어 자기장을 이용하는 무선충전시스템에서는 치명적인 약점을 주는 요소이다.

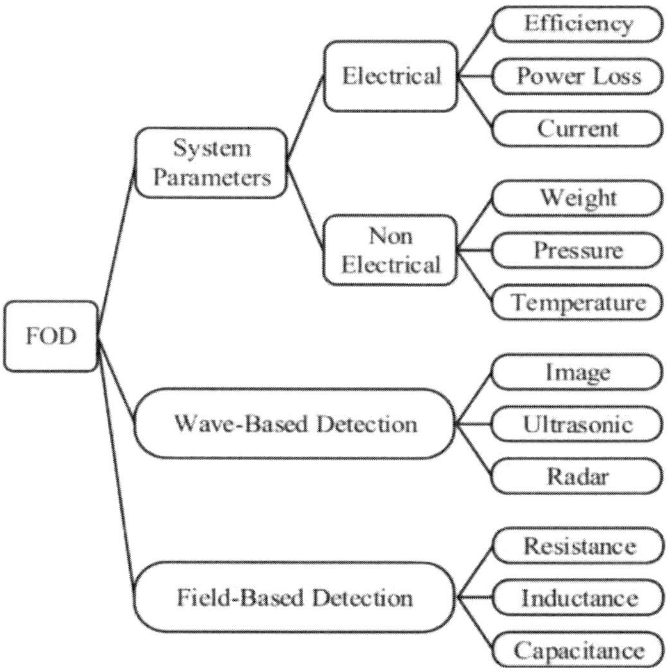

[그림 8-10] 이물질 탐지방법 분류

현재 소전력의 스마트폰 무선충전기에는 전력손실, 코일의 전기적 특성 변화 등 전기적인 성능과 온도를 실시간 확인하는 탐지방법이 적용되고 있다.

그러나 중전력급에서는 [그림 8-11]처럼 소형 금속이물체로 인한 전기적 성능변화가 충전전력에 비해 작아 탐지가 어렵고, 오탐율이 높아 보완책을 개발중에 있다.

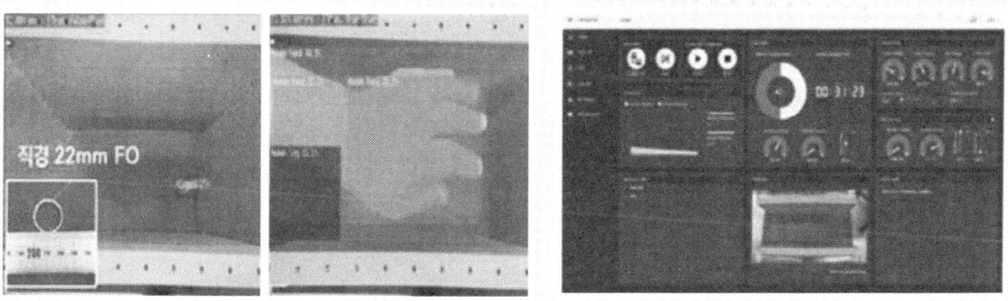

(a) 소형 금속체 및 생명체 탐지 시험　　　(b) 지능형 무선충전 운용 플랫

[그림 8-11] 이물체/생명체 탐지기능을 가진 지능형 무선충전 운용 플랫폼

최근에는 영상정보를 이용한 비전기적 방법으로 이 물체와 생명체를 탐지하는 기술개발이 진행되고 있는데, 한국전자통신연구원(ETRI)에서는 산업체와 함께 영상정보와 기계학습을 이용한 이물체/생명체 탐지기술을 물류로봇 무선충전 시스템에 적용하여 우수

한 탐지율을 얻었으며, 다양한 이물체와 생명체 모델을 학습하고 외부환경 변화에 대응 가능한 지능형 무선충전 운용 플랫폼 개발 관련 기술 국제표준화를 진행중에 있다.

03 무선충전기술 관련 주요 기업에 대하여 분석하라.

플래그쉽 및 중저가 스마트폰의 기능추가로 부품/주변기기업체의 수혜확대가 이루어지고 있으며, 전기자동차 분야에 대한 무선충전 도입을 둘러싼 업계참여도 더욱 확대되고 있다.

1. 주요 방식별 참여업체의 다양화 및 양적확대 뚜렷

무선충전은 스마트기기, 웨어러블기기의 사용증가로 관련 송신기/수신기 및 이에 사용되는 모듈·부품의 성장세가 나타나고 있으며, 스마트폰 제조업체 위주의 개발 및 생산·판매에서 벗어나 다양한 스마트기기 제조업체, 주변기기 제조업체 등이 개발·생산에 참여함으로써 전반적인 양적성장 및 업계확대가 이루어지고 있다.

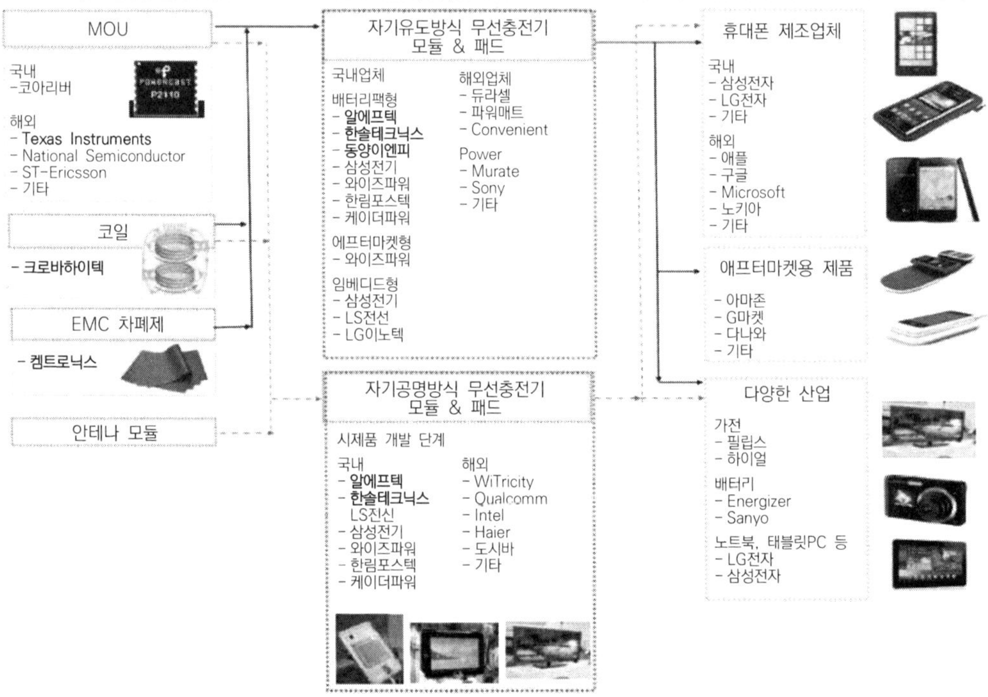

[그림 8-12] 무선충전 분야의 참여업체 현황

특히 애플 등의 글로벌 스마트폰 제조업체들이 최근 무선충전 기능을 탑재한 제품의 비중을 크게 높이고 있어 관련 부품(무선충전모듈) 및 주변기기·액세서리(무선충전기 등)의 사업진출·확대가 기대된다.

[그림 8-12]에서는 무선충전의 주요 방식 중 자기유도 및 자기공진 방식에 해당하는 관련 업체들을 그룹화하여 나타내고 있으며, 충전에 필요한 부품형태로써 배터리팩형 제품(모듈)이나 임베디드형으로써 무선충전용 모듈, 기타 애프터마켓형으로써 패드나 스탠드형 제품을 제조하는 업체 등이 각각 참여하고 있다. 자기공명 방식 또한 유사한 형태의 제품군을 제조하는 업체들이 참여하고 있다. 이들 업체는 국내외 전기·전자분야 대기업 외에도 국내 코스닥 상장사로써 중견업체, 기타 중소업체들이 다양하게 진출하고 있으며, 일부에서는 삼성전기 및 SKC와 같이 초창기 임에도 불구하고 자체 사업분야의 재편을 위해 관련 중견기업에 매각하거나 무선충전에 필요한 주요 소재인 페라이트 소재사업을 매각하거나 매각을 결정한 업체도 나타나고 있다.

2. 스마트폰 제조업체, 기능향상, 원가절감 등을 위한 무선충전 확대전망

글로벌 스마트기기 제조업체 중 하나인 애플은 아이폰12 시리즈부터 유선충전기를 별도로 판매하기로 결정함에 따라 향후 중가형 제품에도 무선충전기능을 확대할 전망이다. 이러한 결정은 충전단자의 제거시 방수·방진기능을 추가할 수 있으며, 이에 따른 설계·상품성 측면의 이점과 비용절감을 모두 갖출 수 있기 때문이다.

국내 업계에서도 삼성전자에서도 갤럭시A 시리즈에도 무선충전 기능을 확대할 전망이다. 2020년 하반기를 기점으로 갤럭시A 시리즈의 2~3개 모델에 무선충전 기능을 확대·도입하였으며, 이는 스마트폰의 카메라 고사양 경쟁과 마찬가지로 중저가 분야에서도 무선충전기능이 경쟁요소로 자리잡고 있기 때문이다.

또한 이러한 스마트폰 업체의 무선충전 기능확대는 관련 부품의 개발업체에게 기회로 작용하고 있으며, 국내의 경우 한솔테크닉스, 켐트로닉스, 아모텍 등의 관련 업체들이 스마트폰용 부품을 납품할 기회를 얻게 되면서 확대되고 있다.

일례로 한솔테크닉스는 삼성전자의 플래그쉽 제품의 공급선에 진입함에 따라 2020년부터 본격적으로 갤럭시S10 이후 시리즈의 무선충전 모듈을 공급하고 있다.

3. 전기차, 무선충전 기능의 도입에 따른 관련 업계 추가확대 전망

[그림 8-13]처럼 독일의 자동차 제조업체인 BMW는 530e iPerformance 모델에 무

학습 8

[그림 8-13] BMW의 무선충전기능 내장 자동차(530e iPerformance) 및 무선충전패드

선충전 시스템을 탑재한 바 있다. 이 차량은 독일 외에 영국, 일본, 중국, 미국 등에 판매되고 있으며, 충전용량은 총 3.2kW 수준으로 완전히 충전하는 데 약 3.5시간이 걸리는 것으로 알려졌다.

특히 정해진 주차장소에 주차하면 충전소 역할을 하는 그라운드패드(GroundPad)와 차량의 차체 하부에 고정된 카패드(CarPad)가 가까워질 경우 자기장에 의해 전자기 유도방식으로 전력이 충전되며, 충전패드는 차가 밟고 지나가더라도 손상되지 않을 정도로 단단하게 설계되어 있고 이물질이나 불순물이 감지되면 충전이 즉시 종료된다. 이러한 전기차 분야의 무선충전 기능확대도 무선충전(무선전력전송)의 주요한 응용분야로서 자리잡게 되면서 수요확대뿐만 아니라 전반적인 참여업체의 확대에도 기여하고 있다.

04 무선충전기술 선도기업에 대하여 분석하라.

1. WiTricity, 전기자동차 분야의 무선충전기술 선도

WiTricity Corporation(미국)은 MIT에서 스핀아웃된 후 2007년 설립된 무선충전 관련 업체이며, 무선전력전송과 관련된 다양한 기술확보 및 표준화에 나서고 있는 업체이다. 특히 2019년 2월 퀄컴 및 퀄컴 테크놀로지스의 기술플랫폼 일부 및 관련 지재권을 인수함으로써 자기공명 방식으로 대표되는 보유 특허 및 특허 애플리케이션을 1,500건 이상 보유한 기술력 확보기업으로 재탄생하였다. 특히 전기자동차 분야의 기술력을 바탕으로 도요타, 앱티브, 말레, TDK, 다이헨, 브루사 등과 기술라이선스 계약을 체결하는 등 관련 표준의 글로벌화를 위한 국제표준화기구 등의 견인차 역할도 하고 있다.

주요 제품은 원형코일 디자인 방식의 자기공명 방식 제품의 기반으로 제품을 공급하고 있으며, 자동차 제조업체 등에 대하여 경제성을 고려한 11kW급 제품을 개발하기 위해 노력 중이다.

2. Powermat 무선유도 방식의 다양한 제품 개발

생산 Powermat Technologies Ltd(이스라엘)는 2006년에 설립된 무선충전 관련 업체이다. 2009년 무선충전과 관련된 제품을 발표한 이후, 2013년 GM이 관련 제품을 쉐보레 볼트 제품라인으로 채택한 이후 레이든 에너지와 제휴한 공항내 무선충전 제품출시 합작에 따른 듀라셀 파워매트 브랜드의 제품출시 등 지속적으로 제품 상용화를 이어왔다.

2012년에도 스타벅스가 관련 매장에 이 제품을 사용하기 시작하였으며, 2017년 애플의 무선충전 내장 아이폰 발표에 따라 무선유도 방식의 충전스팟 및 무선충전기를 빠르게 발표함에 따라 다양한 제품군으로 확대하고 있다. 동사의 Charging Spot 4.0 기술은 단일 플랫폼에서 0~40W까지의 전력을 지원할 수 있어 모바일/웨어러블기기 부터 태블릿 PC, 노트북까지 다양한 장치의 무선충전이 가능하다. 최근 개발된 제품의 경우 최대 20cm 거리에서 중간의 장애물의 유무와 관계없이 최대 50W의 전력을 제공하는 제품도 발표하였다.

3. Ossia, 원거리 무선충전 분야의 확대견인

Ossia Inc.(미국)는 2008년 설립되어 비접촉 무선충전 솔루션을 개발, 제공하고 있는 업체이다. 동사는 현재 70여 건이 넘는 무선충전 관련 특허를 보유하고 있으며, 동사의 브랜드이자 무선충전기인 'Cota'는 기존 경쟁제품이 10cm 이내의 거리에서만 충전이 가능한 점과 달리, 10m 이내의 모든 전자기기에 최대 1W의 전력으로 충전이 가능한 것이 장점이다. 이에 따라 와이파이, 블루투스와 비슷한 안테나 기반으로 무선전력송신이 가능해짐에 따라 건물 혹은 차량 등에서 멀리 떨어진 곳에서도 전력전송이 가능하다. 특히 동사는 FCC(미연방통신위원회)의 인증을 2건 확보함에 따라 원거리 무선충전 분야에서 선두지위를 확보하게 되었으며, 2.5GHz 및 5.8GHz 주파수 대역에 대한 인증을 통해 Cota Cloud 웹/모바일 제품군을 통해 자사의 Cota Home 서비스로 관리할 수 있는 제품의 판매가 더욱 확대될 것으로 기대된다.

또한 T-Mobile 등과의 협력하에 월마트 유통센터에서 IoT 자산추적 솔루션(Forever Tracker 기술) 등을 개발하고 있다.

4. 코스닥 기업분석

1) 켐트로닉스

켐트로닉스는 1997년 설립된 전자부품 및 케미칼 사업을 영위하는 업체로써 삼성전자의 LCD 모니터용 터치 스위치 납품을 시작하였으며, 현재 전자사업 중 전자부품 및 무선충전용 제품관련 사업을 영위하고 있다. 2019년 4월에는 삼성전기로부터 모바일용 무선전력전송 및 NFC 칩 코일관련 사업을 전략적으로 인수함으로써 수신용 모듈사업의 영업권, 특허, 설비 등을 흡수하고 송·수신 무선충전의 토털솔루션을 제공하고 있다. 이에 따라 2019년 7월부터는 삼성전자의 갤럭시 S10 시리즈 및 노트 10 시리즈용 무선충전 모듈의 생산을 시작하였으며, 송신용 모듈 외에도 수신용 모듈에 대한 사업확장이 이루어지고 있다. 동사는 자회사인 위츠를 통해 삼성전기의 무선충전 수신용/NFC 코일 사업에 집중하고 있다. 또한 2020년부터는 자회사인 위치의 베트남 공장으로 설비를 이전하고 직접 생산에 나서고 있으며, 삼성전자의 스마트폰에 대한 송·수신용 칩의 동시공급이 가능한 업체로써 갤럭시 폴드용 부품 및 무선충전기 패드셋에 대한 독점공급과 더불어 향후 중저가 스마트폰에 대한 무선충전 기능탑재에 대응한 무선충전 모듈의 공급확대도 기대된다.

2) 동양이엔피

동양이엔피는 1987년 설립되어 전력기계용 동력전달장치를 주로 제조하였으며 PDP/LCD, 네트워크시스템, 셋톱박스, 프린트, 복사기 등의 전력공급장치와 D/C 컨버터, 충전용 어댑터 등을 제조하였다. 현재 삼성전자의 TV용 파워모듈(SMPS) 뿐만 아니라 S20 시리즈(5G)에 공급되는 급속충전기(25W)를 제조하여 납품하고 있다. 이와 관련하여 국내인증 외에도 다수의 해외인증(UL(미국), CE(유럽), CCC(중국), QAS(호주), BIS(인도))을 획득하여 이에 따른 안정적 매출확보도 기대할 수 있다.

한편 무선충전 분야에서는 2015년 한국전자통신연구원(ETRI)로 부터 무선충전시스템 관련 기술(60W 급의 자기공명 방식을 이용한 무선충전시스템)을 이전받은 바 있다. 동사는 이전받은 기술 외에도 자체 기술을 통해 현대자동차의 맥스크루즈, 산타페 차종 등의 스마트폰 무선충전기로서 자기유도 방식의 기술을 적용한 제품을 공급한 바 있으며, 동 제품은 전자파간섭(EMI) 규격을 만족한 제품으로써 품질확보가 이루어진 바 있다.

동사의 스마트기기용 무선충전제품으로는 WPC의 Qi 표준을 취득한 자기유도제품 외에도 자기공명 방식을 활용하는 제품군의 개발(소형화 및 패키징)을 지속하고 있다.

3) 알에프텍

알에프텍은 1995년 설립되어 2002년 코스닥 시장에 상장된 업체이다. 주요 사업부문은 정보통신사업과 LED 조명사업이며, 모바일 기기의 부가장치[충전기, 안테나, DLC(Data Link Cable), 액세서리 등] 및 LED 조명기기의 제조에 주력하고 있다.

1995년 삼성전자의 납품 지정업체로 선정된 이후 1997년부터 OEM 제조업체로 선정되어 삼성전자의 유선충전기 및 DMB용 안테나의 납품 1위 기업인 1차 협력사이다. 최근에는 동사의 기술적 우위를 바탕으로 현지화 전략 등을 통해 베트남 등 해외공장으로부터 생산, 공급하고 있으며 모바일기기 관련 부가제품을 삼성전자에 ODM 방식으로도 공급하고 있다.

그 밖에도 5세대 이동통신 기지국에 대한 안테나 모듈 등에 대한 사업 다각화를 추진하고 있다. 동사의 브랜드인 R Force는 무선충전기 및 파워뱅크(보조배터리) 제품군으로써 무선충전 규격(자기유도 방식 - Qi 표준)을 준수하여 기존 저가제품 대비 우수한 품질을 가지고 있으며, 일체형 제품부터 분리형 제품, 무선충전패드, 여행용 충전기까지 다기능을 지원하는 제품으로 구성된다.

그 밖에도 무선충전/NFC 겸용의 안테나 및 부품을 개발하여 스마트폰 및 태블릿 PC 등의 무선충전기능을 제공하기 위한 제품으로써 공급 중이다.

학습 8

학습활동.8 교수 · 학습 방법

교수 방법

- 무선충전기술의 활용에 대한 관련 용어, 구성, 방식 이해 정도를 파악한 후 수업을 진행한다.
- 교수자의 주도로 무선충전기술의 활용 등의 내용을 PPT 자료로 제시한 후 설명한다.
- 가능하면 사전에 개인별 학습 자료를 준비하여 모든 학생이 참여할 수 있는 문제 해결식 수업, 협력 수업이 가능하도록 한다.
- 무선충전기술의 활용 전 과정을 작업의 순서에 따라 단계적으로 실습이 이루어질 수 있도록 지도한다.
- 교재를 통해 수업을 준비하는데 있어서 필요한 모든 정보나 팁, 힌트 등 도움이 될 만한 내용들을 확인할 수 있다.
- 학생들이 만들게 될 각 모델들은 수업시간에 중점적으로 다뤄질 부분과 어휘, 질문, 답을 포함하고 있으며 또한 탐구할만한 추가적인 아이디어들도 포함하고 있다.

학습 방법

- 무선충전기술의 활용에 대한 관련 용어를 숙지하고, 무선충전기술의 활용에 대해 이해한다.
- 무선충전기술의 활용의 각 단계별 중점 사항을 체계적으로 학습한다.
- 무선충전기술의 활용의 수행순서의 전 과정을 실습한다.
- 무선충전기술의 활용의 내용을 이해한다.
- 무선충전기술의 활용을 이해하고 숙달이 될 때까지 학습한다.

학습활동.8 평가 및 피드백

평가 준거

- 평가자는 피평가자가 수행 준거 및 평가 내용에 제시되어 있는 내용을 성공적으로 수행할 수 있는 지를 평가해야 한다.

학습내용	평가항목	성취수준		
		상	중	하
무선충전기술의 활용	무선충전기술의 활용을 이해할 수 있다.			

평가 방법

• 작업 포트폴리오

학습내용	평가항목	성취수준		
		상	중	하
무선충전기술의 활용	무선충전기술의 활용을 이해할 수 있다.			

• 필기시험

학습내용	평가항목	성취수준		
		상	중	하
무선충전기술의 활용	무선충전기술의 활용을 이해할 수 있다.			

• 체크리스트를 통한 관찰

학습내용	평가항목	성취수준		
		상	중	하
무선충전기술의 활용	무선충전기술의 활용을 이해할 수 있다.			

• 피드백

1. 작업 포트폴리오
   - 제출한 보고서를 평가한 후 주요 사항에 대하여 표시하여 돌려준다.
2. 필기시험
   - 평가 결과 성적이 저조한 학생은 보고서 제출 기회를 부여한다.
3. 체크리스트를 통한 관찰
   - 실습 과정에서 평가한 후 개선해야 할 사항 등을 정리하여 돌려둔다.

학습 8

참 | 고 | 문 | 헌

- 강승열 외 3, 무선 에너지 전송기술, 전자통신통신동향분석 제23권 제6호, pp.59-69, 2008.12.
- 국토교통부, 일등석이 버스 속으로!-프리미엄 고속버스 시승 현장에 가다!, 2016.12.18.
- 국토교통부 블로그, http://blog.naver.com/PostView.nhn?blogId=mltmkr&logNo=220888819193
- 김성민 외, 무선 충전기술동향과발전방향, 전자통신동향분석, 제31권 제3호, pp.32-41. 2016.6.1
- 김성민, "ETRI E-cup 3차원 공간무선충전기", YouTube, 2016.12.25 https://www.youtube.com/watch?v=T7uHww1W4QI&t=106s
- 김성훈, http://www.munhwa.com/news/전기차 무선충전시대 눈앞
- 김진욱 외, "K인버터를 이용한 전자기 유도 방식과 자기 공명 방식의 특성 비교", 2011대한 전기학회 하계학술대회 발표집, 7월, 2011.
- 김진욱, 지현호 · 최연규 · 윤영현 · 김관호 · 박영진, "자기 공명 무선 전력전송 시스템에서 공진 코일의 배열에 관한 연구", 한국전자파학회논문지, 21(6), pp.564-572, 2010.6.
- 류명효 · 정지훈, 비접촉 무선전원 기술의 이해와 응용, 2012 대한전기학회 무선 전력전송 단기강좌 발표집, Apr.25, 2012.
- 무선충전의 원리와 사례, https://artistichooc.com/13
- 문정익 외, 스마트 무선 충전기술, 전자통신동향분석, 제32권, 제3호, 2017.6.
- 문정익 · 조인귀 · 변우진, 중전력 무선 충전기술동향, 정보통신평가원, 2021.5.5.
- 미래창조과학부, 세계2번째, 아시아최초무선 전력전송WPC 표준인증 상호호환성시험소 자격 획득, 미래창조과학부 보도자료, 2017.2.17.
- 박영진, 모바일기기 무선충전 시스템의 기술동향, 전력전자학회지, 제18권4호, pp.29-33, 2013.
- 박영진, 무선 전력전송의 이해, 전자공학회지, 제39권 제8호, 2012.08.
- 박찬규, 무선충전, NICE디앤비, 2020.11.26.
- 성문경, 무선충전기와 공기청정기가 하나로, 쥬니온 미니공기 청정기, 앱스토리매거진, 2017.2.27.
- 송준영 · 이종준, 중 선전 몰려가는 무선충전 연합군…'비접촉 무선충전생태계구축', 전자신문, 2016.10.24.
- 안성덕, "무선 전력전송 기술개발 동향",TTA Journal, vol.138, pp.45-51, 2011.
- 양대근 · 김당오 · 이주용 · 조동호, 차세대 무선 전력전송 기술, 정보통신기획평가원, 2020.5.13.
- 양준현, 자기공명형 무선전력 시스템을 이용한 무선충전기 개발에대한연구, 명예박사기술논문, 삼성전자, 2010.12.
- 윤건일, LG이노텍, 스마트폰용15와트무선충전패드상용화, 전자신문, 2016.10.12.
- 이근호, M2M에서 무선충전 시스템의 보안위협, 한국융합학회 논문지, 제4권 제1호, 2013.02.
- 이승민, 무선 전력전송 현황 및 국내도입을 위한 접근 방안, 한국 KFDC법제학회 한국보건산업진흥원 미래산업기획단, 2020.11.15.
- 이유진, 日 도요타, 전기차 무선충전 시스템 개발, 연합뉴스, 2014.2.14.
- 이종민, 삼일렉트로닉스, 아이디어 세품 '포터블 무선 가습기 출시' 출시, 전자신문, 2016.12.15.
- 임대현 · 조인귀, 무선 전력전송 기술동향 및 시장전망, 한국과학기술정보연구원, 2016.12.
- 장병준, 무선 전력전송 기술동향 및 향후 전망, 전력전자학회지, 제15권 제6호, 2010.12.
- 정진수 · 한운기, 무선충전 전기자동차의 국내 · 외 표준 및 기술 동향 분석, 2015.04.
- 조재환, 자동차, IT에 길을 묻다⑥…무선충전시대, ZDNetKorea, 2015.10.25.
- 최두선, ETRI, 3차원 충전 등 최신 정보통신기술 'CES 2017' 출품, 한국일보, 2017.1.4.

- 최성진, 무선에너지 전송기술동향, 제어로봇시스템학회지, 제20권 제1호, 2014.3.
- 최효상 · 정인성, 무선 전력전송 시스템의 기술개발 현황과 동향, 한국전기학회, 2007.2.
- 한국자동차협회, 강남 노른자 땅에 무선충전소? 전기차 투자 나선부호들, (사)한국자동차협회관련뉴스, 2017.1.13.
- 한국정보통신기술협회, TTA, 4차산업핵심인프라 '무선충전' 표준 시험소로 지정, 한국정보통신기술협회 보도자료, 2017.3.16.
- A. Kures et al., "Wireless Power Transfer via Strongly Coupled Magnetic Resonance", Sci., vol.317, no.5832, pp.83-86, July, 2007.
- A. Kurs, A. Karalis, R. Moffatt, J. D. Joannopoulos, P. Fisher, and M. Soljacic, "Wireless power transfer via strongly coupled magnetic resonances", Science, Vol.317, pp.83-86, Jul, 2007.
- A. P. Sample, D. A. Meyer, and J. R. Smith, "Analysis, experimental results, and range adaptation of magnetically coupled resonators for wireless power transfer", IEEE Transactions on Industrial Electronics, Vol.58, No.2, pp.544-554, 2011.
- A. Thomson, 2018 Mercedes-Benz S550e Will Offer Wireless EV Charging Technology Built Using Qualcomm Halo Breakthroughs, OnQ Blog, Oct.11, 2016. https://www.qualcomm.com/news/onq/2016/10/11/2018-mercedes-benz-s550e-will-offer-wireless-ev-charging-technology-built-using.
- Allied Market Research, Accessed 2017. https://www. alliedmarketresearch.com/press-release/wireless-charging-market.html
- Aristeidis Karalis, J.D.Joannopoulos, Marin Soljačić, "Efficient wireless non-radiative mid-range energy transfer," Annals of Physics, Vol.323, pp.34-48, 2008.
- B. C. Choi, J. H. Nho, H. Y. Cha, T. Y. Ahn, and S.W. Choi, "Design and implementation of low-profile contactless battery charger using planar printed circuit board windings as energy transfer device", IEEE Transactions on Industrial Electronics, vol.51, no. 1, pp.140-147, Feb, 2004.
- Barry Fox, "One charging pad could power up all gadgets-Wireless Recharger",New Scientist, January, 2005.
- Bosch, Accessed 2017. https://www.bosch-professional.com/static/specials/wireless-charging/gb/en/#goto:wireless-charging
- C. J. Chen, T. H. Chu, C. L. Lin, and Z. C. Jou, "A study of loosely coupled coils for wireless power transfer," IEEE Transactions on Circuits and Systems, Vol.57, No.7, pp. 536-540, 2010.
- C. Liu, A. P. Hu, and N. K. C. Nair, "Modelling and analysis of a capacitively coupled contactless power transfer system", IET Power Electronics, vol. 4, no.7, pp.808-815, 2011.
- C. G. Kim, D. H, Seo, J. Sik. You, J. H. Park, and B. H. Cho, "Design of a contactless battery charger for cellular phone",IEEE Transactions on Industrial Electronics, vol.48, no.6 pp.1238-1247, Dec, 2001.
- D. H. Childress, The Tesla papers, Adventures unlimited press, 2000.

- DAIHEN, "D-Broad Core", Accessed 2017.
  http://www.daihen.co.jp/en/products/wireless/agv/
- David Baarman (Fulto innovation), private communication
- David Schneider, "A critical look at wireless power: Wireless power at a distance is still far away", IEEE Spectrum, May, 2010.
- Dong-Gi Youn, Yang-Ha Park, Kwan-Ho Kim, Young-Chul Rhee, "A Study on the Analysis of Rectenna Efficiency for Wireless Power Transmission", IEEE TENCON99, Vol.2, pp.1423-1426 17, Sep, 1999.
- Dong-Gi Youn, Yang-Ha Park, Kwan-Ho Kim, Young-Chul Rhee, "A Study on the Fundamental Transmission Experiment for Wireless Power Transmission System", IEEE TENCON99, Vol.2, pp.1419-1422 17, Sep, 1999.
- ETRI 미래전략연구소 표준연구본부, 표준화동향 무력전력전송표준기술, 2017.1.
- http://mvo.co.kr/ 블록, 스마트폰 무선충전, 원리는 무엇일까?
- http://www.a4wp.org/
- http://www.energy.or.kr/무선충전전기차
- http://www.powermatters.org/
- https://blog.kepco.co.kr/1857 [한국전력 블로그 굿모닝 KEPCO!]
- https://img.etnews.com/cms/uploadfiles/afieldfile/2013/06/11/1-2.jpg
- https://ko.wikipedia.org/wiki/무선충전
- https://m.blog.naver.com/슈피켄코리아
- https://www.belkin.com/kr/resource-center/wireless-charging/how-it-works/
  무선충전의 작동원리는 무엇일까요?
- https://www.inirnc.com
- https://www.wirelesspowerconsortium.com
- K. Leswing, "This is the Biggest Hint Yet that Apple's Next iPhone Will Have Wireless Charging", Business Insider, Feb.13, 2017.
- K. W. Choi et al., "Wireless-Powered Sensor Networks: How to Realize", IEEE Trans. Wireless Commun., vol.16, no.1, pp.221-234, Jan, 2017.
- L. Mearian, "Dell's Latitude 7285 to be world's first wireless charging 2-in-1", Computerworld, Jan. 5, 2017. http://www.computerworld.com/article/3154822/mobile- wireless/dells-latitude-7285-to-be-worlds-first- wireless-charging-2-in-1.ht
- M. Kline, I. Izyumin, B. Boser, and S. Sanders, "Capacitive power transfer for contactless charging", APEC- IEEE Applied Power Electronics Conference and Exposition, pp.1398-1404, 2011.
- M. J. Chablko, M. Shahmohammadi, and A.P. Sample, "Quasistatic Cavity Resonance for Ubiquitous Wireless Power Transfer", PLoS One, vol.12, no.2, pp.1-14, Feb, 2017.
- National Space Society, Accessed 2017.
  http://www. nss.org/settlement/ssp/NASADVD/part03.htm
- P. E. Glaser, "Power from the sun; its future", Science, Vol.162, No.3856, pp.857-861, Nov.22, 1968.
- Persistence Market Research, Accessed 2017.
  http://www.persistencemarketresearch.com/mediarelease/wireless-charging-market.asp

- Qualcomm, Accessed 2017. https://www.qualcomm.com/products/halo
- S. C. Tang, S. Y. Hui, and H. S. Chung, "Coreless Planar Printed-Circuit-Board (PCB) Transformers-A Fundamental Concept for Signal and Energy Transfer",IEEE Transactions on Power Electronics, vol.15, no.5, pp.931-941, Sep, 2000.
- S.E. Shladover, "Highway Electrification And Automation", California Partners for Advanced Transit and Highways (PATH),Paper UCB-ITS-PRR-'92'17, 1992.
- SIGNIA, Cellion, Accessed 2017. https://www.signiausa.com/signia-hearing-aids/cellion-primax-hearing-aids/
- ST, STMicroelectronics and WiTricity to Develop Integrated Circuits (ICs) for Resonant Wireless Power Transfer, Accessed 2017. http://www.st.com/content/st_com/en/about/media-center/press-item.html/t3803.html
- T. Hardwick, "Ming-Chi Kuo: Apple's Next-gen iPhone to Feature All-glass Case for Wireless Charging", MacDailyNews, Dec.23, 2016.
- Technavio, "Global Wireless Charging Market 2016-2020", SKU: IRTNTR8109, 2015.
- W. C. Brown, "Satellite power stations: a new source of energy?" IEEE Spectrum, Vol.10, No.3, pp.38-47, Mar, 1973.
- W. C. Brown, "The history of power transmission by radio waves", IEEE Transactions on microwave theory and techniques, Vol.MTT-31, No.9, Sep, 1984.
- W. C. Brown, "The history of power transmission", Solar power, Vol.56, pp.3-2, 1996.
- Wireless Power Consortium, The Qi Interface Specification Volume I : Low Power, 2010.
- WiTricity, Accessed 2017. http://witricity.com/daihen-shipping-industrial-robotics-solutions-powered-witricitys - wireless-charging-technology/
- WPC, Accessed 2017. https://www.wirelesspowerconsortium.com/developers/specification.html

학습 1	무선전력전송의 개요
학습 2	무선전력전송의 기술
학습 3	무선전력전송의 표준화
학습 4	무선전력전송의 활용
학습 5	무선충전기술의 개요
학습 6	무선충전의 기술
학습 7	무선충전기술의 표준화
학습 8	무선충전기술의 활용
학습 9	**에너지 하베스팅의 개요**
학습 10	에너지 하베스팅의 기술
학습 11	에너지 하베스팅의 표준화
학습 12	에너지 하베스팅의 활용
학습 13	무선전력전송, 무선충전, 에너지 하베스팅의 미래

학습 목표

1. 에너지 하베스팅의 개요를 이해할 수 있다.

9-1 에너지 하베스팅의 개념 및 종류

1. 에너지 하베스팅의 개념

에너지 하베스팅(Energy Harvesting)이란 일상생활 속 버려지거나 소모되는 에너지를 수확(Harvesting) 또는 이용(Scavenge)하여 전력으로 재활용하는 기술로써 통칭한다. 바람, 물, 온도, 태양 등의 자연에너지를 전기에너지로 변환하는 것뿐만 아니라 사람이나 교량의 진동, 실내 조명광, 자동차의 폐열, 방송전파 등과 같이 주변에 버려지는 에너지도 전기에너지로 변환하여 에너지를 효율적으로 활용할 수 있는 기술을 말한다.

[그림 9-1]처럼 에너지 하베스팅의 에너지의 흐름은 에너지발생, 에너지변환, 에너지저장 그리고 에너지소비의 단계로 구분할 수 있다.

일반적으로 수 kW에서 MW까지의 sub-Watt급의 에너지 변환을 에너지 하베

스팅이라 지칭하지만 전력산업에 적용 가능한 수 kW~MW급 배 · 폐열 재활용기술(열전발전, 스털링엔진, ORC발전 등)개발이 활발히 진행되고 있다.

에너지발생	신체에너지, 진동에너지, 열에너지, 중력에너지, 위치에너지, 광에너지, 전자기에너지
에너지변환	압 전(Piezoelectric) : 진동이나 압력에 의한 압전소자 활용 열 전(Thermoelectric) : 인체 및 기계의 잔열이나 폐열 활용 광 전(Photoelectricity) : 광 에너지를 전기로 변환 전자기(Electromagnetism) : 파장(진동)을 전자기파로 수집하여 전기로 변환
에너지저장	에너지 축적 및 보존이 가능하고 전기 누설이 적은 요소를 가진 전지
에너지소비	에너지 발생/변환/저장에서 생산되는 에너지를 소비하는 장치 등

[그림 9-1] 에너지 하베스팅의 에너지 흐름

그러므로 [그림 9-2]처럼 에너지 하베스팅이란 버려지거나 미활용되는 에너지를 모아 전력으로 재활용하는 기술을 통칭하는 개념으로 볼 필요가 있다.

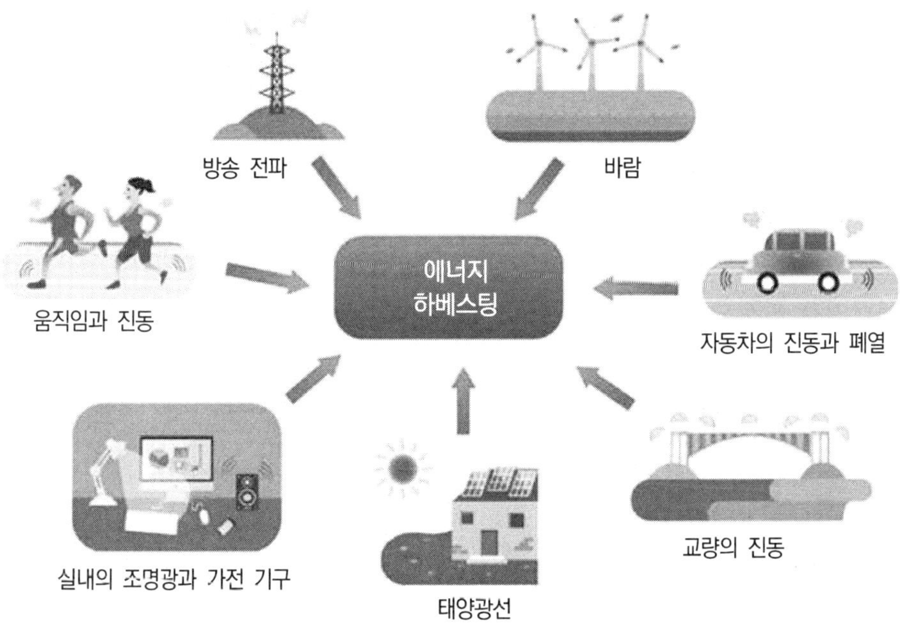

출처 : 에듀넷

[그림 9-2] 에너지 하베스팅에 이용되는 에너지

학습 9

우리나라는 에너지 자립도가 3% 미만으로 대표적인 자원빈국이다. 나머지 97%의 에너지를 수입에 의존하고 있으며, 현재 세계 10대 에너지 수입국 중에 미국, 일본, 독일, 이탈리아에 이어 5위를 차지하고 있다. 국제유가가 배럴당 100달러에 육박하고 있고 온실가스 배출량은 세계 10위에 이르고 있지만 우리나라의 경제산업 구조상 화석에너지의 소비를 줄이는 것은 쉽지 않아 보인다.

따라서 에너지 절약 노력과 함께 환경을 훼손하지 않으면서도 안정적 공급이 가능한(Sustainable) 미래에너지 자원을 확보하기 위해 다양한 노력을 기울여야 할 때다.

에너지 하베스트(Energy Harvest) 기술은 여전히 각광을 받고 있다. 주변 환경에서 필요한 에너지를 끌어 쓸 수 있는 대표적인 청정에너지 시스템 중 하나이기 때문이다. 수소원을 얻기 위해 석유를 다시 개질해야 하는 연료전지나 바이오매스의 생산과정에서 기존의 녹지가 축소되거나 이산화탄소의 배출량이 오히려 늘어나는 그야말로 무늬만 청정 · 대체 에너지인 경우와는 달리, 자연 및 주변의 비교적 저급의 에너지를 그대로 활용할 수 있는 새로운 친환경 에너지 활용 기술이다.

2. 에너지 하베스팅 기술의 탄생

에너지 하베스트 기술은 리튬전지보다 역사가 깊다. 에너지 하베스팅은 1954년 벨연구소에서 태양광을 에너지로 바꾸는 태양전지 연구를 진행하면서 빛에너지 하베스트의 개념이 처음으로 대두되었다고 볼 수 있다. 당시 전력을 생산하는 방식은 발전기를 통한 방식만 있었기 때문에 태양열 등의 자연 에너지들은 버려지는 에너지로 인식되어, 버려지는 에너지를 모아 전기를 생산한다는 개념으로 '하베스트(Harvest)'라는 단어를 사용하였다.

에너지 하베스팅은 에너지를 효율적으로 활용할 수 있게 하는 친환경 에너지 방안 중 하나로서 다양한 에너지를 적용할 수 있다. 에너지 하베스팅은 에너지의 발생, 에너지 저장, 에너지 소비의 단계로 이루어진다. 인간의 근육, 혈류, 움직임 등을 비롯하여 전자기파, 중력, 마찰전기, 자동차 폐열 등의 일상생활 속 다양한 에너지를 에너지원으로 활용할 수 있다.

현재는 의미가 확장되어 자연 에너지뿐 아니라 우리 주변에서 낭비되는 모든 에너지원을 전기로 변환하는 기술이라는 의미로 사용되고 있다.

다소 진부한 영역이라 느껴질 수도 있겠으나 그럼에도 불구하고 최근에 이 기술이 크게 주목받는 이유는 주변에서 수확할 수 있는 에너지의 형태 및 환경에 따라

에너지 하베스트의 구조 및 성능도 지속적으로 진화하고 있기 때문이다. 또한 에너지 하베스트 기술이 결국에는 배터리 전력에 대한 필요성을 줄이거나 아예 대체할 수 있을 것이라 기대하고 있기 때문이다. IT-NT 및 IT-BT 융합기술의 발달로 의료분야에서 정보통신에 이르는 다양한 디바이스들이 출현하고 있으나, 유한한 에너지 용량의 1차 전지와 유선을 통한 충전형 2차 전지의 성능이 한계에 이른 상황이다. 따라서 사용시간 및 수명이 극대화되면서도 선으로부터 자유로운 새로운 인간친화적인 독립전원기술이 절실히 요구되고 있다.

3. 에너지 하베스트 기술의 특성 및 종류

에너지 하베스트 기술이란 [그림 9-3]처럼 주변에 존재하는 진동, 열, 빛, 전자기파 등의 에너지를 전기에너지로 변환하는 기술을 의미한다.

〈표 9-1〉처럼 에너지 하베스트 기술은 특정분야의 단일기술이 아니라 온도 차(Thermal Energy), 빛의 방사(Light Energy), 전자기장(Electromagnetic Energy), 진동(Vibrational Energy) 등 사용된 에너지의 종류에 따라 구분되는 여러 가지 기술을 포괄하는 광범위한 접근법이다. 이 중 일부 에너지 하베스트 기술은 특정 용도에 따라서 이미 산업전반에 걸쳐 적용되고 있다.

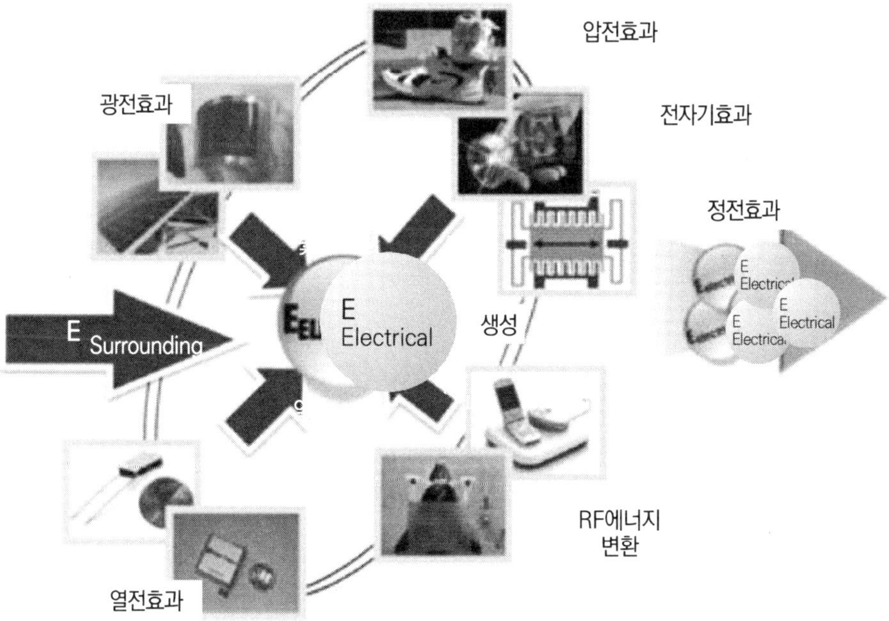

[그림 9-3] 에너지 하베스팅 기술

예를 들면 진동에너지는 압전효과, 정전효과 및 전자기효과를 이용하여 전기에너지로 변환되고(㉥ 압전소자), 열에너지는 열전효과를 이용하여 전기에너지로 변환되며(㉥ 열전소자), 빛에너지는 광전효과를 이용하여 전기에너지로 변환된다(㉥ 광전소자). 또한 전동 칫솔과 같은 무선충전원리는 RF파를 이용한 대표적인 에너지 하베스트 기술이다.

에너지 변환에 사용되는 기술은 열전변환기술, 압전변환기술이 대표적이다.

1) 열전변환기술

열전(Thermoelectric)변환기술은 열에너지를 전기에너지로 전환하거나 전기에너지를 열에너지로 전환하는 기술이다.

[그림 9-4]처럼 열전소자(熱電素子, TEM : Thermoelectric Materials)는 열에너지를 전기에너지로, 전기에너지를 열에너지로 직접 변환시키는 방식을 이용한 기술로 제백효과를 바탕으로 한다. 제벡효과는 두 종류의 금속이나 반도체의 양끝을 접합한 부분에 발생하는 온도차가 전압으로 직접 변환되는 현상이다. 이 현상은 온도에 따라 자유전자의 에너지가 다르므로 자유전자가 에너지 균형상태, 즉 평형상태가 될 때까지 에너지가 낮은 쪽으로 이동하여 전위차를 형성하기 때문에 발생한다. 열전발전은 소재가 비싸고 발전효율이 낮지만 온도차가 있으면 다양한 열원과 온도 대에서 전기를 생산할 수 있으며, 생성된 기전력의 변화가 작고 소형·경량인 이점이 있다.

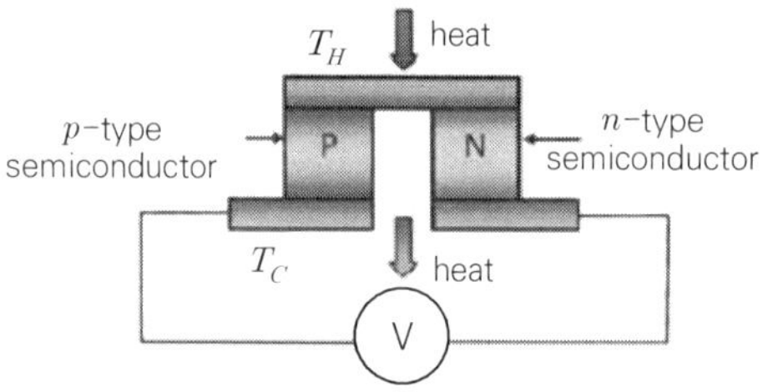

(a) 열전단위소자의 구조

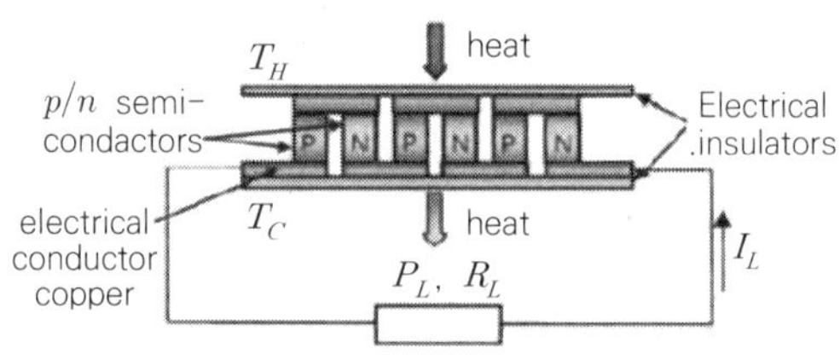

(b) 열전소자의 형태

출처 : Ahiska, R. &Mamur, H., International Journal of Renewable Energy Research, 2014

[그림 9-4] 열전발전기의 모식도

[그림 9-5]처럼 HTRD는 열전소자 전문업체로 TF-Heater(건조장치), 폐열회수 발전 및 에너지 절감, 냉·온수 공급(Heat Pump), 냉장고, 소형 난방기, 중계기 및 산업용 항온장치 등에 열전소자를 적용하여 제품을 개발하고 있다.

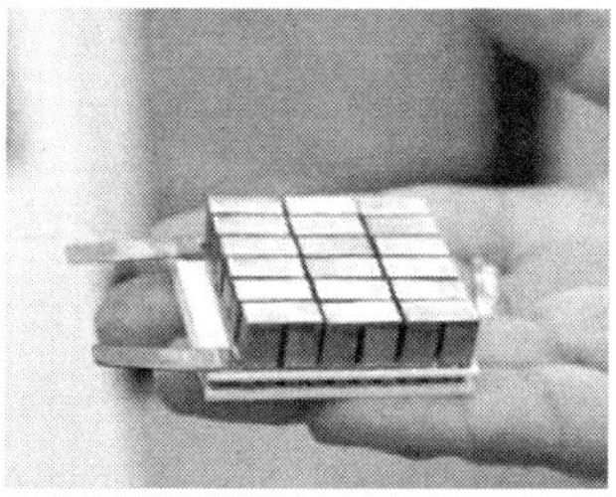

(a) 복합 열전발전 모듈

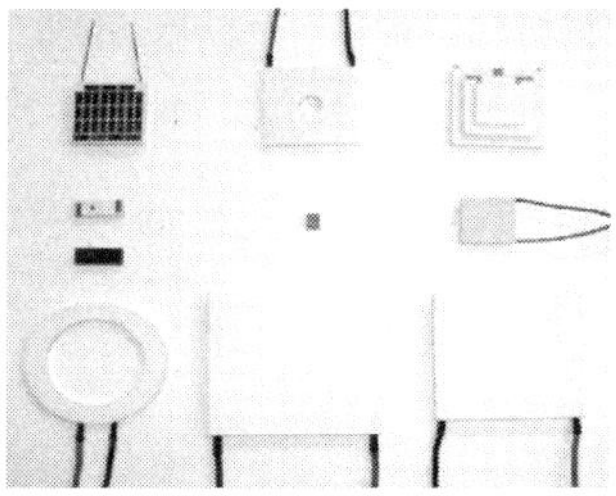

(b) HTRD 열전소자

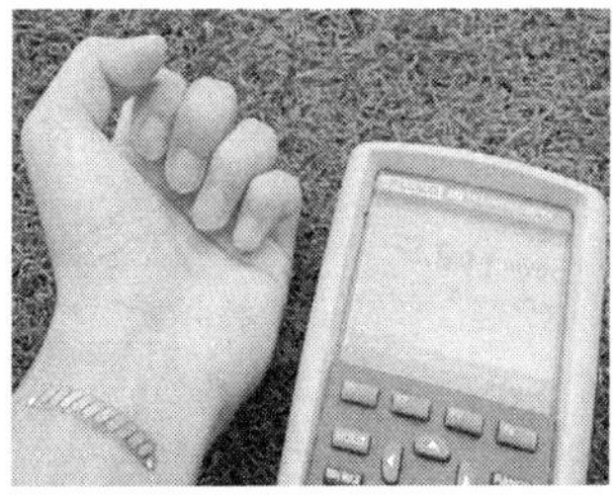

(c) 웨어러블 기기의 배터리

[그림 9-5] 열전소자의 활용사례

유연한 열전소자는 비스무트, 텔루라이드, Bi2Te3 등을 나노 크기로 제작한 이 소자는 밴드형으로 손목에 착용하면 체열로부터 전기가 생산되는 것을 확인할 수 있다.

[그림 9-6]처럼 벤츠와 BMW는 자동차 머플러에 열전소자를 장착해 폐열을 전기로 바꿔 엔진 보조전기나 시트 냉난방에 활용하는 기술을 개발하고 있다. 에너지 하베스팅의 일환으로 방출되는 열을 열전소자를 이용하여 재활용하는 연구를 진행 중이다.

오렌지사에서 개발한 파워부츠는 2010년 최고의 발명품 중 하나로 신발을 신고 다니면 휴대전화를 충전할 수 있는 전기가 생산된다. 오렌지파워부츠를 12시간 착용하면, 휴대전화를 1시간 사용할 수 있는 전기가 발생한다.

(a) BMW 5 시리즈

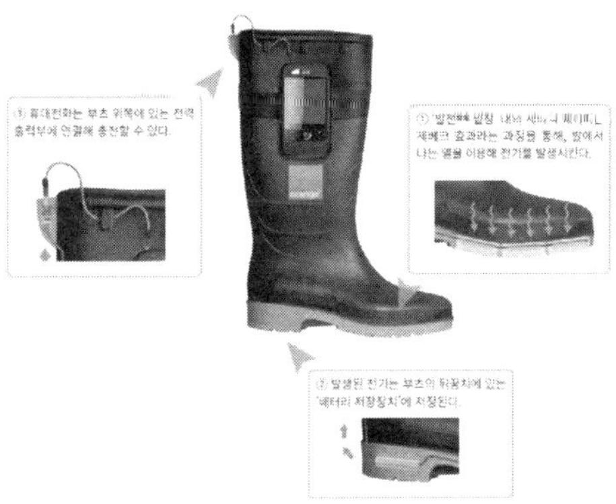

(b) 오렌지파워부츠의 원리

[그림 9-6] 열전소자의 장착한 사례

빛에너지를 이용하는 기술은 실리콘 기반의 태양전지를 중심으로 연구가 상당히 진행되어 이미 상용화 단계로 판단된다. 반면에 열에너지를 이용하는 기술은

Bi2Te3 소재를 중심으로 활발히 개발이 진행 중에 있으나 자원의 지역 한정성(주로 중국), 희소성, 고가라는 단점으로 인해 대체소재에 대한 연구개발이 시작되고 있다. 반면 진동을 이용하는 기술의 효율은 태양전지에 비해 낮지만 소형 이하의 작은 소자용 전원으로 적용이 적합하며, 특히 초절전형 임베디드 전자장치들에 적용이 유리한 장점이 있다.

2) 압전변환기술

압전변환기술은 압전체(壓電體)에 기계적 변형이 발생하면 전기에너지가 발생하는 효과를 이용하여 주위에 버려지는 힘이나 압력, 진동 같은 에너지를 전기에너지로 변환하는 것으로 소재 내부에 전기장 발생으로 전압을 생성하는 기술이다.

압전에너지 하베스팅은 변환효율이 크고 소형 · 경량화가 가능하다는 장점으로 각종 센서, 무선모바일 소형 전자기기에 적합한 대체 에너지원으로 활용 가능하다.

진동에너지 하베스트 기술은 오랜 기간 동안 매우 적은 양의 에너지를 획득하는 특성 때문에 보통 커패시터 형태인 에너지 저장 서브시스템을 갖추게 된다. 또한 빛에너지 하베스트 기술과는 달리 기기가 외부에 노출될 필요가 없어 디바이스에 내장되거나 삽입형 장치에 적용이 유리하다. 항공기용 센서, 개인용 헬스케어 모니터링 시스템, 경고 시스템 등의 다양한 초소형 유비쿼터스 소자용 자가발전 시스템에 적용할 수 있다.

진동에너지 하베스트 기술은 소재/변환방식에 따라 압전효과 방식, 정전효과 방식, 전자기효과 방식으로 나누어진다.

(1) 압전효과 방식

압전효과 방식은 진동에 의해 압력이 발생하면 전기가 유도되는 현상을 이용하는 것으로 에너지 변환효율이 가장 높다. 압전재료로는 고분자, 다결정, 단결정, 및 복합체 재료 등이 사용되고 있으며, 압전율은 단결정 재료가 가장 우수한 것으로 알려져 있다.

(2) 정전효과 방식

정전효과 방식은 진동에 의해 정전기가 발생하여 전기가 유도되는 현상을 이용하는 것으로 에너지 변환효율은 압전방식에 비해 낮지만 초소형화가 가능한 장점이 있다.

(3) 전자기효과 방식

전자기효과 방식은 진동에 의해 전자기 유도가 발생하면 전기가 유도되는 현상을 이용하는 것으로 에너지 변환효율도 낮고 초소형화가 어려운 단점이 있다.

〈표 9-1〉 에너지 하베스팅 주요 에너지원 특성 비교

에너지원	기 술	개 요	전력 밀도 (mW/cm³)	효율 (%)
빛, 태양광	광전 변환	금속 등이 고에너지의 태양광을 흡수하면 전자를 내보내는 현상을 이용	500~5,000	5~40
진동, 움직임	압전 변환	기계적으로 누르면 양전하, 음전하가 나뉘는 유전분극 현상을 이용한 것으로 압력을 주면 표면의 전하밀도가 변하면서 전기가 흐름	0.001~90	25~60
전 파	전자기파 변환	전자기파를 수집해 전기를 생산	0.1~50	30~40
열 (온도차)	열전 변환	온도 차이를 전위 차이로 변환하는 제백효과(Seebeck Effect)에 기반하며, 온도차가 클수록 더 많은 에너지가 발생	50~500	0.1~10

에너지 하베스팅 관련 시장은 탄소저감정책 기조에 따라 지속적으로 확대될 전망이며, 에너지 획득 및 활용과 관련한 다양한 소자 등의 개발이 필요하다. 과거 에너지 하베스팅으로 생산되는 에너지는 전력과 전압이 낮아 기술적 한계가 존재하였으나, [그림 9-7]처럼 최근 국내에서 메타에너지 하베스팅 시스템을 개발하는 등 향후 개선될 전망이다.

이미 상용화가 진행된 태양전지를 제외하면 나머지 기술들의 산업화 및 상용화는 미미한 실정이다.

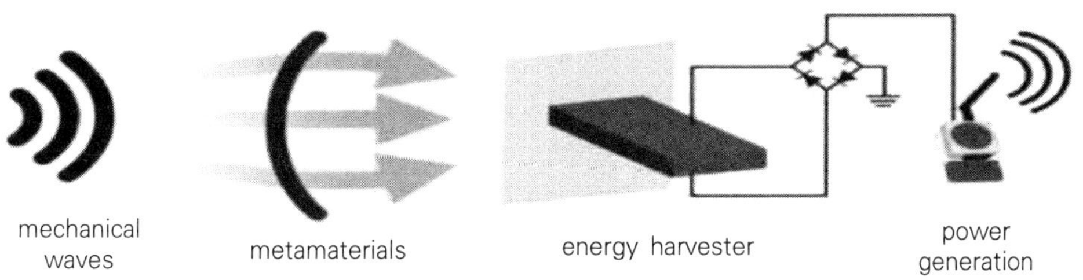

[그림 9-5] 메타에너지 하베스팅 시스템 모식도

한국표준과학연구원(KRISS) 연구팀은 메타물질인 음향양자결정(Phononic Crystal) 구조 개발로 기존보다 22배 이상 증폭된 전기를 생산하는 메타에너지 하베스팅 시스템을 개발하였다. 메타물질이란 자연계에 존재하지 않은 특성을 가지도록 인공적으로 설계된 물질(빛의 파장보다 작은 원자의 집합체)이다. 또한 음향양자결정은 단위 격자를 주기적으로 배열한 인공적인 구조물로서, 여러 곳에서 들어온 음파 에너지를 한 곳으로 최대한 모아 더 나가지 못하게 묶어두는 역할을 한다. 하베스팅 기술의 디바이스 적용을 위해서는 소자의 최적화와 회로의 고성능화를 위한 고집적화 기술이 관건이다.

9-2 에너지 하베스팅의 현황

1. 에너지 하베스팅의 활용

수확(Harvesting)된 에너지는 규모에 따라 원격센서, 웨어러블 기기, 의료기기, 군용기기, 자동차, 발전 등 다양한 용도로 응용되고 있다.

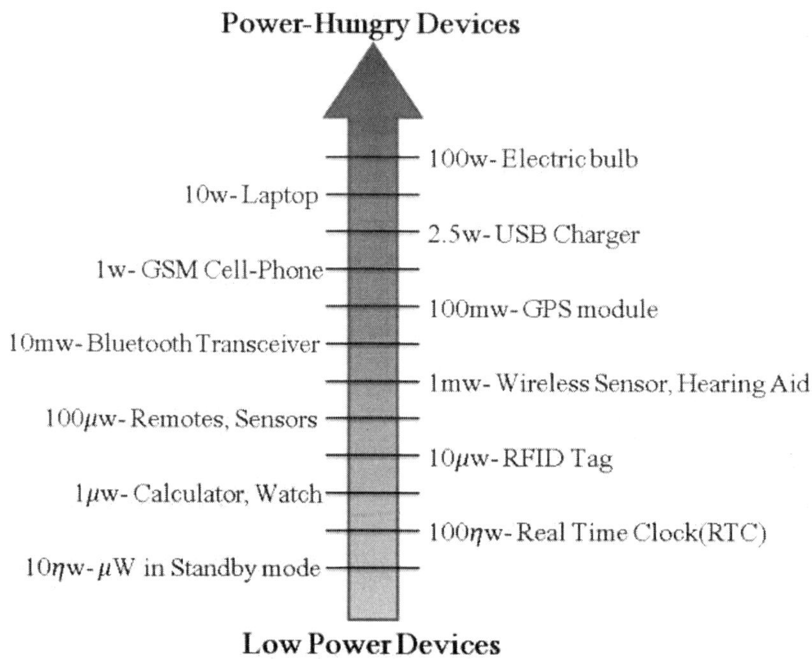

[그림 9-8] Sub-Watt급 에너지 하베스팅 기술 적용분야

Sub-watt급 에너지 하베스팅 기술(압전, 열전 등)은 발전용량에 따라 [그림 9-8]에서 보인 바와 같이 RTC(Real Time Clock),계산기, 시계, RFID, 원격센서, 블루투스, GPS, 핸드폰, USB 충전기, 노트북, 조명 등의 전원으로 활용될 수 있다. kW급 또는 MW급 전원으로 전력계통 연계가 가능한 기술(열전, 스털링, ORC 등)은 신재생열(태양, 지열 등), 자동차 또는 선박 배열, 각종 산업폐열(제철, 제강, 시멘트, 제지, 소각장, 발전소 등) 등을 활용할 수 있다.

Sub-watt급 에너지 하베스팅은 각종 디바이스의 전원으로 활용될 수 있고 시장 성장 잠재력이 매우 높은 분야다. 그리고 미 DOE의 에너지사용 추정결과에 따르면 사용되는 전체 에너지의 54.64%가 열에너지 형태로 버려지고 있다. 그러므로 Sub-watt급 에너지 하베스팅뿐만 아니라 대용량 에너지 하베스팅에 대한 지속적인 관심과 기술개발 그리고 지원정책 등으로 에너지를 보다 효율적이고 합리적으로 사용할 필요가 있다.

에너지 하베스팅 시장은 탄소저감정책 기조 및 사물인터넷(IoT), ESS 등의 확대로관련 기술의 성장이 가속화될 예정이다.

세계 에너지 하베스팅 시장은 규모는 '19년 437.8백만 달러 규모이며, 이후 연평균 10.1%로 성장하여 '24년에는 708.2백만 달러에 이를 전망이다. 기술별로 효율과 출력값에서 큰 차이를 보여 응용분야가 각각 다르나, 최근에는 사물인터넷(IoT), ESS등의 발달로 와트(W)급 미활용 에너지 수집이 가능해져 활용분야가 증가되는 추세이다. 마찰전기 등의 에너지 하베스팅 기술은 태양광 등 날씨의 영향에 따라 발전량이 일정하지 않은 문제를 해결할 수 있어 신재생에너지 시장확대에 따른 성장 또한 증가가 예상된다.

태양전지 위에 TENG 발전기라는 마찰전기를 활용한 나노 발전기를 결합하는 기술로, 비가 오는 날 발전이 어려운 태양전지에 물이 흐르면서 발생하는 마찰전기를 활용하여 발전할 수 있다. '2050 탄소중립 추진전략' 등 국내 · 외 탄소 저감 정책 확대에 따라 에너지 하베스팅 관련 기술 개발의 중요성은 더욱 증가할 전망이다.

2. 에너지 하베스팅 기술의 경제성 비교

에너지 하베스팅은 적용기술, 적용온도, 발전효율 및 발전용량 등에 따라 경제적 특성이 다양하여 경제적 가치를 단순히 산출하기가 곤란하다.

그러나 [그림 9-9]처럼 다양한 시나리오별 LCOE(Levelized Cost Of Electricity/

Energy, 균등화 발전원가)를 전망하여 경제적 경쟁력을 비교할 수 있다. 이용률, 투자비, 운영비 등을 고려하여 설비용량별 Base Case, Best Case, Worst Case LCOE를 분석하면 3kW 이하의 소용량에서는 열전발전, 3~25kW의 중규모는 스털링엔진, 그리고 25kW이상은 ORC발전이 경쟁력이 있다는 결과가 도출된다. 전력계통 적용이 가능한 에너지 하베스팅 기술은 아직까지는 개발 또는 실증 단계로 기술개발이 필요한 수준이고 경제성이 다소 낮은 현실이다.

그러나 일부 내연발전기의 발전단가와 비교할 경우 경제성 확보가 가능하다. 그러나 적용 대상 시스템의 복잡성, 경제적 가치, 기술수준 등을 종합적으로 고려해야 한다.

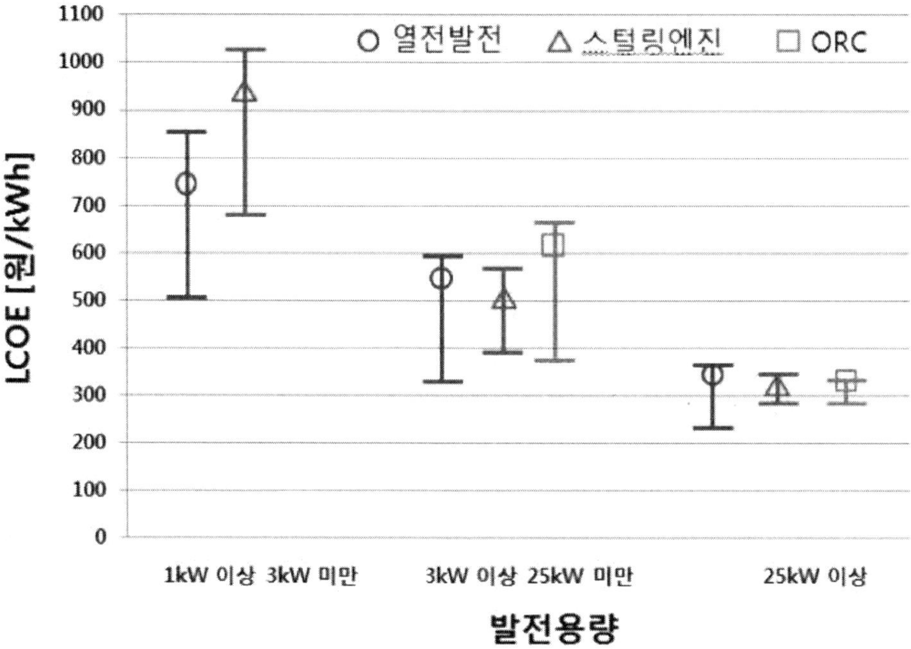

[그림 9-9] 발전 가능용량별 LCOE 전망 결과

수행 내용

재료 · 자료

• 에너지 하베스팅 관련 자료

기기(장비 · 공구)

• 컴퓨터, 문서작성 프로그램, 프린터, 주변기기

안전 · 유의사항

• 에너지 하베스팅 관련 장비의 안전 및 유의사항을 숙지한다.

수행 순서

01 스털링 엔진과 ORC발전 사례에 대하여 분석하라.

1. 스털링 엔진

스털링 엔진/발전기는 피스톤과 실린더로 이루어진 공간 내에 헬륨/수소 등의 작동가스를 밀봉하고 이를 외부에서 가열, 냉각시킴으로써 발생하는 피스톤의 운동을 통해 기계적 에너지를 얻는 외연기관 및 일체형 발전기이다. 스털링 엔진은 연소기, 왕복기, 피스톤, 재생기 및 열교환기 등으로 구성된다. 스털링 엔진의 주요 특징은 엔진 외부의 연소기 및 열교환기를 통한 외부로부터의 연속적인 가열과 냉각이 이루어지며, 엔진 내부 재생기를 통한 내부 열재생 사이클이고, 복수의 피스톤의 구동으로 발생하는 작동가스의 왕복유동으로 작동된다.

Kockums(스웨덴)사의 25kWe급 스털링 엔진을 이용하여 Boeing(미국)사가 집광 및 발전시스템을 개발하였으며, 최대/연간 발전효율은 각각 31.2%와 24% 수준이다.

Sunpower(미국)사는 1980년대부터 태양열발전 시스템용 스털링 엔진을 바이오매스용으로 개조 · 개량하여 개발하고 있다. 미국정부에서는 저개발 국가지원자금(USAID)으로 인도, 인도네시아 등으로 판매하여 양수, 정미소 등의 자가발전에 이용하였고, 바이오

학습 9

매스뿐만 아니라 톱밥을 열원으로 사용한 스털링엔진/발전기도 개발하여 발전출력 3.5kWe, 발전효율 32%를 달성했다. 또한 폐열회수 및 재생기를 부착하여 발전출력 7kWe까지 향상시켰다.

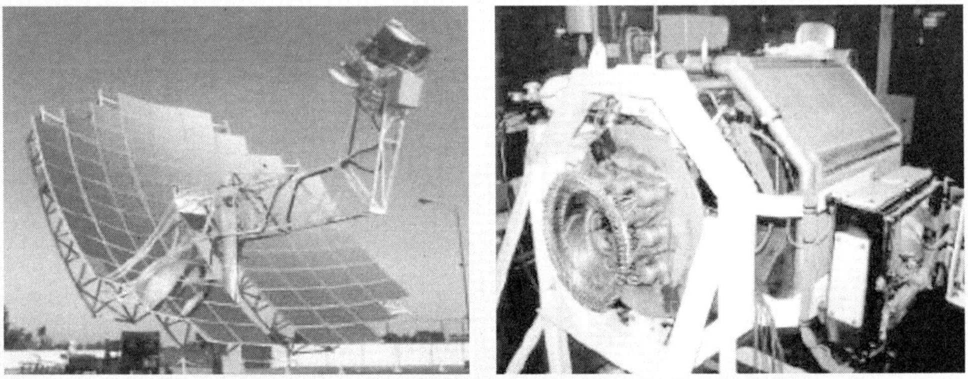

[그림 9-10] 25kWe급 스털링엔진을 이용하여 Concentrated Solar Power(Boeing ,Kockums)

2. ORC(Organic Rankine Cycle) 발전

산업체에서 버려지는 미활용 열에너지를 회수하여 전기에너지를 생산하기 위한 시스템으로, 스팀보다 증발온도가 낮은 유기물질을 이용하여 발전하는 시스템을 말한다.

ORC 발전은 400~600℃의 증기를 이용한 발전에 비해 70~400℃의 중 · 저온 폐열을 회수하여 전력을 얻을 수 있고, 다양한 산업체의 미활용 열에너지 재활용에 적용이 가능한 장점이 있다. 그러나 유기냉매의 가격이 고가인 점, 발전용량이 수 kW~5MW급 이내로 제한되는 점 등은 단점으로 작용되고 있다.

국내에선 '05년 아세아시멘트에 3.2MW규모의 ORC발전이 설치된 사례가 있으며, 가정용으로는 '13년 ㈜거나백에서 소각장 폐열을 활용한 1~2kW 규모의 발전장치를 기술개발하여 국산화한 바 있다.

㈜거나백은 '14년부터 중기청 기술개발과제로 '1kW 발전 및 20kW 온수 · 난방 공급이 가능한 ORC m-CHP 개발' 연구용역을 수행중이며, 작동유체가 팽창기를 통과하면서 발전을 하며, 팽창기를 빠져나온 고온의 기체를 활용해 급탕 또는 난방용 온수를 공급하는 시스템이다.

[그림 9-11]처럼 ORC 발전시스템은 겨울철 난방수요에 대응하기 위해 미국, 유럽, 호주 등 선진국을 중심으로 가정 · 업소용 소규모 발전장치로 보급되는 추세이다. 해외 시장 점유율 현황으론 미국의 ORMAT(30%)가 가장 높으며, Pratt&Whitney(유럽, 25%), Turboden(유럽, 25%), GE(미국, 10%), g-TET(호주, 5%) 및 Turbolina(유럽, 5%)순이다.

(a) 미국 Reno(350kWx2기) : 지열을 이용한 ORC 발전시스템

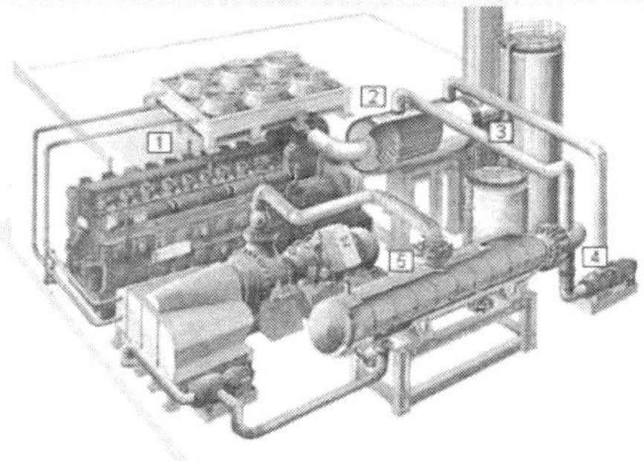

(b) 독일GMK사의 LFG 배기가스 폐열이용 ORC System

[그림 9-11] ORC(Organic Rankine Cycle) 발전 사례

02 에너지 하베스팅 종류별 적용사례에 대하여 분석하라.

1. 신체에너지

신체에너지는 사람이 신체를 움직일 때 발생하는 에너지를 전력으로 변환한다.

즉 체온, 정전기, 운동에너지 등을 이용하는 방법으로 전기에너지 기술로 발전시켜 에너지를 공급한다.

① 영국 통신사인 보다폰은 전기를 만드는 핫팬츠를 개발, 엉덩이를 흔들며 춤을 추면 핫팬츠 내부에 있는 압전 소자에서 전기가 발생한다.

※ 핫팬츠를 입고 걷거나 춤을 추면 스마트폰을 4시간 이상 충전할 수 있는 전기가 발생한다.

② 미국 플로리다대학 헨리 소다노 교수는 배낭끈에 압전소자를 넣어, 걸을 때마다 배낭끈이 아래위로 움직이고 그 압력으로 전기가 생산된다.

③ 조지아공학대학 연구진은 압전소자로 전기를 일으키는 티셔츠를 개발, 옷감 표면에 압전소자 돌기를 만들어 사람이 움직일 때마다 전기를 발생한다.

※ 옷감 $1m^2$로 휴대폰을 작동시킬 만한 전기를 생산할 것으로 예상된다.

④ 미국 IT스타트업 솔파워(SolePower)는 사람이 걸을 때 발뒤꿈치에 가해지는 에너지로 전력을 만드는 '신발 깔창 발전기'를 고안하여 발뒤꿈치의 압력이 회전에너지로 변환되어 자석을 회전시키면, 자석에 의해 전력이 만들어져 배터리팩에 저장되는 원리를 활용한다.

(a) 압력을 전기로 만드는 소재가 들어있는 핫팬츠 발전기

(b) 짐의 상하 운동을 전기로 만드는 배낭 발전기

[그림 9-12] 신체에너지를 사용사례

2. 진동에너지

진동에너지(충격에너지)는 물체에서 발생한 진동에너지를 전력으로 변환한다.

즉 대형 회전기나 구조물 진동 등의 충격에너지를 압전효과를 이용하여 전기에너지로 변환한다.

[그림 9-13]처럼 일본 음력발전사는 사람이나 자동차, 자전거 등이 지나갈 때 나오는 진동에너지를 전기로 바꾸는 '발전마루'를 개발하였다.

※ 가로 · 세로 50cm 크기의 보도블록인 발전마루는 하루 최대 2000kW 전력을 생산한다.

[그림 9-13] 전기(충격)에너지를 이용하도록 환승통로에 설치된 발전마루

3. 열에너지

열에너지는 온도 차이에 의해 발생하는 전기에너지를 모아 사용한다. 즉 온도차에 의해 열이 이동할 때 발생하는 에너지를 전기에너지로 변환시켜 활용한다.

① 화력발전소의 배기가스가 배출되는 통로에 열전도체를 이용한 발전장치를 설치하여 폐열을 전기에너지로 회수한다.

② SK에너지 울산CLX에서는 버려지는 열에너지를 활용해 공장을 가동, '09년부터 시간당 40톤의 폐열 증기를 사용하여 연간 약 2,300만L의 벙커C유를 절약하고 있으며, 연간 7만 5,000여 톤의 온실가스 감축한다.

4. 중력에너지

중력에너지는 물체의 무게로 힘을 가했을 때 발생하는 중력에너지를 전력으로 변환한다. 즉 물체에 무게로 힘을 가했을 때 발생하는 에너지를 전력으로 변환하는 기술로 진동에너지와 마찬가지로 압전효과 활용한다.

[그림 9-14]처럼 도로에 설치된 과속방지턱, 통행료 납부 톨게이트, 횡단보도 일시 정지선에 공기 압력펌프를 설치하여 자동차의 중력을 이용한다.

[그림 9-14] 'Motion Power' 자동차는 과속방지턱을 지나갈 때 에너지 발생(뉴에너지 테크놀로지社)

5. 위치에너지

위치에너지는 물질이 위에서 아래로 떨어지며 발생하는 위치에너지를 전력으로 변환하는 기술이다.

수력발전소의 방수구 및 화력발전소의 냉각수 방수로에는 소량의 위치에너지와 운동

학습 9

에너지가 버려지고 있는데, 소형 수차를 이용하여 배출에너지를 전기에너지로 회수 가능

6. 전자파에너지

전자파에너지는 가전제품, 휴대전화 등에서 발생하는 전기에너지를 모아 사용한다. 공기 중에 있는 방송전파, 이동통신기기 전파 등 수많은 전자파 에너지를 수확해 전력으로 변환하는 기술이다.

7. 광에너지

태양광발전기와 같이 빛으로 발생하는 에너지를 전력으로 변환하는 광에너지를 전력으로 변환하는 기술이다.

03 에너지 하베스팅의 인공지능(AI)과 사물인터넷(IoT) 응용에 대하여 분석하라.

IoT와 AI는 Society 5.0을 지지하는 중요한 기반기술이다. 모든 사물이 네트워크로 연결되는 IoT를 실현하기 위해서는 모든 사물에 전원이 필요하다.

전자 디바이스의 저소비전력화가 추진됐기 때문에 1차 전지로 10년간 가동시킬 수 있는 무선센서노드도 등장했지만, 한편으로 대량의 데이터를 요구하는 AI가 떠오르면서 보다 많은 데이터를 취득하고, 에지로 처리하는 요구가 높아져 1차 전지로는 그 요구에 대응할 수 없게 됐다.

에너지 하베스팅 기술은 눈앞의 전원 요구에 대한 해결책으로서, 그리고 장기적으로는 Society 5.0을 지지하는 잠재력 있는 기술로서 유저의 관심이 높아지고 있으며 활용 사례도 증가하고 있다.

1. 스탠드얼론 제품에서 IoT 응용으로

에너지 하베스팅 기술을 응용한 제품은 최근 갑자기 나타난 것이 아니라 예전부터 존재했다. 그러나 그들은 스탠드얼론으로 동작하는 제품이었다.

예를 들면 20세기 초반 미국에서 라디오의 공공방송이 시작된 당초, 수신기는 라디오 방송의 전파 에너지만으로 작동하는 광석라디오가 일반적이었다.

1930년대에는 자전거 램프를 점등시키기 위한 다이나모가 영국에서 발명됐다. 1970년대에는 태양전지로 작동하는 전자계산기와 손목시계가 일본에서 발매됐다. 1980년대에는 팔의 움직임으로 발전해 작동하는 손목시계, 1990년대에는 체온과 외기온의 온도차로 발전해 작동하는 손목시계도 발매됐다. 앞에서 말한 화장실의 자동수전이 발매된 것은 1980년대였다.

그러나 최근 무선기술의 저전력화가 급속히 추진됨으로써 무선통신을 동반하는 디바이스 전원도 에너지 하베스팅 기술로 처리할 수 있게 되어, 스탠드얼론 제품에서만 이용하는 것이 아니라 무선센서 등의 네트워크화된 제품으로 응용이 확대되어 왔다.

최근 에너지 하베스팅 기술의 응용이 추진되는 대표적인 분야는 건물(홈 오토메이션, 빌딩 오토메이션 등)이다. 눌러서 발전하는 무선식 조명 스위치 제품은 유럽과 미국을 중심으로 개발 · 판매되고 있다. 벽 내의 배선이 불필요해져 빌딩의 배선공사 코스트가 30% 정도 절감되고, 공사기간도 단축할 수 있다. 또한 레이아웃 변경이 용이해진다는 장점도 있다. 일본에서는 TOTO의 비데 벽스위치와 분가(文化)셔터의 방화셔터 안전장치에 내장되어 있다.

영국의 Perpetuum는 진동발전 디바이스를 내장한 철도차량의 차축 베어링 모니터링 시스템의 판매에 성공했다. 발전 디바이스 단체로 판매하는 것이 아니라, 센싱 데이터에서 베어링 상태를 판별하는 알고리즘을 개발해 무선으로 데이터를 클라우드에 수집 축적하고 웹을 통해 액세스할 수 있는 실시간 모니터링 시스템으로서 상용화하고 있다.

2016년 후지쯔주식회사는 하수도 범람 검지 솔루션의 판매를 시작했다. 이 솔루션은 수위 센서를 하수도의 맨홀 안쪽에 붙이고, 5분마다 수위 정보를 무선통신으로 클라우드에 수집 · 축적해 수위 모니터링용 애플리케이션으로 지도상에 그래프 표시한다. 수위 센서와 무선의 구동은 열전 변환 유닛과 1차 전지로 한다. 열전변환 유닛의 한쪽 전극에는 축열재가 붙여 있으며, 일정한 온도를 유지하도록 되어 있다. 또 다른 한쪽의 전극에는 맨홀의 철 뚜껑 온도가 전해진다. 열전변환 유닛과 1차 전지를 병용함으로써 전지교환 간격을 10개월에서 5년 이상으로 연장할 수 있었다.

학습 9

2. 에지 AI에 대한 응용

현재 AI는 클라우드에서 학습 처리를 하는 방식이 주류인데, 클라우드로 송신되는 데이터량을 줄이거나, 현장의 응답 성능 향상의 요구에 대응하기 위해 AI 기능을 에지로 옮기는 '에지 AI'를 위한 개발이 가속화되고 있다. 에지 AI용의 저소비전력 반도체 칩 개발도 세계적으로 추진되어, 에너지 하베스팅 기술에 의한 가동도 사정권 내에 들어 왔다.

예를 들면 스위스의 벤처기업 EcoRobotix가 개발한 AI 로봇은 태양전지를 천판으로 한 테이블과 같은 형상이며, 카메라로 농작물과 잡초를 식별해 잡초에만 제초제를 살포하면서 농지를 자율 주행한다. 일률적으로 제초제를 살포하는 경우와 비교해 제초제의 사용량을 20분의 1로 줄일 수 있다. 농지는 일조가 있는 것이 전제이며, 이러한 자율주행 AI 로봇이 농업을 변혁해 갈 것으로 예상된다.

또한 미국의 벤처기업 Alea Air가 판매하는 공조시스템은 표준적인 통기구를 대체해 설치하는 것으로 11종의 센서, AI, 공기의 흐름을 제어하는 로봇 루버, 디바이스의 배터리 수명을 연장시키는 열전 발전 유닛을 내장하고 있으며 클라우드를 통해 서로 통신하고 연계한다.

AI라는 키워드에 애매함은 있지만, 에지 노드의 고기능화는 앞으로도 추진되어 갈 것으로 예상된다. 이와 같은 움직임의 끝에 Society 5.0이 있다

학습활동.9 교수 · 학습 방법

교수 방법

- 에너지 하베스팅의 개요에 대한 관련 용어, 구성, 방식 이해 정도를 파악한 후 수업을 진행한다.
- 교수자의 주도로 에너지 하베스팅의 개요 등의 내용을 PPT 자료로 제시한 후 설명한다.
- 가능하면 사전에 개인별 학습 자료를 준비하여 모든 학생이 참여할 수 있는 문제 해결식 수업, 협력 수업이 가능하도록 한다.
- 에너지 하베스팅의 개요 전 과정을 작업의 순서에 따라 단계적으로 실습이 이루어질 수 있도록 지도한다.
- 교재를 통해 수업을 준비하는데 있어서 필요한 모든 정보나 팁, 힌트 등 도움이 될 만한 내용들을 확인할 수 있다.
- 학생들이 만들게 될 각 모델들은 수업시간에 중점적으로 다뤄질 부분과 어휘, 질문, 답을 포함하고 있으며 또한 탐구할만한 추가적인 아이디어들도 포함하고 있다.

학습 방법

- 에너지 하베스팅의 개요에 대한 관련 용어를 숙지하고, 에너지 하베스팅의 개요에 대해 이해한다.
- 에너지 하베스팅의 개요의 각 단계별 중점 사항을 체계적으로 학습한다.
- 에너지 하베스팅의 개요의 수행순서의 전 과정을 실습한다.
- 에너지 하베스팅의 개요의 내용을 이해한다.
- 에너지 하베스팅의 개요를 이해하고 숙달이 될 때까지 학습한다.

학습 9

학습활동.9 평가 및 피드백

평가 준거

- 평가자는 피평가자가 수행 준거 및 평가 내용에 제시되어 있는 내용을 성공적으로 수행할 수 있는 지를 평가해야 한다.

학습내용	평가항목	성취수준		
		상	중	하
에너지 하베스팅의 개요	에너지 하베스팅의 개요를 이해할 수 있다.			

평가 방법

- 작업 포트폴리오

학습내용	평가항목	성취수준		
		상	중	하
에너지 하베스팅의 개요	에너지 하베스팅의 개요를 이해할 수 있다.			

- 필기시험

학습내용	평가항목	성취수준		
		상	중	하
에너지 하베스팅의 개요	에너지 하베스팅의 개요를 이해할 수 있다.			

- 체크리스트를 통한 관찰

학습내용	평가항목	성취수준		
		상	중	하
에너지 하베스팅의 개요	에너지 하베스팅의 개요를 이해할 수 있다.			

- 피드백

1. 작업 포트폴리오
   - 제출한 보고서를 평가한 후 주요 사항에 대하여 표시하여 돌려준다.
2. 필기시험
   - 평가 결과 성적이 저조한 학생은 보고서 제출 기회를 부여한다.
3. 체크리스트를 통한 관찰
   - 실습 과정에서 평가한 후 개선해야 할 사항 등을 정리하여 돌려둔다.

참 | 고 | 문 | 헌

- 강승열 외 3, 무선 에너지 전송기술, 전자통신통신동향분석 제23권 제6호, pp.59-69, 2008.12.
- 국토교통부, 일등석이 버스 속으로!-프리미엄 고속버스 시승 현장에 가다!, 국토교통부 블로그. http://blog.naver.com/PostView.nhn?blogId=mltmkr&logNo=220 888819193, 2016.12.18.
- 김성민 외, 무선 충전기술동향과 발전방향, 전자통신동향분석, 제31권 제3호, pp.32-41, 2016.6.1.
- 김성민, ETRI E-cup 3차원 공간무선충전기, YouTube, 2016.12.25. https://www.youtube.com/watch?v=T7uHww1W4QI&t=106s
- 김성훈, http://www.munhwa.com/news/전기차 무선충전시대 눈앞
- 김신희, 에너지 효율화를 위한 에너지 하베스팅. KDB산업은행, 2021.1.4.
- 김진욱 외, K인버터를 이용한 전자기 유도 방식과 자기 공명 방식의 특성 비교, 2011대한 전기학회 하계학술대회 발표집, 7월, 2011
- 김진욱 · 지현호 · 최연규 · 윤영현 · 김관호 · 박영진, 자기 공명 무선 전력전송 시스템에서 공진 코일의 배열에 관한 연구, 한국전자파학회논문지, 21(6), pp.564-572, 2010.6.
- 류명효 · 정지훈, 비접촉 무선전원 기술의 이해와 응용, 2012 대한전기학회 무선 전력전송 단기강좌 발표집, Apr.25, 2012.
- 무선충전의 원리와 사례, https://artistichooc.com/13
- 문승필 · 김태완 · 김성훈, 에너지 하베스팅 기술개요와 연구동향, 한국전기공학회지, 2016.5.
- 문정익 외, 스마트 무선 충전기술, 전자통신동향분석, 제32권, 제3호, 2017.6.
- 문정익 · 조인귀 · 변우진, 중전력 무선 충전기술동향, 정보통신평가원, 2021.5.5.
- 미래창조과학부, 세계2번째, 아시아최초무선 전력전송WPC 표준인증 상호호환성시험소 자격 획득, 미래창조과학부 보도자료, 2017.2.17.
- 박세환, 웨어러블에너지 하베스트 기술. KOSEN Report, 2018.
- 박영진, 모바일기기 무선충전 시스템의 기술동향, 전력전자학회지, 제18권 4호, pp.29-33, 2013.
- 박영진, 무선 전력전송의 이해, 전자공학회지, 제39권 제8호, 2012.08.
- 박찬규, 무선충전, NICE디앤비, 2020.11.26.
- 싱문경, 무선충전기와 공기청정기가 하나로, 쥬니온 미니공기 청정기, 앱스토리매거진, 2017.2.27.
- 송준영 · 이종준, 중 선전 몰려가는 무선충전 연합군…'비접촉 무선충전생태계구축', 전자신문, 2016.10.24.
- 안성덕, 무선 전력전송 기술개발 동향, TTA Journal, vol.138, pp.45-51, 2011.
- 양대근 · 김당오 · 이주용 · 조동호, 차세대 무선 전력전송 기술, 정보통신기획평가원, 2020.5.13.
- 양준현, 자기공명형 무선전력 시스템을 이용한 무선충전기 개발에 대한 연구, 명예박사기술논문, 삼성전자, 2010.12.
- 윤건일, LG이노텍, 스마트폰용15와트무선충전패드상용화, 전자신문, 2016.10.12.
- 이근호, M2M에서 무선충전 시스템의 보안위협, 한국융합학회 논문지, 제4권 제1호, 2013.02.
- 이승민, 무선 전력전송 현황 및 국내도입을 위한 접근 방안, 한국 KFDC법제학회 한국보건산업진흥원 미래산업기획단, 2020.11.15.
- 이아름, 에너지 하베스팅 기술, KIST 융합정책센터, vol.2 2016.01.11.
- 이영기, 에너지 하베스트 기술 동향, 전기전자재료 제26권 제3호, 2013.3.
- 이유진, 日 도요타, 전기차 무선충전 시스템 개발, 연합뉴스, 2014.2.14.
- 이종민, 삼일렉트로닉스, 아이디어 제품 '포터블 무선 가습기 출시' 출시, 전자신문, 2016.12.15.
- 임대현 · 조인귀, 무선 전력전송 기술동향 및 시장전망, 한국과학기술정보연구원, 2016.12.

학습 9

- 장병준, 무선 전력전송 기술동향 및 향후 전망, 전력전자학회지, 제15권 제6호, 2010.12.
- 정진수 · 한운기, 무선충전 전기자동차의 국내 · 외 표준 및 기술 동향 분석, 2015.04.
- 조재환, 자동차, IT에 길을 묻다⑥…무선충전시대, ZDNetKorea, 2015.10.25.
- 최두선, ETRI, 3차원 충전 등 최신 정보통신기술 'CES 2017' 출품, 한국일보, 2017.1.4.
- 최성진, 무선에너지 전송기술동향, 제어로봇시스템학회지, 제20권 제1호, 2014.3.
- 최효상 · 정인성, 무선 전력전송 시스템의 기술개발 현황과 동향, 한국전기학회, 2007.2.
- 한국자동차협회, 강남 노른자 땅에 무선충전소? 전기차 투자 나선부호들, (사)한국자동차협회관련뉴스, 2017.1.13.
- 한국정보통신기술협회, TTA, 4차산업핵심인프라 '무선충전' 표준 시험소로 지정, 한국정보통신기술협회 보도자료, 2017.3.16.
- A. Kures et al., "Wireless Power Transfer via Strongly Coupled Magnetic Resonance", Sci., vol.317, no.5832, pp.83-86, July, 2007.
- A. Kurs, A. Karalis, R. Moffatt, J. D. Joannopoulos, P. Fisher, and M. Soljacic, "Wireless power transfer via strongly coupled magnetic resonances", Science, Vol.317, pp.83-86, Jul, 2007.
- A. P. Sample, D. A. Meyer, and J. R. Smith, "Analysis, experimental results, and range adaptation of magnetically coupled resonators for wireless power transfer", IEEE Transactions on Industrial Electronics, Vol.58, No.2, pp.544-554, 2011.
- A. Thomson, 2018 Mercedes-Benz S550e Will Offer Wireless EV Charging Technology Built Using Qualcomm Halo Breakthroughs, OnQ Blog, Oct.11, 2016. https://www.qualcomm.com/news/onq/2016/10/11/2018-mercedes-benz-s550e-will-offer-wireless-ev-charging-technology-built-using
- Allied Market Research, Accessed 2017. https://www. alliedmarketresearch.com/press-release/wireless-charging-market.html
- Aristeidis Karalis, J.D.Joannopoulos, Marin Soljačić, "Efficient wireless non-radiative mid-range energy transfer," Annals of Physics, Vol.323, pp.34-48, 2008,
- B.C. Choi, J.H. Nho, H.Y. Cha, T.Y. Ahn, and S.W. Choi, "Design and implementation of low-profile contactless battery charger using planar printed circuit board windings as energy transfer device", IEEE Transactions on Industrial Electronics, vol.51, no.1, pp.140-147, Feb, 2004.
- Barry Fox, "One charging pad could power up all gadgets-Wireless Recharger", New Scientist, January. 2005.
- Bosch, Accessed 2017. https://www.bosch-professional.com/static/specials/wireless-charging/gb/en/#goto:wireless-charging
- C. J. Chen, T. H. Chu, C. L. Lin, and Z. C.Jou, "A study of loosely coupled coils for wireless power transfer," IEEE Transactions on Circuits and Systems, Vol.57, No.7, pp. 536-540, 2010.
- C. Liu, A. P. Hu, and N. K. C. Nair, "Modelling and analysis of a capacitively coupled contactless power transfer system", IET Power Electronics, vol. 4, no.7, pp.808-815, 2011.
- C. G. Kim, D. H, Seo, J. Sik. You, J.-H. Park, and B. H. Cho, "Design of a contactless

battery charger for cellular phone", IEEE Transactions on Industrial Electronics, vol.48, no.6 pp.1238-1247, Dec, 2001.
- D. H. Childress, The Tesla papers, Adventures unlimited press, 2000.
- DAIHEN, "D-Broad Core", Accessed 2017.
http://www.daihen.co.jp/en/products/wireless/agv/
- David Baarman (Fulto innovation), private communication.
- David Schneider, "A critical look at wireless power: Wireless power at a distance is still far away", IEEE Spectrum, May, 2010.
- Dong-Gi Youn, Yang-Ha Park, Kwan-Ho Kim, Young-Chul Rhee, "A Study on the Analysis of Rectenna Efficiency for Wireless Power Transmission", IEEE TENCON99, Vol.2, pp. 1423-1426 17, Sep, 1999.
- Dong-Gi Youn, Yang-Ha Park, Kwan-Ho Kim, Young-Chul Rhee, "A Study on the Fundamental Transmission Experiment for Wireless Power Transmission System", IEEE TENCON99, Vol.2, pp.1419-1422 17, Sep, 1999.
- ETRI 미래전략연구소 표준연구본부, 표준화동향 무력전력전송표준기술, 2017.1.
- http://mvo.co.kr/ 블록, 스마트폰 무선충전, 원리는 무엇일까?
- http://www.a4wp.org/
- http://www.energy.or.kr/무선충전전기차
- http://www.powermatters.org/
- https://blog.kepco.co.kr/1567
- https://blog.kepco.co.kr/1857 [한국전력 블로그 굿모닝 KEPCO!]
- https://img.etnews.com/cms/uploadfiles/afieldfile/2013/06/11/1-2.jpg
- https://ko.wikipedia.org/wiki/무선충전
- https://m.blog.naver.com/슈피켄코리아
- https://news.samsungdisplay.com/16305/
- https://www.belkin.com/kr/resource-center/wireless-charging/how-it-works/
무선충전의 작동원리는 무엇일까요?
- https://www.cheric.org/files/research/ip/p201502/p201502-201.pdf 에너지 하베스팅 기술의 종류 및 원리, 2015.02.
- https://www.hellot.net/mobile/article.html?no=50075 에너지 하베스팅으로 실현하는 society 5.0
- https://www.inirnc.com
- https://www.wirelesspowerconsortium.com
- K. Leswing, "This is the Biggest Hint Yet that Apple's Next iPhone Will Have Wireless Charging", Business Insider, Feb.13, 2017.
- K.W. Choi et al., "Wireless-Powered Sensor Networks: How to Realize", IEEE Trans. Wireless Commun., vol.16, no.1, pp.221-234, Jan, 2017.
- L. Mearian, "Dell's Latitude 7285 to be world's first wireless charging 2-in-1", Computerworld, Jan. 5, 2017. http://www.computerworld.com/article/3154822/mobile- wireless/dells -latitude-7285-to-be-worlds-first- wireless-charging-2-in-1.ht
- M. Kline, I. Izyumin, B. Boser, and S. Sanders, "Capacitive power transfer for contactless charging",APEC- IEEE Applied Power Electronics Conference and Exposition, pp.1398 -1404, 2011.

학습 9

- M. J. Chablko, M. Shahmohammadi, and A. P. Sample, "Quasistatic Cavity Resonance for Ubiquitous Wireless Power Transfer", PLoS One, vol.12, no.2, pp.1-14, Feb, 2017.
- National Space Society, Accessed 2017.
  http://www. nss.org/settlement/ssp/NASADVD/part03.htm
- P. E. Glaser, "Power from the sun; its future", Science, Vol.162, No.3856, pp.857-861, Nov.22, 1968.
- Persistence Market Research, Accessed 2017.
  http://www.persistencemarketresearch.com/mediarelease/wireless-charging-market.asp
- Qualcomm, Accessed 2017. https://www.qualcomm.com/products/halo
- S. C. Tang, S. Y. Hui, and H. S. Chung, "Coreless Planar Printed-Circuit-Board (PCB) Transformers-A Fundamental Concept for Signal and Energy Transfer", IEEE Transactions on Power Electronics, vol.15, no.5, pp.931-941, Sep, 2000.
- S.E. Shladover, "Highway Electrification And Automation", California Partners for Advanced Transit and Highways (PATH),Paper UCB-ITS-PRR-'92'17, 1992.
- SIGNIA, Cellion, Accessed 2017.
  https://www.signiausa.com/signia-hearing-aids/cellion-primax-hearing-aids/
- ST, STMicroelectronics and WiTricity to Develop Integrated Circuits (ICs) for Resonant Wireless Power Transfer, Accessed 2017.
  http://www.st.com/content/st_com/en/about/media-center/press-item.html/t3803.html
- T. Hardwick, "Ming-Chi Kuo: Apple's Next-gen iPhone to Feature All-glass Case for Wireless Charging", MacDailyNews, Dec.23, 2016.
- Technavio, "Global Wireless Charging Market 2016-2020", SKU: IRTNTR8109, 2015.
- W. C. Brown, "Satellite power stations: a new source of energy?" IEEE Spectrum, Vol.10, No.3, pp.38-47, Mar, 1973.
- W. C. Brown, "The history of power transmission by radio waves", IEEE Transactions on microwave theory and techniques, Vol.MTT-31, No.9, Sep, 1984.
- W. C. Brown, "The history of power transmission", Solar power, Vol.56, pp.3-2, 1996.
- Wireless Power Consortium, The Qi Interface Specification Volume I : Low Power, 2010.
- WiTricity, Accessed 2017.
  http://witricity.com/daihen-shipping-industrial-robotics-solutions-powered-witricitys - wireless-charging-technology/
- WPC, Accessed 2017.
  https://www.wirelesspowerconsortium.com/developers/specification.html

학습 1	무선전력전송의 개요
학습 2	무선전력전송의 기술
학습 3	무선전력전송의 표준화
학습 4	무선전력전송의 활용
학습 5	무선충전기술의 개요
학습 6	무선충전의 기술
학습 7	무선충전기술의 표준화
학습 8	무선충전기술의 활용
학습 9	에너지 하베스팅의 개요
학습 10	**에너지 하베스팅의 기술**
학습 11	에너지 하베스팅의 표준화
학습 12	에너지 하베스팅의 활용
학습 13	무선전력전송, 무선충전, 에너지 하베스팅의 미래

학습 목표

1. 에너지 하베스팅의 기술를 이해할 수 있다.

10-1 에너지 하베스팅 기술의 종류 및 원리

압전 및 마찰전기를 이용한 에너지 하베스팅 기술은 각각 압전효과와 정전기 유도현상을 기본 원리로 에너지를 수확한다.

이 두 가지는 모두 외부의 기계적 에너지가 전위차를 만들고 이로 인해 쌍극자와 보상 전하가 형성되어 전자, 즉 전류가 흐르는 현상을 바탕으로 한다. 열전을 이용한 에너지 하베스팅 기술은 각각 제벡효과(Seebeck Effect)와 패러데이의 전자기 유도법칙(Faraday's Law of Induction)을 기본 원리로 에너지를 수확한다.

1. 압전재료를 이용한 에너지 하베스팅 기술의 원리

압전 하베스팅은 압력 혹은 진동의 힘으로부터 에너지를 수확하는 기술이다. 1880년 자크 퀴리(Paul-Jacgues Curie)와 피에르 퀴리(Pierre Curie)가 특정

물체에 압력을 가하면 음전하와 양전하가 분리되는 상황이 일어나며 전하의 밀도 차로 인해 전기가 흐르는 현상을 발견했는데, 이를 압전이라고 명명했다.

압전물질인 PMN-PT를 사용하는 에너지 하베스팅 소자가 전기에너지를 만들어 내는 원리는 [그림 10-1]과 같다. 기계적 에너지를 받지 않은 상태에서 PMN-PT 박막에 존재하는 쌍극자는 폴링(Poling)에 의해 소자의 표면에 수직으로 배열되어 있다. 소자가 인장응력을 받아 휘어지면 소자의 변형으로 인해 PMN-PT 박막 내부에 압전전위가 형성된다. 전자는 쌍극자에 의해 만들어진 전위의 균형을 맞추기 위하여 외부회로를 통해 흐르며 결과적으로 위쪽 전극에 쌓이게 된다. 소자에 작용하던 응력이 사라져 다시 처음 상태로 돌아가면 전하 또한 회로를 통해 처음 자리로 되돌아간다. 전체적으로 소자에 압력이 가해지고 제거되는 반복적인 과정을 통해 양의 전기신호와 음의 전기신호가 번갈아 생기게 된다.

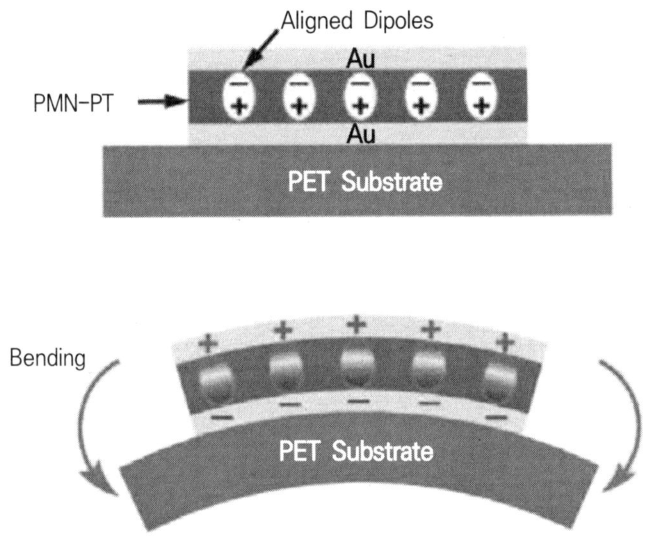

[그림 10-1] 대표적 압전물질인 PMN-PT를 이용하여 설명한 전기에너지 생성 원리

일본 음지발전사는 2006년 자동차, 자전거, 사람 등이 지나갈 때 생기는 압력을 활용해 에너지를 생산하는 '발전 마루'를 개발했다. 가로, 세로 길이가 각 50cm인 이 마루는 하루 최대 200kW를 생산할 수 있는 것으로 알려져 있다. 현재 발전마루는 지하철 통로와 개찰구에 설치돼 있으며, 2010년에는 일본 신 에노시마 수족관에도 도입됐다.

영국 에너지 회사 페이브젠(Pavezen)은 브라질 리우데자네이루 빈민가의 축구장에 압전기술을 활용했다. 낮에 뛰어노는 아이들이 만들어 낸 압력과 진동을 모아 밤에 6개 LED 불을 밝히는 것이다.

국내에서도 압전 하베스팅에 관한 연구가 활발히 진행되고 있다. 지난 3월 한국과학기술연구원(KIST) 전자재료 연구팀이 이소 불화 비닐(PVDF : Poly Vinyl Dien Fluoride)을 이용한 '도로용 압전발전장치(도로 위 자동차가 누르는 압력을 이용해 전력을 생산하는 장치)'를 개발했다. 기존의 장치보다 출력이 5배 이상 높고, 인체에 해로운 납이 들어가지 않았다는 것이 기존 연구와 다른 점이다. 다른 사례로 한국화학연구원(KRICT)은 지난 6월에 기존보다 성능이 100배 더 뛰어난 유연압전(휘는 압력을 이용해 전력 생산하는 압전 하베스팅)을 논문으로 발표해 세계적으로 주목을 받은 바 있다.

2. 마찰전기를 이용한 에너지 하베스팅 기술의 원리

광전은 빛으로부터 얻은 에너지를 말한다. 앞서 언급한 태양 전지가 대표 사례라 할 수 있다. 언차티드 플레이(Uncharted Play)사는 운동에너지를 전기에너지로 전환하는 소켓볼(Socket Ball)을 개발했다. 공을 가지고 놀면 에너지가 쌓이는데, 언차티드 플레이에 따르면 30분간 공을 가지고 놀면 3시간 동안 전구를 켤 수 있는 에너지를 생산해낸다.

마찰전기를 이용한 에너지 하베스팅의 일반적인 메커니즘은 [그림 10-2]와 같다.

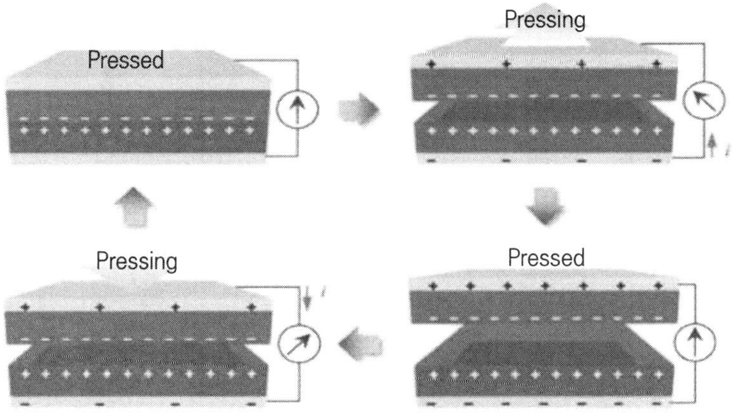

[그림 10-2] 마찰전기를 이용한 에너지 하베스팅의 일반적인 메커니즘의 모식도

두 개의 서로 다른 물질이 접촉하면 마찰대전에 의해 표면이 대전되는 현상이 나타난다.

두 물질이 분리되면 정전기 유도 현상에 의해 위·아래 전극에 보상전하가 축적되고, 이에 따라 전하균형이 맞을 때까지 외부전극을 통해 전류가 흐르게 된다. 두 물질이 다시 가까워지면 축적되었던 보상전하가 사라짐으로써 처음과는 반대 방향의 전류가 외부전극을 통해 흐르게 되며, 반복되는 접촉 및 분리과정을 통해 양 전극간에 지속적으로 교류전류(Alternating Current)가 흐른다.

미 육군 전자통신 연구개발 엔지니어링 센터(CERDEC)의 경우, 작년 3월 미군의 움직임을 활용해 에너지를 생산하는 군용 가방을 개발했다. 최신식 무기를 도입함에 따라 에너지가 있어야 하는 장비가 늘어나고 있는데, 충전기로만 이를 감당하기에는 한계가 있다. 따라서 CERDEC는 이를 보조할 군용 가방을 개발한 것이다.

3. 열전재료를 이용한 에너지 하베스팅 기술의 원리

열전 하베스팅은 열에 의해 만들어진 에너지를 수확하는 기술이다. 과학적으로 온도차이가 발생하면 전류가 흐르게 되는데 이때 에너지를 생성할 수 있다. 다시 말해 열에너지를 전기에너지로 바꿔주는 기술이다.

열전(Thermoelectric) 에너지 하베스팅은 열에너지를 전기에너지로 변환시키는 방식을 이용한 기술로, 제벡효과를 바탕으로 한다. 제벡효과는 두 종류의 금속이나 반도체의 양 끝을 접합한 부분에 발생하는 온도차가 전압으로 직접변환되는 현상이다.

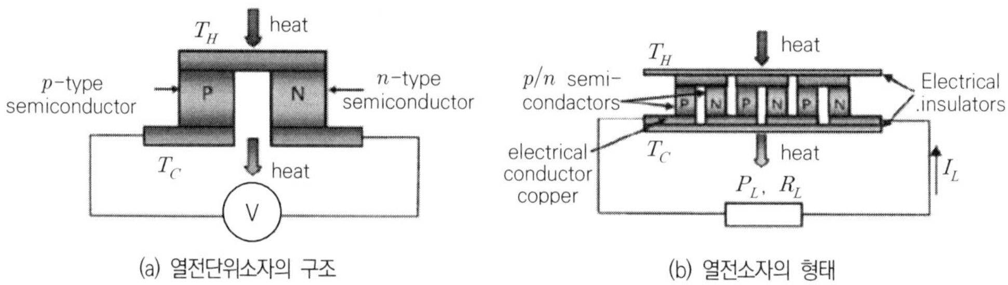

(a) 열전단위소자의 구조 (b) 열전소자의 형태

[그림 10-3] 열전발전기의 모식도

이 현상은 온도에 따라 자유전자의 에너지가 다르므로 자유전자가 에너지 균형상태, 즉 평형상태가 될 때까지 에너지가 낮은 쪽으로 이동하여 전위차를 형성하기 때문에 발생한다. 열전소자의 모식도는 [그림 10-3]과 같다.

[그림 10-3(a)]에서 보는 것과 같이, 열전단위소자(Thermoelement)는 p타입과

n타입의 반도체가 직렬로 연결되어 구성되어 있다.

일반적인 열전소자(Thermoelectric Module)의 형태는 [그림 10-3(b)]처럼 전압을 증가시키기 위해 많은 수의 열전단위소자가 전기가 흐르는 방향에 직렬로 연결되어 있으며, 열전도도를 증가시키기 위해 열이 흐르는 방향에 병렬로 연결되어 있다.

대표사례로 SK에너지의 울산공장 사례를 들 수 있다. SK에너지는 2009년부터 울산공장에서 버려지는 열을 공장가동에 이용하고 있는데 시간당 약 40톤의 폐열 증기를 에너지 원천으로 활용하는 것으로 알려져 있다.

신체의 열을 활용해 에너지를 만드는 사례도 있다. 2013년 영국 모바일 회사 보다폰(Vodafone)은 휴대폰을 충전할 수 있는 바지를 선보여 주목 받은 바 있다. 원리는 열전 하베스팅을 이용하는 것으로 바지 주머니에 열전소자를 넣어서 사람이 엉덩이를 흔들면 주머니의 열을 이용해 에너지를 생산해 휴대폰을 충전하는 것이다.

보다폰은 이외에도 잠을 자는 동안 휴대폰을 충전할 수 있는 침낭도 선보였다. 잠을 자는 도중에 발생하는 사람의 열을 이용해 에너지를 생산하는 원리이다. 국내에도 신체 열을 이용한 열전 하베스팅 연구가 진행되고 있는데, 2014년 KAIST는 체온으로 스마트폰을 충전할 수 있는 웨어러블 기기를 개발해 주목을 받았다.

4. 페로플루이드를 이용한 에너지 하베스팅 기술의 원리

전자기 하베스팅은 버려지는 전자기로부터 에너지를 수확하는 기술이다. 전기장과 자기장을 이용한 통신 시에 버려지는 전자기가 있는데, 이를 수집해 에너지로 전환하는 것이다.

페로플루이드를 이용한 에너지 하베스팅 기술은 자기장이 존재하는 영역에서 기계적 에너지를 받을 때 생기는 자기 쌍극자 모멘트의 변화를 원리로 한다.

[그림 10-4](a)는 재료가 외부자기장을 받지 않을 때, 액체 안에서 쌍극자들이 무작위하게 배열한 상황을 나타낸다. 이때 총 자화(Magnetization) 값은 0이다.

만약 재료에 외부자기장을 가한다면 액체 내부에 있는 자기쌍극자가 [그림 10-4](b)처럼 외부자기장의 방향으로 정렬한다.

이후 재료가 진동을 받아 액체가 출렁인다면 [그림 10-4](c)처럼 내부 자기쌍극자들은 변위를 갖는다. 변위를 가진 쌍극자들은 순자기선속(Net Magnetic Flux)을 만든다.

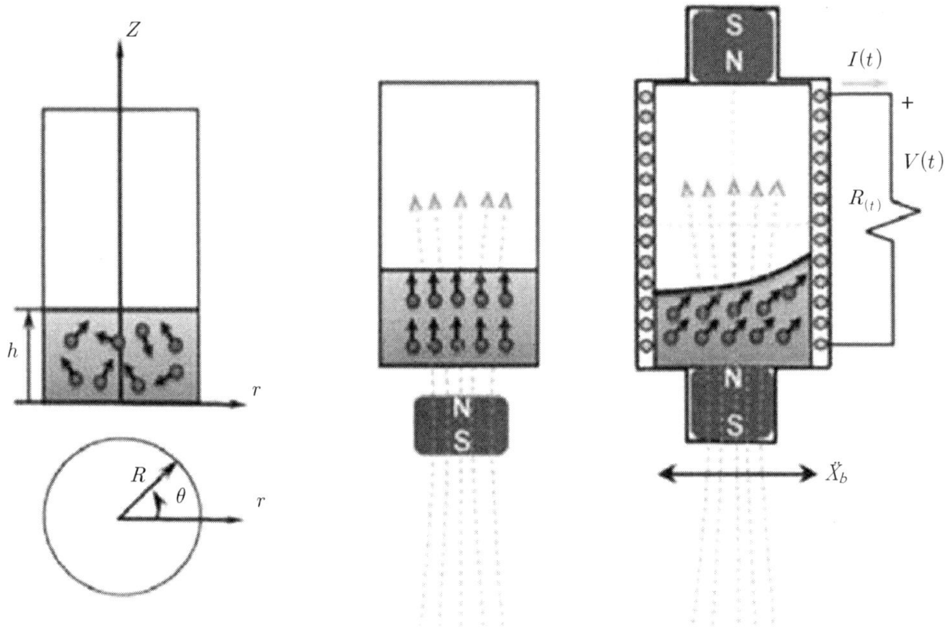

(a) 자기장이 가해지지 않았을 때의 페로플루이드 내부의 자기 쌍극자들

(b) 자기장이 가해졌을 때 자기장의 방향으로 배열이 되는 자기 쌍극자들

(c) 진동으로 인해 배향이 바뀌고 자기선속을 만들어 내어 전류를 생산하는 페로플루이드

[그림 10-4] 페로플루이드를 이용한 에너지 하베스팅 기술

이 선속이 액체 주변의 코일에 영향을 주면 전자기 유도현상이 발생하고 코일에는 전기가 흐른다.

여기서 중요한 요소는 최대한 공명 진동수에 근접한 기계적 진동을 가하여 진폭이 최대가 되는 표면파를 형성시키는 것이다. 표면파가 최대 진폭을 갖는다면 이 파동이 만드는 자기 선속의 변화 또한 최대 값을 갖기 때문에 큰 전압이 출력된다.

대표 사례로 와이파이의 전자기파를 에너지로 바꾸는 와이파이 백스캐터(Wi-Fi Back Scatter)라는 기술이 있다.

이외에 드레이슨 테크놀로지스(Drayson Technologies)의 경우 스마트폰의 통신을 활용해 에너지를 생산하는 기술을 개발한 바 있다. 국내의 경우 작년 12월 재료연구소(KIMS)와 한국표준과학연구원(KRISS)은 미세 자기장을 에너지로 전환해 스마트폰을 충전할 수 있는 전자기 하베스팅을 선보였다.

10-2 에너지 하베스팅 기술의 현황

1. 에너지 하베스팅 기술의 장점 및 한계

에너지 하베스팅 기술의 기술 성숙도, 효율, 청정도, 출력 값, 응용분야를 비교해 보면 〈표 10-1〉과 같이 나타낼 수 있다.

〈표 10-1〉 다양한 에너지 하베스팅 기술 비교

	태양열	압전재료	마찰전기	열전재료
기술성숙도	o	x	x	x
효 율	10~24%	25~50%	30~60%	5~10%
청정도	o	o	o	o
출력값	100~300W	1uW~20mW	~1W	0.5mW~10MW
응용분야	태양전지	체내 삽입의료기, 무선센서노드, 웨어러블 소자	자기발전 센서	웨어러블 소자 (스마트워치, 구글 글래스 등) 경보센서

이미 상용화가 진행된 태양전지를 제외하면 나머지 기술들의 산업화 및 상용화는 아직 미미한 상황이다. 각각의 에너지 하베스팅 기술은 효율과 출력 값에서 차이를 보이기 때문에 사용되는 분야에서도 차이가 난다. 출력 값이 높은 태양전지의 경우 주로 배터리를 충전시키는 용도로 활용되며, 압전재료의 경우 변환효율이 높고 출력 값이 몇 mW정도이기 때문에 체내 삽입형 의료기기 또는 무선센서노드 등에 적합하다. 마찰전기를 이용한 에너지 하베스팅은 출력 값이 높아 높은 전력이 요구되는 자가발전센서에 주로 사용되며, 열전재료를 이용한 에너지 하베스팅은 웨어러블 소자 및 인공피부, 센서 등에 사용되기 적합하다. 특히 열전 에너지 하베스팅은 압전재료나 마찰전기를 이용한 소자와 달리 기계적 힘이 소자에 접촉하는 과정이 없기 때문에 매우 안정적이고 소음이 없다는 장점이 있다. 표에는 생략되어 있지만, 페로플루이드를 이용한 에너지 하베스팅 기술의 경우, 고형 자석이 아닌 나노수준의 영구 자기 쌍극자로 구성된 액체 구조를 사용하므로 액체가 담긴 컨테이너에 따라 소자형태가 바뀔 수 있으며 체내 또는 기계부품 내부 등 접근 불가능한 영역에 주입될 수 있다는 장점이 있다.

학습 10

하지만 태양열을 이용한 에너지 하베스팅 기술은 날씨 및 장소에 제약을 받는다. 오직 낮 동안에만 작동될 수 있으며 일몰 후 소자가 사용되기 위해서는 캐패시터나 배터리 등 추가적인 장치가 필요하다. 압전재료의 경우 체내 의료기기에 사용될 수 있지만, 적당한 출력 값을 내는 재료들은 모두 납성분을 포함하고 있기 때문에 인체에 유해하다. 따라서 납을 포함하지 않으면서도 압전특성이 높은 재료가 개발되어야 한다. 마찰전기를 이용한 경우 유기물 기반의 폴리머를 사용하기 때문에 습한 환경에서 구동성이 떨어지고 마모 저항이 낮은 단점이 있다. 따라서 마찰전기를이용한 에너지 하베스팅 기술은 생명공학 및 웨어러블 분야에 적용시키기 어렵다.

열전재료를 이용한 에너지 하베스팅 분야에서는 ΔT=50K에서 출력밀도가 28mW/g인 웨어러블 소자를 만들었다는 연구성과가 있지만, 주변 온도와 인체의 온도 차가 50K보다 훨씬 낮기 때문에 발생하는 전류가 적어 에너지 변환효율이 매우 낮다. 따라서 열전재료를 웨어러블 기술에 적용하여 모바일 전기소자를 충전하거나 구동하기 위해서는 현재보다 높은 변환효율을 갖는 소자가 제작되어야 한다.

마지막으로 페로플루이드를 이용한 에너지 하베스팅 기술은 출력 값이 매우 낮고 아직 개발 및 연구활동이 적어 특정분야로의 응용보다는 효율 및 출력 값의 개선이 먼저 이루어져야 하는 상황이다.

2. 압전재료를 이용한 에너지 하베스팅 기술의 최신 연구동향

유연압전 에너지 하베스팅 소자가 처음 개발되었을 때 사용되었던 나노선 구조의 산화아연은 출력 값이 작기 때문에 현재는 주로 페로브스카이트형 재료를 사용한다.

페로브스카이트(Perovskite)형 재료인 BTO, PZT(Lead Zircanate Titanate), PMN-PT는 산화아연보다 압전결합상수(Piezoelectric Coupling Constant, d33)가 각각 3, 25, 90배 크기 때문에 이 구조를 가진 물질을 기반으로 한 연구가 활발히 진행되었다.

2010년 이후에는 결성화된 BTO, PZT, PMN-PT의 페로브스카이트형 박막을 벌크형 기판에서 플라스틱 기판으로 압전성질의 손실 없이 이동시켜 유연하게 만드는 연구가 보고되었다.

플라스틱 기판으로 전사하는 방법 중 대표적인 방법인 Laser Lift Off(LLO)공법, 니켈 박리(Ni Exfoliation)공법을 이용하면서 유연압전 에너지 하베스터의 출력전압 및 전류는 급격히 향상되었다.

압전재료를 형태에 따라 나노 합성물(Nanocomposite), 박막(Thin Film)으로 구분하여 유연에너지 하베스팅 소자에 대해서 설명할 것이다. 특히 박막재료의 경우 유연하게 만드는 방식이 다르기 때문에 공정방법에 따라 나누어 설명할 것이며, 이때 다양한 공정 방법뿐 아니라 사용되는 재료도 BTO, PZT, PMN-PT순으로 점차 압전특성이 우수한 물질이 사용되었다는 것이 주목할 만 하다.

3. 열전재료를 이용한 에너지 하베스팅 기술의 최신 연구동향

열전재료를 이용한 에너지 하베스팅 소자의 경우, 구조는 제한되어 있는 반면 조건에 따라 재료를 다르게 선택할 수 있다.

유기물을 사용한 열전에너지 하베스팅 소자는 웨어러블 전기제품을 구동할 만큼의 전력을 출력해 내지 못하는 반면 무기물을 사용한 열전에너지 하베스팅 소자는 벌크형 세라믹 기판을 사용했기 때문에 두꺼우며 열에너지 손실을 유발한다. 이로 인해 출력되는 전력밀도와 에너지 변환효율 값이 제한된다.

따라서 유기물 기반 재료 장점과 무기물 기반 재료 장점의 최적화에 관한 연구가 진행 중이다. 또한 에너지 변환효율이 낮다는 단점으로 인해 에너지 하베스팅 기술을 독자적으로 사용한 연구 대신, 다른 기술과 통합된 모듈로 응용하는 연구가 활발히 발표되고 있다. 특히 최근에는 상 분리된 (PbSn0.05Te)0.92, (PbS)0.08을 기반으로 한 기능적으로 향상된(Functionally Graded) n형 열전재료를 사용하여 열선변환효율을 높이는 연구가 진행되었다.

이 재료는 성능지수(Figure of Merit) 2.2를 갖는 p형 Ge0.87Pb0.13 Te와 함께 사용되어 모듈구조로 제작되었다. 이 모듈은 50℃와 500℃의 온도차이에서 14%의 높은 변환효율을 갖는 것으로 나타났다.

학습 10

수행 내용

재료 · 자료

- 에너지 하베스팅 관련 자료

기기(장비 · 공구)

- 컴퓨터, 문서작성 프로그램, 프린터, 주변기기

안전 · 유의사항

- 에너지 하베스팅 관련 장비의 안전 및 유의사항을 숙지한다.

수행 순서

01 에너지 하베스팅 기술이 왜 이슈가 되는지에 대하여 분석하라.

에너지 보존법칙을 바탕으로 주변의 모든 에너지를 전기에너지로 바꾸는 기술을 바로 '에너지 하베스팅'이라고 한다. '주변의 모든 에너지'라 함은 열에너지, 빛에너지, 진동에너지, 전자기장에너지 등을 의미한다.

기존의 전자기기들은 전력을 외부로부터 공급 받거나 배터리를 통해 얻어왔다. 하지만 4차 산업혁명 시대의 신기술 중에는 외부와 연결된 선, 전지 등을 사용하지 않고 전력을 공급받아야 하는 기술이 대부분이다. 이처럼 다가오는 시대에는 소자의 최적화와 회로의 고성능화가 필수이다. 이에 대한 대안으로 에너지 하베스팅이 주목받게 된 것이다.

대표적 신재생 에너지인 태양광 발전, 풍력발전 등은 청정한 에너지원이긴 하지만 날씨의 영향에 따라 발전량이 일정치 않다는 단점이 있다. 에너지 하베스팅이 그 단점을 보완해 줄 대안으로 주목받고 있다.

태양전지는 빛의 성질을 활용해 발전을 하지만 비가 오는 날에는 전력생산이 불가능하다. 이 문제는 마찰전기를 활용한 에너지 하베스팅 기술로 해결할 수 있다. 바로 태양전지 위에 TENG 발전기라는 마찰전기를 활용한 나노 발전기를 결합하는 기술이다. 이럴 경우 물이 흐르면서 발생하는 마찰전기를 활용해 비가 오는 날에도 발전을 할 수 있다.

에너지 하베스팅 기술을 활용하면 척박하고 제한된 환경에서도 에너지를 생산할 수 있다. 미 육군의 전투능력개발사령부(CERDEC)는 착용자의 움직임을 활용해 에너지를 생산할 수 있는 군용가방을 개발했다. 최근 미군은 에너지가 있어야 작동할 수 있는 최신식 무기를 많이 도입했다. 충전기나 배터리로 이를 감당하기에는 한계가 있다. 따라서 CERDEC는 에너지 하베스팅 기술에 주목한 것이다.

02 웨어러블 에너지 하베스트 기술에 대하여 분석하라.

1. 웨어러블 에너지 하베스트 기술의 개요

생산된 전력을 임시로 저장하였다가 전력이 필요한 최적의 장소와 시간대에 에너지를 효율적으로 공급하는 Smart Grid의 핵심기술로서 에너지 저장장치(ESS : Energy Storage Systems)가 주목 받고 있다.

ESS는 에너지를 저장하는 방식에 따라 배터리 방식과 비배터리 방식이 있다.

배터리 방식은 나트륨황전지(NaS)/레독스흐름전지(RFB: Redox Flow Battery)/리튬이온전지(LIB) 등을 이용한다.

비배터리 방식은 물리적 저장방식인 양수발전(PH)/압축공기저장(CAES)/플라이휠(Flywheel) 방식과 전자기적 저장방식인 초전도 에너지 저장(SMES)/수퍼케패시터(Super-Capacitor) 등을 이용한다.

최근에는 섬유 및 복합재료 등을 이용한 에너지 저장 소재기술과 열, 진동 등을 전기에너지로 전환하여 저장하는 에너지 하베스팅(Harvesting) 기술, 상변화 물질(PCM : Phase Change Material)을 이용한 에너지 저장기술 등이 개발되고 있다.

에너지 하베스팅 기술은 직접적으로 에너지를 저장하는 기술은 아니지만, 에너지를 효율적으로 획득할 수 있는 기술로 에너지저장과 같은 효과를 나타낼 수 있다. 특히 그린에너지 하베스팅 기술 및 지능형 저장소재 기술이 개발되면서 웨어러블(Wearable)에너지 하베스트/저장기능을 갖는 지능형섬유 기술(이하 웨어러블 에너지 하베스트 기술)로 발전하고 있다.

2. ESS를 이용한 에너지 효율화

1) 에너지 전달시스템의 개념

다양한 에너지원의 ESS의 통합감시 및 제어기술을 구현하기 위해서는 TEMS(Total Energy-storage Management System)와 LPMS(Local Power Management System)를 이용한 에너지 전달시스템의 정상상태 및 과도상태 해석모델링을 통해 제어시스템의 운용 알고리즘을 개발하고 이를 검증할 수 있는 인프라가 필요하다. TEMS와 LPMS를 이용한 에너지전달시스템의 개념도를 [그림 10-5]에 나타낸다.

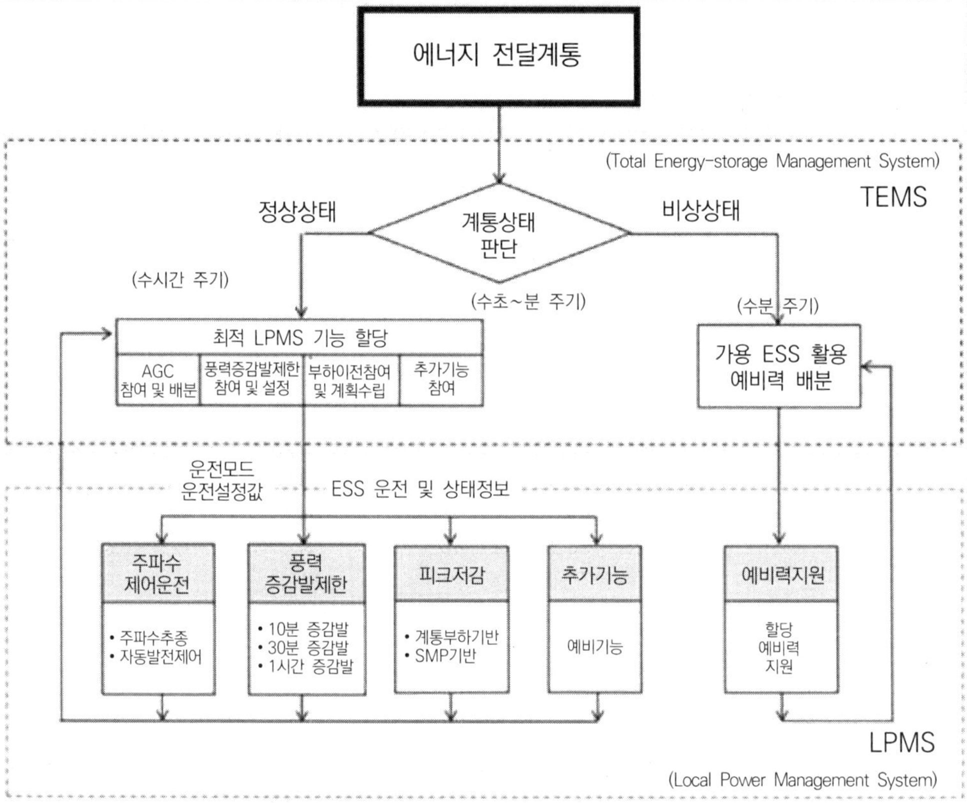

자료 : 산업기술혁신사업_에너지기술개발사업 자료 종합/재구성

[그림 10-5] TEMS와 LPMS를 이용한 에너지 전달시스템의 개념도

2) 에너지 전달시스템의 설계 및 계통연계

다양한 에너지원에 대한 ESS 실증운용설비는 PCS와 배터리(이차전지)를 병렬로 구성하여 변전소로부터 계통연계설비(변압기 등)를 통해 모선에 접속된다. 따라서 모든 PCS[Power

Conversion System : 배터리(DC)-계통(AC) 연계를 위한 전력변환시스템]는 PQM(Power Quality Measurement) 시스템을 구축하여 전압 및 전류 등 모든 실증 운용에 대한 데이터를 통합·분석할 수 있어야 한다. 아울러 LPMS는 상위 통합감시 및 제어시스템인 TEMS과 연계할 수 있어야 한다. 이를 위해 PLC 기반의 상용 제어시스템의 고속 응답특성을 구현할 수 있어야 하며, 연계운전 제어주기를 고려한 통신네트워크를 구출할 필요가 있다. ESS의 TEMS/LPMS/PCS/배터리 구성도를 [그림 10-6]에 나타낸다. 이러한 방식으로 부하 이전을 통해 전력피크 저감과 아울러 육상풍력(On-shore) 및 해상풍력(Off-shore) 발전의 안정화를 구현할 수 있을 것이다.

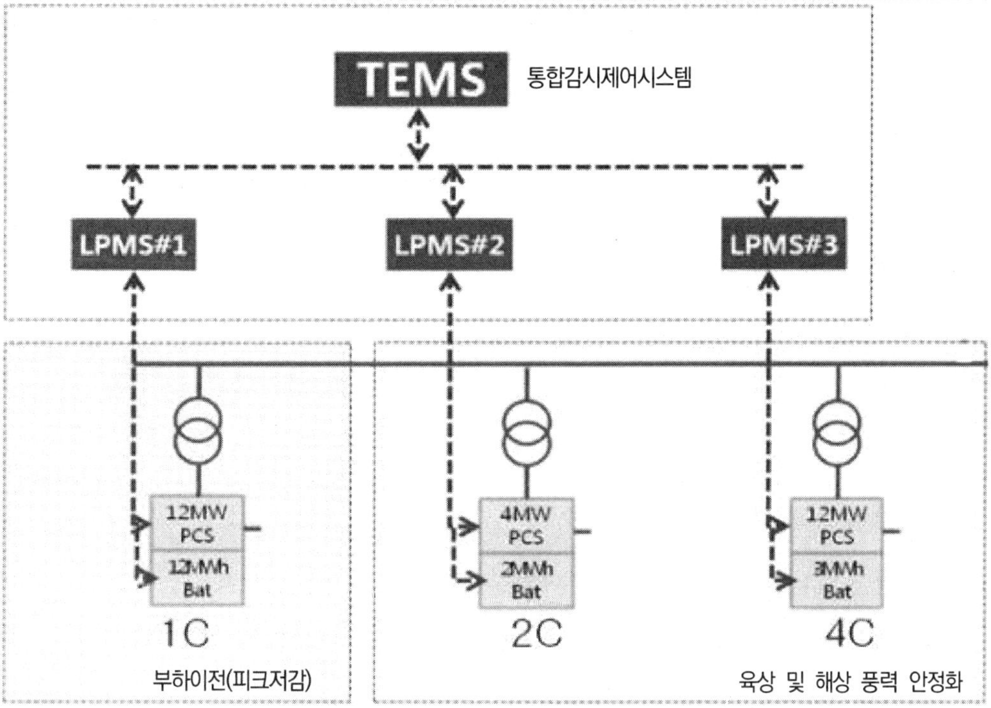

[그림 10-6] ESS의 TEMS/LPMS/PCS/배터리 구성도

3) 대용량 ESS의 PCS 구축

대용량 ESS에서 PCS의 핵심 기능은 배터리의 직류전압(DC)을 계통에 맞는 교류전압(AC)으로 변환할 수 있어야 하며, 배터리의 충·방전을 효과적으로 제어할 수 있어야 한다. 아울러 응답속도 및 효율성을 충족하기 위해서는 다음과 같은 기능이 필수적으로 요구된다.

① ESS용 배터리 시스템의 고성능화를 위해 에너지밀도를 획기적으로 증가시켜 실증 운용을 통해 계통활용의 타당성이 입증되어야 한다. 아울러 PCS 설비를 병렬로 구성하여 고속 응답속도를 보장할 수 있어야 한다.

② 돌발사고 등으로 인해 에너지 전달시스템의 전압이 순간적으로 하락되어도 연속운전이 가능해야 한다. 이를 위해 LVRT(Low Voltage Ride Through) 또는 FRT(Fault Ride Through) 기능을 구비할 필요가 있다.

3. 기술개발 동향

1) 웨어러블 에너지 하베스트 기술개발 과정

화석연료 사용으로 인한 기후변화 현상은 화석에너지 사용 억제 요인이 증가하는 사회환경적 변화를 요구하고 있다. 미국, 일본, 유럽 등 주요 선진국들은 에너지산업을 국가적 차원에서 규제와 지원을 강화하고 있다. 학계와 연구소 등을 중심으로 에너지 관련 기술개발 사업화 연구가 활발히 진행되고 있으며, 기업들은 이러한 신기술을 기반으로 새로운 시장 개척에 주력하고 있다.

과학기술 측면에서는 ESS 확산을 통해 신재생 에너지원(태양광, 풍력 등)의 출력이 안정되고, 에너지 활용 효율성도 높일 수 있어 에너지 강국들은 에너지 분야의 핵심 성장 동력으로 집중 지원하고 있다.

산업시장 측면에서 ESS 기술은 전기요금이 저렴할 때 전력을 저장한 후, 전기요금이 비싼 피크 시간대에 사용할 수 있게 하여 수요관리에 혁신을 주도하고 있다.

나아가 전기의 생산-소비 패러다임을 생산-저장-소비 패러다임으로 전환시켜가고 있다. 웨어러블 에너지 하베스트 기술은 1970년에 최초로 섬유형태의 고성능 슈퍼커패시터 모델[5]이 개발되었으며, 실체 의복이나 신체에 착용(부착) 가능한(Wearable) 직물 형태의 웨어러블 에너지 저장장치는 2015년에 개발되었다.

착용(부착) 가능한 직물 형태의 웨어러블 에너지 하베스트 기술을 구현하기까지 긴 시간이 걸린 이유는 다음과 같이 요약할 수 있다.

① 압력, 마찰력 등 기계적 에너지로부터 획득한 전기에너지는 수십 ms 이내의 순간적인 에너지이므로 이를 저장하기 위해서는 전자기적 저장방식인 수퍼케패시터(Super Capacitor)와 같이 출력밀도(Power Density)가 매우 높은 에너지 저장매체가 요구되기 때문이다.

② 섬유의 경우 전극의 부피와 표면적이 작아 활물질의 로딩 양이 매우 제한적이라는 기술적 한계로 인해 이를 해결하기 위한 새로운 구조의 섬유전극을 개발하는 데 긴 시간이 걸린 것이다.

③ 웨어러블 매체의 특성상 사용자의 편의성이 매우 중요하게 요구되는바, 인체의 움직임을 고려한 유연성과 신축성을 갖춘 에너지 저장매체를 개발하는 데 긴 시간이 걸린 것이다.

2) 주요 기술개발 사례

직물형태의 웨어러블 에너지 하베스팅 전후방 기술 관련 국내외 주요 기술개발 사례를 간단히 요약하면 다음과 같다.

(1) 국 내

① 삼성전자 : Fiber 기반의 압전에너지 하베스팅 소자특성 평가 및 메커니즘 규명에 대한 연구를 진행하였다. 이를 통해 압전체에 기계적 변형을 인가하여 전기에너지를 발생시키는 결과를 도출하였다.

② 한양대학교 연구팀 : 유연하고 신축성 있는 직물 형태의 수퍼케패시터를 개발하여 출력밀도가 높은 에너지저장장치 개발의 계기를 마련하였다.

③ 충남대학교 연구팀 : 압전특성을 구현할 수 있는 전기방사법의 낮은 생산율 등의 한계를 개선한 대안으로 고속 원심 방사법을 개발하였다. 이 방법은 전기방사에서 요구되는 높은 전압과 소재의 전기적 물성을 필요로 하지 않기 때문에 매우 효과적인 것으로 평가 받고 있다.

(2) 국 외

① 중국의 Fudan대학 연구팀은 다양한 섬유형태의 에너지 저장매체에 대한 연구를 진행 중이다.

② 미국의 Duke대학 연구팀은 극초단파 신호를 캡처할 수 있도록 세팅되고 튜닝된 저렴한 재료를 이용하여 태양전지와 효율성이 비슷한 전력-하베스팅 소자를 개발하였다.

③ 이탈리아의 Tyndall National Institute는 대표적으로 많이 사용되는 폴리머 압전재료인 PVDF(Poly-Vinylidene Di-Fluoride)를 신발에 적용한 에너지 하베스팅 소자를 개발하였다.

충남대학교 연구팀의 압전특성을 이용한 고속 원심방사법 및 이탈리아 Tyndall National Institute의 PVDF 적용 하베스팅 소자의 경우, 압전재료에서 생성되는 전기에너지를 효과적으로 얻기 위해 전기-기계결합계수(Electro-mechanical Coupling Coefficient)가 큰 재료를 개발한 것으로 평가할 수 있다. 주어진 진동에서 보다 많은 전기에너지를 얻기 위해서는 전기-기계결합계수가 큰 재료특성이 요구되기 때문이다.

유비쿼터스를 지향한 웨어러블 전자기기에 대한 수요가 급격히 증가하면서 웨어러블 기능을 의류나 장신구 등에 적용하여 전기를 생산하게 됨으로써 인간의 신체는 이른바 걸어다니는 이동발전소가 될 것으로 예상하고 있다.

에너지 하베스팅은 배터리 전원의 한계와 유지보수의 어려움에 대한 한계를 극복하기

학습 10

위한 방법으로 직접 에너지를 생산하여 소비자에게 공급할 수 있는 에너지산업 분야의 미래 유망기술로 주목 받고 있다. 2015년 말 파리기후협약(COP 21) 체결 이후 세계 각국은 화석연료 사용으로 인한 온실가스 대량 방출의 주원인에 대한 복합적인 대안으로 ESS 개발에 주력하고 있다. 이는 효율적인 투자비용과 단시간의 구축기간에 유휴 전력에너지를 효율적으로 저장 · 관리함으로써 전력부하 평준화, 전력계통 안정화 및 능동적인 전력수급 관리 등을 구현할 수 있는 이점이 있기 때문이다.

다양한 에너지원으로부터 생산된 전기에너지를 효과적으로 저장하고 이를 통합 모니터링 할 수 있는 ESS 기술을 조기에 사업화하기 위해서는 핵심기술 개발과 적용도 중요하지만, 국내 법규 및 제도개선을 위한 정책이 뒷받침되어야 한다. 아울러 해외의 우수한 사업화 모델을 벤치마킹하여 국내 ESS 산업환경에 맞는 비즈니스 모델을 개발할 필요가 있다. 나아가 정책 및 비즈니스 모델 개발 후 관련기관 간 협업을 통해 ESS의 확대보급을 위한 정책과 글로벌 사업화 모델 발굴에 주력할 필요가 있다. 특히 신재생에너지원에 대한 업계의 수용성을 확대하기 위해서는 ESS의 에너지전달시스템에 대한 영향성 분석을 통해 전술한 바 있는 에너지전달시스템 및 계통연계시스템의 신뢰성과 안정성을 향상시킬 수 있는 지속 가능한 전략이 필요하다.

03 에너지 하베스팅 기술 및 개발동향에 대하여 분석하라.

1. 압전에너지 하베스팅 기술

압전에너지 하베스팅은 음향 노이즈, 바람과 같은 기계적인 움직임이 있을 때 연속적으로 전력을 발생시키거나, 사람의 움직임(걷기, 버튼 클릭 등)과 같은 간헐적인 압박에 대해 산발적으로 전력을 만들어낼 수 있다. 진동에 의한 에너지 하베스팅 전력밀도는 약 $250\mu W/cm^3$ 이지만, 모션이나 변형이 강해지면 더 큰 전력을 만들어 낼 수 있다.

압전에너지 하베스팅의 출력전력은 인간의 움직임과 같은 불규칙한 모션이 사용될 때 큰 다이나믹 범위를 가진다. 하지만 발생된 전력은 높은 전압과 낮은 전류로 변환효율이 낮고, 전압 오버슈트를 막기 위해 전압 조절(Voltage Regulation) 회로를 사용할 필요가 있다.

미국의 MIDE사는 압전에너지 하베스팅 분야에서 주파수 별로 다양한 상용제품을 판매하고 있는 유일한 기업이고, 다용한 가속도 운동 및 Mass Tip에 따라 출력특성을 제공한다.

출시제품 중 PPA-2011 모델은 24Hz, 0.5g, Full Tip Mass에서 최대 11.5mW까지 전력을 얻을 수 있다.

압전효과 발견 이후 소자 및 공정기술이 활발히 진행중이며, 최근 Micro 합성섬유 등의 신소재가 개발되면서 연구에 활기를 띠고 있다.

브라질은 빈민가 축구장에 압전소자를 활용한 타일을 설치하여 낮에 생산한 에너지를 저장하여 야간에 조명전력으로 사용(Pavegen System社)한다.

2. 열전에너지 하베스팅 기술

열전(Thermoelectric)에너지 하베스팅 기술은 반도체 PN접합 사이의 온도차를 이용해서 열에너지를 전기에너지로 변환하는 기술이다. 에너지 변환효율은 열전물질이 갖는 Seebeck 계수, 열 전도도, 전기 전도도, 온도차에 의해 결정된다. 열전 디바이스를 사용하여 하베스팅할 수 있는 출력전력은 약 20~60μW/cm^{2}로 추정되며, 이는 0.1m^{2}의 실제 표면에서 2~5mW 출력을 얻을 수 있다. 열전물질의 성능을 개선하는 연구가 중요한 연구분야이고, 변환효율과 열전발전기의 전력밀도를 증가시키는 연구이다. 진행 중인 주요 연구는 MEMS 마이크로 매칭기술을 이용하여 최적화된 마이크로 구조의 열전 디바이스 설계와 제조에 관한 것이며, Thermocouple Legs의 길이 대 면적 비율 최적화, 단위 면적당 열 결합 수를 증가시켜 Thin-film Thermopile의 출력개선, 큰 단면적을 갖는 Thermocouple Legs를 제조하여 디바이스 저항을 감소시킨다. IDTechEx에 따르면 무선 센서네트워크(WSN)용 열전소자 시장이 2012년 5만 달러에서 2017년 6,600만 달러, 2022년 3억 600만 달러로 증가하면서 연평균 139.2%로 고성장할 전망이다.

해외 기술개발 동향을 살펴보면 독일의 Micropelt사는 열전에너지 하베스팅 분야에서 세계 최고 기술력을 가진 기업으로, 반도체 프로세스 기술을 적용한 웨이퍼로부터 열전발전소자를 제작하였다. Thermocouples을 구성하는 P-type과 N-type Thermoelectric Legs을 MEMS 공정으로 구현하였으며, Thermal Loss를 줄이기 위한 하우징을 제공한다. MEMS 공정으로 제작된 MPG-D655의 제품 크기는 3.4×3.4mm^{2}이며, 10℃ 온도차인 경우 0.8mW의 전력을 생성한다.

즉 두 종류의 금속이나 반도체의 양 끝을 접합한 부분에 발생하는 온도차가 전압으로 직접 변환되는 현상으로 온도에 따른 자유전자의 에너지가 높은 곳에서 낮은 곳으로 이동하는 에너지 평형을 유지하는 원리(제벡효과, Seebeck Effect)를 이용한다.

① 침낭의 인체 마찰열을 통해 발전된 전력을 스마트폰 충전에 활용(Vodafone社)한다.

② 사람의 호흡을 이용하여 스마트폰을 충전하는 풍력발전 마스크 개발(Inhabitat社)한다.

학습 10

3. 광전에너지 하베스팅 기술

Ambient RF 에너지 하베스팅 기술은 전력밀도 측면에서는 상대적으로 낮지만, 무선 네트워크에서 배터리 교체가 어려운 환경에서 유용하고, 안테나 및 솔라 셀 등 다른 종류의 에너지 하베스팅 기술과 쉽게 결합될 수 있다. 이 기술은 매우 낮은 전력밀도, 낮은 RF-DC 변환효율 때문에 멀리 떨어진 소스를 이용하는 하베스팅은 매우 도전적이며 수집된 전력은 시스템의 Duty 사이클을 최적화(6~8% 이하)함으로써 이용되어진다.

Ambient RF 에너지 하베스팅 기술에서 Charge pump 또는 정류기를 통한 RF-DC 변환 회로의 효율은 낮은 입력전력레벨(-30~-20dBm)로 인해 약 10~30%이며, 수집 가능한 출력전력은 100μW이다.

Ambient RF 에너지 하베스팅 기술에 관한 선행 연구결과를 보여준다. UHF대역 RFID 연구결과를 살펴보면 RF-DC 변환효율은 16~30%를 보여준다. RF 소스로부터 50m 떨어진 경우의 Ambient RF 에너지 하베스팅 연구결과를 보면 이동통신 주파수 대역(1.96 GHz)에서 입력전력이 -15dBm인 경우 RF-DC 변환효율은 60% 이상임을 알 수 있다.

Bell Lab이 개발한 실리콘 기반의 태양전지가 최초의 광전 하베스팅 기술이며 현재 개발된 차세대 태양전지의 최고 효율은 44.7%에 달한다.

III-V족의 다중접합 태양전지라는 방식을 이용하여 4개의 층을 쌓아 만든 태양전지 소자적용 기술이다.

Flexible CIGS 박막태양 전지를 이용한 생활밀착형 전원을 개발하였다. CIGS(CuInGaSe2)는 구리, 인듐, 갈륨, 셀레늄 4원소가 결합된 화합물 반도체이다.

4. 전자기에너지 하베스팅 기술

전자기에너지 하베스팅 기술은 전자기 유도원리를 이용한 것으로 코일과 영구자석의 상호작용에 의해 전력이 생성된다. 이때 전자기 에너지 하베스터와 관련된 파라미터는 자기 유도, 자기 플러스 밀도, 강제력(Coercive Force) 등이 있다.

매크로 스케일의 고성능 하베스터는 쉽게 이용 가능하지만, MEMS 디바이스로 구현은 아직도 해결할 문제가 많다. Rahimi 등은 10 Hz 외부 진동 주파수에서 65% 변환효율로 1.5V, 15μA, 5% 리플(Ripple) 및 22.5μW의 최대전력을 얻었다.

Tao 등은 $4.5 \times 4.5 \times 1mm^3$의 마이크로 전자기 진동에너지 하베스터를 제안하여, 365Hz 디바이스 공진주파수와 1g의 입력 가속에서 최대 20.9μV의 출력을 얻었다. 이러한 연구는 작은 전력이지만 MEMS 기술과 결합된 에너지 하베스터 솔루션을 제공한다. 미국 미시건 대학 연구팀은 캘리포니아주에 있는 약 1km 길이의 교량에서 거동이 가장 심한 위치에 전자기 에너지 하베스팅 모듈을 부착하여 전력생성량에 대한 Feasibility 분석을 하였다. 교량 자체의 진동주파수는 10Hz 근방에서 가장 큰 에너지를 갖지만, 한 쌍의 코일과 영구자석, 그리고 적절한 Mass를 이용하여 주파수와 가속도를 증가시킴으로써 20Hz 공진주파수와 1g의 입력가속에서 200μW의 출력특성을 가짐을 확인하였다.

안테나로 RF 교류전파를 수집하여 직류로 전환하는 정류기를 통해 전기에너지로 전환하는 프리볼트 기술 개발이다.

5. 정전에너지 하베스팅 기술

정전에너지 하베스팅 기술은 캐패시터를 충전함으로써 전압을 발생시킨다. 외부의 기계적 진동이 캐패시터 판 사이의 간격을 변화시켜 정전용량이 가변됨으로써 전력을 생성하는 방식으로 초기전압이 가해져야 한다.

정전에너지 하베스팅 기술은 다른 방식에 비하여 IC 및 MEMS와 잘 양립하여 높은 Q, 넓은 튜닝 범위, 낮은 노이즈, 소형 제작이 가능하기 때문에 무선 센서 네트워크에 적합하다.

6. 마찰전기에너지 하베스팅 기술

마찰전기(Triboelectric) 에너지 하베스팅 기술은 가장 최근에 연구가 시작된 분야로써, 서로 다른 마찰전극을 갖는 두 물질 사이를 접촉·분리 또는 상대적 슬라이딩을 통한 마찰 대전과 정전기유도 사이의 결합효과를 사용하여 기계적 에너지를 전기에너지로 변환한다.

2012년 Georgia Tech.의 Z.L. Wang 그룹에서는 마찰전기의 특성을 이용한 마찰전기 발생기(Triboelectric Nanogenerator : TENG)를 최초로 제안하였다.

마찰전기 발생기의 원리를 살펴보면 적층된 2개의 서로 다른 Polymer 시트(Kapton, Polyester)는 전기적으로 중성상태를 유지하지만, 물질이 접촉하면 하나의 물질에서 다른 물질로 전자가 흐르며, 분리되면 갭에 의해 격리된 전하가 한쪽 시트에 남게 된다.

이때 부하가 판의 전극에 연결되면 전류가 흐르게 된다. 논문에 따르면 제작된 마찰전기 발생기의 크기는 4.5×1.2cm^2이며, 3.3V 출력전압 기준 10.4mW/cm^3의 출력전력을 생성한다고 한다.

학습활동.10 교수 · 학습 방법

교수 방법

- 에너지 하베스팅의 기술에 대한 관련 용어, 구성, 방식 이해 정도를 파악한 후 수업을 진행한다.
- 교수자의 주도로 에너지 하베스팅의 기술 등의 내용을 PPT 자료로 제시한 후 설명한다.
- 가능하면 사전에 개인별 학습 자료를 준비하여 모든 학생이 참여할 수 있는 문제 해결식 수업, 협력 수업이 가능하도록 한다.
- 에너지 하베스팅의 기술 전 과정을 작업의 순서에 따라 단계적으로 실습이 이루어질 수 있도록 지도한다.
- 교재를 통해 수업을 준비하는데 있어서 필요한 모든 정보나 팁, 힌트 등 도움이 될 만한 내용들을 확인할 수 있다.
- 학생들이 만들게 될 각 모델들은 수업시간에 중점적으로 다뤄질 부분과 어휘, 질문, 답을 포함하고 있으며 또한 탐구할만한 추가적인 아이디어들도 포함하고 있다.

학습 방법

- 에너지 하베스팅의 기술에 대한 관련 용어를 숙지하고, 에너지 하베스팅의 기술에 대해 이해한다.
- 에너지 하베스팅의 기술의 각 단계별 중점 사항을 체계적으로 학습한다.
- 에너지 하베스팅의 기술의 수행순서의 전 과정을 실습한다.
- 에너지 하베스팅의 기술의 내용을 이해한다.
- 에너지 하베스팅의 기술을 이해하고 숙달이 될 때까지 학습한다.

학습활동.10 평가 및 피드백

평가 준거

- 평가자는 피평가자가 수행 준거 및 평가 내용에 제시되어 있는 내용을 성공적으로 수행할 수 있는 지를 평가해야 한다.

학습내용	평가항목	성취수준		
		상	중	하
에너지 하베스팅의 기술	에너지 하베스팅의 기술을 이해할 수 있다.			

평가 방법

• 작업 포트폴리오

학습내용	평가항목	성취수준		
		상	중	하
에너지 하베스팅의 기술	에너지 하베스팅의 기술을 이해할 수 있다.			

• 필기시험

학습내용	평가항목	성취수준		
		상	중	하
에너지 하베스팅의 기술	에너지 하베스팅의 기술을 이해할 수 있다.			

• 체크리스트를 통한 관찰

학습내용	평가항목	성취수준		
		상	중	하
에너지 하베스팅의 기술	에너지 하베스팅의 기술을 이해할 수 있다.			

• 피드백

1. 작업 포트폴리오
   - 제출한 보고서를 평가한 후 주요 사항에 대하여 표시하여 돌려준다.
2. 필기시험
   - 평가 결과 성적이 저조한 학생은 보고서 제출 기회를 부여한다.
3. 체크리스트를 통한 관찰
   - 실습 과정에서 평가한 후 개선해야 할 사항 등을 정리하여 돌려준다.

참 | 고 | 문 | 헌

- 강승열 외 3, 무선 에너지 전송기술, 전자통신통신동향분석 제23권 제6호, pp.59-69, 2008.12
- 국토교통부, 일등석이 버스 속으로!-프리미엄 고속버스 시승 현장에 가다!, 2016.12.18.
- 국토교통부 블로그, http://blog.naver.com/PostView.nhn?blogId=mltmkr&logNo=220 888 819193
- 김성민 외, 무선 충전기술동향과 발전방향, 전자통신동향분석, 제31권 제3호, pp.32-41, 2016.6.1.
- 김성민, ETRI E-cup 3차원 공간무선충전기, YouTube, https://www.youtube.com/watch?v=T7uHww1W4QI&t=106s, 2016.12.25.
- 김성훈, http://www.munhwa.com/news/전기차 무썬충전시대 눈앞
- 김신희, 에너지 효율화를 위한 에너지 하베스팅. KDB산업은행, 2021.1.4.
- 김진욱 외, K인버터를 이용한 전자기 유도 방식과 자기 공명 방식의 특성 비교, 2011대한 전기학회 하계학술대회 발표집, 7월, 2011.
- 김진욱 · 지현호 · 최연규 · 윤영현 · 김관호 · 박영진, 자기 공명 무선 전력전송 시스템에서 공진 코일의 배열에 관한 연구, 한국전자파학회논문지, 21(6), pp.564-572, 2010.6.
- 류명효 · 정지훈, 비접촉 무선전원 기술의 이해와 응용, 2012 대한전기학회 무선 전력전송 단기강좌 발표집, Apr.25, 2012.
- 무선충전의 원리와 사례, https://artistichooc.com/13
- 문승필 · 김태완 · 김성훈, 에너지 하베스팅 기술개요와 연구동향, 한국전기공학회지, 2016.5.
- 문정익 외, 스마트 무선 충전기술, 전자통신동향분석, 제32권, 제3호, 2017.6.
- 문정익 · 조인귀 · 변우진, 중전력 무선 충전기술동향, 정보통신평가원, 2021.5.5.
- 미래창조과학부, 세계2번째, 아시아최초무선 전력전송WPC 표준인증 상호호환성시험소 자격 획득, 미래창조과학부 보도자료, 2017.2.17.
- 박세환, 웨어러블에너지 하베스트 기술. KOSEN Report, 2018.
- 박영진, 모바일기기 무선충전 시스템의 기술동향, 전력전자학회지, 제18권4호, pp.29-33, 2013.
- 박영진, 무선 전력전송의 이해, 전자공학회지, 제39권 제8호, 2012.08.
- 박찬규, 무선충전, NICE디앤비, 2020.11.26.
- 성문경, 무선충전기와 공기청정기가 하나로, 쥬니온 미니공기 청정기, 앱스토리매거진, 2017.2.27.
- 송준영 · 이종준, 중 선전 몰려가는 무선충전 연합군…'비접촉 무선충전생태계구축', 전자신문, 2016.10.24.
- 안성덕, 무선 전력전송 기술개발 동향, TTA Journal, vol.138, pp.45-51, 2011.
- 양대근 · 김당오 · 이주용 · 조동호, 차세대 무선 전력전송 기술, 정보통신기획평가원, 2020.5.13.
- 양준현, 자기공명형 무선전력 시스템을 이용한 무선충전기 개발에 대한 연구, 명예박사기술논문, 삼성전자, 2010.12.
- 윤건일, LG이노텍, 스마트폰용15와트 무선충전패드 상용화, 전자신문, 2016.10.12.
- 이근호, M2M에서 무선충전 시스템의 보안위협, 한국융합학회 논문지, 제4권 제1호, 2013.02.
- 이승민, 무선 전력전송 현황 빛 국내도입을 위한 접근 방안, 한국 KFDC법제학회 한국보건산업진흥원 미래산업기획단, 2020.11.15.
- 이아름, 에너지 하베스팅 기술, KIST 융합정책센터, vol.2, 2016.01.11.
- 이영기, 에너지 하베스트 기술 동향, 전기전자재료 제26권 제3호, 2013.3.
- 이유진, 日 도요타, 전기차 무선충전 시스템 개발, 연합뉴스, 2014.2.14.
- 이종민, 삼일렉트로닉스, 아이디어 제품 '포터블 무선 가습기 출시' 출시, 전자신문, 2016.12.15.

- 임대현 · 조인귀, 무선 전력전송 기술동향 및 시장전망, 한국과학기술정보연구원, 2016.12.
- 장병준, 무선 전력전송 기술동향 및 향후 전망, 전력전자학회지, 제15권 제6호, 2010.12.
- 정재영 · 박찬원 · 표철식, IoT를 위한 에너지 하베스팅 기술 동향조사, 한국전자파학회지, 제27권 제4호, 2016.07.
- 정진수 · 한운기, 무선충전 전기자동차의 국내 · 외 표준 및 기술 동향 분석, 2015.04.
- 조재환, 자동차, IT에 길을 묻다⑥…무선충전시대, ZDNetKorea, 2015.10.25.
- 최두선, ETRI, 3차원 충전 등 최신 정보통신기술 'CES 2017' 출품, 한국일보, 2017.1.4.
- 최성진, 무선에너지 전송기술동향, 제어로봇시스템학회지, 제20권 제1호, 2014.3.
- 최효상 · 정인성, 무선 전력전송 시스템의 기술개발 현황과 동향, 한국전기학회, 2007.2.
- 한국자동차협회, 강남 노른자 땅에 무선충전소? 전기차 투자 나선부호들, (사)한국자동차협회관련뉴스, 2017.1.13.
- 한국정보통신기술협회, TTA, 4차산업 핵심인프라 '무선충전' 표준 시험소로 지정, 한국정보통신기술협회 보도자료, 2017.3.16.
- A. Kures et al., "Wireless Power Transfer via Strongly Coupled Magnetic Resonance", Sci., vol.317, no.5832, pp.83-86, July, 2007.
- A. Kurs, A. Karalis, R. Moffatt, J. D. Joannopoulos, P. Fisher, and M. Soljacic, "Wireless power transfer via strongly coupled magnetic resonances", Science, Vol.317, pp.83-86, Jul, 2007.
- A. P. Sample, D. A. Meyer, and J. R. Smith, "Analysis, experimental results, and range adaptation of magnetically coupled resonators for wireless power transfer", IEEE Transactions on Industrial Electronics, Vol.58, No.2, pp.544-554, 2011.
- A. Thomson, 2018 Mercedes-Benz S550e Will Offer Wireless EV Charging Technology Built Using Qualcomm Halo Breakthroughs, OnQ Blog, Oct.11, 2016. https://www.qualcomm.com/news/onq/2016/10/11/2018-mercedes-benz-s550e-will-offer-wireless-ev-charging-technology-built-using
- Allied Market Research, Accessed 2017. https://www. alliedmarketresearch.com/press-release/wireless-charging-market.html
- Aristeidis Karalis, J.D.Joannopoulos, Marin Soljačić, "Efficient wireless non-radiative mid-range energy transfer", Annals of Physics, Vol.323, pp.34-48, 2008.
- B. C. Choi, J. H. Nho, H. Y. Cha, T. Y. Ahn, and S. W. Choi, "Design and implementation of low-profile contactless battery charger using planar printed circuit board windings as energy transfer device", IEEE Transactions on Industrial Electronics, vol.51, no.1, pp.140-147, Feb, 2004.
- Barry Fox, "One charging pad could power up all gadgets-Wireless Recharger", New Scientist, January, 2005.
- Bosch, Accessed 2017. https://www.bosch-professional.com/static/specials/wireless-charging/gb/en/#goto:wireless-charging
- C. J. Chen, T. H. Chu, C. L. Lin, and Z. C.Jou, "A study of loosely coupled coils for wireless power transfer", IEEE Transactions on Circuits and Systems, Vol.57, No.7, pp. 536-540, 2010.
- C. Liu, A. P. Hu, and N. K. C. Nair, "Modelling and analysis of a capacitively coupled

학습 10

contactless power transfer system", IET Power Electronics, vol.4, no.7, pp.808-815, 2011.

- C. G. Kim, D. H, Seo, J. Sik. You, J. H. Park, and B. H. Cho, "Design of a contactless battery charger for cellular phone", IEEE Transactions on Industrial Electronics, vol.48, no.6 pp.1238-1247, Dec, 2001.
- D. H. Childress, The Tesla papers, Adventures unlimited press, 2000.
- DAIHEN, "D-Broad Core", Accessed 2017. http://www.daihen.co.jp/en/products/wireless/agv/
- David Baarman (Fulto innovation), private communication.
- David Schneider, "A critical look at wireless power: Wireless power at a distance is still far away", IEEE Spectrum, May, 2010.
- Dong-Gi Youn, Yang-Ha Park, Kwan-Ho Kim, Young-Chul Rhee, "A Study on the Analysis of Rectenna Efficiency for Wireless Power Transmission," IEEE TENCON99, Vol.2, pp. 1423-1426 17, Sep, 1999.
- Dong-Gi Youn, Yang-Ha Park, Kwan-Ho Kim, Young-Chul Rhee, "A Study on the Fundamental Transmission Experiment for Wireless Power Transmission System", IEEE TENCON99, Vol.2, pp.1419-1422 17, Sep, 1999.
- ETRI 미래전략연구소 표준연구본부, 표준화동향 무력전력전송표준기술, 2017.1.
- http://mvo.co.kr/ 블록, 스마트폰 무선충전, 원리는 무엇일까?
- http://www.a4wp.org/
- http://www.energy.or.kr/무선충전전기차
- http://www.powermatters.org/
- https://blog.kepco.co.kr/1567
- https://blog.kepco.co.kr/1857 [한국전력 블로그 굿모닝 KEPCO!]
- https://img.etnews.com/cms/uploadfiles/afieldfile/2013/06/11/1-2.jpg
- https://ko.wikipedia.org/wiki/무선충전
- https://m.blog.naver.com/슈피겐코리아
- https://news.samsungdisplay.com/16305/
- https://www.belkin.com/kr/resource-center/wireless-charging/how-it-works/ 무선충전의 작동원리는 무엇일까요?
- https://www.cheric.org/files/research/ip/p201502/p201502-201.pdf 에너지 하베스팅 기술의 종류 및 원리, 2015.02.
- https://www.hellot.net/mobile/article.html?no=50075 에너지 하베스팅으로 실현하는 society 5.0
- https://www.inirnc.com
- https://www.wirelesspowerconsortium.com
- K. Leswing, "This is the Biggest Hint Yet that Apple's Next iPhone Will Have Wireless Charging", Business Insider, Feb.13, 2017.
- K.W. Choi et al., "Wireless-Powered Sensor Networks: How to Realize", IEEE Trans. Wireless Commun., vol.16, no.1, pp.221-234, Jan, 2017.
- L. Mearian, "Dell's Latitude 7285 to be world's first wireless charging 2-in-1", Computerworld, Jan. 5, 2017. http://www.computerworld.com/article/3154822/mobile- wireless/dells

-latitude-7285-to-be-worlds-first- wireless-charging-2-in-1.ht

- M. Kline, I. Izyumin, B. Boser, and S. Sanders, "Capacitive power transfer for contactless charging", APEC- IEEE Applied Power Electronics Conference and Exposition, pp.1398 -1404, 2011.
- M.J. Chablko, M. Shahmohammadi, and A.P. Sample, "Quasistatic Cavity Resonance for Ubiquitous Wireless Power Transfer", PLoS One, vol 12, no.2, pp.1-14, Feb, 2017.
- National Space Society, Accessed 2017. http://www. nss.org/settlement/ssp/NASADVD/part03.htm
- P. E. Glaser, "Power from the sun; its future", Science, Vol.162, No.3856, pp.857-861, Nov.22, 1968.
- Persistence Market Research, Accessed 2017. http://www.persistencemarketresearch.com/mediarelease/wireless-charging-market.asp
- Qualcomm, Accessed 2017. https://www.qualcomm.com/products/halo
- S. C. Tang, S. Y. Hui, and H. S. Chung, "Coreless Planar Printed-Circuit-Board (PCB) Transformers-A Fundamental Concept for Signal and Energy Transfer", IEEE Transactions on Power Electronics, vol.15, no.5, pp.931-941, Sep, 2000.
- S.E. Shladover, "Highway Electrification And Automation", California Partners for Advanced Transit and Highways (PATH),Paper UCB-ITS-PRR-'92'17, 1992.
- SIGNIA, Cellion, Accessed 2017. https://www.signiausa.com/signia-hearing-aids/cellion-primax-hearing-aids/
- ST, STMicroelectronics and WiTricity to Develop Integrated Circuits (ICs) for Resonant Wireless Power Transfer, Accessed 2017. http://www.st.com/content/st_com/en/about/media-center/press-item.html/t3803.html
- T. Hardwick, "Ming-Chi Kuo: Apple's Next-gen iPhone to Feature All-glass Case for Wireless Charging", MacDailyNews, Dec.23, 2016.
- Technavio, "Global Wireless Charging Market 2016-2020", SKU: IRTNTR8109, 2015.
- W. C. Brown, "Satellite power stations: a new source of energy?" IEEE Spectrum, Vol.10, No.3, pp.38-47, Mar, 1973.
- W. C. Brown, "The history of power transmission by radio waves", IEEE Transactions on microwave theory and techniques, Vol.MTT-31, No.9, Sep, 1984.
- W. C. Brown, "The history of power transmission", Solar power, Vol.56, pp.3-2, 1996.
- Wireless Power Consortium, The Qi Interface Specification Volume I : Low Power, 2010.
- WiTricity, Accessed 2017. http://witricity.com/daihen-shipping-industrial-robotics-solutions-powered-witricitys - wireless-charging-technology/
- WPC, Accessed 2017. https://www.wirelesspowerconsortium.com/developers/specification.html

학습 1	무선전력전송의 개요
학습 2	무선전력전송의 기술
학습 3	무선전력전송의 표준화
학습 4	무선전력전송의 활용
학습 5	무선충전기술의 개요
학습 6	무선충전의 기술
학습 7	무선충전기술의 표준화
학습 8	무선충전기술의 활용
학습 9	에너지 하베스팅의 개요
학습 10	에너지 하베스팅의 기술
학습 11	**에너지 하베스팅의 표준화**
학습 12	에너지 하베스팅의 활용
학습 13	무선전력전송, 무선충전, 에너지 하베스팅의 미래

학습 목표	1. 에너지 하베스팅 기술의 표준화를 이해할 수 있다.

11-1 에너지 하베스팅 기술의 해외 표준화

해외에서 에너지 하베스팅 기술의 표준화는 기업중심의 개발이 진행중인 반면, 엠비언트 RF 하베스팅은 학계와 연구기관을 주도로 효율 극대화 기술확보중으로 아직 경제성이 있는 효율과 전력량을 확보하지 못하고 있는 상황이다.

1. IEC TC 47 표준화

반도체소자 국제표준화회의(IEC TC 47) 표준화는 차세대 반도체 소자와 응용기술에 대한 국제표준화 추진회의에서는 에너지 하베스팅 인체 통신용 반도체 인터페이스 등 차세대 반도체 소자의 표준화가 주요 이슈였으며, 동 분야의 표준화를 추진할 인큐베이팅 작업반을 한국의 주도로 설립하고 의장(간사국)을 수임하고 있다.

인큐베이팅 작업반(IWG)은 반도체 소자의 설계 및 성능평가 등 기존의 표준화를 넘어 차세대 반도체와 응용분야의 표준을 개발하기 위해 신설한 조직이다.

인체통신용 반도체 인터페이스, 무선에너지 전송 및 에너지 하베스팅과 같은 에너지 활용 반도체와 유연 반도체, 자동차용 반도체 기술 등 차세대 핵심 반도체 기술의 표준화를 대상으로 하고 있다.

한국은 센서 등 차세대 반도체소자의 전기적 기계적 MEMS, 성능특성과 환경 신뢰성 평가 관련 핵심표준을 제안하면서 국제표준화를 주도하고 품질향상에 큰 기여를 하고 있다.

이 표준화에서는 에너지 하베스터 반도체 인터페이스, 유연 반도체, 자동차용 반도체 등 차세대 융합형 반도체 기술의 표준화를 대상으로 신규분야의 지속적인 발굴과 표준개발을 통하여 산업계를 지원하는 본격적인와 표준 연계형 표준화를 추진할 예정이다.

IEC TC 47(IEC반도체 소자 기술위원회)의 적용범위는 개별반도체소자, 집적회로, 센서, 전자구성 조립부품 및 초소형전자소자(MEMS)의 설계제조 활용 및 재활용하는데 있어서 환경적으로 안전한 실행을 목적으로 한 국제표준화이다.

[그림 11-1]처럼 IEC TC 47(반도체 소자의 조직은 4개의 SC(분과위원회)와 20개의 WG/PT(작업반)으로 구성되어 있고 회원국은 총 32개국, 표준수는 총 243개이다.

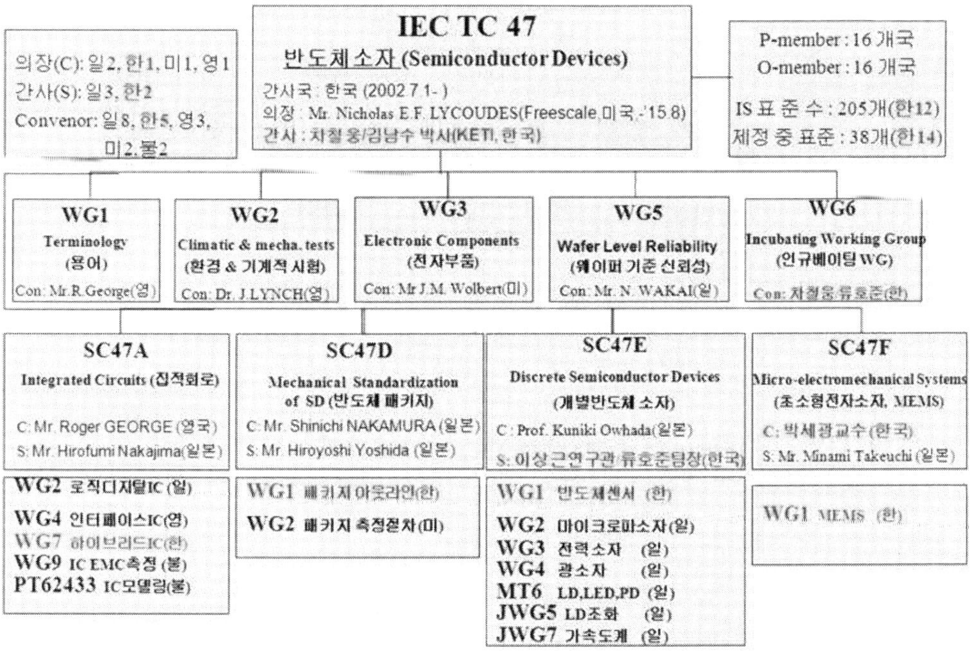

[그림 11-1] IEC TC47 표준화 조직

학습 11

에너지 하베스팅과 관련하여 해당되는 표준화 활동은, 현재 IEC TC 47 WG 6에서 "Incubating Working Group"으로 새로운 표준방향에 대하여 논의하였다.

IEC TC 47 WG 7에서 "Semiconductor Devices for Energy Conversion and Transfer"을 주제로 하여 에너지 하베스팅과 무선에너지 전송을 동시에 진행한다. IEC TC 47 WG 7의 주된 활동은 해당 기술분야에서의 적용이 가능한 반도체 소자의 표준에 관련하여 논의한다.

2. 지그비 계열의 에너지 하베스팅 장치 표준

2009년 7월 지그비 계열의 에너지 하베스팅 장치에 대한 표준 초안이 발표하였다.

ZigBee(지그비)는 와이파이(WiFi)나 블루투스보다 적은 전력 소비형의 협역 무선 프로토콜을 사용한다.

[그림 11-2] 지그비 저전력 무선기술 표준화

무선장치들은 대체로 호환성이 어렵고, 무선센서네트워크(WSN) 환경에서 소비전력이 크다는 이유로 에너지 하베스팅의 중요성 강조한다.

RF 에너지 하베스팅 기술은 송신기에서 방사되는 RF 대역의 신호들을 수집하여 전력으로 변환해 주는 대표적인 기술이다.

RF 신호는 주로 ISM 대역인 915MHz, 2.45GHz, 5.8GHz 대역을 사용하고 있고, 주로 사용하는 통신 표준인 WIFI, Bluetooth, Zigbee 역시 ISM 대역을 사용하는 통신방식이기에 주변환경에 많이 분포되어 있다.

즉 RF 신호를 전력으로 변환하기 위한 소스가 많다는 것을 의미하고, 손쉽게 널리 포진되어 있는 RF 신호를 수확하여 전력으로 변환할 수 있다는 것을 의미한다. RF 에너지 하베스팅 기술을 통해서 얻은 전력은 IoT 센서의 전원공급 문제를 해결함으로써 IoT 센서에 들어가는 배터리의 수명을 효과적으로 향상시킬 수 있는 방안으로 최근 세계적으로 각광 받고 있는 기술이다.

지그비 얼라이언스는 차세대 에너지 하베스팅 기술의 개발을 통하여 배터리를 전혀 사용하지 않는 분야를 검토, ISO/IEC 14543-3-10(Enocean Equipment Profile) 표준화와 더불어 Zigbee Alliance와 기술협력, 에너지 하베스팅 통신 프로파일을 Zigbee 3.0에 적용한다.

[그림 11-3] 에너지 하비스트의 해외 표준화

현재 IEC TC 100(Audio, Video and Multimedia Systems and Equipment) TA15(Wireless Power Transfer)에서 Parasitic Communication Protocol for RF Wireless Power Transmission Self Powered IoT에 적용 가능한 새로운 표준안을 제정 진행 논의 중이다.

3. EnOcean Alliance

유럽이나 미국의 표준기관은 압전 및 진동에 의한 에너지 하베스팅 등의 전반적인 표준화를 추진하고 있다.

독인 엔오션(EnOcean)사는 에너지 하베스팅 기술과 무선센서기술을 결합하는 기술을 바탕으로 "EnOcean Alliance" 라는 빌딩자동화 산업과 관련 기업 연합체 구성하였다. 엔오션(EnOcean)은 상호호환성을 갖는 장치를 가지고 있고, 주로 건물에 사용하도록 개발하여 50만개 이상의 건물에 설치한 바 있다.

11-2 에너지 하베스팅 기술의 국내 표준화

1. TTA 표준화 추진현황

1) TTA의 소개

TTA(한국정보통신기술협회)는 정보통신기술(ICT)의 표준 제정, 보급 및 시험인증 지원을 위하여 설립된 법정 기관으로서, 1988년 12월 창립 이래 30년 넘는 기간 동안 우리나라 ICT 표준화와 시험인증의 구심점 역할을 해 왔을 뿐만 아니라, 국제표준화를 선도함으로써 국제사회에서 우리나라의 ICT 산업 성장에 크게 기여해 왔다.

현재까지 19,000여 건의 표준을 제정 · 보급하고 있으며 ITU, ISO/IEC JCT1, 3GPP, oneM2M 등 다양한 국제표준화기구 활동에 적극적으로 참여하고 있다. 이들과의 긴밀한 협력을 통해 국내 핵심기술의 국제표준화를 선도함으로써 4차 산업혁명시대에서 우리나라의 글로벌 ICT 표준경쟁력 제고를 위해 노력하고 있다.

또한 국제적 수준의 시험인증 기술 규격 · 기준을 마련하여 고품질의 시험인증 서비스를 제공함으로써 국내 ICT 기업의 제품 개발단계에서부터 시험, 인증획득 및 상용화에 이르기까지의 全 과정을 원스톱으로 제공하는 글로벌 시험인증 종합 지원 체계를 구축하여 지원함으로써 우리나라 제품의 국제공인수준의 신뢰도 및 품질향상에 기여하고 있다.

아울러 우리 중소/중견기업을 대상으로 다양한 ICT 표준기술 동향 및 최신정보에 대한 기술 자문서비스를 제공하고 있으며, ICT 관련 기관 국내 최초로 ISO 21001:2018(교육기관 경영시스템) 국제표준을 인증받아 표준화 및 시험인증 품질 전문인력 양성에도 이바지하고 있다.

2) 설립목적

① ICT 표준제정 · 보급

② ICT시험인증 서비스 제공

③ ICT표준 · 시험인증 관련 국제협력

④ ICT표준 · 시험인증 관련 교육

3) 에너지 하베스팅 표준화 추진현황

TTA에서는 PG909 분과에서 향후 무선전력전송에서 확장하여 IoT, 웨어러블 시대에 대응할 수 있는 자립형 에너지 하베스팅 전원기술에 대한 표준화를 추진·논의 중이다.

2. NSC(국가표준 코디네이터)

1) NSC의 개요

기술 및 표준 관련 전문지식을 보유한 민간 전문가(국가표준코디네이터)를 선발하여, 주무부처(산업통상자원부 국가기술표준원)의 지원 하에 '표준기반 R&D 기획'을 통해 국내 개발기술의 국제시장 진출에 대한 방향제시 및 개발된 기술의 활용도 향상을 위한 지원활동을 수행한다.

[그림 11-4] 국가표준코디네이터의 구성

2) 국가표준코디네이터의 역할(기술표준원 국가표준코디네이터 운영규정 제3조)

① 국책과제의 표준화 연계를 위한 기획, 자문, 평가 및 조율
② 해당 분야 국책과제-표준 연계를 위한 중장기 전략 수립
③ 국제표준화 활동기획 및 지원
④ 투자관리자(MD), 프로그램디렉터(PD) 등과 협력하여 국가 R&D 정책방향에 표준화 연계 지원
⑤ 기술표준원과 협력하여 표준화 계획 및 정책지원
⑥ 국책과제의 산업화 촉진을 위한 자문 및 조율
⑦ 표준기반의 정부 시범사업 등의 기획 및 자문

⑧ 기업의 제품상용화를 위한 표준적용 등 성과확산 활동

3) 에너지 하베스팅 관련 표준화 활동

2014년 NSC(국가표준 코디네이터)는 '융복합 반도체'의 '03. 에너지 변환 및 전달용 반도체 기술'에 관련하여 10대 표준화 전략의 하나로 선정한 바 있다.

에너지 변환 및 전달기술은 주변 환경에서 사용되지 않고 버려지는 열, 진동, 마찰력, 태양광 등을 이용하여 사용 가능한 전기에너지로 변환시키는 에너지 하베스팅 기술과 자기공진, 자기유도, 전자기파를 이용하여 무선으로 에너지를 전송하는 기술(Wireless Energy Transfer)을 의미하는 것으로 정의하였다.

2015년 NSC(국가표준코디네이터)는 '웨어러블 스마트기기'의 '06.웨어러블 에너지 하베스팅 기술'에 관련하여 10대 표준화 전략의 하나로 선정하고 있다.

웨어러블 에너지 하베스팅 기술은 인체의 움직임에서 발생하는 진동, 압력, 열, 마찰력 등의 에너지를 사용 가능한 전기에너지로 변환시키는 기술로 스마트워치, 기능성 의복과 같은 웨어러블 전자기기(Wearable Electronics)의 주전원 혹은 보조전원으로 응용하는 것으로 정의하였다.

〈표 11-1〉 NSC 2015년 웨어러블 에너지 하베스팅 기술 표준화 추진분야

표준화 필요항목	세부 내용
에너지 하베스팅 소자의 특성평가 항목	에너지 하베스팅 소자의 출력 특성을 평가하기 위한 항목 (전압, 전류, 전력, 전력밀도, 변환효율 등)
에너지 하베스팅 소자의 특성측정 및 평가법	에너지 하베스팅 소자의 특성 측정방법 (측정장비 셋업, 에너지 수확 방식에 따른 차별화)
에너지 하베스팅 소자의 신뢰성	에너지 하베스팅 소자의 온도 · 습도에 따른 신뢰성 표준 굽힘 · 인장응력에 따른 소자의 내구성 및 전기적 특성평가

수행 내용

재료 · 자료

- 에너지 하베스팅 관련 자료

기기(장비 · 공구)

- 컴퓨터, 문서작성 프로그램, 프린터, 주변기기

안전 · 유의사항

- 에너지 하베스팅 관련 장비의 안전 및 유의사항을 숙지한다.

수행 순서

01 지그비 프로토콜에 대하여 분석하라.

1. 지그비 개요

1) Zigbee는 왜 필요한가

현재 음성, PC LANs, 비디오 등의 데이터에 대한 표준은 마련되어 있지만, 센서나 컨트롤 디바이스 등의 특별한 필요를 충족시킬 만한 무선 네트워크 표준은 없었다. 센서 및 컨트롤 디바이스들은 높은 주파수 대역폭을 필요로 하지 않지만, 배터리의 장기간 사용과 디바이스들의 넓은 배열을 위해서, 짧은 대기시간 및 낮은 에너지 소비를 필요로 한다.

오늘날 높은 데이터율을 필요로 하지 않으면서 적은 비용과 적은 소비 전력으로 동작할 수 있는 다양한 무선통신 시스템이 생산되고 있다.

이렇게 생산되는 제품들은 표준 없이 제작되고 있고, 결국 이러한 과거의 제품들은 각 제품들과의 호환성 문제를 일으키고, 더불어 새로운 기술들과의 호환성에도 문제가 생긴다.

학습 11

2) 지그비 소개

지그비는 IEEE 802.15.4-2003을 기반으로 한 작고, 저전력의 디지털 라디오를 사용하는 하이레벨 통신 프로토콜이다. IEEE 802.15.4-2003는 단거리 라디오 주파수를 사용하는 램프, 전자계량기, 소비자용 전자제품과 같은 근거리 개인 무선통신망의 기준이다. 지그비는 낮은 데이터률, 적은 배터리 소모, 네트워크의 안전성을 요구하는 RF 어플리케이션에 주로 사용된다.

3) 지그비 특징

- 저전력 소모, 간단한 구현
- 한 번의 배터리 충전으로 수 개월, 또는 수년간 사용 가능
- 활성모드(수신, 송신), 슬립 모드를 가짐
- 디바이스, 설치, 유지 등 모두 상대적으로 낮은 비용으로 가능
- 안전성(보안성)
- 신뢰성
- 유연성
- 매우 작은 프로토콜 스택
- 상호 호환가능 및 어느 곳에서나 사용 가능
- 네트워크당 높은 노트 밀집(지그비의 IEEE 802.15.4 사용은 네트워크에서 많은 디바이스를 다루는 것을 가능케 함. 이러한 특징으로 방대한 센서 배열과 네트워크의 통제가 가능)
- 간단한 프로토콜, 국제적으로 구현(지그비 프로토콜 스택 코드의 크기는 블루투스나 802.11의 사이즈에 비해 4분의 1 정도에 불과하다.)

2. 지그비의 표준화

IEEE 802.15.4와 직비와의 관계는 IEEE 802.11과 와이파이 얼라이언스와의 관계와 유사하다. 직비 1.0 스펙은 2004년 12월 14일 승인되었으며, 직비 얼라이언스의 회원사에게 공개되었다. 2007년 10월 30일에는 직비 2007 스펙이 발행되었다. 최초의 직비 애플리케이션 프로파일인 홈 오토메이션(Home Automation)이 2007년 11월 2일 발표되었다.

상업적인 용도 이외의 사용을 위해서도, 직비 스펙은 일반인에게 공개되어 있다.

직비 얼라이언스의 최소 레벨 멤버십은 어댑터(Adapter)이며, 연회비는 3500달러이다.

어댑터가 되면 발표 단계 이전의 스펙을 열람할 수 있어 그에 근거하여 제품을 만드는 것이 가능하다.

3. 지그비 응용 프로파일

현재 완성되었거나 작성 진행 중인 직비의 애플리케이션 프로파일들은 다음과 같다. 다수의 하드웨어(및 주문자 상표 부착 생산) 회사들이 각 제품에서 직비를 상호 운영할 수 있도록 직비의 애플리케이션 프로파일을 함께 정의하였다.

직비 얼라이언스(직비 연합)가 직비 스펙을 제정하는 표준화 단체인데, 여기서 스펙 뿐만 아니라 직비의 애플리케이션 프로파일들을 정의하고 있다.

- 주거 자동화(Home Automation)
- 직비 스마트 에너지(ZigBee Smart Energy)
- 상업용 빌딩 자동화(Commercial Building Automation)
- 통신 애플리케이션(Telecommunication Applications)
- 개인, 가정, 병원(Personal, Home, and Hospital Care)

02 에너지 하베스팅 기반의 인터미턴트 컴퓨팅 기술과 엣지 컴퓨팅 표준화에 대하여 분석하라.

1. 인터미턴트 컴퓨팅 기술 개요 및 표준화

1) 에너지 하베스팅을 기반으로 인터미턴트 컴퓨팅 기술 개요

각종 사물에 센서와 통신기능을 내장하여 인터넷에 연결하는 사물인터넷 환경의 기기에서 전력수급이 원활하지 못하면 클라우드를 비롯한 주요 인프라에 안전하게 연결할 수 없다. 이러한 상황을 해결하기 위해서는 사람이 개입하지 않더라도 전력을 공급하는 방법이 필요하며, 간헐적인 에너지 공급 환경에서도 신뢰성을 보장할 수 있는 컴퓨팅 기술이 필요하다.

인터미턴트 컴퓨팅(Intermittent Computing)은 전력 수급이 불안정한 환경에서 에너지 하베스팅(Energy Harvesting)으로 얻어진 전력으로 신뢰성을 보장하며 동작하는 컴퓨팅 기술이다. 에너지 하베스팅이란 태양 에너지 등 외부의 에너지를 수집하여 전기에너지로 활용하는 기술이며 간헐적인 파워의 온·오프 환경에서도 소프트웨어의 데이터 일관성과 신뢰성을 보장해야 한다.

데이터를 수집 · 저장하고 전송할 수 있는 인터미턴트 컴퓨팅 시스템을 위해 에너지 하베스팅 장치기술과 그 장치에 필요한 소프트웨어를 연동하는 기술이 일차적으로 필요하다. 또한 간헐적으로 파워를 온 · 오프 할 때에도 데이터의 일관성을 유지하기 위한 메모리 처리기술, 그리고 바르고 적합한 실행에 필요한 인터미턴트 컴퓨팅 프로그래밍 모델과 실행제어의 흐름을 관리하는 기술을 확보할 필요가 있다.

초연결 시대의 정보통신 인프라인 인공지능, 빅데이터, 클라우드를 비롯하여 사물인터넷에는 네트워크에 연결된 모든 객체가 끊김 없이 연결되는 것이 필요하다. 인프라의 엣지에는 에너지 하베스팅을 기반으로 반영구적으로 동작하는 새로운 기기의 출현으로 의료, 통신, 군사분야 등에서 다양한 미래의 제품 및 서비스의 창출을 기대할 수 있게 되었다.

미래 기상이변까지 예측하는 인공지능에서부터 자연재해 및 환경관측을 위해서 끊김 없는 모니터링 시스템이 필요하며, 사람이 개입하기 어려운 군사지역에서도 정보를 전달받고 처리하는 시스템이 필요하다.

빠르게 발전하고 있는 헬스케어 산업과 스마트팩토리, 스마트 홈, 스마트 빌딩을 구현하는 사물인터넷 환경에서는 더더욱 에너지 공급이 어려운 환경에서도 신뢰성을 보장하며 정보를 수집 · 저장 · 전달하는 컴퓨팅 시스템 환경이 필요해 졌다.

인터미턴트 컴퓨팅 기술은 안전, 재해방지, 재난구호 등의 정보 수집과 의사결정 지원의 핵심역할을 제공할 수 있으므로 안전한 사회 구축에 큰 역할을 할 수 있다.

정보를 전송하거나 처리하는 기기의 전력수급이 원활하지 못하면 클라우드를 비롯한 주요 인프라에 안전하게 연결할 수 없기 때문이다. 이러한 상황을 해결하기 위해서는 전력수급이 불안정한 환경에서도 전력을 공급하는 방법이 필요하며, 간헐적인 에너지 공급 환경에서도 신뢰성을 보장할 수 있는 인터미턴트 컴퓨팅 기술이 필요하다.

2. 엣지 컴퓨팅의 개요 및 표준화

1) 엣지 컴퓨팅의 개요

최근 들어 산업용 사물인터넷(IIoT) 영역에서 가장 많이 언급되는 용어 중 하나인 에너지 하베스팅을 기반으로 엣지 컴퓨팅은 다양한 종단 기기에서 발생하는 데이터를 중앙 집중식 데이터 센터와 같은 클라우드로 보내지 않고 데이터가 발생한 기기 또는 근거리에 있는 서버에서 실시간으로 처리하여 데이터 처리시간을 큰 폭으로 단축하고 인터넷 대역폭 사용량 또한 감소시키는 새로운 산업용 데이터 처리 패러다임이다.

컴퓨팅 자원을 단말기기 주변으로 이동시킴으로써 IoT 관리, 데이터 저장, 콘텐츠 캐시, 컴퓨팅 오프로드 및 서비스 딜리버리를 제공할 수 있게 된다.

에너지 하베스팅을 기반으로 엣지 컴퓨팅을 일부 작은 규모의 클라우드 플랫폼으로 보아 클라우드렛(Cloudlet)으로 쓰기도 하고, 종단기기 주변(엣지)에서 처리된다는 의미로 포그 컴퓨팅(Fog Computing)이라고도 한다.

에너지 하베스팅을 기반으로 포그 컴퓨팅은 데이터가 생성되는 위치와 더 가까운 근거리 통신망에 엄청난 수의 IoT 장치와 빅데이터를 처리할 수 있는 능력을 제공해서 IoT 확장성을 촉진하는 것이 목표였다.

오늘날 우리는 이미 엣지 컴퓨팅 시대에 있으며 차츰 에너지 하베스팅을 기반으로 지능형 엣지 컴퓨팅으로 전환하고 있다. 짧은 지연시간, 로컬 자율작업, 백엔드 트래픽 감소, 중요 데이터와 관련된 경우에는 에너지 하베스팅을 기반으로 엣지 컴퓨팅이 적합한 선택이지만, 특정 애플리케이션 및 프로세스를 실행하고 어디서나 원격분석 데이터를 시각화하기 위해 스토리지 및 컴퓨팅 성능이 필요할 때는 여전히 중앙 클라우드 기반 서버에 크게 의존하고 있어서 최상의 솔루션은 클라우드 및 엣지에 대한 보완 전략을 배포하는 것이다.

2) 에너지 하베스팅을 기반으로 엣지컴퓨팅의 표준화

에너지 하베스팅을 기반으로 엣지 컴퓨팅의 표준화는 [그림 11-5]과 같이 현재 여러 표준화 기구에서 진행 중이며, 기존 클라우드 컴퓨팅을 엣지 컴퓨팅으로 확장하기 위한 분야와 이동통신 서비스 및 사물인터넷 등의 응용서비스에 적용하기 위한 분야로 나뉘어 상호보완적으로 표준이 개발중이다.

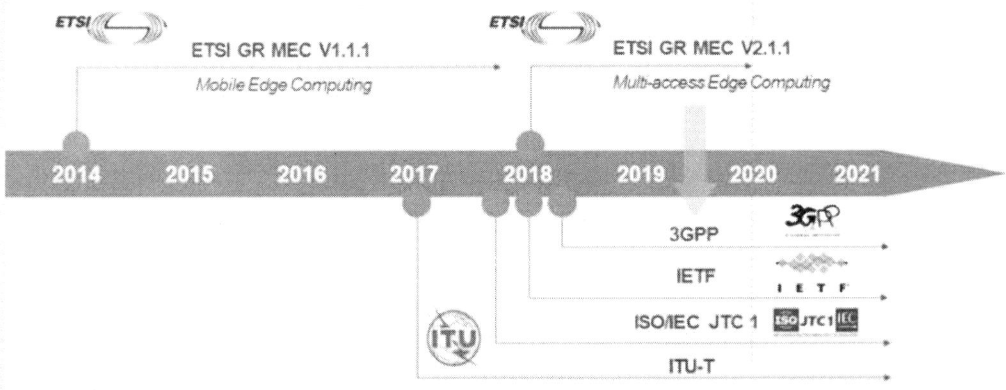

[그림 11-5] 엣지컴퓨팅 관련 표준화 현황

학습 11

각 기구의 표준화 대상은 디바이스, 네트워크, 플랫폼, 관리(Management) 등 다양한 영역에 걸쳐 있다.

특히 ETSI, ITU-T, ISO/IEC 등에서는 다양한 액세스 네트워크를 위한 에너지 하베스팅을 기반으로 엣지 컴퓨팅 기술의 프레임워크와 클라우드 컴퓨팅과의 연동에 관한 표준화를 진행중이며, 3GPP 및 IETF/IRTF 등에서는 5G 및 IoT 등과 같은 특정 유즈케이스의 엣지 컴퓨팅 기술적용을 위한 세부기술 표준화를 진행중이다.

〈표 11-2〉은 각 주요 표준화 기구별 에너지 하베스팅을 기반으로 엣지 컴퓨팅 관련 표준의 주요 개발현황 개요를 나타내고 있다.

〈표 11-2〉 표준화 기구별 에너지 하베스팅을 기반으로 엣지 컴퓨팅 개발개요

표준화 기구	표준 개발 내용
ITU-T	5G 엣지 컴퓨팅, 엣지 클라우드 등 다양한 유무선 통신환경에서의 에너지 하베스팅을 기반으로 엣지 컴퓨팅 관련 표준을 개발중(2017년 ~현재)
ISO/IEC JTC1	본격적인 엣지 컴퓨팅 표준개발을 위한 사전 작업으로 클라우드 컴퓨팅 관점에서의 엣지 컴퓨팅(SC 38)과 사물인터넷 관점에서의 에너지 하베스팅을 기반으로 엣지 컴퓨팅(SC 41) 관련 용어 및 요구사항 관련 기술문서 개발(2018~2019년)
3GPP	이동통신 서비스 환경에서 MEC 개념을 수용하기 위한 5G 기반 MEC 관련 표준을 개발중(2018년~현재)
ETSI	모바일 엣지 컴퓨팅(MEC) 개념을 정립하고 MEC 관련 서비스 시나리오, 용어, 참조구조, API 등 약 35종의 규격을 표준화 완료(2014~2020년)
IETF/IRTF	사물인터넷 관점에서 에너지 하베스팅을 기반으로 엣지 컴퓨팅 요구사항 및 기능표준을 개발중(2018년~현재) 이기종 네트워크 접속관리기술(Multi-Access Management Services)을 최근 표준으로 제정(RFC 8743)(2020년 3월)

03 웨어러블 에너지 하베스팅 기술 표준화에 대하여 분석하라.

1. 웨어러블 에너지 하베스팅 기술의 표준화 개요

에너지 하베스팅 기술의 시장규모는 2012년 6억 5,000만 달러, 2024년에는 40억 5,000만 달러의 시장이 될 것으로 예상하고 있다.

웨어러블 에너지 하베스팅 기술은 웨어러블 전자기기의 수요가 확대될 것으로 예측되

는 가운데, 배터리의 사용 한계를 보완할 수 있는 신재생에너지기술이다.

또한 반도체 기술과 무선센서노드 기술의 발전이 에너지 하베스팅 기술영역 확장에 크게 기여하고 있다.

웨어러블 기기용 에너지 하베스팅 기술은 다양한 에너지 수확 방식과 전기적 특성, 측정 방법으로 인해 표준화의 어려움이 예상되지만, 기술 및 소자에 대한 표준화가 이루어질 경우 기술의 활용범위와 시장규모가 크게 확대될 것이라 예상된다.

최근 IECTC47/WG7(에너지 변환 및 전달)에서 국제표준화가 진행되고 있으며, 웨어러블 기기 시장이 성장함에 따라서 신규 SC구성을 통한 표준 주도권 확장이 필요할 것이다.

〈표 11-1〉에서와 같이 에너지 하베스팅 소자의 표준화가 시급한 분야로는 특성평가 항목, 측정 및 평가법, 신뢰성 평가방법 등이 있다.

2. 웨어러블 에너지 하베스팅의 표준단체

1) IEC TC 47(IEC반도체소자 기술위원회) 현황

국제표준화기구(ISO)와 국제전기표준회의(IEC)가 정보기술(IT) 분야의 국제표준화 작업을 합동 관리하기 위해 설립한 공동기술위원회 ISO가 1960년에 TC 97(Technical Committee 97 : 사무기기 관계)을 설치하여 정보처리 관계의 표준화를 추진해 왔으며, IEC도 1961년에 TC 83(정보 기기)을 설치하여 정보처리 관련 표준화를 추진해 왔다. 또한 양자의 활동분야가 중복되기 때문에 ISO와 IEC 간의 조정으로 ISO/IEC JTC1을 1987년에 설치하였다

적용범위은 개별반도체소자, 집적회로, 센서, 전자구성 조립부품 및 초소형 전자소자(MEMS)의 설계, 제조, 활용 및 재활용하는데 있어서 환경적으로 안전한 실행을 목적으로 한 국제표준화이다.

공식명칭은 정보기술에 관한 ISO/IEC 합동기술위원회 1(ISO/IEC Joint Technical Committee One on Information Technology)이다. ISO/IEC JTC 1은 ISO의 TC 97과 IEC의 TC 83(정보기기) 및 TC 47 산하 SC 47B(마이크로프로세서 시스템)를 합병한 조직이다.

ISO/IEC JTC 1의 회원은 투표권을 가진 P-회원과 O-회원이 있는데, 우리나라는 창립 당시의 24개 P-회원 중의 하나이다.

JTC-1은 분야별 분과 위원회(SC : Subcommittee), 작업 부회(WG : Working Group) 및 연구반(SG : Study Group) 등을 설치하여 표준화 작업을 진행한다.

JTC 1은 ISO와 유사한 업무 절차를 거쳐 국제표준, 국제표준프로파일(ISP :

학습 11

Internationally Standardized Profile), 기술보고서(TR)를 발행하고 있다.

조직은 TC 47(반도체소자)에 4개의 SC(분과위원회)와 20개의 WG/PT(작업반)이 있다. 이 조직은 간사국, 의장국, 회원국으로 구분하고 총 32개국 [16개국(P), 16개국(O)]이며 이 단체에서 표준수는 총 243개[205종(IS), 38종(제정중)]이다. 한국 제안은 총 10.7%(243종 중 26종), 제정중 36.8%(38종 중 14종)이다. 주요요직은 일본과 한국의 2강체제이다. 즉 일본 43% (5+8), 한국 27% (3+5), 영국 13% (1+3), 미국 10% (1+2), 프랑스 7%(0+2)이다.

3. 스마트 웨어러블 에너지 하베스팅 국제표준화 동향

스마트 웨어러블 에너지 하베스팅에 대한 국제표준화는 아직 대부분 미들웨어 계층이나 응용계층을 중심으로 진행이 되고 있으며, 앞으로 웨어러블 기기의 종류와 특성이 분화되고 다양해짐에 따라 네트워크 계층 및 하드웨어 계층에서의 표준화도 활발해질 것으로 예상된다.

1) OIC 표준화 동향

Open Interconnect Consortium(OIC)는 사물인터넷 네트워크 상에서 Representational State Transfer(REST) 구조기반으로 경량형 사물인터넷 장치들을 연결하고, 다양한 장치들에 존재하는 자원들을 상호제어할 수 있도록 하는 표준과 이에 기반한 응용표준과 관련 생태계를 선도하기 위해 2014년 7월 삼성, 인텔 등이 공동으로 설립한 표준화 컨소시움이다.

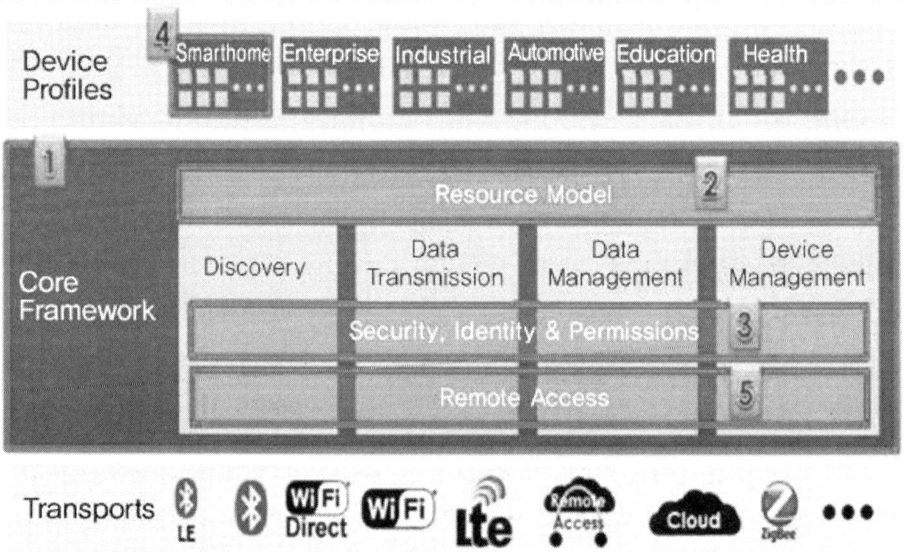

[그림 11-6] OIC구조와 표준구성요소

OIC는 2015년 10월에 [그림 11-6]의 구조를 기반으로 5개 규격으로 구성되는 1.0 버전을 제정하였고 현재 2.0 버전 이상에 대한 수정작업을 마무리 중에 있다.

2) ITU-T 표준화 동향

ITU-T는 2015년 6월에 새로운 연구반(SG20 : IoT and its Applications Including Smart Cities and Communities)을 신설하고 웨어러블 등 IoT 응용과 스마트시티에 대한 표준화를 추진 중이다. 현재 SG20에서는 스마트 웨어러블 에너지 하베스팅 응용과 관련된 표준들을 개발되고 있다.

3) W3C 표준화 동향

다양한 단말 환경에서 동작 가능한 웹 핵심기술 표준개발을 담당하고 World Wide Web Consortium(W3C)에서도 스마트 웨어러블 에너지 하베스팅 관련 표준화가 시작되고 있다.

4. 웨어러블 에너지 하베스팅 기술

웨어러블 에너지 하베스팅 기술은 인체의 움직임에서 발생하는 진동, 압력, 열, 마찰력 등의 에너지를 사용 가능한 전기에너지로 변환시키는 기술로 스마트워치, 기능성 의복과 같은 웨어러블 전자기기(Wearable Electronics)의 주전원 혹은 보조전원으로 응용될 수 있다.

에너지 하베스팅은 주변에 버려지는 열, 진동, 마찰력, 태양광 등을 사용 가능한 전기에너지로 변환시키는 기술이다. 최근 전자기기가 모바일화, 초소형화, 저전력화 되면서 아주 적은 전력이라도 충전없이 계속 공급할 수 있는 기술에 대한 수요가 증가함에 따라 웨어러블기기에 응용을 위한 에너지 하베스팅 기술이 국내 KIST, KAIST를 비롯하여 국외의 조지아 공대(Georgia Tech)와 같은 여러 연구기관에서 활발히 연구개발되고 있다.

배터리 기술의 발달에 따라 배터리 밀도는 꾸준히 증가하지만, 웨어러블 기기라는 특성상 배터리 공간의 제약으로 인해 일정주기를 가지고 충전을 해야하는 문제점이 있다. 웨어러블 에너지 하베스팅 기술을 통해 버려지는 인체의 운동에너지를 지속적으로 전기에너지로 변환해 준다면, 충전이 필요 없는 웨어러블 기기의 구현이 가능 할 것으로 예상된다.

웨어러블 에너지 하베스팅 기술은 스마트워치, 스마트안경과 같은 웨어러블 전자기기들의 주전원 혹은 보조전원과 함께 심박조율기(Pacemaker), 여러 가지 생체신호를 감지할 수 있는 기능성 의복과 같은 생체 삽입형 혹은 부착형 바이오메디컬 생체 모니터링 등에 의복착용형 혹은 악세서리형으로 적용가능하다. 또한 진동 구조물의 상태 진단용 자가발전 무선센서 노드로도 활용될 수 있다.

에너지 하베스팅 기술이 웨어러블 기기들에 적용되기 위해서는 하베스팅 소자도 마찬가지로 착용 혹은 웨어러블 기기내에 삽입이 가능해야 하기 때문에 최근 웨어러블 하베스팅 소자는 유연한(Flexible) 소재, 초박막형 구조, 나노와이어 구조의 압전(Piezoelectric), 마찰전기(Triboelectric), 열전(Thermoelectric) 방식으로 연구개발이 진행중이다.

압전효과를 이용한 웨어러블 에너지 하베스팅으로는 최근 미국의 조지아 공대에 서 ZnO 나노와이어를 수직배열한 웨어러블 에너지 하베스팅 소자를 개발하여 경미한 피부의 움직임을 감지하는 센서와 모바일기술에 응용한 사례가 있다. 또한 나노와이어를 수평나열하여 건강진단, 휴대용 기기에 적용하는 하베스팅 소자도 개발중에 있다. 한국의 KIST와 KAIST에서는 초박막 압전재료와 유연한 기판을 사용하여 웨어러블 기기에 응용하는 연구를 진행하고 있다. 미국의 애리조나대학과 일리노이 대학은 심장박동에서 발생하는 진동을 전기에너지로 수집하는 유연압전 에너지 하베스터를 개발하였다.

마찰전기를 이용한 웨어러블 에너지 하베스팅 기술로는 미국의 조지아 공대에서 서로 다른 극의 전하를 가지는 유연한 재료를 이용하는 연구와 한국의 성균관대학에서 그래핀을 이용한 마찰전기 에너지 하베스터를 개발한 사례가 있다.

체온을 이용한 열전에너지 하베스팅으로는 KAIST에서 고효율의 유연 열전소자를 제작하여 신체 어느 부위에나 부착함으로써 체온을 고효율의 전기에너지로 수확 하는 연구를 진행하고 있다. 웨어러블 에너지 하베스팅 소자의 연구개발 사례를 보여준다.

학습활동.11 교수 · 학습 방법

교수 방법

- 에너지 하베스팅 기술의 표준화에 대한 관련 용어, 구성, 방식 이해 정도를 파악한 후 수업을 진행한다.
- 교수자의 주도로 에너지 하베스팅 기술의 표준화 등의 내용을 PPT 자료로 제시한 후 설명한다.
- 가능하면 사전에 개인별 학습 자료를 준비하여 모든 학생이 참여할 수 있는 문제 해결식 수업, 협력 수업이 가능하도록 한다.
- 에너지 하베스팅 기술의 표준화 전 과정을 작업의 순서에 따라 단계적으로 실습이 이루어질 수 있도록 지도한다.
- 교재를 통해 수업을 준비하는데 있어서 필요한 모든 정보나 팁, 힌트 등 도움이 될 만한 내용들을 확인할 수 있다.
- 학생들이 만들게 될 각 모델들은 수업시간에 중점적으로 다뤄질 부분과 어휘, 질문, 답을 포함하고 있으며 또한 탐구할만한 추가적인 아이디어들도 포함하고 있다.

학습 방법

- 에너지 하베스팅 기술의 표준화에 대한 관련 용어를 숙지하고, 에너지 하베스팅 기술의 표준화에 대해 이해한다.
- 에너지 하베스팅 기술의 표준화의 각 단계별 중점 사항을 체계적으로 학습한다.
- 에너지 하베스팅 기술의 표준화의 수행순서의 전 과정을 실습한다.
- 에너지 하베스팅 기술의 표준화의 내용을 이해한다.
- 에너지 하베스팅 기술의 표준화를 이해하고 숙달이 될 때까지 학습한다.

학습활동.11 평가 및 피드백

학습 11

평가 준거

- 평가자는 피평가자가 수행 준거 및 평가 내용에 제시되어 있는 내용을 성공적으로 수행할 수 있는 지를 평가해야 한다.

학습내용	평가항목	성취수준		
		상	중	하
에너지 하베스팅 기술의 표준화	에너지 하베스팅 기술의 표준화를 이해할 수 있다.			

평가 방법

• 작업 포트폴리오

학습내용	평가항목	성취수준		
		상	중	하
에너지 하베스팅 기술의 표준화	에너지 하베스팅 기술의 표준화를 이해할 수 있다.			

• 필기시험

학습내용	평가항목	성취수준		
		상	중	하
에너지 하베스팅 기술의 표준화	에너지 하베스팅 기술의 표준화를 이해할 수 있다.			

• 체크리스트를 통한 관찰

학습내용	평가항목	성취수준		
		상	중	하
에너지 하베스팅 기술의 표준화	에너지 하베스팅 기술의 표준화를 이해할 수 있다.			

• 피드백

1. 작업 포트폴리오
   - 제출한 보고서를 평가한 후 주요 사항에 대하여 표시하여 돌려준다.
2. 필기시험
   - 평가 결과 성적이 저조한 학생은 보고서 제출 기회를 부여한다.
3. 체크리스트를 통한 관찰
   - 실습 과정에서 평가한 후 개선해야 할 사항 등을 정리하여 돌려둔다.

참 | 고 | 문 | 헌

- 강승열 외 3, 무선 에너지 전송기술, 전자통신통신동향분석, 제23권 제6호, pp.59-69, 2008.12.
- 국토교통부, 일등석이 버스 속으로!-프리미엄 고속버스 시승 현장에 가다!, 2016.12.18. 국토교통부 블로그. http://blog.naver.com/PostView.nhn?blogId=mltmkr&logNo=220888819193
- 김성민 외, "무선 충전기술동향과 발전방향", 전자통신동향분석, 제31권 제3호, pp.32-41, 2016.6.1.
- 김성민, ETRI E-cup 3차원 공간무선충전기, YouTube, 2016.12.25. https://www.youtube.com/watch?v=T7uHww1W4QI&t=106s
- 김성훈, http://www.munhwa.com/news/전기차 무썬충전시대 눈앞
- 김신희, 에너지 효율화를 위한 에너지 하베스팅. KDB산업은행, 2021.1.4.
- 김진미 외 5, 에너지 하베스팅 기반 인터미턴트 컴퓨팅 기술, 정보통신기획평가원, 2019.10.25.
- 김진욱 외, K인버터를 이용한 전자기 유도 방식과 자기 공명 방식의 특성 비교, 2011 대한 전기학회 하계학술대회 발표집, 7월, 2011.
- 김진욱 · 지현호 · 최연규 · 윤영현 · 김관호 · 박영진, 자기 공명 무선 전력전송 시스템에서 공진 코일의 배열에 관한 연구, 한국전자파학회논문지, 21(6), pp.564-572, 2010.6.
- 류명효 · 정지훈, 비접촉 무선전원 기술의 이해와 응용, 2012 대한전기학회 무선 전력전송 단기강좌 발표집, Apr.25, 2012.
- 무선충전의 원리와 사례, https://artistichooc.com/13
- 문승필 · 김태완 · 김성훈, 에너지 하베스팅 기술개요와 연구동향, 한국전기공학회지, 2016.5.
- 문정익 외, 스마트 무선 충전기술, 전자통신동향분석, 제32권 제3호, 2017.6.
- 문정익 · 조인귀 · 변우진, 중전력 무선 충전기술동향, 정보통신평가원, 2021.5.5.
- 미래창조과학부, 세계2번째, 아시아최초무선 전력전송WPC 표준인증 상호호환성시험소 자격 획득, 미래창조과학부 보도자료, 2017.2.17.
- 박세환, 웨어러블에너지 하베스트 기술. KOSEN Report, 2018.
- 박영진, 모바일기기 무선충전 시스템의 기술동향, 전력전자학회지, 제18권 4호, pp.29-33, 2013
- 박영진, 무선 전력전송의 이해, 전자공학회지, 제39권 제8호, 2012.8.
- 박찬규, 무선충전, NICE디앤비, 2020.11.26.
- 성문경, 무선충전기와 공기청정기가 하나로, 쥬니온 미니공기 청정기, 앱스토리매거진, 2017.2.27.
- 송준영 · 이종준, 중 선전 몰려가는 무선충전 연합군…'비접촉 무선충전생태계구축', 전자신문, 2016.10.24.
- 안성덕, 무선 전력전송 기술개발 동향, TTA Journal, vol.138, pp.45-51, 2011.
- 양대근 · 김당오 · 이주용 · 조동호, 차세대 무선 전력전송 기술, 정보통신기획평가원, 2020.5.13.
- 양준현, 자기공명형 무선전력 시스템을 이용한 무선충전기 개발에대한연구, 명예박사기술논문, 삼성전자, 2010.12.
- 윤건일, LG이노텍, 스마트폰용15와트무선충전패드상용화, 전자신문, 2016.10.12.
- 이근호, M2M에서 무선충전 시스템의 보안위협, 한국융합학회 논문지, 제4권 제1호, 2013.02.
- 이승민, '무선 전력전송 현황 및 국내도입을 위한 접근 방안' 한국 KFDC법제학회 한국보건산업진흥원 미래산업기획단, 2020.11.15.
- 이아름, 에너지 하베스팅 기술, KIST 융합정책센터, vol.2, 2016.01.11.
- 이영기, 에너지 하베스트 기술 동향, 전기전자재료 제26권 제3호, 2013.3.
- 이유진, 日 도요타, 전기차 무선충전 시스템 개발, 연합뉴스, 2014.2.14.

- 이종민, 삼일렉트로닉스, 아이디어 제품 '포터블 무선 가습기 출시' 출시, 전자신문, 2016.12.15.
- 임대현 · 조인귀, 무선 전력전송 기술동향 및 시장전망, 한국과학기술정보연구원, 2016.12.
- 장병준, 무선 전력전송 기술동향 및 향후 전망, 전력전자학회지, 제15권 제6호, 2010.12.
- 전종홍 외, 스마트 웨어러블 기술 및 표준화 동향, 제31권 제2호, 한국전자통신연구원, 2016.4.
- 정재영 · 박찬원 · 표철식, IoT를 위한 에너지 하베스팅 기술 동향조사, 한국전자파학회지, 제27권 제4호, 2016.07.
- 정진수 · 한운기, 무선충전 전기자동차의 국내 · 외 표준 및 기술 동향 분석, 2015.04.
- 조재환, 자동차, IT에 길을 묻다⑥…무선충전시대, ZDNetKorea, 2015.10.25.
- 최두선, ETRI, 3차원 충전 등 최신 정보통신기술 'CES 2017' 출품, 한국일보, 2017.1.4.
- 최성진, 무선에너지 전송기술동향, 제어로봇시스템학회지, 제20권 제1호, 2014.3.
- 최효상 · 정인성, 무선 전력전송 시스템의 기술개발 현황과 동향, 한국전기학회, 2007.2.
- 한국자동차협회, 강남 노른자 땅에 무선충전소? 전기차 투자 나선부호들, (사)한국자동차협회관련뉴스, 2017.1.13.
- 한국정보통신기술협회, TTA, 4차산업핵심인프라 '무선충전' 표준 시험소로 지정, 한국정보통신기술협회 보도자료, 2017.3.16.
- A. Kures et al., "Wireless Power Transfer via Strongly Coupled Magnetic Resonance", Sci., vol.317, no.5832, pp.83-86, July, 2007.
- A. Kurs, A. Karalis, R. Moffatt, J. D. Joannopoulos, P. Fisher, and M. Soljacic, "Wireless power transfer via strongly coupled magnetic resonances", Science, Vol.317, pp.83-86, Jul, 2007.
- A. P. Sample, D. A. Meyer, and J. R. Smith, "Analysis, experimental results, and range adaptation of magnetically coupled resonators for wireless power transfer", IEEE Transactions on Industrial Electronics, Vol.58, No.2, pp.544-554, 2011.
- A. Thomson, 2018 Mercedes-Benz S550e Will Offer Wireless EV Charging Technology Built Using Qualcomm Halo Breakthroughs, OnQ Blog, Oct.11, 2016.
  https://www.qualcomm.com/news/onq/2016/10/11/2018-mercedes-benz-s550e-will-offer-wireless-ev-charging-technology-built-using
- Allied Market Research, Accessed 2017.
  https://www. alliedmarketresearch.com/press-release/wireless-charging-market.html
- Aristeidis Karalis, J.D.Joannopoulos, Marin Soljačić, "Efficient wireless non-radiative mid-range energy transfer", Annals of Physics, Vol.323, pp.34-48, 2008.
- B.C. Choi, J.H. Nho, H.Y. Cha, T.Y. Ahn, and S.W. Choi, "Design and implementation of low-profile contactless battery charger using planar printed circuit board windings as energy transfer device", IEEE Transactions on Industrial Electronics, vol.51, no.1, pp.140-147, Feb, 2004.
- Barry Fox, "One charging pad could power up all gadgets-Wireless Recharger", New Scientist, January, 2005.
- Bosch, Accessed 2017.
  https://www.bosch-professional.com/static/specials/wireless-charging/gb/en/#goto:wireless-charging
- C. J. Chen, T. H. Chu, C. L. Lin, and Z. C.Jou, "A study of loosely coupled coils for wireless power transfer," IEEE Transactions on Circuits and Systems, Vol.57, No.7, pp.

536-540, 2010.
- C. Liu, A. P. Hu, and N. K. C. Nair, "Modelling and analysis of a capacitively coupled contactless power transfer system", IET Power Electronics, vol.4, no.7, pp.808-815, 2011.
- C. G. Kim, D. H, Seo, J. Sik. You, J. H. Park, and B. H. Cho, "Design of a contactless battery charger for cellular phone", IEEE Transactions on Industrial Electronics, vol.48, no.6 pp.1238-1247, Dec, 2001.
- D. H. Childress, The Tesla papers, Adventures unlimited press, 2000.
- DAIHEN, "D-Broad Core", Accessed 2017.
http://www.daihen.co.jp/en/products/wireless/agv/
- David Baarman (Fulto innovation), private communication.
- David Schneider, "A critical look at wireless power: Wireless power at a distance is still far away", IEEE Spectrum, May, 2010.
- Dong-Gi Youn, Yang-Ha Park, Kwan-Ho Kim, Young-Chul Rhee, "A Study on the Analysis of Rectenna Efficiency for Wireless Power Transmission", IEEE TENCON99, Vol.2, pp.1423-1426 17, Sep, 1999.
- Dong-Gi Youn, Yang-Ha Park, Kwan-Ho Kim, Young-Chul Rhee, "A Study on the Fundamental Transmission Experiment for Wireless Power Transmission System", IEEE TENCON99, Vol.2, pp.1419-1422 17, Sep, 1999.
- ETRI 미래전략연구소 표준연구본부, 표준화동향 무력전력전송표준기술, 2017.1.
- http://mvo.co.kr/ 블록, 스마트폰 무선충전, 원리는 무엇일까?
- http://www.a4wp.org/
- http://www.energy.or.kr/무선충전전기차
- http://www.powermatters.org/
- https://blog.kepco.co.kr/1567
- https://blog.kepco.co.kr/1857 [한국전력 블로그 굿모닝 KEPCO!]
- https://img.etnews.com/cms/uploadfiles/afieldfile/2013/06/11/1-2.jpg
- https://ko.wikipedia.org/wiki/무선충전
- https://m.blog.naver.com/슈피켄코리아
- https://news.samsungdisplay.com/16305/
- https://www.belkin.com/kr/resource-center/wireless-charging/how-it-works/무선충전의 작동원리는 무엇일까요?
- https://www.cheric.org/files/research/ip/p201502/p201502-201.pdf 에너지 하베스팅 기술의 종류 및 원리, 2015.02.
- https://www.hellot.net/mobile/article.html?no=50075 에너지 하베스팅으로 실현하는 society 5.0
- https://www.inirnc.com
- https://www.wirelesspowerconsortium.com
- K. Leswing, This is the Biggest Hint Yet that Apple's Next iPhone Will Have Wireless Charging, Business Insider, Feb.13, 2017.
- K.W. Choi et al., "Wireless-Powered Sensor Networks: How to Realize", IEEE Trans. Wireless Commun., vol.16, no.1, pp.221-234, Jan, 2017.
- L. Mearian, "Dell's Latitude 7285 to be world's first wireless charging 2-in-1", Computerworld,

Jan. 5, 2017. http://www.computerworld.com/article/3154822/mobile- wireless/dells-latitude-7285-to-be-worlds-first- wireless-charging-2-in-1.ht
- M. Kline, I. Izyumin, B. Boser, and S. Sanders, "Capacitive power transfer for contactless charging", APEC- IEEE Applied Power Electronics Conference and Exposition, pp.1398-1404, 2011.
- M. J. Chablko, M. Shahmohammadi, and A. P. Sample, "Quasistatic Cavity Resonance for Ubiquitous Wireless Power Transfer", PLoS One, vol.12, no.2, pp.1-14, Feb, 2017,
- National Space Society, Accessed 2017.
http://www.nss.org/settlement/ssp/NASADVD/part03.htm
- P. E. Glaser, "Power from the sun; its future", Science, Vol.162, No.3856, pp.857-861, Nov.22, 1968.
- Persistence Market Research, Accessed 2017.
http://www.persistencemarketresearch.com/mediarelease/wireless-charging-market.asp
- Qualcomm, Accessed 2017. https://www.qualcomm.com/products/halo
- S. C. Tang, S. Y. Hui, and H. S. Chung, "Coreless Planar Printed-Circuit-Board (PCB) Transformers-A Fundamental Concept for Signal and Energy Transfer", IEEE Transactions on Power Electronics, vol.15, no.5, pp.931-941, Sep. 2000.
- S.E. Shladover, "Highway Electrification And Automation", California Partners for Advanced Transit and Highways (PATH),Paper UCB-ITS-PRR-'92'17, 1992.
- SIGNIA, Cellion, Accessed 2017.
https://www.signiausa.com/signia-hearing-aids/cellion-primax-hearing-aids/
- ST, STMicroelectronics and WiTricity to Develop Integrated Circuits (ICs) for Resonant Wireless Power Transfer, Accessed 2017.
http://www.st.com/content/st_com/en/about/media-center/press-item.html/t3803.html
- T. Hardwick, Ming-Chi Kuo: Apple's Next-gen iPhone to Feature All-glass Case for Wireless Charging, MacDailyNews, Dec.23, 2016.
- Technavio, "Global Wireless Charging Market 2016-2020", SKU: IRTNTR8109, 2015.
- W. C. Brown, "The history of power transmission by radio waves", IEEE Transactions on microwave theory and techniques, Vol.MTT-31, No.9, Sep, 1984.
- W. C. Brown, "Satellite power stations: a new source of energy?" IEEE Spectrum, Vol.10, No.3, pp.38-47, Mar, 1973.
- W. C. Brown, "The history of power transmission", Solar power, Vol.56, pp.3-2, 1996.
- Wireless Power Consortium, The Qi Interface Specification Volume I : Low Power, 2010.
- WiTricity, Accessed 2017.
http://witricity.com/daihen-shipping-industrial-robotics-solutions-powered-witricitys - wireless-charging-technology/
- WPC, Accessed 2017.
https://www.wirelesspowerconsortium.com/developers/specification.html

학습 1	무선전력전송의 개요
학습 2	무선전력전송의 기술
학습 3	무선전력전송의 표준화
학습 4	무선전력전송의 활용
학습 5	무선충전기술의 개요
학습 6	무선충전의 기술
학습 7	무선충전기술의 표준화
학습 8	무선충전기술의 활용
학습 9	에너지 하베스팅의 개요
학습 10	에너지 하베스팅의 기술
학습 11	에너지 하베스팅의 표준화
학습 12	**에너지 하베스팅의 활용**
학습 13	무선전력전송, 무선충전, 에너지 하베스팅의 미래

학습 목표

1. 에너지 하베스팅 기술활용을 이해할 수 있다.

12-1 에너지 하베스팅 기술활용의 개요

1. 에너지 하베스팅 기술활용의 개요

에너지가 만들어지는 과정 중에서 많은 에너지가 열, 소리, 진동 등의 다른 형태 버려져서 우리가 쓸 수 있는 에너지는 굉장히 적다. 그렇다면 버려지는 에너지를 모아서 다시 쓸 수 있는 방법은 없을까? 있다. 바로 에너지 하베스팅이다.

에너지 하베스팅이란 일상생활에서 버려지거나 소모되는 에너지를 모아 전력으로 재활용하는 기술을 말한다.

에너지 하베스팅을 이용하면 바람, 물, 진동, 온도, 태양 광선 등의 자연에너지를 전기에너지로 변환하는 것뿐만 아니라 사람이나 교량의 진동, 실내 조명광, 자동차의 폐열, 방송전파 등과 같이 주변에 버려지는 에너지도 전기에너지로 변환하여 사용할 수 있다.

전력발생이 미비하겠지만 경우에 따라서는 배터리 충전없이 계속 전기를 얻을 수 있다는 점이 '에너지 하베스팅'이 중요시되고 있는 이유이다.

에너지 하베스팅의 활용은 압전체 등 특수물질의 압전효과를 이용하여 생활주변에서 버려지는 다양한 불안정 에너지원을 안정적이고 사용가능한 전기에너지를 변환하여 활용하는 것이다.

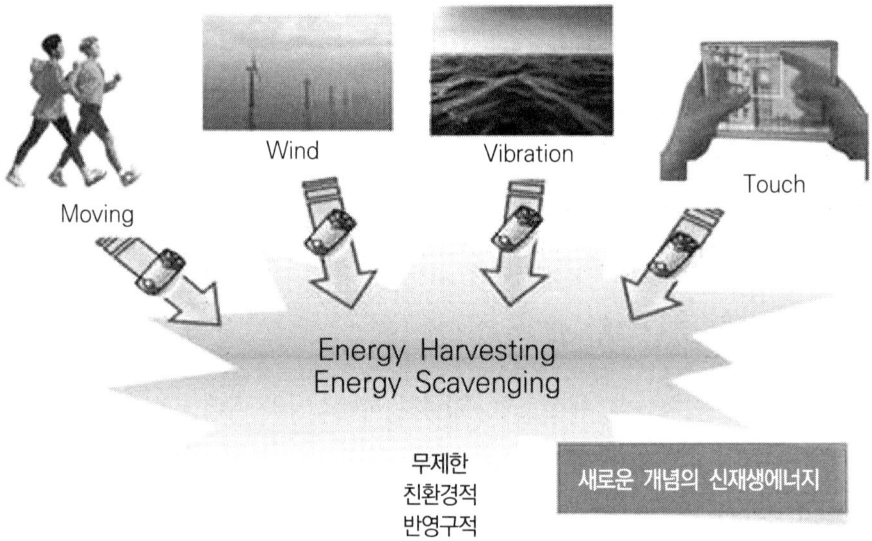

[그림 12-1] 에너지 하베스팅 기술의 활용

에너지 하베스팅은 '환경발전'이라고도 불리며 다양한 장소, 다양한 행위에 의해 발전할 수 있다는 특징이 있다.

극소량의 전력을 생산하지만 에너지 하베스팅에 주목할 수밖에 없는 점은 '편리함'에서 찾을 수 있다. '생활의 편리함을 전해 주고 환경적 측면에도 도움이 되는 에너지 하베스팅' 세상에 버려지는 에너지 없이 유용하게 활용될 수 있는 에너지 기술이 더욱 발전할 것이다.

12-2 에너지 하베스팅 기술의 활용

1. 에너지 하베스팅 기술의 응용분야

[그림 12-2]처럼 에너지 자립형 기술의 응용분야는 편리성, 접근 어려움, 환경인식의 3분야로 구분하여 응용분야를 설정하였다.

특히 사물인터넷 분야에서는 IoT의 배선과 배터리의 사용을 최소화하는 목적으로 자연에 존재하는 에너지(광, 열, 진동, 전파 등)를 IoT의 구동전력으로 활용하고 있다.

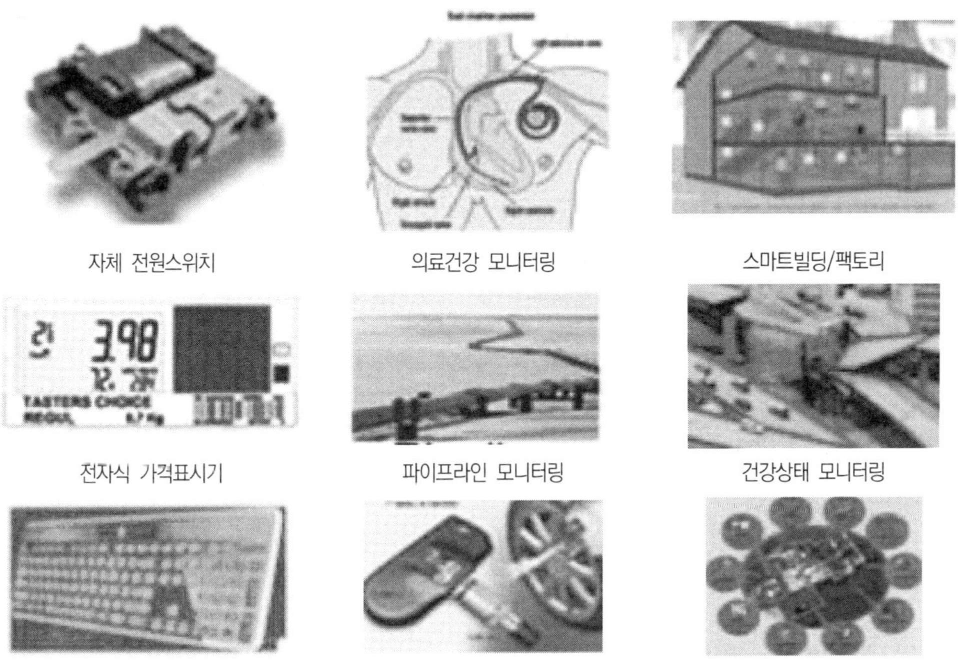

자체 전원스위치	의료건강 모니터링	스마트빌딩/팩토리
전자식 가격표시기	파이프라인 모니터링	건강상태 모니터링
태양열 키보드/마우스	타이어 압력 모니터링	무선센서 네트워크
(a) 편리성 (Convenience)	(b) 접근 어려움 (Hard to Reach)	(c) 환경인식 (Environmental Awareness)

[그림 12-2] 에너지 하베스팅 기술의 응용분야

2. 에너지 하베스팅 기술의 소스별 활용

1) 신체에너지 하베스팅 활용

[그림 12-3]은 호흡으로 전기를 만드는 마스크이다.

이처럼 우리 신체에서 발생하는 에너지는 체온(열에너지), 정전기, 운동에너지 등의 종류가 매우 다양하다. 생체와 외부의 온도차를 이용하여 특수한 섬유로 발전 가능하며, 도보시 체중의 변화를 이용한 압전소자로도 발전이 가능하다. 주로 시계, 만보기, 신체 보조기구 등 일상생활 중에 몸에 소지하여 움직임의 수치를 잴 수 있는 곳에서 에너지 하베스팅의 사례를 엿볼 수 있다.

영국의 모바일 회사인 보다폰은 바지 주머니에 열전소자를 넣어서 사람의 신체에서 나오는 열을 이용해 전기를 생산해 휴대폰을 충전할 수 있는 바지를 2013년에 출시했으며, 잠을 자는 동안 발생하는 열을 이용하는 침낭도 개발했다.

출처 : 에듀넷

[그림 12-3] 호흡으로 전기를 만드는 마스트

2) 진동에너지 하베스팅

[그림 12-4]은 발을 디딜 때 생기는 압력으로 전기를 만드는 신발 발전기이다. 이처럼 진동이나 압력을 가해 압전소자를 발전시켜 에너지를 생산하는 방식인 진동 에너지 하베스팅은 외부자극으로 진기에너지를 얻기 때문에, 내부에 가해지는 힘에도, 외부에서 가해지는 힘에도 모두 에너지를 필요로 한다. 가령 자전거를 움직이기 위해 페달을 돌리며 회전운동이 일어나야 에너지를 얻을 수 있다.

미국 스타트업 솔파워는 걸을 때 발생하는 압력으로 8km만 걸어도 스마트폰을 완충할 수 있는 전력을 만드는 신발깔창 발전기를 고안해 선보인 바 있다.

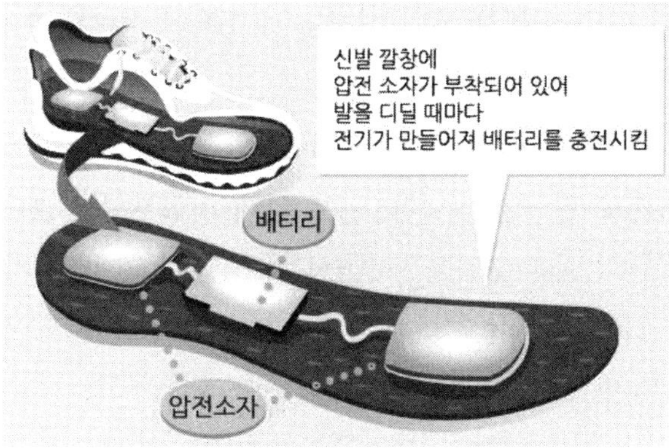

[그림 12-4] 압전소자를 활용한 신발 발전기

브라질 리우데자네이루의 한 빈민가에는 특별한 축구장이 있다고 한다. 영국의 에너지 회사인 '페이브젠(Pavezen)'에서는 이들을 위해 특별한 타일을 설치했다. 버튼식 패드가 내장되어있는 이 타일은 밟을 때마다 약 5W의 전기가 생산된다. 선수들의 움직임에 따라 만들어지는 압력과 진동을 전기에너지로 모아 야간 가로등 전력으로 사용하고 있다.

네덜란드 로테르담에 위치한 클럽바닥에는 에너지 발전기인 '에너지 플로어(Energy Floors)'가 설치되어 있다. 화려한 조명과 흥겨운 음악 속에서 춤을 추면 진동에너지가 전기에너지로 변환되어 클럽에 전기를 공급하는 시스템이다.

이스라엘은 도로에 '압전 발전기'를 깔았다. 이스라엘 이노와테크사는 도로 아래에 에너지 하베스팅 발전기를 설치해 자동차의 무게(중력에너지)와 도로의 진동(진동에너지), 그리고 온도의 변화(열에너지)를 모두 전력으로 변환하는 '도로 압전 발전기'를 가동 중이다. 2차선 1km의 도로에서 차량 600여대가 지나갈 경우 약 250가구에 공급할 수 있는 400kW의 전력을 생산하고 있다.

3) 열에너지 하베스팅

열에너지 하베스팅을 이용하여 산업현장에서 발생하는 수많은 폐열을 모아 에너지를 만들 수 있다. 잔열과 자연 온도차를 이용하여 전기에너지를 얻는 것이다. 늘 우리 일상생활 속에서 만날 수 있는 열로 전기에너지를 얻을 수 있어 보다 자유로운 에너지 공급이 가능하다.

SK에너지는 2009년부터 울산공장에서 버려지는 시간당 40톤의 폐열증기를 활용해 연간 약 2300만 리터의 벙커C유를 절약하고, 연간 7만5000톤의 온실가스를 감축하는 효과를 거두고 있다. 국내에서는 대표적인 열에너지 하베스팅 사례로 꼽히고 있다.

2012년 의정부시와 서울시는 의정부시에 소재하는 소각장에서 발생하는 폐열을 서울시에 공급하기로 협정을 맺었다. 이로 인해 의정부시는 2027년까지 연간 10억원, 모두 150억원의 세외수입을, 서울시는 26억원 가량의 지역난방 생산비용을 아낀 것은 물론 41억원 석유수입 대체효과와 1만 4850톤의 온실가스 저감효과를 얻을 것으로 기대하고 있다.

4) 위치에너지 하베스팅

수력발전소의 방수구 및 화력 발전소의 냉각수 방수로에는 소량의 위치에너지와 운동에너지가 버려지게 된다. 소형 수차를 이용해 배출에너지를 전기에너지로 회수할 수 있다.

5) 전자파에너지 하베스팅

공기 중에 있는 방송전파, 이동통신기기 전파 등 수많은 전자파에너지를 수집해 단시간 사용 무선전자기기의 훌륭한 독립 에너지원으로 활용할 수 있다.

6) 광에너지 하베스팅

태양빛을 반도체 소자를 사용하여 에너지 전환으로, 우리가 주로 사용하는 전기에너지로 바꾸어 이용하는 방법이다.

7) 중력에너지 하베스팅

도로의 과속 방지턱, 횡단보도 일시정지선 등에 공기압력펌프를 설치하여 차량의 중량을 이용해 공기를 압축시킨 후 압축공기발전을 하는 방법이다.

3. 에너지 하베스팅의 플랫폼별 응용분야

1) Building Automation/Smart Home 분야

(1) EnOcean 개요

EnOcean(독일)은 Building Automation 분야에서 2015년 기준 250,000개 이상의 빌딩에 [그림 12-5]처럼 Battery-less Wireless Device를 구축하였다.

도입 건수가 가장 많은 분야는 조명제어 및 공조제어 애플리케이션으로 전체의 90%를 차지하였다. 구축사례를 분석해 보았을 때 전원코드를 사용한 구축방식에 비해 최대 75% 정도의 구축비용을 절감하였고 최대 40%의 전기료 절감효과가 발생하였다.

[그림 12-5] Battery-less Wireless Device 구축 사례

(2) EnOcean 시스템 구성

[그림 12-6]처럼 사람이 스위치를 눌렀을 때 기계적인 변위를 에너지원으로 제어신호를 무선으로 전송하는 3종류의 스위치 모듈 개발하였다.

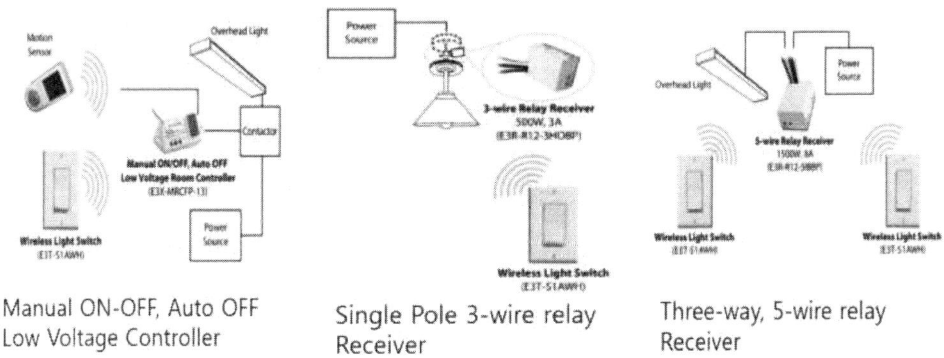

[그림 12-6] EnOcean을 사용한 시스템 구성도

조도센서와 연동해 조명을 제어하거나 온도센서나 습도센서의 데이터를 바탕으로 공조를 제어하거나, 인체감지센서로 재실자의 유무를 감지하여 기기의 ON/OFF를 제어하는 등의 IoT 서비스에 사용되는 [그림 12-7]처럼 Battery-less Device 제품을 이용한 서비스를 개발하였다.

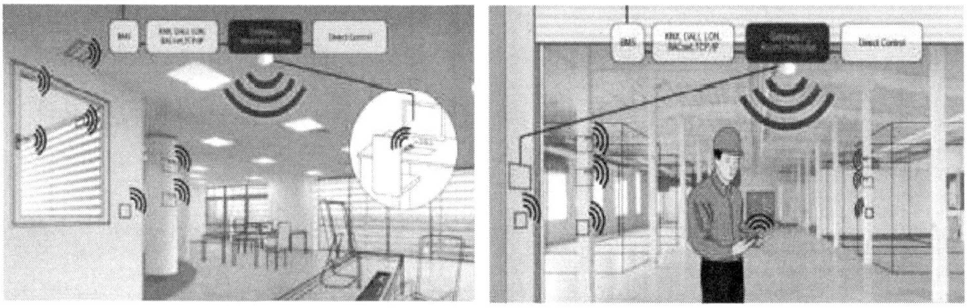

[그림 12-7] Battery-less Wireless Device 제품을 이용한 서비스 개념도

(3) EnOcean의 대외협력

EnOcean의 대외협력은 [그림 12-8]처럼 Self-Powered IoT 솔루션 개발을 위해 EnOcean Intelligent Building 솔루션과 IBM의 Watson IoT Platform과 Blumix 제품의 통합개발 프로젝트를 진행중이다.

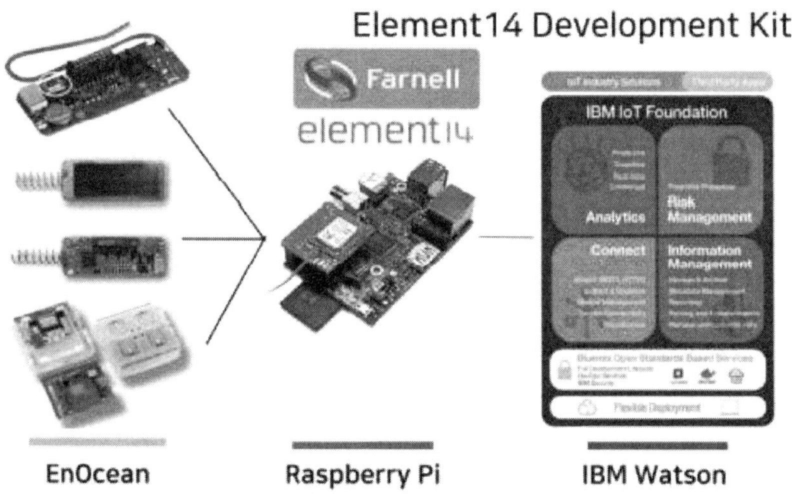

[그림 12-8] EnOcean과 IBM의 Self-Powered IoT 플랫폼 협력모델

EEP(EnOcean Equipment Profile)은 ISO/IEC 14543-3-10 무선표준기술로 채택되었으며 이를 통해 [그림 12-9]처럼 EnOcean Alliance를 구축하고, 파트너들과 비즈니스 생태계를 형성하고 있다.

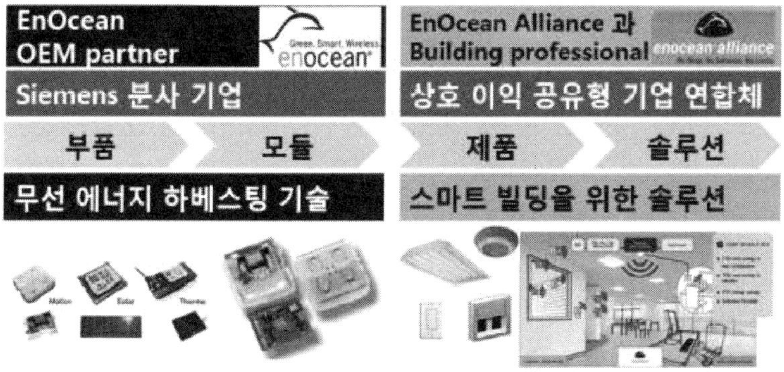

[그림 12-9] EnOcean Alliance 비즈니스 에코 시스템

2) 시설물 관리분야

[그림 12-10]처럼 영국 Perpetuum사는 철도환경에서 전형적으로 발견되는 진동 스펙트럼을 최적화시키는 레일 하베스터(Rail Harvester)와 차륜 찰상(Wheel Flats), 베어링 성능저하를 검지하는 레일 센서노드(온도센서와 진동센서를 포함)를 개발하였다. 객차와 화차의 온도, 압력, 누설 그리고 보안문제 모두를 모니터링하며, 무선을 통해 기관차 운전실 또는 범용 전파서비스(GPRS : General Packet Radio Service) 전송을 통해 더 긴 열차의 범위에서 데이터를 통신하는 솔루션을 제공한다.

[그림 12-10] Perpetuum사의 에너지 하베스터와 철도시설 관리시스템

[그림 12-11]은 시설물 관리를 위한 에너지 하베스팅 기술을 사용한 산업용 제품들이다.

〈표 12-1〉 시설물 관리를 위한 에너지 하베스팅 기술을 사용한 산업용 제품

산업용	PERPETUA.	II-VI MARLOW	perpetuum	micropelt	EATON
Product			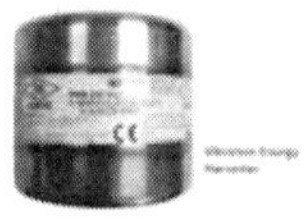		
입력원	TEG	TEG	Piezoelectric	Magnetic	Magnetic
특 징	• 대기와 온도차 이용 • 정전압 전원 공급모듈 • 센서노드 업체와 연동 • Motor, Pump 등	• 대기와 온도차 이용 • 정전압 전원 공급모듈 • 센서노드 업체와 연동 • Pipeline	• Vibration Energy Harvesting • Wireless Sensor와 연동 • 철도차량에 실제 적용	• 무선온도센서 • Spring Clamp • BUS Bar	• 무선전류센서 • Crew 체결 방식 • Underground Vault

3) 웨어러블 디바이스 분야

웨어러블 디바이스 분야는 에너지 자립형 IoT 디바이스 플랫폼 기술이 사용되는 주요 산업분야이다. 극소량의 전력을 생산하지만 소형화가 가능한 압전과 열전 기술을 응용한 제품을 상용화한다.

〈표 12-2〉 에너지 하베스팅 기술을 이용한 웨어러블 제품

웨어러블	iMOOV	amphiro b1	CYPRESS	PURDUE UNIVERSITY	vodafone
Product	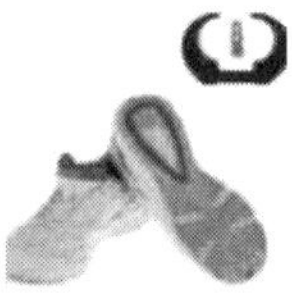	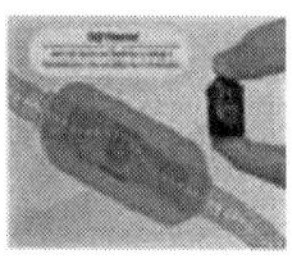		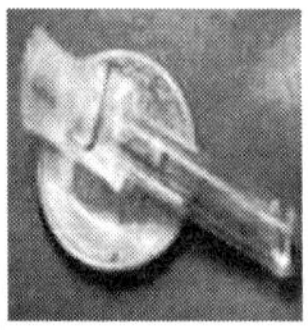	
입력원	Piezoelectric	TEG	Piezoelectric Solar Cell	Piezoelectric	TEG
특징	• 마찰에너지를 진동에너지로 변환 • 진동감지센서 • Speeding harvesting	• 대기와 온수선의 온도차를 이용 • 무선데이터 전송	• 진동감지센서 • Solar Cell • 플렉서블 모듈	• 심장박동자극 센서 • 진동감지센서 • Acoustic sound wave	• 체온과 바지/침낭의 온도차를 이용 • 열전소자 적용

[그림 12-12]은 에너지 하베스팅 기술을 이용한 웨어러블 제품들의 입력원 및 트징별로 구분하였다

4) 다양한 분야

Building Automation이나 철도분야, 웨어러블 디바이스 외에 [그림 12-13]처럼 다양한 분야에서 에너지 하베스팅 제품들이 개발되고 있다. 참신한 아이디어를 바탕으로 다양한 제품으로 특화된 영역을 시장을 개척하고 있다.

〈표 12-3〉 에너지 하베스팅 기술을 사용한 기타 적용 제품들

	ENERGY micro	ARVENI	microGen	LUMIR	airnergy
Product					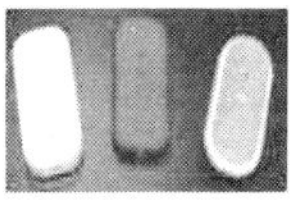
입력원	Magnetic Rectenna	Piezoelectric	Piezoelectric	TEG	RF
특 징	• Acoustic Sound Wave • 스피커 소리 및 유휴전파를 전력으로 전환	• 배터리없는 리모콘 • 리모콘 버튼을 누르는 힘을 이용하여 전기를 얻어 전파 발생	• AC Power Generator • MEMS-based Piezoelectric Vibration Energy Harvester	• Tea Light를 이용한 온도차를 이용 • 발전소자 적용 • 방열구조	• WiFi Powered Charger • Lithium Ion Battery 내장 • USB 연결 가능
	ILLUMRA	enocean	IFINITY	ABB	KCF technologies
Product	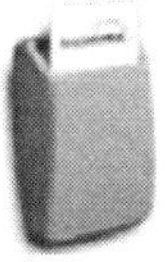			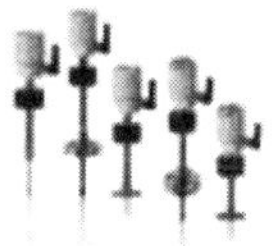	
입력원	Piezoelectric	Photovoltaic	RF	TEG	TEG Solar
특 징	• Key Card Reader • Self-generated when Switch is Pressed	• Passive Infrared Motion Sensor • Self-powered with Indoor Light Energy	• Beacon • 주변 전자파에서 전원 생성	• Self-powered Temperature Transmitter • Seebeck Effect이용 (열전현상)	• Thermal/Solar Harvester • 장비상태점검 (진동, 압력) 장치와 연동

학습 12

	K3OPS ®	K3OPS ®	MIDE	Cambridge Consultants	Fraunhofer IIS
Product	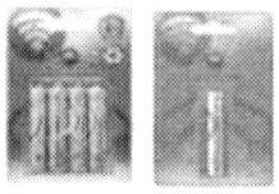				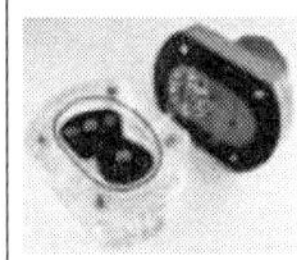
입력원	RF	RF	Piezoelectric	Motion Electromagnetic	Motion (Rotary Motion)
특 징	• RF Energy Harvesting Battery • Clean Battery	• Smartphone Case • Transforms all Ambient RF Into DC	• 진동감지센서 • Level Sensors • Card Type	• 뚜껑을 열고 닫는 순간에 전자기 유도를 발생시켜 전기신호로 변환 • 인슐린주사 (의료용)	• Rotary Motion Energy Harvesting • 볼륨측정장치 등과 연동

12-3 에너지 하베스팅 기술의 특허 및 시장현황

1. 에너지 하베스팅 특허동향

MPPT, 정류회로, RF충전, 다중입력 하베스팅, 출력제어 등 에너지 하베스팅에 관련한 특허는 미국에의 특허 출원을 시작으로 '01년부터 유럽 및 일본에서 특허가 출원되었고 중국에는 '03년부터, 한국에는 '06년 이후 다수의 특허가 출원되었다.

국가별로 최근 기준으로 검색결과를 살펴보면 미국이 가장 많았으며 한국, 일본 순으로 나타난다. 유럽과 중국은 한국, 미국, 일본의 건수에 비해 다소 적게 조사되었다.

분석대상인 열전, 압전, 태양광의 해당 키워드를 추가로 적용하여 검색한 결과를 살펴보면 압전에너지 하베스팅 기술이 가장 많았으며, 열전과 태양광관련 에너지 하베스팅 기술 순으로 조사되었다.

에너지 하베스팅의 기술분류별 특허 출원현황을 살펴보면 열전에너지 하베스팅의 경우 미국이 59%의 점유율을 나타내고 있으며, 일본이 18%, 한국과 중국이 약 10%를 나타내고 있다.

압전에너지 하베스팅의 경우에는 미국과 한국이 각각 43%, 35%로 압전에너지 하베스팅 관련 전세계 특허 중에서 약 80%를 차지하고 있는 것으로 나타나고 있다.

태양광 에너지 하베스팅의 경우에는 일본이 39%로 가장 큰 비중을 차지하고 있으며 한국이 30%, 미국이 25%를 나타내고 있다.

에너지 하베스팅의 기술경쟁력 평가를 분석해 본 결과(그림 12-11), 미국이 열전과 압전소자를 이용한 에너지 하베스팅 기술에서 각각 75점, 70점으로 우위를 나타냈으며, 태양광소자를 이용한 에너지 하베스팅 기술은 일본이 비교적 높은 점수(90점)로 우위를 보였다.

한국은 태양광소자를 이용한 에너지 하베스팅 분야(46.67점)가 열전(24.17점)과 압전소자(39.00점)를 이용한 기술분야보다 우위를 나타낸 것으로 분석되었다.

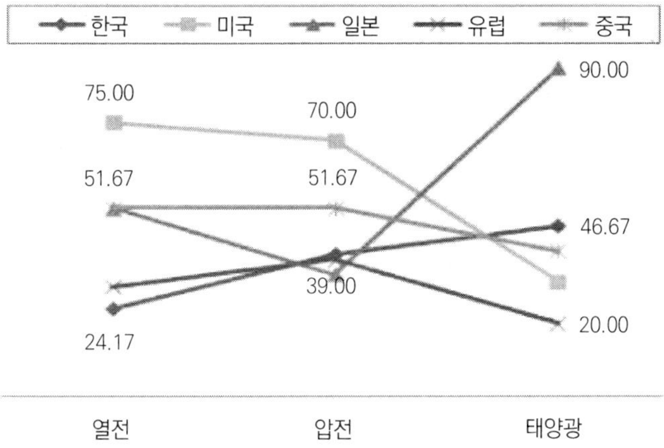

[그림 12-11] 에너지 하베스팅의 기술분야별 평가결과

[그림 12-12]처럼 열전에너지 하베스팅의 기술경쟁력을 분석한 결과, 미국이 특허집중력과 기술활동력을 바탕으로 가장 우위를 나타내었으며, 중국은 시장확보

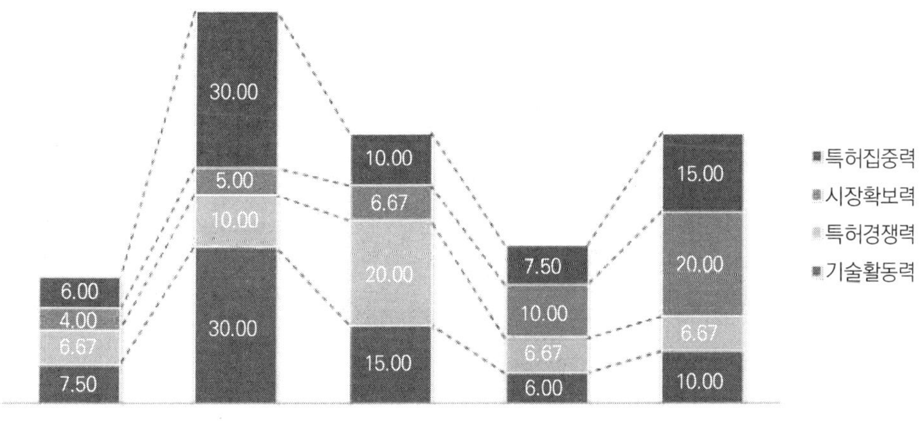

[그림 12-12] 열전 에너지 하베스팅의 기술경쟁력 평가결과

학습 12

력에서 우위를 보이고 있다. 한편 한국은 가장 낮은 수준의 점수가 나타났다. 한국의 기술경쟁력은 미국의 비해 약 3분의 1의 수준을 나타내고 있다.

[그림 12-13]처럼 압전에너지 하베스팅의 기술경쟁력 평가결과는 미국이 특허집중력, 특허경쟁력에서 우위를 보이며 최상위국으로 분석되었으며, 중국은 특허집중력, 유럽은 시장확보력에서 1위로 분석되었다. 한국은 압전에너지 하베스팅 기술분야에서 3위로 분석되었다.

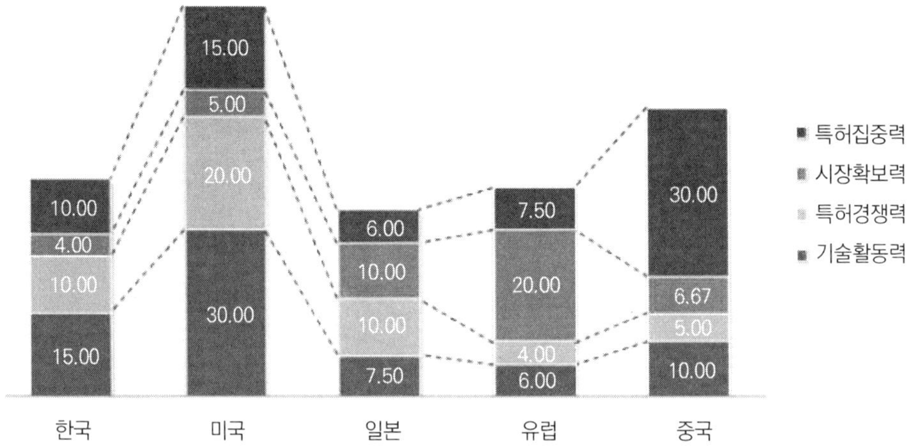

[그림 12-13] 압전에너지 하베스팅의 기술경쟁력 평가결과

[그림 12-14]처럼 태양광 에너지 하베스팅의 기술경쟁력은 일본이 특허집중력, 기술활동력, 시장확보력 3가지 평가항목에서 1위를 차지하며 상대국에 비해 높은 우위를 나타내었다.

한국은 열전, 압전소자 기술분야보다 높은 특허집중력 및 기술활동력을 보이며

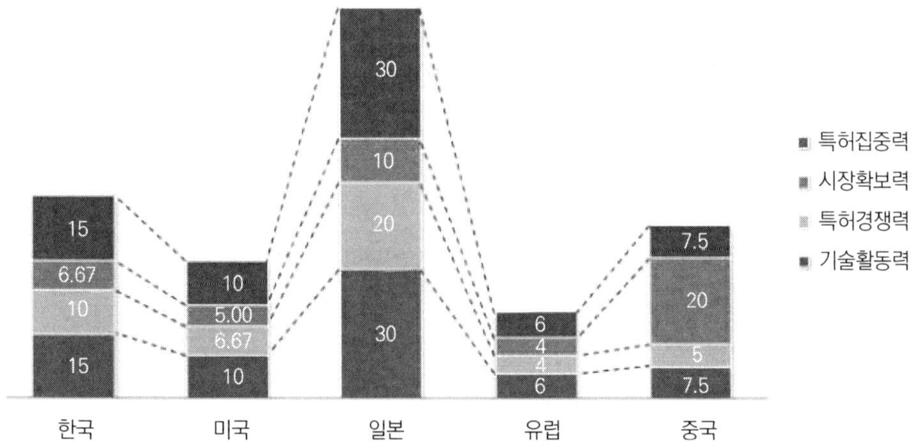

[그림 12-14] 태양광 에너지 하베스팅의 기술경쟁력 평가결과

태양광소자를 이용한 에너지 하베스팅 기술에서 2위를 차지하였다.

2. 에너지 하베스팅 시장동향

에너지 하베스팅 기술은 미국과 유럽이 기술개발을 선도 하고 있으나, 글로벌적으로 기술도입 단계이다.

[그림 12-15]처럼 글로벌 에너지 하베스팅 세계 시장규모는 '15년 700백만달러에서 연 28%씩 성장하여 '22년 52억 달러 시장규모로 확대될 전망(Market sand Markets)이다.

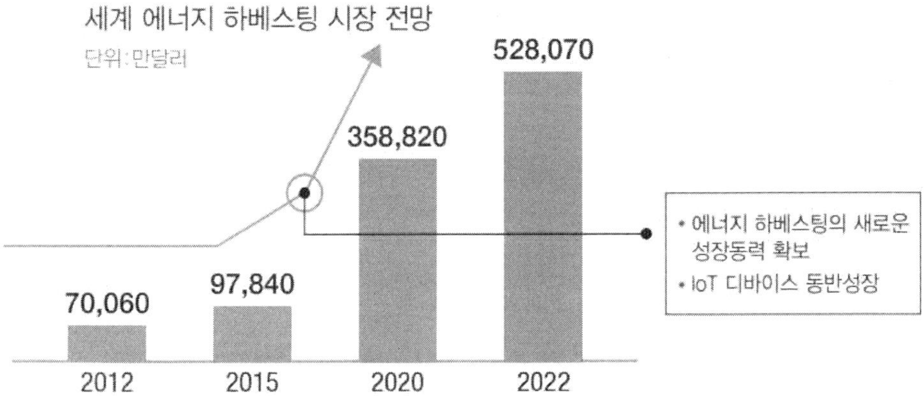

[그림 12-15] 세계 에너지 하베스팅 시장전망

에너지 하베스팅과 IoT 기술의 융합을 통한 무전원 구동 기술이나 배터리 사용시간 확장기술에 대한 시장의 요구 증가하고 있다. 에너지 하베스팅 기술을 활용하여 IoT 디바이스에 에너지를 공급하는 에너지 자립기술은 IoT 디바이스의 전원 공급방식을 다양화하여 IoT 서비스 확산을 촉진하고 있다.

특히 4차산업의 핵심기술인 IoT 디바이스의 폭발적인 확산을 위해서는 에너지 하베스팅 기술과 연계하여 새로운 동반 성장동력을 확보가 필요하다.

세계시장('22년)에서 미주지역이 최대 비중 차지, 영국과 독일시장이 뒤따를 것으로 전망이다. 영국의 글로벌 시장조사 기관 IDtechEx에서 발표한 '전자기기를 위한 에너지 수확과 저장'에 따르면 에너지 하베스팅 시장은 급성장할 것으로 전망하고 있다.

현재 에너지 하베스팅 소재 기술발전으로 출력에너지는 기대 이상으로 증가하고 있고 전자기술의 소형화, 집적화, 그리고 배터리의 사이즈 및 용량의 한계로 인해 향후 에너지 하베스팅에 대한 수요는 급증할 것이다.

2022년 이후 에너지 하베스팅 기술별 전세계 시장 점유율은 태양전지 기술이 46.6%에서 매년 10% 이상 크게 사용될 것으로 예상된다. 이어 전자기, 압전, 열전에너지 하베스팅 기술이 큰 차이 없이 약 23%에서 14% 정도로 전체에너지 하베스팅 기술로 적용될 전망이다.

에너지 하베스팅 기술이 상용화가 되면 무선 네트워크 기기 및 저전력 기기 중심으로 활발하게 보급될 전망이다.

건물분야에서 건물 내 무선센서 네트워크에 전력공급, 수송분야에서는 자동차의 소형 전자장치에 전력공급, 산업분야에서 압력, 유량 및 온도측정을 위한 무선센서에 전력공급, 조명시스템 제어 등에 활용이 예상된다.

하베스팅 기술보급, 탄소배출 감소, 건물 · 산업 분야의 IoT기술 적용증가 등은 에너지 하베스트 시장을 성장시키는 요인들이며, 하베스팅 기술의 디바이스 적용을 위해서는 소자의 최적화와 회로의 고성능화를 위한 회로의 고집적화가 관건이다.

수행 내용

재료 · 자료

- 에너지 하베스팅 관련 자료

기기(장비 · 공구)

- 컴퓨터, 문서작성 프로그램, 프린터, 주변기기

안전 · 유의사항

- 에너지 하베스팅 관련 장비의 안전 및 유의사항을 숙지한다.

수행 순서

01 4차산업 핵심기술인 사물인터넷(IoT)에서 에너지 하베스팅 기술 활용의 필요성에 대하여 분석하라.

1. 배 경

광범위한 분야에서 사물인터넷(IoT) 기술이 확산됨에 따라 초소형/저전력의 IoT 디바이스 시장이 폭발적으로 성장할 것으로 예측하고 있다.

매일 550만 개의 새로운 IoT 디바이스가 인터넷으로 연결되고, 이는 84억 개에 이를 것으로 예측되며('15년 대비 30% 증가) '24년까지 1000억 개까지 증가할 것으로 예상(Gartner)하고 있다. 그러므로 전원공급 방식에 대한 한계를 변경하고 싶은 현실이다.

2. 필요성

최근 IoT 디바이스의 배터리 교체나 전원코드 연결 등의 전원공급 방식의 한계는 IoT 서비스 확산의 걸림돌 중의 하나이다('16년, IDTechEx Research Review).

IoT 디바이스 연결성(Connectivity) 확보를 위해 전력선을 연결해야만 한다는 한계는 IoT의 근간 목적과 배치되며, IoT 디바이스 구축비용 및 유지보수비용 증가로 이어지고 있다.

배터리와 전원배선의 연결이 어려운 환경에서의 전원공급 방식에 대한 전원공급 시스템의 부재로 [그림 12-16]처럼 IoT 디바이스 전원공급에 에너지 하베스팅(Energy Harvesting 혹은 Energy Scavenging) 기술 활용의 필요성이 대두되고 있다.

나노기술의 발전은 에너지 변환소자의 효율 향상과 소형화를 이끌었고, 에너지 하베스팅 기술의 활용도가 높아지고 있다. IoT용 저전력 센싱/통신기술, 경량 SoC와 운영체제(OS) 등 저전력化 기술의 발전은 에너지 하베스팅 기술과 맞물려 에너지 자립형 IoT 기술의 구성요소로 발전하고 있다.

(a) 전원 생존성과 유지비용 절감 (b) 열악한 환경 내 전원공급

[그림 12-16] 에너지 하베스팅 기술의 필요성

02 전력발생 특성에 따른 에너지 하베스팅 구분에 대하여 분석하라.

1. 에너지 하베스팅 소스에 전력발생 특성에 따른 구분

에너지 하베스팅은 [그림 12-17]처럼 다양한 환경으로부터 Ambient 에너지를 전기에너지로 변환하는 기술이다. 에너지 소스의 전력발생 특성에 따라 생성(Generation), 변환(Conversion), 전송(Transmission)으로 분류한다.

① 생성 : 태양광, 바람, 파도, Fuel Cell 등 주변 환경으로부터 에너지를 수확

② 변환 : 온도변화, 기계 진동, 충격 등의 에너지로부터 변환을 통하여 전기에너지를 수확

③ 전송 : Magnetic Field, Microwave Radiation 등으로부터 전력을 전송

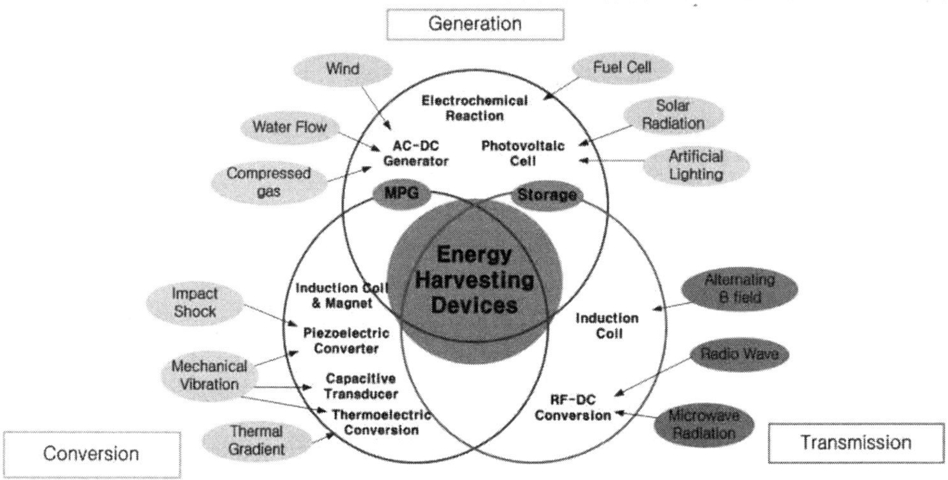

[그림 12-17] 전력발생 특성에 따른 에너지 하베스팅 구분

2. 에너지 하베스팅 소스에 따른 특징

대표적인 에너지 하베스팅 소스는 광(Photovoltaic), 압전(Piezoelectric), 온도변화(Thermoelectric), RF(Radio Frequency) 등이 있으며 〈표 12-1〉처럼 에너지 하베스팅 소스에 따라 특징이 매우 다르다.

〈표 12-4〉 주요 에너지 Transducer/Adapter별 특징

	Thermoelectric	Piezoelectric	Photovoltaic	RF
장점·단점	• 인체/생체에 적용 가능 • 효율이 상대적으로 낮음	• 소형화 통한 초소형 센서노드 가능 • 효율이 상대적 낮음	• 변환효율이 상대적 높음 • 초소형화가 어려움	• 추가 인프라 구축이 필요 없음 • 소량의 에너지 생산
활용 분야	• Body Application • Sensor & Transceiver • Electronic Wrist Watch	• Wireless Remote Power Supply • Low Power Ubiquitous Application	• Portable Application • Unmanned Aerial Vehicle • Wireless Sensor Network	• Wireless Remote Power Supply • Low Power Ubiquitous Application
원리 및 제품 형태	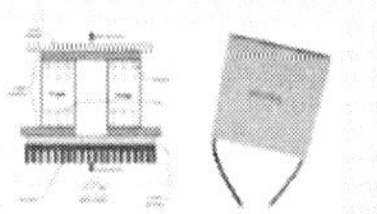	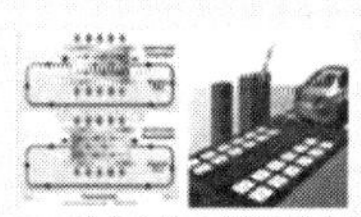	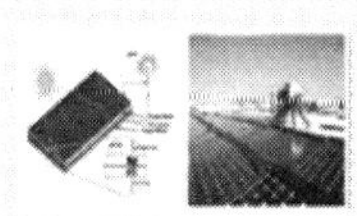	

3. 에너지 소스에 따른 입력크기, 효율, 수집전력 특성

〈표 12-5〉처럼 주요 에너지 소스(RF : Thermoelectric, Piezoelectric, Photovoltaic) 원에 따른 입력크기, 에너지 하베스팅 효율 및 하베스팅 전력특성이다.

〈표 12-5〉 에너지 소스에 따른 입력크기, 효율, 수집전력 특성

	Thermoelectric		Piezoelectric		Photovoltaic		RF	
	Human	Industry	Human	Industry	Office	Outdoor	2400MHz	1800MHz
입력크기	20mW/cm^2	100mW/cm^2	0.5m/s2@1Hz	1m/s2@50Hz	0.1mW/cm^2	100mW/cm^2	0.003mW/cm^2	0.3μW/cm^2
효율	0.1~10%	10%	Source dependent		5~40%		20~30%	
하베스팅전력	25mW/cm^2	1~10mW/cm	4μW/cm^2	100μW/cm^2	10μW/cm^2	10mW/cm^2	0.001μW/cm^2	0.1μW/cm^2

4. 전력변환 기술 비교

에너지 하베스팅 전력변환 기술은 일반 전력변환 기술과 비교하여 〈표 12-6〉과 같은 차별적 특징을 갖는다.

〈표 12-6〉 전력변환 기술 비교

구 분	일반 전력변환 기술	에너지 하베스팅 전력변환 기술
정류회로	• Silicon Diode를 이용한 전파정류 • 1.4V(0.7V x 2)의 Diode 전압손실	• 에너지원에서의 발생전압이 낮음 • 저전압(<0.5V) 손실정류 방식 필요
제어회로	• 변환되는 전력이 크므로 제어회로 전력 소모가 상대적으로 작음 • 제어회로에 수mA~수십mA 전력소모	• 변환되는 전력이 작으므로 제어회로 전력 소모를 최소화 하여야 함 • 제어회로에 uA단위 전류 할당 가능
입력전압	• 일반적으로 5V 이상의 입력전압 • 안정적인 전압 파형 입력	• 광범위한(수백 mV~수십 V) 전압입력 • 시간적으로 불규칙한 특성 전압입력 • 펄스성 burst 파형도 입력
입력전류	• 부하가 요구하는 전류를 공급할 수 있도록 충분한 입력전류가 공급 • mA~A단위의 전류가 입력	• 공급되는 전류가 매우 불규칙 • 경우에 따라 uA단위의 전류고 입력

03 에너지 하베스팅 시스템 온 칩에 대하여 분석하라.

1. 에너지 하베스팅 SoC의 개요

〈표 12-7〉처럼 에너지 하베스팅 SoC에서 최근의 에너지 하베스팅의 IC는 동시 다중 입력(Simultaneous Multi-input) 에너지원, 넓은 입력범위(Wide Input Range), 소모 전력 감소 등을 줄이기 위한 노력하고 있다.

〈표 12-7〉 에너지 하베스팅 SoC

	Texas Instruments	STMicroelectronics	Analog Devices	Cypress	Linear Technology	psikick
#of Input Source	1	1	1	2	2	2
Harvesting Source	• Solar • TEG • Piezoelectric	• Solar • TEG	• Solar • TEG	• Solar • TEG • Piezoelectric	• Solar • Piezoelectric • Magnetic	• Solar • TEG • RF
Quiescent Current	325	800	260	1500	750	350
Cold Start Voltage(mV)	330	550	380	300	300	-
Vin Range(V)	0.1~5.1	0.18~18	0.08~3.3	0.3~19	2.6~23	0.03~2.5
Charge Voltage(V)	2~5	2.2~5.3	2.2~5.2	1.8~5.5	1.5~5.0	0.8~5
Structure	• Cold Start • MPPT • Boost DC/DC • PMU	• Boost DC/DC • MPPT	• Cold Start • MPPT • Boost DC/DC • PMU	• DISO DC/DC • Full-Wave Bridge • Rectifier	• Full-Bridge • Rectifier • Buck DC/DC • PMU	• Boost Converter • SIMO DC/DC • Wake-Up • Receiver

글로벌 반도체 기업들은 태양광, TEG, Piezoelectric, RF 등의 소스를 기반으로 하는 에너지 하베스팅 PMIC를 개발했으나, 수 mW 전력소비를 요구하는 IoT 디바이스에 적용하기에 어려움이 있다. uW~W급의 광범위 전력 레벨에서 고효율로 에너지 변환 기술, 다양한 Ambient 에너지 소스로부터 동시에 에너지를 수집하는 기능, 현장환경에 변화를 반영한 최대 전력전송기술, 에너지 하베스터의 출력에너지를 저장하는 기술, 자체 전력 사용량 최소화 등의 요구사항이 대두되고 있다.

요구사항을 만족시키기 위해 DC-Combine, DC/DC Converter, 에너지 소스원 간의 MPPT(Maximum Power Point Tracking), Cold Start 기술 등의 개선이 이루어지고 있다.

2. 에너지 하베스팅 SoC의 진화

[그림 12-18]처럼 에너지 하베스팅(Energy Harvesting) IoT 디바이스에서 에너지 자립형 IoT 디바이스 플랫폼 개념으로 진화(에너지 하베스팅 + 개방형 IoT H/W 플랫폼)하고 있다. 〈표 12-8〉처럼 현재와 미래와 비교하여 다양한 환경에서 동시에 다중입력 에너지 수집이 가능하고, 에너지 하베스팅 기능을 범용성 IoT 플랫폼에 연동하고자 하는 시도를 하고 있다.

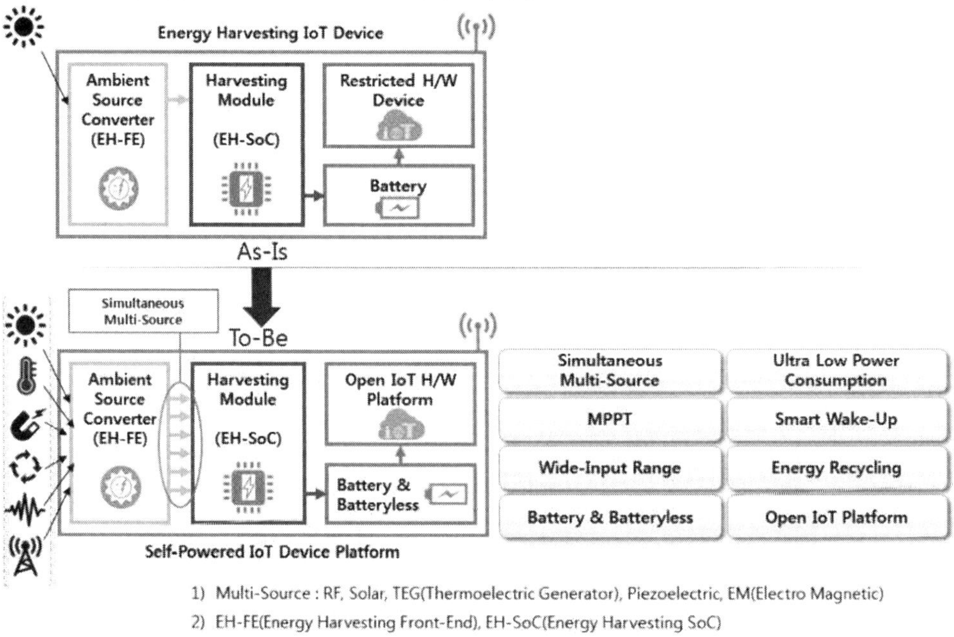

[그림 12-18] 에너지 하베스팅 SoC의 진화

〈표 12-8〉 에너지 하베스팅 SoC이 플랫폼 개념으로 진화

As-Is	To-Be
• 제한된 환경에서 단일 입력에너지만 수집 가능한 하베스터(제한된 전력 수집) • 사용 용도가 한정된 주문 생산형 IoT 디바이스로 제한	• 다양한 환경에서 다중 입력에너지 수집 및 센싱이 가능한 하베스터(응용에 따라 전력 수집 가변) • 사용용도 변경이 용이한 범용성 IoT 디바이스 연동 가능

[그림 12-19]처럼 최근 디바이스를 Enabling하는 스마트 Wake-up 기능이 추가되면서 모바일 디바이스와의 연동기능 강화, 불필요한 전력 소모를 방지하고 사용자가 원하는 시간의 IoT Device를 실시간 구동하고 있다.

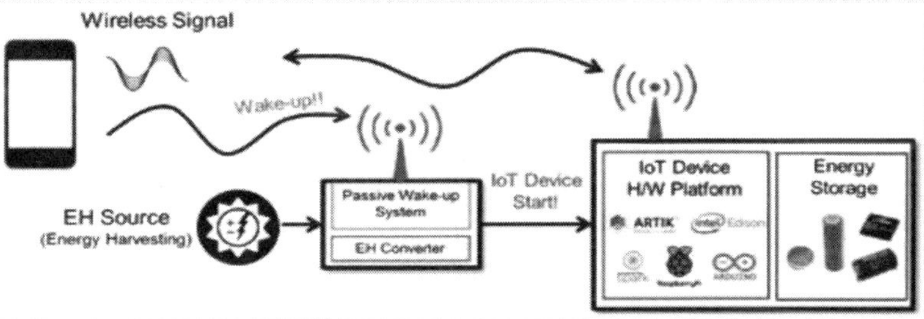

[그림 12-19] 에너지 하베스터의 모바일 디바이스 연동

〈표 12-9〉와 같이 출력전력 레벨에 따라 에너지 하베스팅 SoC의 에너지 자립형 IoT 디바이스의 응용사례와 에너지 Budget 관련 응용이다.

〈표 12-9〉 Application에서 요구하는 전력레벨 충족

Ultra Low-power	~mW Power	~W Power
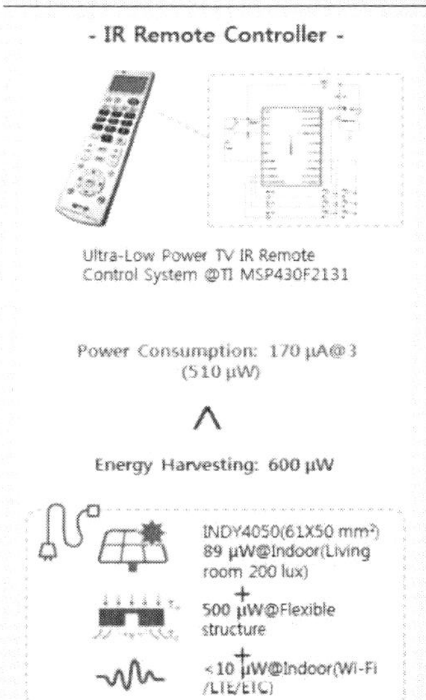	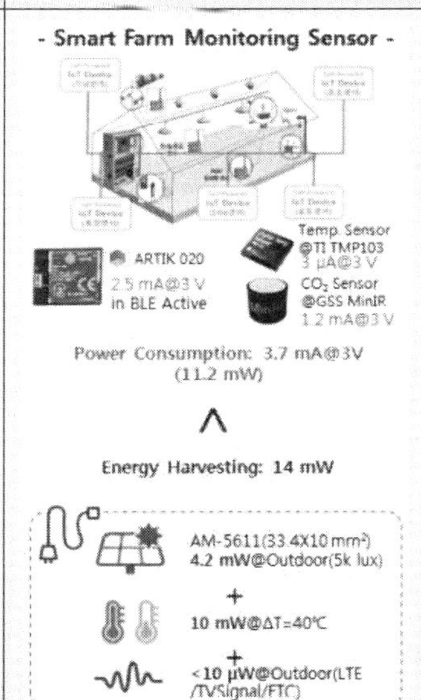	

〈표 12-10〉의 사례와 같이 다중입력(Multi-input) 에너지원으로부터 입력되는 다중레벨(Multi-level)의 전력을 응집(Combine)해서 Application에서 요구하는 전력레벨 충족하는 에너지 자립형 IoT 디바이스의 응용사례와 에너지 Budget이다.

〈표 12-10〉 에너지 자립형 IoT 디바이스의 응용사례와 에너지 Budget

Ultra Low-power	~mW Power	~W Power
• 소비전력 : 10~100μW • 태양광(Indoor) • 압전 • RF(Wi-Fi/LTE)	• 소비전력 : 1~10mW • 태양광(Outdoor) • TEG • RF(LTE/TV signal)	• 소비전력 : 0.1~1W • 태양광(Indoor) • TEG • Vibration

학습활동.12 교수 · 학습 방법

교수 방법

- 에너지 하베스팅 기술의 활용에 대한 관련 용어, 구성, 방식 이해 정도를 파악한 후 수업을 진행한다.
- 교수자의 주도로 에너지 하베스팅 기술의 활용 등의 내용을 PPT 자료로 제시한 후 설명한다.
- 가능하면 사전에 개인별 학습 자료를 준비하여 모든 학생이 참여할 수 있는 문제 해결식 수업, 협력 수업이 가능하도록 한다.
- 에너지 하베스팅 기술의 활용 전 과정을 작업의 순서에 따라 단계적으로 실습이 이루어질 수 있도록 지도한다.
- 교재를 통해 수업을 준비하는데 있어서 필요한 모든 정보나 팁, 힌트 등 도움이 될 만한 내용들을 확인할 수 있다.
- 학생들이 만들게 될 각 모델들은 수업시간에 중점적으로 다뤄질 부분과 어휘, 질문, 답을 포함하고 있으며 또한 탐구할만한 추가적인 아이디어들도 포함하고 있다.

학습 방법

- 에너지 하베스팅 기술의 활용에 대한 관련 용어를 숙지하고, 에너지 하베스팅 기술의 활용에 대해 이해한다.
- 에너지 하베스팅 기술의 활용의 각 단계별 중점 사항을 체계적으로 학습한다.
- 에너지 하베스팅 기술의 활용의 수행순서의 전 과정을 실습한다.
- 에너지 하베스팅 기술의 활용의 내용을 이해한다.
- 에너지 하베스팅 기술의 활용을 이해하고 숙달이 될 때까지 학습한다.

학습활동.12 평가 및 피드백

평가 준거

- 평가자는 피평가자가 수행 준거 및 평가 내용에 제시되어 있는 내용을 성공적으로 수행할 수 있는 지를 평가해야 한다.

학습내용	평가항목	성취수준		
		상	중	하
에너지 하베스팅 기술의 활용	에너지 하베스팅 기술의 활용을 이해할 수 있다.			

학습 12

평가 방법

- 작업 포트폴리오

학습내용	평가항목	성취수준		
		상	중	하
에너지 하베스팅 기술의 활용	에너지 하베스팅 기술의 활용을 이해할 수 있다.			

- 필기시험

학습내용	평가항목	성취수준		
		상	중	하
에너지 하베스팅 기술의 활용	에너지 하베스팅 기술의 활용을 이해할 수 있다.			

- 체크리스트를 통한 관찰

학습내용	평가항목	성취수준		
		상	중	하
에너지 하베스팅 기술의 활용	에너지 하베스팅 기술의 활용을 이해할 수 있다.			

- 피드백

1. 작업 포트폴리오
   - 제출한 보고서를 평가한 후 주요 사항에 대하여 표시하여 돌려준다.
2. 필기시험
   - 평가 결과 성적이 저조한 학생은 보고서 제출 기회를 부여한다.
3. 체크리스트를 통한 관찰
   - 실습 과정에서 평가한 후 개선해야 할 사항 등을 정리하여 돌려둔다.

참 | 고 | 문 | 헌

- 강승열 외 3, 무선 에너지 전송기술, 전자통신통신동향분석 제23권 제6호, pp.59-69, 2008.12.
- 국토교통부, 일등석이 버스 속으로!-프리미엄 고속버스 시승 현장에 가다!, 2016.12.18.
- 국토교통부 블로그, http://blog.naver.com/PostView.nhn?blogId=mltmkr&logNo=220 888 819193
- 김대기 · 이필우 · 김재성, 특허정보를 활용한 에너지 하베스팅 기술의 기술경쟁력 분석, 기술혁신학회지, 제17권 1호, 2014.3.
- 김성민 외, 무선 충전기술동향과 발전방향, 전자통신동향분석, 제31권 제3호, pp.32-41, 2016.6.1.
- 김성민, ETRI E-cup 3차원 공간무선충전기, YouTube, 2016.12.25. https://www.youtube.com/watch?v=T7uHww1W4QI&t=106s
- 김성훈, http://www.munhwa.com/news/전기차 무썬충전시대 눈앞
- 김신희, 에너지 효율화를 위한 에너지 하베스팅. KDB산업은행, 2021.1.4.
- 김연균, 에너지 하베스팅 저전력기기 급증에 관심집중, 정보통신신문, http://www.koit.co.kr, 2020. 06.05.
- 김진욱 외, K인버터를 이용한 전자기 유도 방식과 자기 공명 방식의 특성 비교, 2011대한 전기학회 하계학술대회 발표집, 7월, 2011
- 김진욱 · 지현호 · 최연규 · 윤영현 · 김관호 · 박영진, 자기 공명 무선 전력전송 시스템에서 공진 코일의 배열에 관한 연구, 한국전자파학회논문지, 21(6), pp.564-572, 2010.6.
- 류명효 · 정지훈, 비접촉 무선전원 기술의 이해와 응용, 2012 대한전기학회 무선 전력전송 단기강좌 발표집, Apr.25, 2012.
- 무선충전의 원리와 사례, https://artistichooc.com/13
- 문승필 · 김태완 · 김성훈, 에너지 하베스팅 기술개요와 연구동향, 한국전기공학회지, 2016.5.
- 문정익 외, 스마트 무선 충전기술, 전자통신동향분석, 제32권 제3호, 2017.6.
- 문정익 · 조인귀 · 변우진 · 중전력 무선 충전기술동향, 정보통신평가원, 2021.5.5.
- 미래창조과학부, 세계2번째, 아시아최초무선 전력전송WPC 표준인증 상호호환성시험소 자격 획득, 미래창조과학부 보도자료, 2017.2.17.
- 박세환, 웨어러블에너지 하베스트 기술. KOSEN Report, 2018.
- 박영진, 모바일기기 무선충전 시스템의 기술동향, 전력전자학회지, 제18권 4호, pp.29-33, 2013.
- 박영진, 무선 전력전송의 이해, 전자공학회지, 제39권 제8호, 2012.08.
- 박찬규, 무선충전, NICE디앤비, 2020.11.26.
- 변국영, 초스마트 사회에서는 에너지 하베스팅이 뜬다, 2020.11.24. 에너지데일리, http://www.energydaily.co.kr
- 성문경, 무선충전기와 공기청정기가 하나로, 쥬니온 미니공기 청정기, 앱스토리매거진, 2017.2.27.
- 송준영 · 이종준, 중 선전 몰려가는 무선충전 연합군…'비접촉 무선충전생태계구축', 전자신문, 2016.10.24.
- 안성덕, 무선 전력전송 기술개발 동향, TTA Journal, vol.138, pp.45-51, 2011.
- 양대근 · 김당오 · 이주용 · 조동호, 차세대 무선 전력전송 기술, 정보통신기획평가원, 2020.5.13.
- 양준현, 자기공명형 무선전력 시스템을 이용한 무선충전기 개발에 대한 연구, 명예박사기술논문, 삼성전자, 2010.12.
- 윤건일, LG이노텍, 스마트폰용15와트무선충전패드상용화, 전자신문, 2016.10.12.
- 이근호, M2M에서 무선충전 시스템의 보안위협, 한국융합학회 논문지, 제4권 제1호, 2013.02

- 이승민, 무선 전력전송 현황 및 국내도입을 위한 접근 방안, 한국 KFDC법제학회 한국보건산업진흥원 미래산업기획단, 2020.11.15.
- 이아름, 에너지 하베스팅 기술, KIST 융합정책센터, vol.2, 2016.01.11.
- 이영기, 에너지 하베스트 기술 동향, 전기전자재료 제 26권 제3호, 2013.3.
- 이유진, 日 도요타, 전기차 무선충전 시스템 개발, 연합뉴스, 2014.2.14.
- 이종민, 삼일렉트로닉스, 아이디어 제품 '포터블 무선 가습기 출시' 출시, 전자신문, 2016.12.15.
- 임대현 · 조인귀, 무선 전력전송 기술동향 및 시장전망, 한국과학기술정보연구원, 2016.12.
- 임승옥 · 이광기, 에너지 자립형 IoT디바이스 플랫폼 기술동향, KEIT PD issue Report, 2017.11.
- 장병준, 무선 전력전송 기술동향 및 향후 전망, 전력전자학회지, 제15권 제6호, 2010.12.
- 정재영 · 박찬원 · 표철식, IoT를 위한 에너지 하베스팅 기술 동향조사, 한국전자파학회지, 제27권 제4호, 2016.07.
- 정진수 · 한운기, 무선충전 전기자동차의 국내 · 외 표준 및 기술 동향 분석, 2015.04.
- 조재환, 자동차, IT에 길을 묻다⑥…무선충전시대, ZDNetKorea, 2015.10.25.
- 진미 외 5, 에너지 하베스팅 기반 인터미턴트 컴퓨팅 기술, 정보통신기획평가원, 2019.10.25.
- 최두선, ETRI, 3차원 충전 등 최신 정보통신기술 'CES 2017' 출품, 한국일보, 2017.1.4.
- 최성진, 무선에너지 전송기술동향, 제어로봇시스템학회지, 제20권 제1호, 2014.3.
- 최효상 · 정인성, 무선 전력전송 시스템의 기술개발 현황과 동향, 한국전기학회, 2007.2.
- 한국자동차협회, 강남 노른자 땅에 무선충전소? 전기차 투자 나선부호들, (사)한국자동차협회관련뉴스, 2017.1.13.
- 한국정보통신기술협회, TTA, 4차산업핵심인프라'무선충전' 표준 시험소로 지정, 한국정보통신기술협회 보도자료, 2017.3.16.
- A. Kures et al., "Wireless Power Transfer via Strongly Coupled Magnetic Resonance", Sci., vol.317, no.5832, pp.83-86, July, 2007.
- A. Kurs, A. Karalis, R. Moffatt, J. D. Joannopoulos, P. Fisher, and M. Soljacic, "Wireless power transfer via strongly coupled magnetic resonances", Science, Vol.317, pp.83-86, Jul, 2007.
- A. P. Sample, D. A. Meyer, and J. R. Smith, "Analysis, experimental results, and range adaptation of magnetically coupled resonators for wireless power transfer", IEEE Transactions on Industrial Electronics, Vol.58, No.2, pp.544-554, 2011.
- A. Thomson, 2018 Mercedes-Benz S550e Will Offer Wireless EV Charging Technology Built Using Qualcomm Halo Breakthroughs, OnQ Blog, Oct.11, 2016. https://www.qualcomm.com/news/onq/2016/10/11/2018-mercedes-benz-s550e-will-offer-wireless-ev-charging-technology-built-using
- Allied Market Research, Accessed 2017. https://www. alliedmarketresearch.com/press-release/wireless-charging-market.html
- Aristeidis Karalis, J.D.Joannopoulos, Marin Soljačić, "Efficient wireless non-radiative mid-range energy transfer", Annals of Physics, Vol.323, pp.34-48, 2008.
- B. C. Choi, J. H. Nho, H. Y. Cha, T. Y. Ahn, and S. W. Choi, "Design and implementation of low-profile contactless battery charger using planar printed circuit board windings as energy transfer device", IEEE Transactions on Industrial Electronics, vol.51, no.1, pp.140-147, Feb, 2004.
- Barry Fox, "One charging pad could power up all gadgets-Wireless Recharger", New Scientist, January, 2005.

- Bosch, Accessed 2017.
  https://www.bosch-professional.com/static/specials/wireless-charging/gb/en/#goto:wireless-charging
- C. J. Chen, T. H. Chu, C. L. Lin, and Z. C.Jou, "A study of loosely coupled coils for wireless power transfer", IEEE Transactions on Circuits and Systems, Vol.57, No.7, pp.536-540, 2010.
- C. Liu, A. P. Hu, and N. K. C. Nair, "Modelling and analysis of a capacitively coupled contactless power transfer system",IET Power Electronics, vol.4, no.7, pp.808-815, 2011.
- C.-G. Kim, D.-H, Seo, J.-Sik. You, J.-H. Park, and B. H. Cho, "Design of a contactless battery charger for cellular phone", IEEE Transactions on Industrial Electronics, vol.48, no.6 pp.1238-1247, Dec, 2001.
- D. H. Childress, The Tesla papers, Adventures unlimited press, 2000.
- DAIHEN, "D-Broad Core", Accessed 2017.
  http://www.daihen.co.jp/en/products/wireless/agv/
- David Baarman (Fulto innovation), private communication.
- David Schneider, "A critical look at wireless power: Wireless power at a distance is still far away", IEEE Spectrum, May, 2010.
- Dong-Gi Youn, Yang-Ha Park, Kwan-Ho Kim, Young-Chul Rhee, "A Study on the Analysis of Rectenna Efficiency for Wireless Power Transmission", IEEE TENCON99, Vol.2, pp. 1423-1426 17, Sep, 1999.
- Dong-Gi Youn, Yang-Ha Park, Kwan-Ho Kim, Young-Chul Rhee, "A Study on the Fundamental Transmission Experiment for Wireless Power Transmission System", IEEE TENCON99, Vol.2, pp.1419-1422 17, Sep, 1999.
- ETRI 미래전략연구소 표준연구본부, 표준화동향 무력전력전송표준기술, 2017.1.
- http://mvo.co.kr/ 블록, 스마트폰 무선충전, 원리는 무엇일까?
- http://www.a4wp.org/
- http://www.energy.or.kr/무선충전전기차
- http://www.powermatters.org/
- https://blog.kepco.co.kr/1567
- https://blog.kepco.co.kr/1857 [한국전력 블로그 굿모닝 KEPCO!]
- https://if-blog.tistory.com/m/5832?category=510724, 2015.11.10.
- https://img.etnews.com/cms/uploadfiles/afieldfile/2013/06/11/1-2.jpg
- https://ko.wikipedia.org/wiki/무선충전
- https://m.blog.naver.com/슈피켄코리아
- https://news.samsungdisplay.com/16305/
- https://www.belkin.com/kr/resource-center/wireless-charging/how-it-works/
  무선충전의 작동원리는 무엇일까요?
- https://www.cheric.org/files/research/ip/p201502/p201502-201.pdf 에너지 하베스팅 기술의 종류 및 원리, 2015.02.
- https://www.hellot.net/mobile/article.html?no=50075 에너지 하베스팅으로 실현하는 society 5.0
- https://www.inirnc.com
- https://www.wirelesspowerconsortium.com
- K. Leswing, "This is the Biggest Hint Yet that Apple's Next iPhone Will Have Wireless

Charging", Business Insider, Feb.13, 2017.

- K.W. Choi et al., "Wireless-Powered Sensor Networks : How to Realize", IEEE Trans. Wireless Commun., vol.16, no.1, pp.221-234, Jan, 2017.
- L. Mearian, "Dell's Latitude 7285 to be world's first wireless charging 2-in-1", Computerworld, Jan. 5, 2017. http://www.computerworld.com/article/3154822/mobile- wireless/dells-latitude-7285-to-be-worlds-first- wireless-charging-2-in-1.ht
- M. Kline, I. Izyumin, B. Boser, and S. Sanders, "Capacitive power transfer for contactless charging", APEC- IEEE Applied Power Electronics Conference and Exposition, pp.1398-1404, 2011.
- M.J. Chablko, M. Shahmohammadi, and A.P. Sample, "Quasistatic Cavity Resonance for Ubiquitous Wireless Power Transfer", PLoS One, vol 12, no.2, pp.1-14, Feb, 2017.
- National Space Society, Accessed 2017.
  http://www. nss.org/settlement/ssp/NASADVD/part03.htm
- P. E. Glaser, "Power from the sun; its future", Science, Vol.162, No.3856, pp.857-861, Nov.22, 1968.
- Persistence Market Research, Accessed 2017.
  http://www.persistencemarketresearch.com/mediarelease/wireless-charging-market.asp
- Qualcomm, Accessed 2017. https://www.qualcomm.com/products/halo
- S. C. Tang, S. Y. Hui, and H. S. Chung, "Coreless Planar Printed-Circuit-Board (PCB) Transformers-A Fundamental Concept for Signal and Energy Transfer", IEEE Transactions on Power Electronics, vol.15, no.5, pp.931-941, Sep, 2000.
- S.E. Shladover, "Highway Electrification And Automation", California Partners for Advanced Transit and Highways (PATH),Paper UCB-ITS-PRR-'92'17, 1992.
- SIGNIA, Cellion, Accessed 2017.
  https://www.signiausa.com/signia-hearing-aids/cellion-primax-hearing-aids/
- ST, STMicroelectronics and WiTricity to Develop Integrated Circuits (ICs) for Resonant Wireless Power Transfer, Accessed 2017.
  http://www.st.com/content/st_com/en/about/media-center/press-item.html/t3803.html
- T. Hardwick, "Ming-Chi Kuo: Apple's Next-gen iPhone to Feature All-glass Case for Wireless Charging", MacDailyNews, Dec.23, 2016.
- Technavio, "Global Wireless Charging Market 2016-2020", SKU: IRTNTR8109, 2015.
- W. C. Brown, "Satellite power stations: a new source of energy?", IEEE Spectrum, Vol.10, No.3, pp.38-47, Mar, 1973.
- W. C. Brown, "The history of power transmission by radio waves", IEEE Transactions on microwave theory and techniques, Vol.MTT-31, No.9, Sep, 1984.
- W. C. Brown, "The history of power transmission", Solar power, Vol.56, pp.3-2, 1996.
- Wireless Power Consortium, The Qi Interface Specification Volume I : Low Power, 2010.
- WiTricity, Accessed 2017.
  http://witricity.com/daihen-shipping-industrial-robotics-solutions-powered-witricitys-wireless-charging-technology/
- WPC, Accessed 2017.
  https://www.wirelesspowerconsortium.com/developers/specification.html

학습 1	무선전력전송의 개요
학습 2	무선전력전송의 기술
학습 3	무선전력전송의 표준화
학습 4	무선전력전송의 활용
학습 5	무선충전기술의 개요
학습 6	무선충전의 기술
학습 7	무선충전기술의 표준화
학습 8	무선충전기술의 활용
학습 9	에너지 하베스팅의 개요
학습 10	에너지 하베스팅의 기술
학습 11	에너지 하베스팅의 표준화
학습 12	에너지 하베스팅의 활용

학습 13 무선전력전송, 무선충전, 에너지 하베스팅의 미래

학습 목표

1. 무선전력전송, 무선충전, 에너지 하베스팅의 미래를 이해할 수 있다.

13-1 무선전력전송의 미래

1. 무선전력전송 기술의 전망

무선전력전송 기술은 미래사회를 바꿀 핵심 전기인프라 기술이며, 미래전기기술이다. 무신전력전송은 전기에너지를 무선으로 전송하는 것으로, 니콜라 테슬라와 마코니의 업적을 구분하듯 데이터 통신과는 차이가 있다. 그러나 기존의 무선통신 기술과의 융합을 통한 다양한 응용시장이 형성될 것이다.

무선전력전송 기술은 매우 높은 응용성이 있어서 4차 산업혁명을 선도하는 획기적인 기술로 고려되고 있으며, 이를 위해 새로운 형태의 신개념 에너지 전송기술이 다양하게 제시되고 있다.

특히 우주에서의 전력전송, 지중에서의 전력전송, 수중에서의 전력전송 응용 등이 기대된다. 이 중에서 무선전력전송 기술은 태양광, 파력, 조력 등 다양한 신재생

학습 13

에너지들의 전송에 적절히 활용될 수 있을 것이다.

자기공진 무선전력전송은 기존 자기유도 시스템의 전송거리 및 전송효율 개선이 가능하여, 무선전력전송 시장의 확대 및 다양화를 가져올 것이다. 그러나 자기공진기의 소형화 및 고품질 계수시스템을 위한 제어 기술들에 대한 문제, 자기공진기를 위한 저손실 소재개발은 산업화를 위해 해결해야 할 문제들이다.

실용화를 위해 주요한 업무는 기술 표준화로서, WPC를 중심으로 활발하게 움직이고 있는 자기유도 표준뿐만 아니라 자기공진 방식에 대한 표준화에 관심을 가져야 한다.

마이크로파를 이용한 무선전력전송은 응용분야가 제한적이나, 기술수요가 점점 더 증가하고 있어, 관련기술에 대한 국가적인 지원이 필요하다.

자기장을 활용한 전력전송을 높은 송·수신 효율을 가지는데, 자기유도 방식은 1cm의 전송거리의 한계를 가지고 있고, 자기공진 방식은 수십 cm까지의 거리 한계를 가지고 있으며, 이동성 지원이 어려운 문제점이 있다. 이에 따라 거리의 한계 극복과 이동성 지원을 위한 MagMIMO와 같은 빔포밍 기술들이 연구되고 있다. RF 방식의 무선전력전송 기술은 수 m의 전송거리 확장이 가능하지만, 낮은 주파수를 활용하는 경우 어레이 안테나 크기가 커지는 문제가 있다.

또한 RF 방식의 전력전송기술은 자기장 전력전송기술에 비해 낮은 효율을 가지므로 전력전송용 RF 증폭기와 정류기의 효율을 높일 수 있는 연구개발이 필요하고, 인체유해성 문제에 대한 해결방안이 필요하다.

이밖에 적외선 방식의 무선전력전송 기술은 고출력 레이저 구동회로기술, 전력변환기술 등의 기술개발과 효율문제 개선, 주변 환경요인에 대한 저항성, LOS 환경 이외에서의 동작성을 갖추어야 한다.

또한 초음파 방식은 거리극복, 송·수신 효율 개선, 이동성 지원에 대한 연구가 더 필요하다. 이처럼 다양한 연구개발을 바탕으로 급속도로 확대되는 시장의 변화에 맞춰 국내외 산업체와 연구기관에서는 무선전력전송 기술을 활발하게 연구하고 있다.

세계적인 무선전력전송 기술의 선도그룹이 되기 위해서 국가적인 과감한 투자를 기반으로 연구기관, 산업체 및 학계에서는 도전적인 무선전력전송 기술개발 목표를 설정하고 달성하기 위해 노력해야 하며, 세계를 선도하는 무선전력전송 산업에 다가가는 것이 필요하다.

과학자와 엔지니어는 자기공명 충전과 원거리 실제충전을 포함한 여러 형태의 혁신적 무선충전기술을 대중들에게 제공하기 위해 노력하고 있다.

공진유도충전 방식의 경우, 사용자는 스마트폰을 평평한 표면상에 완벽하게 정렬할 필요가 없으며, 장치를 충전소스에 가까이 놓기만 하면 된다.

기타 미래기술은 진정한 원거리 무선충전을 약속하고 있다. 전력원에서 해당 장소 전체에 전하가 방출되어 장치가 충전되는 것이다. 진정한 원거리 충전과 함께라면 기차를 타거나 레스토랑에 입장하는 것만으로도 사용자 장치가 충전되는 것이 가능하다.

무선전력전송 기술이 전송거리가 계속 개선되어 일상생활에 필요한 여러 가전제품 뿐 아니라 산업분야에도 널리 사용될 것이다. PC와 같은 전자장치는 무선충전장치의 가장 큰 응용분야가 될 것이며, 20W 이상을 공급할 수 있고 무선충전장치로부터 40cm 이상 거리에서 충전이 가능하게 된다. 2023년까지는 자기공명 무선전력전송 방식이 전체 무선전력전송 시장의 90% 이상을 점할 것으로 예상하고 있다. 대부분의 모바일장치 또는 스마트폰도 이런 방식의 충전기술을 이용할 것이다. iPad 또는 카메라와 같은 장치도 같은 방법으로 공공장소에서도 언제 어디서나 충전할 수 있게 된다.

WPT는 LVAD(좌심실 보조장치) 심장보조펌프, 심박조율기 및 주입펌프 등과 같은 임플란트 의료장치에 널리 사용되고 있다. 이 기술로 전력을 인체 내에 이식된 의료장비에 무선으로 효과적으로 공급할 수 있다. 더구나 인체에 구동전선을 삽입할 필요가 없고 1차 전지를 교체하기 위한 수술도 필요 없게 된다.

재충전 가능한 하이브리드 및 배터리 전기자동차는 무선충전시스템으로 직접 전력을 공급받을 수 있다. 이 시스템은 20cm거리에서 고효율로 무선으로 3.3kW를 공급한다.

LED 조명에서 무선전력전송(WPT)을 이용하여 직접 조명장치를 충전할 수 있어서 캐비닛의 배터리가 필요 없게 된다. 건물의 조명을 전선 없이 무선으로 전원을 공급할 수 있어 공간 이용률이 좋아지고 조명설계를 자유롭고 간편하게 할 수 있을 것이다.

국방시스템에서 무선충전에 의한 진자장치의 신뢰성, 인체공학 및 안전을 개선하기 위해 설계자는 미래 국방기술을 위한 새로운 설계를 창조하고 있다. 예를 들면 Talon 원격조정 로봇은 무선충전이 장착되어서 트럭으로 이동할 때 재충전된다. 야간투시경이 포함된 헬멧 및 병사가 가슴에 차고 다니는 배터리팩으로 무선으로 전력이 공급되는 라디오 장치는 1차 전지 및 전력선이 필요 없게 된다.

대형 태양전지판을 가진 위성을 지구정지궤도상에 올려놓아 지상수신기에 전력을 전송한다. 이 위성은 지상에 마이크로파로서 전력을 생성 전송하는 역할을 한다. 또 다른 무선전력전송(WPT)의 응용은 유비쿼터스 전력공급원 또는 무선전력공급원, 무선센서 및 RF PARC(Power Adaptive Rectifying Circuit)가 있다. 무선전력전송의 응용분야는 다양한데 [그림 13-1]와 같이 여러 분야에서 적용 가능하다.

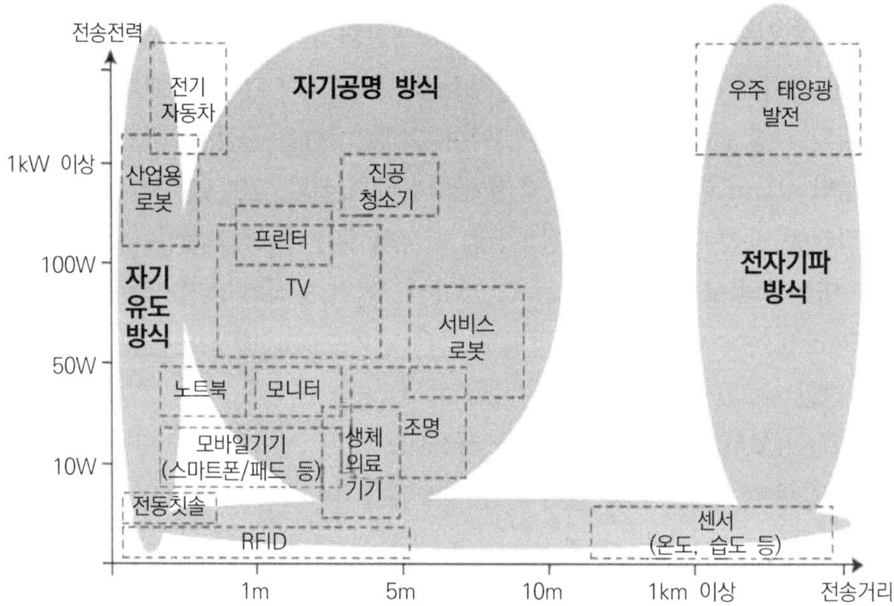

[그림 13-1] 무선전력전송 응용분야

지난 수년간 표준개발기구 및 산업 컨소시엄이 무선전력의 응용 및 상용화와 관련된 스펙과 표준개발을 위해 활동해 왔다. 이런 기구로는 SAE(Society of Automotive Engineers), IEC(International Electro technical Commission), DKE(독일), JARI(일본)이 있고, CEA(Consumer Electronics Association)은 소비자 적용을 위한 표준을 개발하고 있다. 산업체로는 WPC(Wireless Power Consortium)의 Qi 표준, PMA(Power Matters Alliance) 및 A4WP(Alliance for Wireless Power)의 3가지 표준이 있다. 이들 표준을 비교하면 〈표 13-1〉과 같다.

〈표 13-1〉 Qi 표준, PMA 및 A4WP의 3가지 표준비교

번호	최근 기술		
	Qi 표준	PMA	A4WP 표준
1	자기유도충전	유도충전	자기공명충전
2	큰 자기장 부족	충분한 자기장	큰 자기장
3	충전거리 : 수 cm	<10cm	더 큰 충전거리
4	한 번에 하나이상 충전 곤란	한 번에 하나 충전	단일 송전기에서 하나 이상 충전
5	발열	발열	발열 없음
6	소형 정밀한 인덕터 코일 사용	소형코일	더 큰 코일
7	코일 내에서 정확하게 정렬 필요	코일과 정렬	송 · 수신코일 정렬 불요
8	137 회원 w/100개 제품	>100회원 기구	개발회사 소수

2. 무선전력전송의 과제

무선전력전송(WPT) 시스템의 효율향상이 필요한데, 자기공진 방식(40~80%)은 자기유도 방식(70~80%)에 비하여 효율을 개선해야한다. 또한 마이크로파 방식은 효율이 매우 낮아 효율향상을 위한 연구개발이 필요하다.

사용환경에 대한 유연성이 요구된다. 즉 자기공진방식은 송신기 거리, 위치, 코일방향 등에 융통성이 있지만 주위 금속, 인체 등에 영향을 받는다. 따라서 어떤 경우에도 성능을 유지할 수 있는 기술개발이 중요하고 경량, 소형화가 필요하며 발열방지가 중요하다. 제어계통은 프로토콜과 함께 고효율, 안전한 전력전송을 위해 전력전송의 식별, 시동 · 정지 및 이상상태 검출 기능을 가져야 한다.

옵션으로 하나의 무선전력전송(WPT) 시스템은 동시에 여러 수신장치에 동시에 전력을 전송할 수 있어야 한다. 주파수대가 아직 지정되지 않았다. 따라서 무선전력전송(WPT)에 대한 주파수대에 대한 명확한 지침이 필요하다. 무선전력전송(WPT)장치는 통신시스템을 통제하는 무선통신 전파관리법과는 다르기 때문에 따로 규정이 필요하다.

인체보호에 대하여는 ICNIRP(International Commission on Non-Ionizing Radiation Protection)에서 발행한 지침을 기준으로 각국 실정에 맞게 규정을 제정하고 있다.

국내 전자파 인체보호기준은 ICNIRP 1998년에 제정한 전자파의 인체보호기준

을 준용하고 있다.

무선전력전송에서 사용하는 주파수 대역인 100kHz~10MHz 대역에서의 전자파 인체보호기준은 전신노출 기준인 전자파 강도와 국부노출 기준인 SAR(전자파 비흡수율)를 동시에 만족해야 한다.

표준화는 무선전력전송(WPT) 보급을 위해 매우 중요하다. 무선전력전송(WPT) 실무그룹은 2011~2012년까지 표준화 프레임에 대한 연구를 완료하였다. 무선전력전송(WPT)실무그룹은 계속해서 관련기관, 즉 TTA PG709, CEA R6.3 및 IEC TC100과 협력하고 있다.

13-2 무선충전기술의 미래

1. 미래 무선충전기술의 상용화, 편리성

현재까지 무선충전기술은 하나의 송신기로 동일한 면에 놓여있는 1개 또는 2개 수신기를 충전하는 2차원 패드형 전력공급 방식으로 개발되어 상용화되었다. 이와 같은 구조의 무선충전기술의 개발 및 보급으로 사용자들은 선 없이 무선으로 전력을 공급받을 수 있는 편의성과 함께 일정한 평면에서만 전력서비스를 받는 불편함을 동시에 접하고 있다.

[그림 13-2]처럼 누구나 한번 쯤은 선이 없는 세상을 꿈꿔본 적이 있지 않을까? 거추장스러운 USB케이블이나 전원코드, 이어폰 선, 랜선 같은 것이 없는 세상에서 살면 좋겠다고 생각해 본다.

따라서 미래 무선충전 산업의 활성화와 관련 시장의 성장을 위해서는 현재 기술의 한계를 극복할 수 있는 새로운 개념의 무선충전기술이 연구 · 개발되어야 한다.

이러한 새로운 개념의 무선충전기술은 3차원 공간에서 수신기의 위치 및 방향에 관계없이 전력을 공급받을 수 있는 공간 무선충전기술과 전송거리를 획기적으로 확대시킬 수 있는 기술, 그리고 이를 토대로 하나의 송신기로 서로 다른 전력을 소모하는 다수개의 수신기를 효율적으로 충전할 수 있는 다중충전기술을 포함할 것으로 판단한다.

또한 소형 고용량 배터리 기술과 전력소모가 낮은 수신기, 그리고 IT 서비스 모델의 변화로 바뀌고 있는 소비자들의 생활패턴들을 모두 염두에 둔 새로운 개념의 무선충전기술로 발전되어야 할 것이다.

[그림 13-2] 무선충전의 진화

이와 같은 기술개발과 더불어 무선충전기술의 보급에 따라 발생할 수 있는 여러 가지 환경적 문제에 대한 해결방안도 함께 연구되어야 한다. 특히 고속충전과 다양한 분야에 적용하기 위해 송신부 출력이 증가함에 따라 전자파에 의한 인체 및 인접기기의 안전성 확보가 3차원 공간 무선충전에서는 큰 이슈가 될 것으로 보인다. 현재 관련 업계 및 학계, 연구계에서는 이러한 전자파 안전성을 확보하기 위한 여러 가지 연구개발을 수행하고 개발 기술의 제품화를 위해 많은 노력을 하고 있다. 또한 저주파 대역에서의 정확한 인체 영향 및 간섭 측정 기준 및 측정 방법은 무선충전기술의 보급이 진행됨에 따라 반드시 선행되어야 한다. 향후 이러한 문제점들을 해소하고 무선충전기술의 활성화를 위해 정부와 산・학・연의 유기적인 협력들이 필요하다.

2. 무선충전의 발전

무선충전의 인기는 계속 높아지고 있으며 새로운 표준으로 빠르게 부상하고 있다. 가정에 전동칫솔이 있다면 이미 무선충전 솔루션을 사용하고 있는 셈이다. 최첨단 스마트폰, 태블릿, 스마트 워치 또한 모두 무선으로 충전할 수 있다. 가정에서 이미 무선충전패드를 사용하고 있거나 아니면 처음으로 구입을 고려하시는 분도 있을 것이다. 한 가지 확실한 건, 무선충전기술은 이미 도래했다는 사실이다.

무선충전은 스마트폰, 태블릿 및 스마트워치에서 가장 자주 사용되는데, 장치가

학습 13

무선충전기 표면과 물리적으로 접촉한 상태에서 유도충전 방식을 사용해 전원을 공급하는 방식이다. 유도충전 방식에 대한 공용 액세스는 공항, 대학 및 식당 등에서 점점 사용이 증가하고 있다. 동네 식당에서부터 스타벅스에 이르기까지 무선충전을 그 어느 때보다 쉽게 사용할 수 있다.

무선충전의 미래에서 기대할 수 있는 것은 무엇일까? 우선 공공장소에서 더 많은 충전 액세스 이용이 가능하다. 조만간 무선충전을 호텔 객실, 항공기, 로비 전체에서 사용할 수 있게 될 것이다. 집에서는 벽면 전체나 책상을 무선전력 공급원으로 사용할 수 있다. 사무실을 꾸미거나 엔터테인먼트 시스템을 설치할 때 지저분한 케이블 및 전원선이 필요 없다.

3. 무선충전의 해결과제

무선충전기술의 발달로 스마트폰이나 웨어러블 기기를 위한 무선충전기는 이미 친숙해졌고, 전기차에 대한 수요증가로 전기차 무선충전 시설도 조만간 주변에서 볼 수 있을 것으로 전망된다. 상대적으로 출발이 늦은 중전력 무선충전의 경우는 비대면 시대, 초고속통신, 인공지능 기술이 로봇에 접목되면서 호황의 기회를 맞을 것으로 예상된다.

그러나 중전력 무선충전기술의 성공을 위해선 발열, 이물체 및 생명체 탐지 그리고 전자파 저감이라는 3대 난제들을 해결할 수 있도록 혁신적이고 다양한 기술개발에 속도를 올려야 한다.

또한 기술과 산업 그리고 시장의 연결고리를 잘 이해하여 무선충전기술이 인류의 삶을 편리하고 윤택하게 만드는 새로운 미래서비스 탄생에 훌륭한 조력자가 되도록 관심과 노력을 기울여야 할 것이다.

13-3 에너지 하베스팅의 미래

1. IT기술과 융합된 에너지 하베스팅 산업

IT산업을 주도하고 있는 화두는 사물인터넷(IoT)과 웨어러블 디바이스라 할 수 있다. 특히 저전력을 필요로 하는 소형 전자기기들은 시간과 공간에 구애받지 않고 설치되거나, 인체에 밀착돼야 하기 때문에 독립 전원을 필요로 한다. 이러한 제약의 해법이 될 수 있는 해결책이 '에너지 하베스팅' 이다. 이 기술을 사용하면 에너지를 주변 환경에서 포획해 전기로 바꿀 수 있다.

에너지 하베스팅 기술은 배터리 및 전원 케이블과 같은 기존 전원이 필요하지 않아 전체 비용이 절감되고 원거리에 위치한 전자장치, 센서 네트워크 및 웨어러블 전자장치에 쉽게 전원을 공급할 수 있다. 또한 내구성이 뛰어나 유지보수가 적고, 쉽게 사용할 수 있으며, 탄소 배출량을 줄이는 데 도움이 된다.

이 시스템은 이러한 장점을 바탕으로 전세계 건물 및 홈 자동화, 산업 및 보안 애플리케이션에 사용되고 있다. 최근 각광받고 있는 무선센서 및 웨어러블 전자장비, 사물인터넷(IoT) 솔루션 통합 등 다양한 산업전반에서 에너지 하베스팅 시스템에 대한 수요를 촉진하고 있어 성장세가 더욱 가팔라질 전망이다.

특히 압전에너지 하베스팅 시스템은 원격센서에 전원공급을 위한 신뢰할 수 있는 솔루션으로 부상했다. 또 조수 및 바람과 같은 재생 가능 에너지원을 사용할 수 있으며, 여러 국가에서 녹색 에너지원의 사용을 장려하고 있어 향후 시장에 긍정적인 영향을 미칠 것으로 예상된다.

하베스팅 기술의 디바이스 적용을 위해서는 소자의 최적화와 회로의 고성능화를 위한 고집적화 기술이 관건이다. 에너지 하베스팅은 이미 상용화가 진행된 태양전지를 제외하면 그 외 기술들의 산업화 및 상용화는 미미한 실정이다.

에너지 하베스팅은 기술별로 효율과 출력값에서 큰 차이를 보여 응용분야가 각각 다르나 최근에는 사물인터넷, ESS 등의 발달로 와트급 미활용 에너지 수집이 가능해져 활용분야가 증가되는 추세다.

IT업계는 각종 디바이스의 소형화, 모바일화, 저전력화로의 변화가 에너지 하베스팅 관점에서 새로운 기회가 될 수 있다고 전망한다.

스마트워치 등 단말기는 복잡한 기능을 실행하면서 더 많은 전력을 필요로 하고 있다. 전력소비를 줄이려는 노력과 배터리 용량을 높이려는 노력이 동시에 진행되고 있지만 배터리 용량은 크기와 직결되기 때문에 전자기기의 크기, 무게 제약 하에서 한계가 있다.

또한 배터리를 주기적으로 충전, 교체해야 한다는 점은 사용자들의 불편을 초래하고 있다. 이에 보조전원으로 에너지 하베스팅이 적용될 수 있는 가능성은 높은 편이다.

[그림 13-3] 에너지 하베스팅 기술의 IT기술 융합화

또한 에너지 하베스팅 기술은 제품생산 전과정이 무선통신으로 연결돼 자동으로 이뤄지는 스마트 팩토리에도 적용이 가능하다.

산업시설에서는 전력설비의 안전진단 및 유지보수를 목적으로 정보통신기술을 이용한 전력설비의 실시간 상태진단과 무전원, 무배선, 고신뢰도 등을 갖춘 무선 진단시스템이 요구되고 있다.

최근 자기에너지 하베스팅 기술을 이용한 자가발전 온도센서를 개발해 이 문제를 해결했다. 이 온도센서는 전선주위의 폐자기장을 수집해 전력을 생산하고, 아날로그 디지털 전력변환을 통해 센서 및 무선송신 모듈의 전원으로 공급한다. 또한 2.4GHz의 주파수로 10~15m 떨어진 수신기에서 측정된 온도신호를 실시간으로 수집해 모니터에 표기한다.

하지만 에너지 하베스팅 기술은 소재와 모듈의 기술적 한계를 극복해야 한다.

에너지 하베스팅이 더 많은 분야에 적용되기 위해서는 출력 성능과 내구성을 높여 에너지 하베스팅 기술을 적용했을 때의 이점을 충족시켜야 한다.

그동안 열전 소자의 경우, 에너지 변환효율이 낮아 작은 크기로 적용되는 데에 한계가 있었다. 열전소자의 핵심은 소재가 갖는 열전 성능 지수, 즉 열이 전기로 변환하는 성능을 나타내는 지표로 이 지수가 클수록 에너지 변환효율이 높다. 최근 소재 측면에서 나노기술을 적용해 열전성능지수를 높이는 방법이 두각을 나타내고 있다.

압전의 경우에는 우수한 압전 성능과 함께 유연하면서도 반복적인 압력에 내구성을 지닌 소재가 필요하다.

현재까지 가장 많이 쓰이는 소재로 압전 세라믹인 PZT가 있는데, 이는 납을 사용하기 때문에 인체에 유해하고 잘 깨지는 단점이 있다. 이를 해결하기 위해 고분자 압전재료, 고분자 복합소재 등이 개발되고 있다.

한편 에너지 하베스팅 기술에 적용된 센서에 필요한 전력이 클 경우, 저전력으로 충당하기에는 한계가 있다. 뿐만 아니라 불규칙적으로 에너지가 발생하기 때문에 출력이 일정치 않고, 장시간 수집하면서 모아지는 전력량은 독립전원으로 전자기기를 구동시키기에 부족하다.

전력원으로 활용되기 위해서는 일정 수준의 전기를 안정적으로 생산하고, 오랫동안 유지될 수 있어야 한다. 이를 위해서는 저전력으로 구동 가능한 센서 및 회로와 불규칙한 에너지를 효율적으로 저장할 수 있는 저장장치 등의 주변 기술발전이 이뤄져야 한다.

이에 대한 해결책으로 고효율 소재 기술·설계기술 등 융합연구 및 원천기술 확보를 위한 산업계 및 정책기관의 과감한 투자전략이 요구된다.

2. 스마트 모빌리티와 에너지 하베스팅 기술의 융합

최근 세계가 자율주행차 기술경쟁에 뛰어들면서 관련 에너지 하베스팅 기술도 빠르게 발전하고 있다. [그림 13-4]처럼 지난 CES(국제전자제품박람회)에 참가한 일본 전자기업 TDK(TDK Corp.)는 타이어 회전력을 압전전력으로 변환해 배터리 없이 감지, 데이터 수집 및 휠에서 전송 가능하게 하는 에너지 하베스팅 및 감지 모듈 제품을 발표했다.

자율주행차는 운전자지원시스템(ADAS : Advanced Driver-Assistance Systems) 및 안전 문제와 직결된 센서가 다량 필요하다. 바퀴에 장착된 센서는 전기신호를 보내 타이어 데이터를 주행 안전시스템에 전달한다.

이에 따라 많은 배터리가 요구되는데, 이를 내장 배터리 대신 차량의 회전 타이어에서 나오는 기계적 진동에너지를 전기로 변환하는 에너지 하베스팅 모듈로 대체가 가능하다는 것이다. 또 노면 상태, 휠 얼라인먼트, 타이어 압력 및 기타 상태를 실시간으로 감지할 수 있으며 도로변 인프라에 연결하여 스마트 모빌리티를 강화할 수 있다.

대규모 디지털 변환 및 전기화가 진행되고 있으며, 자동차 산업은 스마트 모빌리티가 생각하는 방식을 완전히 변화시킬 준비가 되어 있다.

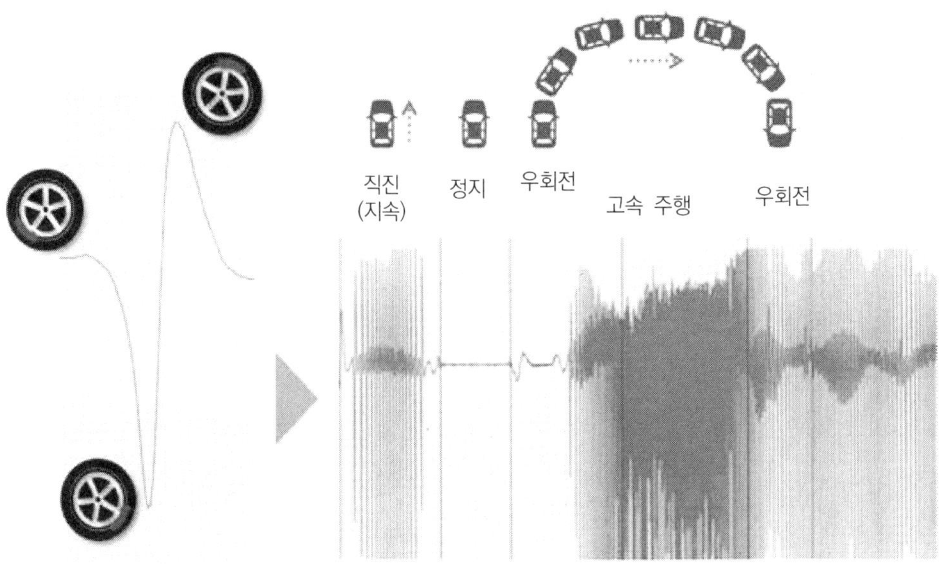

[그림 13-4] 모든 휠 회전에서 생성되는 출력전압

바퀴는 디지털화되거나 전기화되지 않은 자동차의 마지막 부분이다. 이 모듈은 모든 센서시스템 또는 전자 임베디드시스템에 영구전력을 제공한다.

3. 에너지 하베스팅 현가시스템에 의한 전기에너지원 확보

[그림 13-5]처럼 에너지 하베스팅 현가시스템 기술은 주행중에 발생하는 진동을 억제하고 이를 지속적으로 전기에너지로 저장 및 활용할 수 있다.

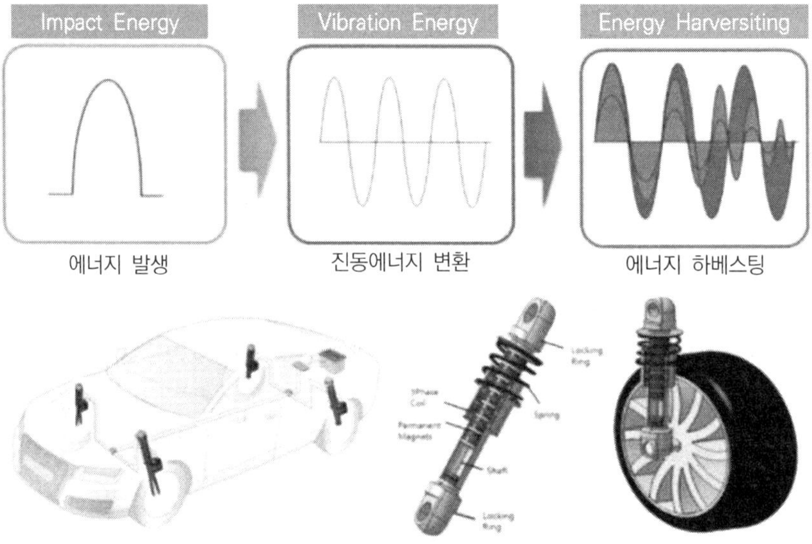

[그림 13-5] 현가장치 적용한 전자기식 에너지 하베스팅 기술

전장품의 전기에너지 사용량이 늘어나고 있는 기존 차량과 전기 및 하이브리드 차량 등으로 폭넓게 적용 가능하며 군 작전 수행시 전투력 향상과 작전반경, 작전 수행 시간연장을 위한 ESS(Energy Storage System)으로 활용 가능하다.

기존 자동차뿐만 아니라 향후 전기자동차 및 하이브리드 자동차의 보급 확대에 따른 차량용 전장품의 전기에너지 수요 증가에 대응하는 핵심부품 기술로서 미래 자동차의 보조 에너지원으로도 폭넓게 활용 가능하다.

지구온난화에 따른 온실가스 저감 등 환경문제로 인해 기존 전기에너지 발생 방식과 차별화하여 건물, 교량, 파력 등 다양한 진동원으로부터 에너지를 수확, 발생하는 방식에도 적용이 가능하다.

4. 에너지 하베스팅 기술를 미래도시 에너지원으로 활용

싱가포르는 어디에서나 있는 빛과 그림자를 이용해 에너지를 얻는 기술을 개발했다. 싱가포르에서 개발 중인 그림자효과 에너지 생성기(SEG : Shadow-Effect Energy Generator)는 일부가 그림자에 있고, 다른 부분이 햇볕이 있는 곳에 있으면 전자가 두 영역 사이를 흐르며 이로써 전류가 흘러 사용될 수 있다. 태양전지와 같은 전력을 활용할 수 있지만 굳이 빛이 계속 필요하지 않다.

[그림 13-6]처럼 금으로 코팅된 실리콘 웨이퍼 스트립은 빛과 그림자의 대비에서 전기를 생산한다. 이것의 핵심은 그림자로 인한 조명대비다. 이 대비는 시스템의 조명부분과 음영부분 사이의 전압차이를 만들어 전류를 흐르게 한다.

그림자 효과 발전기(SEG)의 셀은 금 코팅된 실리콘 웨이퍼가 적용되는 얇은 캐리어 필름으로 구성된다. 전체 SEG 셀이 그늘이나 빛에 있다면, 생성되는 전기는 매우 낮거나 0이다. 하지만 셀의 일부만 비추면 상당한 전기 흐름이 감지 될 수 있다. 전기생산량은 SEG 셀의 절반이 그늘에 있고 다른 쪽이 양지에 있을 때 가장 높다. 이것은 전하 생성뿐만 아니라 전자를 수집하고 제거하기 위한 충분한 공간을 제공한다.

그림자 효과 발생기가 4개의 셀 스트립에서 얼마나 많은 전기를 생산할 수 있는지 테스트했다. 최적화 없이 태양광 발생기의 0.001%와 지속적인 그림자가 있는 실내조건에서 제네릭 센티미터 당 0.14 마이크로 와트의 출력 밀도를 최적화할 수 있다. 이러한 조건에서 상용 실리콘 태양전지보다 200% 더 우수하다.

4셀 섀도우 효과 발생기는 실내조명 조건에서 약 1.2V의 반 음영으로 디지털 클록을 구동하기에 충분한 전압을 생성했다. 그림자 존재를 통해 에너지를 생성하는 이 새로운 개념은 완전히 새롭고 전례가 없는 일이다.

이 시스템은 미래에 스마트 워치, 휴대폰 및 기타 모바일 장치와 같이 공급하거나 충전하기에 충분한 전력을 생산할 수 있다고 한다.

동시에 그림자 효과 생성기는 모션 또는 근접센서로도 사용될 수 있다. 음영이 변하기 때문에 움직이는 물체나 사람이 그림자를 만들면 움직임에 반응한다.

비용 효율성, 단순성 및 안정성을 갖춘 그림자 효과 생성기는 주변환경에서 전자 에너지를 공급하거나 건물 등의 스마트 센서 시스템을 보완할 유망한 아키텍처를 제공한다.

이제 그림자 효과 생성기로서의 적합성에 대해 다른 재료를 테스트하려고 한다. 금도금을 다른 저렴한 재료로 대체하는 것이다. 그림자 효과 발생기가 의류에 통합된 것과 같은 휴대용 발전에 적용될 수 있는지 여부와 방법을 연구할 계획이다.

태양전지판과 마찬가지로 빛에 의존하여 실리콘을 비추고 전자를 활성화 하지만 금, 은, 백금 또는 텅스텐의 얇은 층을 특징으로 하는 패널을 사용하면 빛의 강도 차이로 인해 전자가 조명영역에서 음영쪽으로 이동, 이 영역에서 전기가 생성된다. 아직 초기단계이지만 테스트 한 패널은 크기가 약 6평방cm이고, 0.25볼트만 생산할 수 있다.

이와 같이 다양한 기술개발은 이뤄지고 있으나 상용화가 당장은 어렵지만 미래에 도시의 전력으로 에너지 하베스팅 기술의 한계점을 극복할 것으로 본다.

[그림 13-6] 금으로 코팅된 실리콘 웨이퍼 스트립은 빛과 그림자의 대비에서 전기를 생산

5. 혁신적인 복합소재의 개발

에너지 하베스팅 기술의 연구들은 크게 소재개발과 구조개발로 나뉘어 왔다.

마찰 발전의 경우 마찰표면 전하밀도를 증폭시킴과 동시에 전하를 유지할 수 있어야 하고 마찰에 의한 열과 마모를 견디는 소재를 필요로 한다.

압전발전에 사용되는 물질은 상황에 따라 인장, 압축응력에 잘 견디며 높은 극성을 필요로 한다. 세라믹 소재만을 사용하거나 폴리머 소재만을 사용하여 에너지 하베스팅 소자에서 필요로 하는 높은 출력을 가지며 강하고 내구성을 가지는 물질의 특성을 모두 만족 시키는 것은 쉽지 않을 것이다.

따라서 세라믹, 폴리머, 금속, 바이오물질, 나노물질과 같은 다양한 소재를 이용한 복합소재를 활용하여 물질 상호간의 단점을 보완하고 에너지 하베스팅을 필요로 하는 환경에 맞는 구조 및 재료를 개발해 나가야한다.

현재 에너지 발전소자의 부족한 출력과 낮은 내구성은 에너지 하베스팅 기술의 상용화를 실현하기에 부족하지만 혁신적인 복합소재의 개발은 에너지 하베스팅 기술이 상용화 단계로 도약할 수 있는 밑거름이 될 것으로 기대된다.

수행 내용

재료 · 자료

- 무선전력전송 관련 자료

기기(장비 · 공구)

- 컴퓨터, 문서작성 프로그램, 프린터, 주변기기

안전 · 유의사항

- 무선전력전송 관련 장비의 안전 및 유의사항을 숙지한다.

수행 순서

01 무선전력전송 기술과 무주 태양발전소의 미래에 대하여 분석하라.

1. 개 요

무선전력전송×우주 태양광 발전소의 미래기술을 이용한 우주 태양광 발전소의 실용화를 목표로 연구 프로젝트를 실시하고 있다.

우주 태양광 발전(SBSP : Space-based Solar Power)은 우주공간에서 태양광 발전을 축척 후, 그 전력을 지상에 보내는 발전 방법이다. 일반적으로 알려진 '마이크로파 발전'의 일종이며, 전송수단으로 마이크로파를 응용한 것의 총칭이다.

태양광 발전은 태양광이 지표면에 닿기까지 대기의 흡수 등에 의해 감쇠되고, 날씨에 따라 발전량이 일정하지 않기 때문에 태양광을 대기권 밖에서 대기 투과율이 높은 파장의 전자기파로 변환한 후, 지상으로 전달하는 것이 손실이 적고 효율이 좋으며 발전량 또한 안정적이다. 우주 태양광 발전은 우주공간에서 발전위성과 지상수신국에 의해 실행한다.

2. 우주 태양열 발전의 구성요소

우주 태양열 발전은 기본적으로 태양열 집광장치, 전달장치, 수신장치의 3가지 요소로 구성되어 있다.

1) 태양열 집광장치

우주의 태양열을 모으는 수단의 예는 태양열 집광장치이다. 우주에 공기가 존재하지 않고, 대기가스, 구름, 주야 구분, 청정먼지 및 기후조건 등에 의한 필터링 효과에 의해 방해받지 않아 태양광 수집표면이 더욱 강한 태양광을 받을 수 있다. 결과적으로 우주궤도에서의 태양광 강도가 지구표면에 최대 달성강도의 약 1.4배 이상이다.

우주 태양광발전은 춘분과 추분자정에 최대 72분만 지구 그림자에 위치하고, 그 외에는 99% 이상 태양광을 받게 된다. 보통 우주궤도의 위성은 하루 24시간 지속적으로 높은 등급의 일사량에 노출될 수 있지만, 현재 지상 태양전지판의 하루 평균 수집전력은 29%에 불과하다.

2) 전달장치

태양광 전지나 열기관을 통해 전력을 지구로 전달하는 수단으로 마이크로파나 레이저를 통해 전달한다. 고도 10km인 대류권에서는 흡수 및 산란으로 인해 전파가 감쇄되므로 마이크로파의 경우 대기권의 비나 구름으로 인한 감쇠율이 낮아 전리층에서의 반사나 산란이 없어 우주태양발전 위성에서 생성된 전력을 지상으로 송전하는데 최적으로 판단한다. 고도 100~1,000km인 전리층에서는 전파굴절로 인한 비선형성이 발생하므로 전리층의 불규칙성으로 인한 위상변화로 발생하는 섬광은 파리럿 빔과 마이크로파 전력 빔 등에 무시할 수 없는 영향을 미칠 수 있다.

3) 수신장치

지구에서 전력을 받는 수단으로 마이크로파 안테나(정류 안테나)를 통해 수신한다.

지상의 무선전력 수신장치를 렉테나(Rectenna)라고 부른다. 우주로부터 95% 이상의 마이크로파가 지상 렉테나에 전송되면 약 85% 이상의 수신효율을 목표로 개발·수행한다.

렉테나 종류는 지상에서 수 미터 높이로 설치되는 Wire Mesh Reflector 타입과 지표면에 설치되는 Magic Capet 타입 등이 있다.

5GW를 수신할 수 있는 렉테나의 직경은 약 2.4km 되어야 할 것으로 예상된다.

렉테나의 전자파 규정 및 영향분석은 마이크로웨이브의 국제 노출규제가 2.45GHz 범위에서 $10mW/cm^2$, 렉테나 중심의 최대 전력밀도가 약 $23mW/cm^2$, 렉테나 모서리 부분이 1mW/cm^{2}이 될 것으로 예상된다.

4) 전자파에 의한 영향이 크지 않을 것으로 예상

우주에 기반을 둔 부분은 중력으로부터 자기 자신을 지탱하지 않아도 된다(그 외에 상대적으로 약한 주기적으로 변동하는 기조력을 버텨야 한다). 이 부분은 지구의 바람이나 날씨로부터 보호받지 않아도 되지만 유성진이나 플레어 같은 우주의 위험요소에 대처해야 한다. 두 가지 기본적인 전환방법으로 광발전과 태양열발전이 연구되고 있다.

광발전은 반도체 셀을 이용하여 직접 광자를 전력으로 전환시킨다. 태양열발전은 빛을 온수탱크에 모으기 위해 거울을 사용한다. 태양열발전을 사용하면 와트 당 질량을 줄일 수 있다. 거의 대부분의 분석은 흔히 태양광전지로 알려진 광발전에 집중한다.

무선전력전송은 일찍이 마이크로파나 다양한 주파수의 레이저를 사용하여 지구표면으로부터 에너지를 전송하는 수단으로 제안되었다.

3. 마이크로파 전송

William c. Brown은 1964년에 Walter Cronkite's CBS 뉴스 프로그램에서 마이크로파 전원 헬리콥터(비행에 필요한 모든 전력을 마이크로파 빔으로부터 받는다.)를 보여줬다. 1969년과 1975년 사이에 Bill Brown이 기술 감독으로 있던 JPL Raytheon 프로그램은 1마일 떨어진 거리에서 84%의 효율로 30kw의 전력을 쏘았다.

수십 킬로와트의 마이크로파 전력 전송은 1975년 캘리포니아의 Goldstone 시험과 1997년 Reunion Island의 Grand Bassin에서 아주 잘 입증 되었다.

좀 더 최근에 마이크로파 전력전송은 John C. Mankins 팀에 의해 Maui 의 산 정상과 Hawai 섬 사이에서 태양에너지 집열과 결합하여 보여졌다. 2010년에 열린 IEEE 안테나와 전파(전달)에 관한 학술 토론회의 특별 기간의 태양에너지 전송을 위한 전자기적 무선시스템에 관한 분석에서 말했듯이 관련된 이론적 한계뿐만 아니라 어레이 배치, 단일 복사요소 설계, 전반적 효율성에 관한 기술적 문제들은 현재 연구대상이다.

2013년에 우주에서 지구로의 마이크로파 전력전송과 관련된 기술과 이슈를 다루는 쓸만한 개관이 공개되었다. 이것은 SPS의 서문(현재의 연구과 미래 전망)을 담고 있다. 더욱이 마이크로파 전원전송을 위한 안테나 어레이 디자인의 현재 방법론들과 기술들에 관한 검토가 IEEE의 회의록에서 나타났다.

우주의 정지위성에 태양광 발전소를 설치, 거대한 안테나에서 지구로 송전하는 프로젝트이다. 전기를 마이크로파로 변환하여 비 등의 영향도 받지 않고 24시간 내내 전력 공급이 가능하며, 날씨의 영향으로 본래의 용량의 14~15% 정도 밖에 발전할 수 없는 지상의 태양광 발전에 비해 5~10 배의 발전량을 가진다. 말하자면 궁극의 신재생 에너지로 실현되면 전력문제를 일거에 해결하는 꿈의 발전 방법이다. 비즈니스로서 성립하려면 크기는 수 킬로 급, 무게는 1만 t급의 발전소를 만들지 않으면 안된다. 인류가 우주에서 만들어 낸 최대의 건축물인 국제 우주 정거장조차 108×73 미터, 무게 420톤이므로 그것을 능가하는 초거대 스케일이 필요하다.

02 수중 무선충전기술에 대하여 분석하라.

1. 수중통신의 개요

수중통신기술은 음파나 초음파는 물론 다양한 전송기술을 이용한 무선통신기술로서 수중에서 근거리는 물론 원거리까지 무선으로 데이터 전송이 가능한 기술이다. 또한 수중환경에서 수중통신기술을 이용하여 구동되는 장치들을 기반으로 이기종 네트워크의 확장성 및 지능화 정보처리를 제공하는 기술과 미래 수중통신기술을 포함한다.

2. 수중통신의 표준화

JTC1 SC31에서 참조모델 및 상호운용성 기술응용 및 서비스 기술 미래 수중 융합통신 기술의 표준화를 제안 · 진행하며, IoUI기술 및 프로토콜 기술 과제의 제안 준비와 수중음파통신 참조모델 표준화 영역에서는 이미 수립된 참조모델에 대해 IoT참조모델과의 융합을 위한 개정논의가 JTC1 SC41 위원회에서 제기되고 있다. 이는 향후 참조모델 범위의 확장을 염두에 둔 것이므로 계속적으로 수중망 관리개요 및 요구사항 표준과 수중 네트워크 응용 프로파일 표준을 IS가 되도록 추진하고, 수중음파통신 응용서비스 요구사항 및 프레임워크 (B-UWAN)를 제안하여 NWI/WD가 되도록 추진해야 한다. 또한 미래 수중 융합기술의 TR을 2019년 개발하여 2020년 DTR단계에 이르도록 적극 표준화 추진하고 있다.

기존 유선충전 방식으로는 접근이 어려웠던 수중제품의 전력공급 문제를 단숨에 해결하고 안정성을 강화해 감전사고를 예방하는 미래 해양(海洋)과학 기술 발전의 핵심기술이다.

학습 13

[그림 13-7] 수중통신 표준화 현황

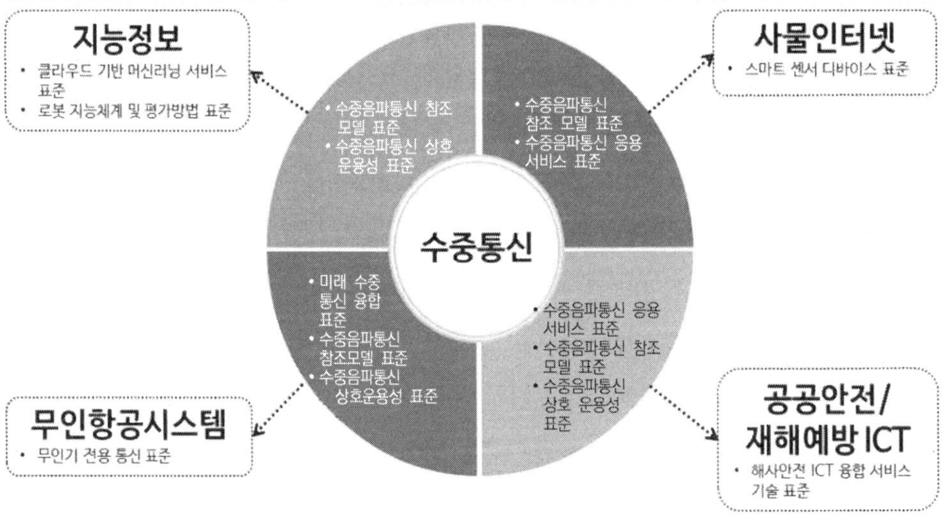

[그림 13-8] 수중통신기반의 서비스

현존하는 세계 최고의 블럭 장난감 LEGO제품에 무선 LED 조명기술을 결합하여 기존 완구에서는 연출하지 못했던 각양각색의 조명효과를 연출할 수 있도록 개발된 제품이다. 소전력 어플리케이션 중 상용화를 통해 수출이 현재 진행되고 있다.

[그림 13-9] 무선 LED BRICK 조명 예시

03 스마트폰 무선충전기술을 활용한 미래 차의 핵심에 대하여 분석하라.

1. 자동차용 무선충전기술의 개요

자동차 시동을 걸고 가장 먼저 하는 일은 무엇인가. 아마 많은 분이 스마트폰에 충전 케이블을 연결할 것이다. 내비게이션을 켜거나 음악을 플레이 하기 위해서다. 스마트폰이 차 안에서 편의성은 물론, 엔터테인먼트로 사용이 높은 만큼 배터리 충전은 이제 필수라고 할 수 있다.

[그림 13-10]처럼 최근에는 충전 케이블 없이 편리하게 사용할 수 있는 무선충전기가 대중화되며, 자동차 실내 옵션으로 적용하는 자동차 브랜드도 많다.

유선으로 스마트폰을 충전할 땐 기기에 알맞은 충전 케이블이 필요하다. 하지만 무선충전은 무선충전기와 무선충전기술을 탑재한 스마트폰을 가지고 있다면 제조사, 타입 상관없이 충전을 할 수 있다. 바로 'QI(치')'라는 국제표준기준이 있기 때문이다.

무선충전기는 기기에서 발생한 전파를 스마트폰 배터리와 연결된 안테나로 수신해 충전하는 원리이다. Qi는 WPC(Wireless Power Consortium, 세계무선충전협회)가 무선충전제품의 평준화와 호환성을 위해 만든 인증제도로 일종의 무선기술 가이드와 같다. 그만큼 Qi는 안정적인 무선기술인지 아닌지를 선별하는 기준이라고 할 수 있다.

학습 13

[그림 13-10] 차량용 무선충전기

2. 무선충전기에 장착된 NFC 기술

다양한 정보와 즐길 거리를 제공하는 인포테인먼트는 미래차의 중요한 요소이다. 한정된 공간에서 인포테인먼트를 원활하게 이용하기 위해선 동선의 제약을 얼마만큼 최소화하는 게 핵심이다.

무선충전기에 장착된 NFC(Near Field Communication, 10cm 이내 거리의 근거리 정보통신 방식)는 블루투스나 와이파이 연결, 나아가 차량 시동을 걸 수 있어 유용하다. 한마디로 무선충전기술은 미래차를 구성하는 필수 요소라고 할 수 있다.

3. 차량용 무선충전기능의 A-SPICE의 레벨 3

무선충전기술처럼 다양한 모빌리티 기술이 화두로 떠오르며 자동차의 소프트웨어 품질은 더욱 중요해졌다.

무선기술의 가장 중요한 미래는 자동차의 형태로 나올 것이다. 움직이면서 재충전되는 크고 강력한 배터리를 탑재한 자동차는 우리가 원하는 무선충전을 제공할 수 있는 좋은 장소이다.

이 산업은 전세계가 운전중 휴대전화 사용을 금지하는 법률을 적용함으로 인해 휴대전화가 생겨난 이래로 어려움을 겪어 왔다. 운전자가 계속해서 전화기를 보지 않도록 할 수 있는 방법은 한동안 이 업계에서 최고의 과제였다. 무선충전은 자동차 제조기업들에게 있어 표준이 되고 있다.

이들은 동일한 Qi 기술을 사용해 최신 모델에 무선충전을 제공한다. 이 기술에 잠재적 결함이 없는 것은 아니다. 차량 콘솔 중앙에 충분한 공간을 찾는 것은 꽤 어려운 일이기 때문에 가장 큰 스마트폰만큼 큰 매트를 올릴 공간을 찾는 것은 실내설계를 심사숙고를

하게 할 수도 있다. 하지만 이미 그러한 기술을 개발되었고 적용할 일만 남았다.

[그림 13-11] 스마트폰 무선충전으로 보는 미래차

A-SPICE(Automotive Software Process Improvement and Capability dEtermination, 차량 소프트웨어 개발 표준)는 유럽 자동차 업체들이 설계, 검증, 관리 등 소프트웨어 역량을 평가하기 위해 만든 인증 모델로 레벨에 따라 품질을 구분하고 있다. 차량용 무선충전기능에서 A-SPICE의 레벨 3(Capability Level3) 인증을 받아야 소프트웨어 엔지니어링 역량 퀄리티를 국제적으로 알려지는 것이다.

04 미래형 에너지 하베스팅의 투명 태양전지에 대하여 분석하라.

차세대 고부가가치 산업인 태양광 분야에 적용 가능한 미래형 '에너지 하베스팅 태양전지 기술'이 개발됐다.

에너지 하베스팅(Energy Harvesting)은 태양광, 바람, 물, 진동, 온도 등의 자연에너지 또는 일상생활에서 버려지는 에너지를 수확(Harvesting) 또는 채집 사용(Scavenge)해 전기에너지로 재생산하는 기술이다. [그림 13-12]처럼 투명 태양전지는 가시광 투명율, 발전효율, 내구성, 저조도 발전성능 등 계속 기술이 진화되어 왔다.

전기생산과 함께 태양빛의 일부를 투과시켜 시각적인 투광성도 동시에 확보할 수 있는 고효율 CIGS 양면투광 태양전지 핵심기술을 개발했다.

개발된 기술을 통해 가시광 투과도 10% 이상에서 발전효율이 단면 10%, 양면 15% 이상의 성능을 확보한 이 세계최고 수준의 연구결과이다.

태양광 발전은 각국 정부의 재생에너지 보급 확대를 위한 지속적인 연구개발 지원을 통해 효율과 내구성 등의 성능향상을 이뤘다. 이를 통해 화석연료 기반의 기존 발전기술과도 경쟁이 가능한 수준으로 발전하고 있다. 그러나 탄소제로 사회구현을 위해서는 기존 대규모 발전이나 지붕형 태양광 이외에 기존에 없던 새로운 응용분야에 적용함으로써 태양광 보급을 획기적으로 확대할 수 있는 혁신적인 태양전지기술 확보가 필요한 상황이다.

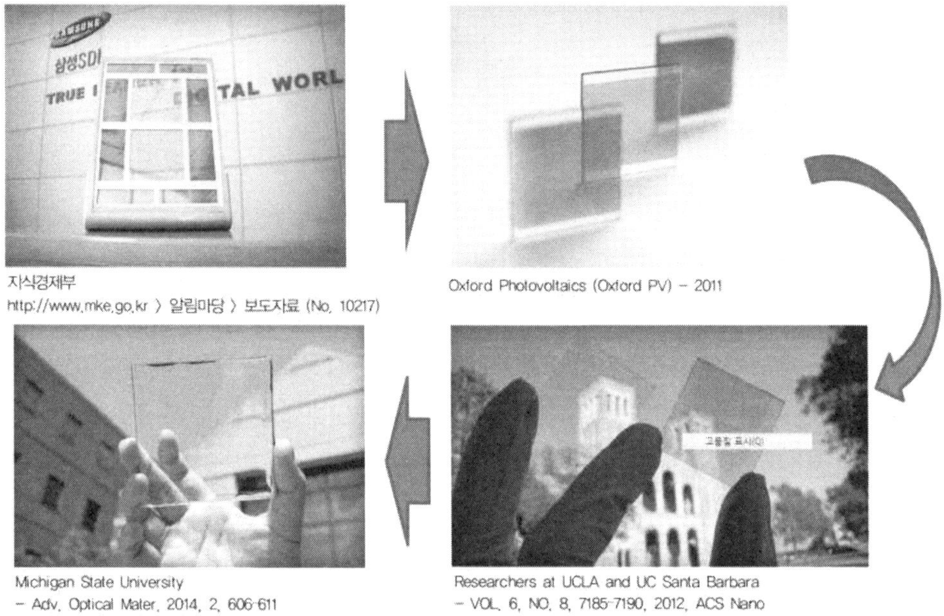

[그림 13-12] 투명 태양전기의 연구변화

투명 태양전지는 전기생산과 가시광 빛 투과를 함께 구현할 수 있어 건물 외벽과 창호, 도시구조물, 모빌리티, 디바이스 등 다양한 에너지 하베스팅 전지로써 적용이 기대되고 있다. 그러나 아직까지 효율, 투광성, 내구성, 저조도 발전성능 등을 다함께 갖춘 태양전지 기술개발은 이뤄지지 않고 있다.

현재 상용화가 일부 진행되고 있는 투명 태양전지는 기존에 개발된 태양전지의 일부를 긁어내거나 구멍을 뚫는 방식으로 제작된다. 이 때문에 낮은 성능, 높은 생산단가 그리고 투명한 부분과 불투명한 부분의 교차로 시각적인 불편함을 주는 단점이 있다. 또한 유기나 유무기 화합물 광흡수층을 이용한 투명 태양전지는 장시간의 빛조사나 높은 온습도 환경에서 단시간에 성능이 크게 감소한다.

이러한 문제를 해결하기 위해 빛조사나 온습도 내구성이 우수한 무기소재인 CIGS 광흡수층 양쪽면에 기존 몰리브데늄(Mo) 금속전극과 달리 빛가림이 없는 인듐주석 산화물(ITO : Sn-doped Indium Oxide) 투명전극을 사용했다.

또한 광흡수층의 두께를 입사된 가시광의 일부를 투과시킬 수 있는 0.3마이크로미터 이하로 정밀제어해 자체적인 투과가 가능한 양면발전형 투명 태양전지 기술을 개발했다. 이 기술은 기존 CIGS 태양전지 제조에 사용한 복잡한 3단계 동시증발공정 대신 단순하고, 재현성이 우수한 단일단계 동시증발공정을 사용해 증착시간은 절반수준으로 줄이고 광흡수층 두께는 기존 2마이크로미터에서 0.3마이크로미터 이하로 줄여 기존 공정보다 소재 사용량과 공정시간을 10분의 1수준으로 획기적으로 절감했다.

이와 함께 가시광이 투과될 수 있는 얇은 광흡수층과 양면 투명전극을 이용한 소자 구조로 자연스러운 투광성을 확보할 수 있어 기존 기술대비 생산수율을 높이고 제조비용도 크게 낮출 수 있는 장점이 있다.

또한 이 기술을 통해 증착시간을 짧게 하고 공정온도도 기존 650℃에서 550℃ 이하로 낮게 함으로써 기존 CIGS 광흡수층과 투명전극사이의 불필요한 화학반응으로 인한 전기저항층 생성을 억제해 효율성능을 크게 향상시킬 수 있었다.

얇은 광흡수층 사용으로 발생할 수 있는 효율저하는 나노 표면구조를 갖는 저반사 광산란층을 새로이 적용하고, 태양전지 양쪽면에서 빛을 동시에 흡수할 수 있는 소자구조 실현을 통해 광이용율을 향상시켜 해결했다.

저반사 광산란층 기술은 폴리다이메틸실록산(Polydimethylsiloxane, PDMS)이라고 불리우는 고분자 위에 '나노임프린팅 기술'을 이용해 마이크로미터 크기의 거친 표면형상을 만들고, 이를 투명 태양전지 전면에 부착시켜 입사광의 산란을 크게 함과 동시에 반사도 최소화해 얇은 광흡수층 내에서도 빛을 최대한 흡수시킬 수 있도록 했다.

제조된 투명 태양전지는 양면 투광구조를 갖고 있기 때문에 전면과 후면에서 입사되는 직달광과 산란광을 모두 전기 생산에 사용할 수 있이 기존 단면 구조 태양전지에 비해 20% 이상 향상된 전력생산이 가능하다.

이번에 확보한 기술을 기반으로 향후 고부가가치 태양광 에너지 하베스팅 소자로의 적용성을 확대하기 위해 높은 효율을 유지하는 동시에 가시광 투과도를 보다 향상시킬 수 있는 광이용 최적화 기술과 심미성 향상을 위한 색상구현 기술개발을 추진하고 있다. 이와 동시에 상용화를 위한 소자 대면적화 기반기술 확보도 추진할 예정이다.

개발기술은 차별화된 새로운 소자구조와 공정을 이용해 기존 상용 태양전지 기술의 성능과 응용한계를 극복할 수 있는 태양전지 초격차 기술로 발전이 가능하다. 나양한 태양광 응용분야 발굴을 통한 태양광 보급 확대로 정부가 추진 중인 탄소중립과 그린뉴딜 정책 실현에도 기여할 수 있을 것으로 기대된다.

에너지 전환 3020/4035 실현을 위한 재생에너지 혁신기술 개발 과제의 일환이다.

학습활동.13 교수 · 학습 방법

교수 방법

- 무선전력전송의 개요에 대한 관련 용어, 구성, 방식 이해 정도를 파악한 후 수업을 진행한다.
- 교수자의 주도로 무선전력전송의 개요 등의 내용을 PPT 자료로 제시한 후 설명한다.
- 가능하면 사전에 개인별 학습 자료를 준비하여 모든 학생이 참여할 수 있는 문제 해결식 수업, 협력 수업이 가능하도록 한다.
- 무선전력전송의 개요 전 과정을 작업의 순서에 따라 단계적으로 실습이 이루어질 수 있도록 지도한다.
- 교재를 통해 수업을 준비하는데 있어서 필요한 모든 정보나 팁, 힌트 등 도움이 될 만한 내용들을 확인할 수 있다.
- 학생들이 만들게 될 각 모델들은 수업시간에 중점적으로 다뤄질 부분과 어휘, 질문, 답을 포함하고 있으며 또한 탐구할만한 추가적인 아이디어들도 포함하고 있다.

학습 방법

- 무선전력전송의 개요에 대한 관련 용어를 숙지하고, 무선전력전송의 개요에 대해 이해한다.
- 무선전력전송의 개요의 각 단계별 중점 사항을 체계적으로 학습한다.
- 무선전력전송의 개요의 수행순서의 전 과정을 실습한다.
- 무선전력전송의 개요의 내용을 이해한다.
- 무선전력전송의 개요을 이해하고 숙달이 될 때까지 학습한다.

학습활동.13 평가 및 피드백

평가 준거

- 평가자는 피평가자가 수행 준거 및 평가 내용에 제시되어 있는 내용을 성공적으로 수행할 수 있는 지를 평가해야 한다.

학습내용	평가항목	성취수준		
		상	중	하
무선전력전송의 개요	무선전력전송의 개요를 이해할 수 있다.			

평가 방법

- 작업 포트폴리오

학습내용	평가항목	성취수준		
		상	중	하
무선전력전송의 개요	무선전력전송의 개요를 이해할 수 있다.			

- 필기시험

학습내용	평가항목	성취수준		
		상	중	하
무선전력전송의 개요	무선전력전송의 개요를 이해할 수 있다.			

- 체크리스트를 통한 관찰

학습내용	평가항목	성취수준		
		상	중	하
무선전력전송의 개요	무선전력전송의 개요를 이해할 수 있다.			

- 피드백

1. 작업 포트폴리오
   - 제출한 보고서를 평가한 후 주요 사항에 대하여 표시하여 돌려준다.
2. 필기시험
   - 평가 결과 성적이 저조한 학생은 보고서 제출 기회를 부여한다.
3. 체크리스트를 통한 관찰
   - 실습 과정에서 평가한 후 개선해야 할 사항 등을 정리하여 돌려둔다.

참 | 고 | 문 | 헌

- 강승열 외 3, 무선 에너지 전송기술, 전자통신통신동향분석 제23권 제6호, pp.59-69, 2008.12
- 국토교통부, 일등석이 버스 속으로!-프리미엄 고속버스 시승 현장에 가다!, 2016.12.18.
- 국토교통부 블로그. http://blog.naver.com/PostView.nhn?blogId=mltmkr&logNo=220 888 819193
- 권준범, 주목받는 미래형 에너지 하베스팅 투명 태양전지, 에너지 신문, http://www.energy-news.co.kr, 2021.2.4.
- 김대기 · 이필우 · 김재성, 특허정보를 활용한 에너지 하베스팅 기술의 기술경쟁력 분석, 기술혁신학회지, 제17권 1호, 2014.3.
- 김성민 외, 무선 충전기술동향과 발전방향, 전자통신동향분석, 제31권 제3호, pp.32-41, 2016.6.1.
- 김성민, ETRI E-cup 3차원 공간무선충전기, YouTube, 2016.12.25. https://www.youtube.com/watch?v=T7uHww1W4QI&t=106s
- 김성훈, http://www.munhwa.com/news/전기차 무썬충전시대 눈앞
- 김신희, 에너지 효율화를 위한 에너지 하베스팅. KDB산업은행, 2021.1.4.
- 김연균, 에너지 하베스팅 저전력기기 급중에 관심집중, 정보통신신문, http://www.koit.co.kr, 2020.06.05.
- 김진미 외 5, 에너지 하베스팅 기반 인터미턴트 컴퓨팅 기술, 정보통신기획평가원, 2019.10.25.
- 김진욱 외, K인버터를 이용한 전자기 유도 방식과 자기 공명 방식의 특성 비교, 2011대한 전기학회 하계학술대회 발표집, 7월, 2011.
- 김진욱 · 지현호 · 최연규 · 윤영현 · 김관호 · 박영진, 자기 공명 무선 전력전송 시스템에서 공진 코일의 배열에 관한 연구, 한국전자파학회논문지, 21(6), pp.564-572, 2010.6.
- 김홍식 외 2, 투명 태양전지 개발동향, 한국태양광발전학회, Vol.2 No.1, 2016.06.
- 류명효 · 정지훈, 비접촉 무선전원 기술의 이해와 응용, 2012 대한전기학회 무선 전력전송 단기강좌 발표집, Apr.25, 2012.
- 무선충전 산업의 미래, https://www.charge-ai.com/2020.4.16.
- 무선충전의 원리와 사례, https://artistichooc.com/13
- 문광주, 그림자 효과 발전기(shadow effect generator), 양지와 음지 조도 대비로 전기생산, http://www.thescienceplus.com/, 2020.05.25.
- 문승필 · 김태완 · 김성훈, 에너지 하베스팅 기술개요와 연구동향, 한국전기공학회지, 2016.5.
- 문정익 외, 스마트 무선 충전기술, 전자통신동향분석, 제32권 제3호, 2017.6.
- 문정익 · 조인귀 · 변우진, 중전력 무선 충전기술동향, 정보통신평가원, 2021.5.5.
- 미래창조과학부, 세계2번째, 아시아최초무선 전력전송WPC 표준인증 상호호환성시험소 자격 획득, 미래창조과학부 보도자료, 2017.2.17.
- 박세환, 웨어러블에너지 하베스트 기술. KOSEN Report, 2018.
- 박영진, 모바일기기 무선충전 시스템의 기술동향, 전력전자학회지, 제18권 4호, pp.29-33, 2013.
- 박영진, 무선 전력전송의 이해, 전자공학회지, 제39권 제8호, 2012.08.
- 박찬규, 무선충전, NICE디앤비, 2020.11.26.
- 변국영, 초스마트 사회에서는 에너지 하베스팅이 뜬다, 에너지데일리, http://www.energydaily.co.kr, 2020.11.24.
- 성문경, 무선충전기와 공기청정기가 하나로, 쥬니온 미니공기 청정기, 앱스토리매거진, 2017.2.27
- 송준영 · 이종준, 중 선전 몰려가는 무선충전 연합군…'비접촉 무선충전생태계구축', 전자신문,

2016.10.24.
- 신상식, 에너지 하베스팅, 탄소저감정책 기조 및 IoT, ESS 등의 확대로 가속화 전망, 산업일보, 2021.1.05.
- 신종섭, 빛과 어둠 그리고 타이어 진동까지 에너지로 사용한다, http://www.enetnews.co.kr, 이넷뉴스, 2021.02.10.
- 안성덕, 무선 전력전송 기술개발 동향, TTA Journal, vol.138, pp.45-51, 2011.
- 양대근 · 김당오 · 이주용 · 조동호, 차세대 무선 전력전송 기술, 정보통신기획평가원, 2020.5.13.
- 양준현, 자기공명형 무선전력 시스템을 이용한 무선충전기 개발에 대한 연구, 명예박사기술논문, 삼성전자, 2010.12.
- 엄태윤 외, 무선 전력전송에 대한 기술 개발동향, 에너지공학, 제24권 제2호, 2015.3.14.
- 윤건일, LG이노텍, 스마트폰용15와트무선충전패드상용화, 전자신문, 2016.10.12.
- 이근호, M2M에서 무선충전 시스템의 보안위협, 한국융합학회 논문지, 제4권 제1호, 2013.02.
- 이승민, 무선 전력전송 현황 및 국내도입을 위한 접근 방안, 한국 KFDC법제학회 한국보건산업진흥원 미래산업기획단, 2020.11.15.
- 이아름, 에너지 하베스팅 기술, KIST 융합정책센터, vol.2, 2016.01.11.
- 이영기, 에너지 하베스트 기술 동향, 전기전자재료 제26권 제3호, 2013.3.
- 이유진, 日 도요타, 전기차 무선충전 시스템 개발, 연합뉴스, 2014.2.14.
- 이종민, 삼일렉트로닉스, 아이디어 제품 '포터블 무선 가습기 출시' 출시, 전자신문, 2016.12.15.
- 임대현 · 조인귀, 무선 전력전송 기술동향 및 시장전망, 한국과학기술정보연구원, 2016.12.
- 임승옥 · 이광기, 에너지 자립형 IoT디바이스 플랫폼 기술동향, KEIT PD issue Report, 2017.11.
- 자그니, 새로운 무선 충전기술이 온다, https://brunch.co.kr/@zagni/254, 2020.1.30.
- 장병준, 무선 전력전송 기술동향 및 향후 전망, 전력전자학회지, 제15권 제6호, 2010.12.
- 정순인, Live LG, https://live.lge.co.kr/wireless-recharge/, 2020.11.27.
- 정재영 · 박찬원 · 표철식, IoT를 위한 에너지 하베스팅 기술 동향조사, 한국전자파학회지, 제27권 제4호, 2016.07.
- 정재환 외 3, 복합소재를 이용한 에너지 하베스팅 기술동향, ceramist, 2019.6.10.
- 정신수 · 한윤기, 무선충전 전기자동차의 국내 · 외 표준 및 기술 동향 분석, 2015.04.
- 조재환, 자동차, IT에 길을 묻다⑥…무선충전시대, ZDNetKorea, 2015.10.25.
- 최두선, ETRI, 3차원 충전 등 최신 정보통신기술 'CES 2017' 출품, 한국일보, 2017.1.4.
- 최성진, 무선에너지 전송기술동향, 제어로봇시스템학회지, 제20권 제1호, 2014.3.
- 최효상 · 정인성, 무선 전력전송 시스템의 기술개발 현황과 동향, 한국전기학회, 2007.2.
- 한국자동차협회, 강남 노른자 땅에 무선충전소? 전기차 투자 나선부호들, (사)한국자동차협회관련뉴스, 2017.1.13.
- 한국정보통신기술협회, TTA, 4차산업핵심인프라'무선충전' 표준 시험소로 지정, 한국정보통신기술협회 보도자료, 2017.3.16.
- A. Kures et al., "Wireless Power Transfer via Strongly Coupled Magnetic Resonance", Sci., vol.317, no.5832, pp.83-86, July, 2007,
- A. Kurs, A. Karalis, R. Moffatt, J. D. Joannopoulos, P. Fisher, and M. Soljacic, "Wireless power transfer via strongly coupled magnetic resonances", Science, Vol.317, pp.83-86, Jul, 2007.
- A. P. Sample, D. A. Meyer, and J. R. Smith, "Analysis, experimental results, and range adaptation of magnetically coupled resonators for wireless power transfer", IEEE Transactions

학습 13

on Industrial Electronics, Vol.58, No.2, pp.544-554, 2011.
- A. Thomson, 2018 Mercedes-Benz S550e Will Offer Wireless EV Charging Technology Built Using Qualcomm Halo Breakthroughs, OnQ Blog, Oct.11, 2016. https://www.qualcomm.com/news/onq/2016/10/11/2018-mercedes-benz-s550e-will-offer-wireless-ev-charging-technology-built-using
- Allied Market Research, Accessed 2017. https://www. alliedmarketresearch.com/press-release/wireless-charging-market.html
- Aristeidis Karalis, J.D.Joannopoulos, Marin Soljačić, "Efficient wireless non-radiative mid-range energy transfer", Annals of Physics, Vol.323, pp.34-48, 2008,
- B.C. Choi, J.H. Nho, H.Y. Cha, T.Y. Ahn, and S.W. Choi, "Design and implementation of low-profile contactless battery charger using planar printed circuit board windings as energy transfer device", IEEE Transactions on Industrial Electronics, vol.51, no.1, pp.140-147, Feb, 2004.
- Barry Fox, "One charging pad could power up all gadgets-Wireless Recharger", New Scientist, January, 2005.
- Bosch, Accessed 2017. https://www.bosch-professional.com/static/specials/wireless-charging/gb/en/#goto:wireless-charging
- C. J. Chen, T. H. Chu, C. L. Lin, and Z. C.Jou, "A study of loosely coupled coils for wireless power transfer", IEEE Transactions on Circuits and Systems, Vol.57, No.7, pp. 536-540, 2010.
- C. Liu, A. P. Hu, and N. K. C. Nair, "Modelling and analysis of a capacitively coupled contactless power transfer system", IET Power Electronics, Vol.4, no.7, pp.808-815, 2011.
- C. G. Kim, D. H, Seo, J. Sik. You, J. H. Park, and B. H. Cho, "Design of a contactless battery charger for cellular phone", IEEE Transactions on Industrial Electronics, vol.48, no.6 pp.1238-1247, Dec, 2001.
- D. H. Childress, The Tesla papers, Adventures unlimited press, 2000.
- DAIHEN, "D-Broad Core", Accessed 2017. http://www.daihen.co.jp/en/products/wireless/agv/
- David Baarman (Fulto innovation), private communication.
- David Schneider, "A critical look at wireless power: Wireless power at a distance is still far away", IEEE Spectrum, May, 2010.
- Dong-Gi Youn, Yang-Ha Park, Kwan-Ho Kim, Young-Chul Rhee, "A Study on the Analysis of Rectenna Efficiency for Wireless Power Transmission", IEEE TENCON99, Vol.2, pp.1423-1426 17, Sep, 1999.
- Dong-Gi Youn, Yang-Ha Park, Kwan-Ho Kim, Young-Chul Rhee, "A Study on the Fundamental Transmission Experiment for Wireless Power Transmission System", IEEE TENCON99, Vol.2, pp.1419-1422 17, Sep, 1999.
- ETRI 미래전략연구소 표준연구본부, 표준화동향 무력전력전송표준기술, 2017.1.
- http://mvo.co.kr/ 블록, 스마트폰 무선충전, 원리는 무엇일까?
- http://www.a4wp.org/

- http://www.energy.or.kr/무선충전전기차
- http://www.powermatters.org/
- https://blog.kepco.co.kr/1567
- https://blog.kepco.co.kr/1857 [한국전력 블로그 굿모닝 KEPCO!]
- https://if-blog.tistory.com/m/5832?category=510724, 2015.11.10.
- https://img.etnews.com/cms/uploadfiles/afieldfile/2013/06/11/1-2.jpg
- https://ko.wikipedia.org/wiki/무선충전
- https://m.blog.naver.com/슈피켄코리아
- https://news.samsungdisplay.com/16305/
- https://www.belkin.com/kr/resource-center/wireless-charging/how-it-works/ 무선충전의 작동원리는 무엇일까요?
- https://www.cheric.org/files/research/ip/p201502/p201502-201.pdf 에너지 하베스팅 기술의 종류 및 원리, 2015.02.
- https://www.hellot.net/mobile/article.html?no=50075 에너지 하베스팅으로 실현하는 society 5.0
- https://www.inirnc.com
- https://www.wirelesspowerconsortium.com
- K. Leswing, "This is the Biggest Hint Yet that Apple's Next iPhone Will Have Wireless Charging", Business Insider, Feb.13, 2017.
- K.W. Choi et al., "Wireless-Powered Sensor Networks: How to Realize", IEEE Trans. Wireless Commun., vol.16, no.1, pp.221-234, Jan, 2017.
- L. Mearian, "Dell's Latitude 7285 to be world's first wireless charging 2-in-1", Computerworld, Jan. 5, 2017. http://www.computerworld.com/article/3154822/mobile-wireless/dells-latitude-7285-to-be-worlds-first- wireless-charging-2-in-1.ht
- M. Kline, I. Izyumin, B. Boser, and S. Sanders, "Capacitive power transfer for contactless charging", APEC- IEEE Applied Power Electronics Conference and Exposition, pp.1398-1404, 2011.
- M.J. Chablko, M. Shahmohammadi, and A.P. Sample, "Quasistatic Cavity Resonance for Ubiquitous Wireless Power Transter", PLoS One, vol.12, no.2, pp.1-14, Feb, 2017.
- National Space Society, Accessed 2017. http://www. nss.org/settlement/ssp/NASADVD/part03.htm
- P. E. Glaser, "Power from the sun; its future", Science, Vol.162, No.3856, pp.857-861, Nov.22, 1968.
- Persistence Market Research, Accessed 2017. http://www.persistencemarketresearch.com/mediarelease/wireless-charging-market.asp
- Qualcomm, Accessed 2017. https://www.qualcomm.com/products/halo
- S. C. Tang, S. Y. Hui, and H. S. Chung, "Coreless Planar Printed-Circuit-Board (PCB) Transformers-A Fundamental Concept for Signal and Energy Transfer", IFEE Transactions on Power Electronics, vol.15, no.5, pp.931-941, Sep, 2000.
- S.E. Shladover, "Highway Electrification And Automation", California Partners for Advanced Transit and Highways (PATH),Paper UCB-ITS-PRR-'92'17, 1992.
- SIGNIA, Cellion, Accessed 2017. https://www.signiausa.com/signia-hearing-aids/cellion-primax-hearing-aids/

- ST, STMicroelectronics and WiTricity to Develop Integrated Circuits (ICs) for Resonant Wireless Power Transfer, Accessed 2017.
  http://www.st.com/content/st_com/en/about/media-center/press-item.html/t3803.html
- T. Hardwick, "Ming-Chi Kuo: Apple's Next-gen iPhone to Feature All-glass Case for Wireless Charging", MacDailyNews, Dec.23, 2016.
- Technavio, "Global Wireless Charging Market 2016-2020", SKU: IRTNTR8109, 2015.
- W. C. Brown, "Satellite power stations: a new source of energy?", IEEE Spectrum, Vol.10, No.3, pp.38-47, Mar, 1973.
- W. C. Brown, "The history of power transmission by radio waves", IEEE Transactions on microwave theory and techniques, Vol.MTT-31, No.9, Sep, 1984.
- W. C. Brown, "The history of power transmission", Solar power, Vol.56, pp.3-2, 1996.
- Wireless Power Consortium, The Qi Interface Specification Volume I : Low Power, 2010.
- WiTricity, Accessed 2017.
  http://witricity.com/daihen-shipping-industrial-robotics-solutions-powered-witricitys-wireless-charging-technology/
- WPC, Accessed 2017.
  https://www.wirelesspowerconsortium.com/developers/specification.html

저자약력

남 상 엽

- 공학박사
- 삼성종합기술원 정보시스템연구소 근무
- 모토로라반도체통신 기술연구소 근무
- 국제대학교 교수(현재)

이 규 대

- 공학박사(고려대학교 전자공학과)
- 미국 조지아텍 연구교수(2001)
- 전자통신연구원 초빙연구원(2003~2005)
- 공주대학교 교수(현재)

안 병 구

- 공학박사(New Jersey Institute of Technology : NJIT)
- 포항산업과학연구원(RIST) 선임연구원 근무
- 홍익대학교 소프트웨어융합학과 교수(현재)

무선전력전송과 에너지 하베스팅 기술

2021년 10월 10일 1판 1쇄 발행

저 자 남상엽 · 이규대 · 안병구

발행인 남 승 우

발행처 도서출판 상尙 학學 당堂

서울특별시 동작구 사당로9가길 6

TEL : 02) 595-1692~4

FAX : 02) 595-1394

E-mail : namdoo6@unitel.co.kr

신고 : 2-155호 (1968. 11. 29)

정가 32,000원

ISBN 978-89-6587-218-4 93560

〈디자인〉 편집 엄해숙 / 표지 토틀컴